지금 북극은
What is happening in the Arctic?
제8권 북극, 재인식의 공간

지금 북극은
What is happening in the Arctic

제8권 북극, 재인식의 공간

2025년 8월 22일 초판 1쇄 발행

엮은이 배재대학교 한국-시베리아센터
글쓴이 곽성웅 · 김정훈 · 정세진, 장하영, 이현경, 방민규, 박종관 · 이상철,
　　　 한종만 · 이재혁, 예병환, 최우익, 배규성, 박찬현, 윤지원
펴낸이 권혁재

편집 권이지
출력 성광인쇄
인쇄 성광인쇄

펴낸곳 학연문화사
등록 1988년 2월 26일 제2-501호
주소 서울시 금천구 가산디지털1로 16 가산2차SK V 1AP타워 1415호
전화 02-6223-2301
팩스 02-6223-2303
E-mail hak7891@naver.com

책값은 뒷표지에 있습니다.
잘못된 책은 바꾸어 드립니다.

ISBN 978-89-5508-706-2 94960

> 이 논문 또는 저서는 2022년 대한민국 교육부와 한국연구재단의 지원을 받아 수행된 연구임 (NRF-2022S1A5C2A01092699)
> This work was supported by the Ministry of Education of the Republic of Korea and the National Research Foundation of Korea (NRF-2022S1A5C2A01092699)
> F-2022S1A5C2A01092699)

지금 북극은

What is happening in the Arctic

제8권 북극, 재인식의 공간

학연문화사

발간사

2019년, 배재대학교 한국-시베리아센터는 한국연구재단 인문사회연구소 지원 사업에 선정되어, 북극을 둘러싼 인문·사회·정책적 융복합 연구를 본격적으로 시작했다. 그로부터 6년, 2025년 8월에 이르기까지 연구단은 북극의 과거와 현재, 그리고 미래를 다각도로 탐구하며 국내뿐 아니라 국제 사회와의 학문적 교류를 끊임없이 지속해 왔다.

여정은 결코 순탄치 않았다. 연구 초기만 해도 북극은 국가 간 협력과 공동 탐구의 공간이자 지구 환경 변화에 대응하기 위한 연대의 상징처럼 인식되었고, 북극이사회(Arctic Council)를 중심으로 다양한 프로젝트들이 수립·실행되는 움직임이 대세였다. 2013년 북극이사회 옵서버 국가로 선정된 한국도 '극지활동진흥법'을 제정하고 북극 내 위상과 역할 확대를 목표로 적극적이고 능동적인 입장을 표명해 왔다.

하지만 2020년대 들어 국제 정세는 급격히 요동쳤다. 코로나 팬데믹의 전 지구적 충격, 러시아·우크라이나 전쟁 발발로 인한 북극권 내 안보 위기 상황 촉박, 북극이사회 내의 분열, 미·중 갈등의 심화, 그리고 재집권한 트럼프 행정부의 그린란드와 알래스카 개발 구상 등과 같은 새로운 북극에 대한 미국의 전략적 관심이 북극 관련 지정학적 경쟁에 불을 지피고 있다.

이러한 변화 속에서, 북극은 더 이상 '열린 협력의 장'이라 단정할 수 없게 됐다. 오히려 이해관계가 첨예하게 대립하고, 불확실성이 커져 가는 '냉각과 경쟁의 공간'으로 변모하고 있는 것처럼 보인다. 배재대학교 한국-시베리아센터는 바로 이 지점에서, 북극에 대한 인식의 전환이 절실히 필요함을 느끼고 있다.

이러한 변화의 과정을 추적해오면서 본 연구단은 그간 7권의 연구총서를 출간하여 세상에 선보였다. 이제 연구 사업의 막바지에서 요동치고 있는 북극권 환경 변화를 목격하고, 이를 담아내고자 북극 연구 총서를 기획·발간하게 되었다. 이번 『지금 북극은. 제8권 북극, 재인식의 공간』은 북극의 역사, 현재와 미래, 그리고 안보라는 세 축을 중심으로, 변화된 국제 질서 속에서 북극을 다시 바라보는 시각을 제시하고자 한다. 역사 편에서는 러시아, 일본, 시베리아 등지의 북극권 역사와 문화유산을 재조명하고, 현재와 미래 편에서는 기후변화와 북극항로, 그린란드 사회 변화 등 현실적 과제를 다루었으며, 안보 편에서는 러·우 전쟁 이후의 북극 질서와 미래 시나리오에 대한 내용을 담았다. 이 책이 북극을 둘러싼 복합적 현상을 이해하고, 더 나은 국제 협력과 지속가능한 미래를 모색하는 데 작은 길잡이가 되기를 기대해 본다.

　끝으로 지난 6년 동안 함께 고민하고 연구를 이어온 연구진, 자료 조사와 편집에 헌신한 모든 분들, 그리고 이 연구를 가능하게 해 준 한국연구재단, 여러 가지 부담을 안고 출간에 적극적으로 동의해 주시고 총서 출간의 모든 과정에서 지원을 아끼지 않은 학연문화사 권혁재 대표님과 이 무더운 여름 더위를 극복하고 편집을 완성시켜 주신 학연문화사 편집진 등 모든 분들에게 진심으로 머리 숙여 감사인사를 드린다.

2025년 8월 22일
배재대학교 한국-시베리아센터 소장 김정훈

목 차

Part I 북극의 역사

1. 교류사적 관점에서 본 블라디미르 아틀라소프의 1차 캄차카 원정(1697-1699) 연구
   곽성웅 · 김정훈 · 정세진 ··· 9

2. 에도 막부 시대 일본의 사할린 탐험에 대한 고찰 **장하영** ····················· 49

3. 시베리아 샤머니즘에서 질병 영혼의 의미와 치료용 온곤의 역할 **이현경** ········· 75

4. 북극권 최대 문화유산 구제발굴 성과로 본 사할린섬의 선사유적: 사할린2(Сахалин-2) 프로젝트 건설을 중심으로 **방민규** ·································· 123

Part II 북극의 현재와 미래

1. 기후변화와 북극항로의 부상: 新글로벌 물류수송 루트의 전략적 가치 고찰
   박종관 · 이상철 ··· 147

2. 그린란드의 인구지리적 특성과 사회 변화 **한종만 · 이재혁** ····················· 173

3. 북극항로의 개발과 향후 전망 **예병환** ·· 217

4. 2020년 러시아 북극 정책 수립 이후 러시아 북극 주민의 사회경제적 상황과 한러 협력 접점 탐색 **최우익** ··· 267

Part Ⅲ 북극의 안보

1. 북극의 미래: 변화 요인과 시나리오들 **배규성** ································ 303

2. 러시아·우크라이나 전쟁 이후 북극질서 전망: 러시아와 미국 간 게임이론 관점에서 **박찬현** ··· 329

3. 그린란드의 독립 가능성과 미래 모델 예측 연구 **한종만·곽성웅** ················ 371

4. 러-우 전쟁 발발 이후 북극의 안보 변화에 대한 고찰: 러시아의 북극 정체성 강화와 군사 안보적 대응 모색을 중심으로 **윤지원** ································· 441

교류사적 관점에서 본 블라디미르 아틀라소프의 1차 캄차카 원정(1697-1699) 연구

곽성웅* · 김정훈** · 정세진***

러시아는 표트르(Пётр) 대제의 통치 기간에 군사적, 학문적, 문화적 분야에서 비약적인 발전을 이룩한다. …(중략)… 특히 아틀라소프(В. Атласов)는 1697년에 대규모 부대를 이끌고 아나디르(Анадырь)에서 캄차카까지 진군하여 두 개의 요새를 건설하고 캄차카강 지류의 해안가에 러시아의 새로운 땅이라는 의미로 커다란 십자가를 세웠다.

- 강성희, "러시아의 캄차카 원정대에 대한 고찰," 『유럽사회문화』 제25호 (연세대학교 인문학연구원, 2020), p. 231.

아무르 상실로 (러시아제국의) 관심은 다시 시베리아 북동쪽 끝으로 향했다. …(중략)… 네르친스크 조약이 서명된 후 10년 동안 캄차카는 또 다른 코사크인 '캄차카의 예르마크' 블라디미르 아틀라소프의 원정에 의해 정복됐다. 그의 원정대는 흑담비 모피 3,640점을 포함하여 3,862점의 모피(이 중 공물이 3,422점)와 함께 아나디르스크로 귀환했다.

- James R. Gibson, *Feeding the Russian Fur Trade: Provision of the Okhotsk*

※　러시아 학술지 『Вопросы истории』 (Voprosy Istorii) No. 12(2)(2023)에 실린 논문을 번역 후 수정, 보완한 글임
*　　배재대학교 한국-시베리아센터 연구교수
**　 배재대학교 교수, 한국-시베리아센터 소장
***　한양대학교 아태지역연구센터 교수

Seaboard and the Kamchatka Peninsula 1639-1856 (Madison, Milwaukee, and London: The University of Wisconsin Press, 1969), pp. 9-10.

17세기 중반부터 러시아인들은 극동의 북동부 영토에서 세력을 강화했다. …(중략)… 캄차카 정복의 업적은 야쿠츠크의 카자크 집행관인 블라디미르 아틀라소프의 것이었다. 그는 1696년 60명의 카자크와 60명의 유카기르족을 이끌고 캄차카강으로 향했다. 새로운 땅은 반세기 동안 현지 주민들(이텔멘족과 코랴크족, 유카기르족, 축치족 등)의 저항 속에서 정복당했다.

- А. И. Коваленко, "≪Шли встречь солнца…≫ жизнь и быт казаков на севере Дальнего Востока," *Россия и АТР No. 1* (2002), с. 5.

I. 러시아와 시베리아의 근세 교류사 속 역사적 사건인 '아틀라소프의 1차 캄차카 원정'

과거부터 현재에 이르기까지 시베리아 지역은 대한민국의 미래 전략지역 중 하나로 주목받아 왔다. 30여 년 전 구소련과 수교하는 시점에도 시베리아의 경제적 가치와 자원 잠재력은 한국 정부의 최우선 관심사 중 하나일 정도였다.[1] 사실 시베리아의 잠재력에 대한 기대는 의심할 여지가 없다. 지구 전

---

1) 일례로 소련과 수교하기도 전인 1990년 3월 서울에서 개최된 제2차 한소경제인합동회의에서 극동 시베리아 관련 양국의 협력가능 프로젝트 논의는 한소 정부와 기업의 주요 관심사였다. 「한.소련 경제인 합동회의, 제2차, 서울, 1990.3.22~28」, pp. 210-212("제2차 한소경제인합동회의 공동설명서"), 2020-0102, 08, 외교부 동구1과.

체 육지 면적의 1/12을 차지하고,[2] 현재 러시아 영토의 3/4에 해당하는 광대한 지리적 공간 속에 무수히 많은 지하자원을 매장하고 있기 때문이다.

캄차카 반도는 바로 이 광대한 시베리아의 북동쪽 끝에 자리잡고 있다. 그래서 동쪽의 시베리아로 나아간 러시아에서 캄차카는 가장 늦게 영토로 편입된 지역에 속한다. 이 지역은 러시아 극동시베리아 동쪽 최북단의 험난한 기후 조건을 가지고 있었기에 러시아의 탐험가들은 이 곳에 쉽게 도달하지 못했다. 캄차카란 지명은 이 지역에 살던 유명인의 이름이나 비단직물을 의미하는 러시아어 '캄카'(камка)에서 유래한 것으로 알려져 있다.[3] 캄차카는 극동 시베리아의 최북단에 위치한 전략적 요충지로서 냉전 시절 구소련의 군항으로 은밀히 활약했고, 탈냉전 이후에는 풍부한 수산자원과 어장의 존재로 한국을 비롯한 여러 주변국의 이목을 집중시키기도 했다.[4] 그리고 현재 캄차카 반도는 북극 개발과 북극항로 개척을 위한 최전선이자 북극으로 향하는 관문으로도 기능하고 있다.

그간 한국에서는 이러한 캄차카 지역에 대한 연구가 활발히 수행되지 못했다. 캄차카 반도가 극동시베리아 지역이긴 하지만, 한국과의 거리가 사할린이나 아무르주보다 상대적으로 멀리 떨어져 있는 측면과 함께, 극동의 다른 지역에 비해 캄차카 반도에 한인이나 고려인이 많이 거주하고 있지 않은 점 등

---

[2] 안나 레이드, 『샤먼의 코트』(The Shaman's Coat), 윤철희 (서울: 미다스북스, 2003), p.10.

[3] 강성희, "캄차카 반도의 지명 '캄차카'의 유래에 대한 고찰," 『순천향 인문과학논총』 제40권 1호 (순천향대학교 인문학연구소, 2021), pp.174-175.

[4] 2016년 기준 러시아 캄차카 변강주의 대한국 수출에 있어 절대적인 비중을 차지하고 있는 것은 수산물이다. 전체 수산물의 62.5%가 한국에 수출되고 있다고 한다. 원석범, "캄차트카 변강주 산업별 발전 전망 및 투자 여건 분석," 『한국 시베리아연구』 제21권 1호 (배재대학교 한국-시베리아센터, 2017), p.214

이 원인일 수 있다.[5] 여기에 지금까지 이루어진 국내의 인문사회과학 분야 캄차카 연구도 주로 자원잠재력에 중점을 둔 산업 경제적 측면과 이 지역 소수민족 및 한민족의 고대 극동시베리아 유적 연구 등[6]에 초점이 맞추어져 왔다.[7] 이러한 연구 실태는 캄차카 지역의 역사에 관한 학술 정보의 확인과 축적을 기대하는 측면에서는 아쉬운 점이 있다. 해당 지역의 역사적 발전 과정을 탐색하는 것은 인문 학술 연구 기반을 형성하는 지역연구에 있어 중요한 부분을 차지하기 때문이다.

본 연구는 이런 문제 의식 속에서 러시아의 캄차카 정복 과정에 대한 학술적 분석을 시도했다. 물론 국내에서도 캄차카의 역사에 대한 여러 연구가 존재하긴 하나 18세기의 탐험가인 베링의 캄차카 탐사나 19세기 일본 상인의 캄

---

5) 캄차카 지역에 거주하고 있는 한인은 3천여 명(2003년 기준)에 불과하지만, 사할린에는 한때 최대 15만명에 육박하는 한인이 살았다. 김양주, "캄차트카 연구보고서," 『한국 시베리아연구』 제6집 (배재대학교 한국-시베리아센터, 2003), p.336; 김은희, 『러시아연방주체 개관시리즈 - 사할린주』 (경기: 한국외국어대학교 러시아연구소, 2018), p.46.
6) 발간 연도별로 표기함: 이재혁, "시베리아의 수산자원과 한국 수산업의 진출 방안," 『한국 시베리아연구』 제17권 1호 (배재대학교 한국-시베리아센터, 2013), pp.97-144; 박근수, "캄차카 관광자원의 고유성에 관한 연구," 『한국 시베리아연구』 제18권 2호 (배재대학교 한국-시베리아센터, 2014), pp.131-152; 손성태, "우리민족의 이동 흔적-아무르에서 캄차카 반도까지," 『한국 시베리아연구』 제19권 1호 (배재대학교 한국-시베리아센터, 2015), pp.213-254; 엄순천, "고아시아 코략족 홀롤로 축제 분석," 『러시아학』 제12호 (충북대학교 러시아·알타이지역 연구소, 2016), pp.107-130; 원석범, "캄차트카 변강주 산업별 발전 전망 및 투자 여건 분석," 『한국 시베리아연구』 제21권 1호 (배재대학교 한국-시베리아센터, 2017), pp.211-236; 김민수·이성민, "쿠트흐 신화로 본 이텔멘족의 기원과 이동 - 한민족과의 연관성을 중심으로 -," 『한국 시베리아연구』 제22권 2호 (배재대학교 한국-시베리아센터, 2018), pp.271-301 외 다수
7) 국내의 기존 연구 흐름은 2022년 9월 9일 KCI 등재지 기준 캄차카 관련 논문을 검색한 데이터를 분석한 바에 따른 것이다. 단어 '캄차카'로 검색한 결과 총 38편의 논문이 검색됐다.

차카 방문 기록 연구 등이 확인될 뿐이다.[8] 특히 캄차카의 러시아제국 편입 과정에 대한 역사적 정보는 사실상 찾아보기 어렵다. 반면에 해외의 경우에는 캄차카 지역에 대한 역사와 관련된 인문지리적 학술 정보가 상당히 축적되어 있는 편이다. 일단 러시아에서는 기본적으로 아틀라소프가 직접 자신의 캄차카 원정에 관한 증언을 기록한 역사적 사료인『이야기』(Скаски)가 전해지고 있다. 그리고 이를 토대로 한 연구에서 성과를 남긴 학자들로는 러시아의 체한스카야(К. В. Цеханская)와 폴레보이(Б. П. Полевой), 독일의 스텔라(G. W. Steller), 미국의 링컨(W. Bruce Lincoln) 등이 있다. 여기에 러시아의 모피 교역사와 시베리아 지역 연구과정에서 캄차카 지역의 역사를 함께 연구한 미국의 깁슨(James R. Gibson)과 케난(George Kennan), 영국의 레이드(Anna Reid) 등의 성과도 주목할 만하다.[9]

---

[8] 강성희, "러시아의 캄차카 원정대에 대한 고찰,"『유럽사회문화』제25호 (연세대학교 인문학연구원, 2020), pp.229-259; 김석희, "19세기 일본상인의 캄차카 연행 보고서『다카다야가헤이 조액자기(高田屋嘉兵衛遭厄自記)』에 나타난 골로브닌 사건 -근대 초기 환동해지역 북방의 교류-,"『인문사회21』제9권 3호(인문사회 21, 2018), pp.675-690

[9] 출간 연도순으로 표기함: George Kennan, *Siberia and the exile system* (London: James R. Osgood, Mcilvaine & Co., 1891), vol.1; James R. Gibson, *Feeding The Russian Fur Trade: provisionment of the Okhotsk Seaboard and the Kamchatka Peninsula 1639-1856* (Madison, Milwaukee, and London: The University of Wisconsin Press, 1969); К. В. Цеханская(Сотавление, предисловие, комментарии, словарь), *Колумбы земли русской: Сборник документальных описаний об открытиях и изучении Сибири, Дальнего Востока и Севера в XVII-XVIII вв.* (Хабаровское книжное издательство, 1989); W. Bruce Lincoln, The Conquest of A Continent: Siberia and the Russians (Ithaca, NY: Cornell Univ. Press, 1994); Б. П. Полевой, *Новое об открытии Камчатки* (Петропавловск-Камчатский: Издательство "Камчатский печатный двор", 1997); G. W. Steller, *Steller's History of Kamchatka: Collected Information Concerning the History of Kamchatka, Its Peoples, Their*

한편으로 본 연구는 기존 연구성과를 분석하는 과정에서 아틀라소프의 1차 캄차카 원정을 근세 교류사의 범주에도 포함시킬 수 있지 않을까 판단했다. 보통 '교류'(交流, exchange, trade 혹은 intercourse, interchange)는 상호 이질적인 사회나 국가가 전쟁 등의 무력 행위를 동반하지 않는 평화적 형태의 접촉을 수행하는 것을 의미한다.[10] 그런데 일부에서는 포괄적인 의미에서 관계를 맺는 '교류'의 범주에 전쟁이나 약탈, 침공 등의 무력 수단 동원까지 포괄하는 '상호작용'(相互作用, interaction)의 행위도 포함시킬 수 있다고 주장한다.[11] 특히 벤틀리(Bently)는 역사적으로 아주 먼 고대에서도 세계의 다양한 민족과 사람들이 여행하고, 이주하거나 정복을 위한 원정을 수행하면서 때로는 중대한 결과를 도출하는 문화간 교류와 접촉 속에서 관계를 맺었다고 주장한다. 본 저자 역시 약탈과 정복 지향적 교류 행위는 일방적인 형태로 나타나지만, 그렇다고 해서 피(被)교류자의 입장에서 표출하는 도전과 응전의 역사적 의미까지 축소시킬 필요는 없다고 생각한다. 사실 시베리아의 경우에도 러시아의 복속 과정에서 시베리아 원주민과의 교역 활동을 포함한 평화적 교류 행위는 드물었고, 대부분 군사적 수단을 동원한 약탈과 공격이 일방적인 형태로 수반됐다. 그런데 시베리아의 대다수 토착민들은 이런 정복 과정을 언제나 순순히 받아들이지 않았다. 특히 캄차카 반도에서는 코랴크족과 이텔멘족, 유

Manners, Names, Lifestyle, and Various Customary Practices, ed. Marvin W. Falk, trans. Margritt Engel & Karen Willmore (Fairbanks, Alaska: University fo Alaska Press, 2003); 안나 레이드 (2003), op. cit.; 조지 케넌,『시베리아 탐험기』(Tent Life in Siberia), 정재겸 (서울: 우리역사연구재단, 2011).

10) 박선미, "서구학계의 고대 교류사 이론의 현황,"『한국고대사연구』73 (한국고대사학회, 2014), pp. 192-193.

11) Jerry H. Bentley, *Old World Encounters: Cross-Cultural Contacts and Exchanges in Pre-Modern Times* (New York: Oxford Univ. Press, 1993), p. 6.

카기르족, 아이누족 일부가 상당히 격렬하게 대응했다. 그래서 아틀라소프의 캄차카 원정을 정복사와 같은 일방적인 역사적 흐름과 결과로 치부해선 안된다. 토착 소수민족의 역사적 저항을 과소평가할 수 있기 때문이다. 이 연구는 러시아로의 영토 편입 과정에서 캄차카 토착 소수민족들이 수행한 저항의 역사를 가급적 외면하지 않는다는 차원에서 아틀라소프의 원정을 러시아와 캄차카의 역사적 상호작용이라는 교류사의 범주에서 분석해보고자 시도했다.

이 연구는 주로 역사적 사료와 관련 자료 및 기존 연구성과들을 분석하는 문헌 연구 방식을 활용했다. 그리고 그에 따른 분석의 구조는 다음과 같은 형태로 구성됐다. 본문의 첫 장에 해당하는 II장에서는 아틀라소프의 1차 캄차카 원정 이전에 수행됐던 러시아의 캄차카 탐험과 원정 시도의 역사 및 그 정치·경제·사회적 배경을, III장에서는 러시아의 침공 전후인 17~18세기 캄차카 지역의 정치·사회적 현황을, IV장에서는 국내에 잘 알려지지 않은 아틀라소프의 개인적 삶과 1차 캄차카 원정의 진행과정을 분석했다. 마지막으로 결론에 해당하는 V장에서는 아틀라소프가 수행한 1차 캄차카 원정의 결과와 그 역사적 의의를 검토하면서 연구를 마무리했다.

II. 아틀라소프 이전 러시아와 시베리아의 역사적 관계

1. 러시아의 캄차카 원정에 대한 정치·경제·사회적 배경

역사적으로 러시아에게 있어 시베리아는 중요한 의미를 갖는다. 16세기 말 예르마크(Ермак Тимофеевич)의 시비르 칸국(Сибирское ханство) 정복 이후 시베리아는 국가적인 차원에서 러시아 발전의 잠재력이자 원동력으로 여겨져 왔다. 유라시아 국가를 표방하는 러시아는 지리·영토적으로 광대한 영역을 점유하고 있는 시베리아를 절대 포기할 수 없는 핵심 지역으로 분류한다. 케난(Kennan)은 시베리아의 거대한 면적을 러시아를 제외한 유럽대륙 전체와 미국, 알래스카를 모두 합친 것보다 조금(30만 평방마일) 더 큰 규모로 비유하기도 했다.[12]

러시아에서는 시베리아를 영토에 편입시킨 그 역사적인 동진(東進) 정책의 원인으로 다양한 이유를 제시하고 있다. 새로운 경작지와 산업의 성장에 필요한 원료시장의 탐색, 당시 러시아의 중요한 수출 품목이던 모피의 수집, 농노제에서 탈출한 이들의 정착 증가, 태평양으로의 출구 확보, 정교회 분리의 가속화 등이 그것이다.[13] 그러나 러시아의 외부에서 인식하는 시베리아 정복의 가장 중요한 키워드는 무엇보다도 '부드러운 황금'(пушистое золото)이라 불린 '모피(毛皮, mex, fur)이다.[14] 모피 산업은 러시아제국의 근세 경제에서 상당히 중요한 부분을 차지했다.[15] 모피 무역이 절정에 달했던 17세기 중반 러시아에서 모피 수출은 국가 총수입의 최대 30%까지 충당하는 부의 중요한 원천이었다.[16] 여기에 모피는 귀금속의 대체품으로서 국가 간 외교에서도 중요한 관계 개선의 수단으로도 활용됐다. 그래서 당시 러시아의 주요 수출

---

12) George Kennan (1891), vol. 1, op. cit., p. 56.
13) S. M. 두다료노크 외 23, 『러시아 극동지역의 역사』(История Дальнего Востока России), 양승조 (경기: 진인진 2018), pp. 49-52.
14) W. Bruce Lincoln (1994), op. cit., p. 57; James R. Gibson (1969), op. cit., p. 24; 정세진 외, 『한반도 동북아 평화체제의 정착을 위한 시베리아 인문학의 학적 체계 구성: 지역학적 통섭과 정책 공간 연계』 (세종: 경제인문사회연구회, 2020), pp. 12-13; 제임스 포사이스, 『시베리아 원주민의 역사』(A History of the Peoples of Siberia), 정재겸 (서울: 솔, 2009), p. 19; 안나 레이드 (2003), op. cit., pp. 54-56.
15) 정세진 외 (2020), op. cit., p. 2.
16) 안나 레이드 (2003), op. cit., p. 54.

품목이자 부유층과 귀족의 전유물과 같은 사치품인 모피를 획득하기 위해 러시아인들은 동쪽의 시베리아로 나아갔다. '모험가'라는 의미의 투르크어에서 유래한 '카자크'(казак)[17]들이 우랄 산맥 너머의 광대한 영역에서 부드러운 황금을 집요하게 탐색하고 수집했다.

러시아의 시베리아 탐험과 원정의 역사에서 자주 등장하는 카자크는 모험가로 불리기에는 상당히 잔인하고 잔혹한 약탈자가 대부분이었다. 원래 카자크는 러시아에서 신분상으로는 군장 관등(чины служилые по прибору)에 속했는데, 이는 카자크를 포함하여 군대에 봉사하는 다양한 하급 관리들(소총병, 포병, 화승포병, 포수 등)을 포괄했다.[18] 특히 카자크는 국경 수비 업무를 담당했고, 17세기에 군장 관등은 질병이나 노년이 되거나 생을 끝마칠 때까지 계속 복무해야 하는 신분으로, 군장 관등에 속하는 계급들은 봉직의 서열을 정하지 않고 서로 평등했기에 카자크가 소총병이 되는 것은 계급 상승이 아니라 직무의 종류가 변경되는 것에 불과했다. 러시아 역사에서 카자키(казаки, 카자크의 복수형)는 새로운 땅을 발견하겠다는 명예욕보다는 신분상승의 원동력이 될 수 있는 부의 원천인 모피를 찾기 위해 시베리아를 탐험했다. 그들 중 상당수는 중·하층민 출신이었고,[19] 그 중 극소수만이 역사에 기록될 만한 기념비적인 성취를 달성했다. 아틀라소프의 경우에도 하급 카자크와 문관 출신의 부친을 두었으나, 교육열이 높은 부모 덕에 문맹을 벗어날 수 있

---

17) 영어로는 코사크(cossack)이다. James R. Gibson (1969), op. cit., p. 4.
18) 바실리 오시포비치 클류쳅스키, 『신분사』(История сословий в России), 조호연·오두영 (경기: 한길사, 2007), pp. 185-186.
19) 클류쳅스키는 카자크가 군장 봉직자로서 사회의 여러 계급들에서 징집됐는데, 아주 빈곤한 도시민이나 납세의무를 진 자유민 출신이 대부분이었고, 국경 보조 부대로서 국경을 따라 정착했다고 설명한다. ibid., p. 277.

그림 1. 러시아의 시베리아 영토 편입 과정

* 출처: 제임스 포사이스 (2009), op.cit., p.117의 '지도 6. 러시아의 시베리아 정복'을 일부 수정함.

었다.[20]

 러시아인 혹은 카자크가 시베리아의 북동쪽 끝에 있는 캄차카로 향한 것은 러시아제국 입장에서는 불운했던 시대적 배경도 존재했다. 전신인 모스크바 국(Московское княжество) 시절부터 러시아는 시비르 칸국을 정복한 이후 우랄 동쪽의 광활한 시베리아 대지를 빠르게 장악했다. 그러나 남쪽으로의 진출은 1689년 극동시베리아의 중서부에 위치한 네르친스크(Нерчинск)에서 아직 강대한 국력을 보존하고 있던 강희제(康熙帝)의 청제국에게 가로막혔다.[21] 그래서 러시아제국은 17세기 말에 본격적인 진격의 방향을 동쪽과 북동쪽으로 돌렸다. 이 지역에서 러시아의 진격을 가로막을 세력은 사실상

---

20) Б. П. Полевой (1997), op.cit., ч. 2, с. 74.
21) W. Bruce Lincoln (1994), op.cit., pp. 71-72.

전무했다. 그리고 태평양으로의 돌진 과정에서 캄차카는 러시아의 주요한 목표 중 하나가 됐다.

2. 성공과 실패가 교차한 러시아의 캄차카 탐험사

17세기 말 러시아제국의 캄차카 정복을 단순히 아틀라소프의 원정에 따른 결과물로만 바라봐선 안된다. 그 이전에도 러시아의 여러 탐험가들이 아틀라소프의 성공적인 원정에 기여했던 다양한 정보를 축적하고 그들의 성공과 실패의 경험담을 공유했기 때문이다. 사실 기록상 최초로 캄차카 땅에 진입한 러시아인은 미하일 바실리예비치 스타두힌(Михаил Васильевич. Стадухин)이었다.[22] 1630년 일림 요새(Илимский острог)[23]의 건설에도 참여한 바 있는 스타두힌은 1620년대 말부터 우랄 시베리아 지역 중부에 위치한 예니세이 요새(Енисейский острог) 부근에서 카자크로 활동한 정력적인 탐험가였다.[24]

스타두힌의 시베리아 탐험의 원동력은 무엇보다도 모피 수집에 대한 탐욕에서 출발한다. 시베리아산 모피는 다양한 동물을 주원료로 했는데 그 중에서 흑담비(соболь)와 붉은 여우(красная лисица), 쥐색 여우(сиводушчатая лисица), 캄차카산 비버(калан) 등이 유명했다. 스타두힌은 레나와 예니세이 강에 거주하는 시베리아의 원주민인 에벤키족(Эвенки)[25]에

---

22) S. M. 두다료노크 외 23 (2018), op. cit., p. 62.
23) 이 요새는 1970년대 중반 우스티-일림스카야 수력발전소(Усть-Илимская ГЭС) 건설로 인해 수몰됐다. "ВИКИПЕДИЯ - 'Илимск'," https://ru.wikipedia.org/wiki/%D0%98%D0%BB%D0%B8%D0%BC%D1%81%D0%BA (검색일: 2022.07.07).
24) Б. П. Полевой (1997), op. cit., ч. 1, с. 12.
25) 포사이스는 에벤키족을 시베리아 중부의 퉁구스족(Tungus) 계열이라고 주장하고 있다. 그에 따르면 퉁구스족은 17세기경 총 인구가 약 3만 6천명으로 추산됐으며, 중부

게서 입수한 정보를 토대로 모피가 풍부한 지역이라 여겨지는 곳이라면 어디든지 원정에 참여하려고 노력했다. 그는 갈킨(Иван Галкин)과 베케토프(П. И. Бекетов)가 이끄는 탐험대에 참여하면서 이름을 알렸다.[26] 1640년대 이후 자신만의 카자크 원정대를 이끌게 된 스타두힌은 인디기르카(река Индигирка)와 모마(река Мома), 알라제야 강(река Алазея) 등지에서 모피 수집에 열중했다. 그 와중에 그는 데즈뇨프 원정대와 연계된 활동을 수행하던 중 콜리마 강(река Колыма) 하구에서 동시베리아해(Восточно-Сибирское море)로 진입했다. 그곳에서 스타두힌은 러시아제국에 세금(혹은 야삭(ясак))을 내지 않는 수많은 시베리아 원주민 - 축치족(чуки)[27]과 유카기르족(юкагиры)[28] 등과 조우했다.[29] 1645년에야 스타두힌의 원정대는 동시베리아해에서 레나 강을 거쳐 가까스로 렌(야쿠츠크) 요새로 귀환했다. 이 여정으로 인해 그는 기록상 러시아인으로서는 최초로 캄차카 반도의 북부 지역을 통과한 것으로 인정받고 있다.[30] 그가 렌(야쿠츠크) 요새로 돌

시베리아부터 북동부 태평양 연안까지 분포해 있었다. 그리고 포사이스는 레나강의 서부와 남동부 지역에 거주하는 퉁구스족이 자신들 스스로를 부른 이름이 에벤키였다고 설명한다. 제임스 포사이스 (2009), op.cit., pp.64-65.

26) Б. П. Полевой (1997), op.cit., ч. 1, сс. 13-14.
27) 축치족은 시베리아 북동부에 위치한 축치 반도와 주변 해안지대에 분포해 살고 있는 토착 소수민족으로 남쪽으로는 코랴크족과 인접해 있었다. 제임스 포사이스 (2009), op.cit., p.87.
28) 포사이스에 따르면 유카기르족은 레나강을 기점으로 시베리아 북동부의 북극 지역과 그 인접 지역에 분포하고 있던 토착 소수민족으로 축치족 및 코랴크족과 거주영역이 겹쳐 있었다. ibid., pp.89-90; 유카기르족은 특히 아나디르 지역에 많이 거주했는데, 훗날 러시아에 복속한 이들은 아틀라소프의 캄차카 원정에 강제 동원되기도 했다.
29) Б. П. Полевой (1997), op.cit., ч. 1, с. 20.
30) ibid., ч. 1, с. 34; 스타두힌의 캄차카 도착 시기를 1651년으로 보는 시각도 있다. S. М. 두다료노크 외 23 (2018), op.cit., p.62.

아와 상부에 보고한 지리정보 중 하나인 '포기차'(Погыча) 강이 현재 캄차카 반도 북동쪽에 위치한 '포하차'(Похача) 강의 옛지명이기 때문이다.

사실 스타두힌이 캄차카 지역을 탐험하는 동안 베링보다 먼저 베링해에 당도한 것[31]으로 알려진 세묜 이바노비치 데즈뇨프(Семён Иванович Дежнёв) 역시 1648년 축치반도 탐험 후 귀환 과정에서 캄차카 북부를 경유한 것으로 알려져 있다.[32] 그러나 한편에서는 데즈뇨프가 캄차카 반도 북부에 도달하지 못했을 거라는 시각도 있다.[33]

만약 데즈뇨프가 캄차카 땅을 밟지 못했다면, 기록상으로 스타두힌 이후 캄차카에 진입한 두번째 러시아인은 이반 메르쿠리예비치 루베츠(Иван Меркурьевич Рубец)이다. 그는 20년간 시베리아 서부의 토볼스크(Тобольск)에서 하급 카자크로 일하다 1650년대 초에 아나디르 요새(Анадырский острог)로 이주했다. 그 역시 스타두힌과 마찬가지로 모피 수집을 위한 기회를 얻기 위해 노력했다. 1662년 가을 루베츠가 이끄는 카자크 원정대는 남쪽의 캄차카 해안으로 출발했다.[34] 원정대는 캄차카 강(река Камчатка)의 상류로 거슬러 올라가며 항해했지만 모피 수집에서 성과를 올리지 못하고 귀환했다.

러시아의 캄차카 원정대가 매번 순조롭게 귀환하지는 않았다. 루베츠에 뒤이어 1669년 캄차카 강을 목표로 탐험에 나섰던 이반 예르몰린(Иван Еромолин)의 사례는 비극적으로 끝났다.[35] 그는 야쿠츠크 북동쪽의 첸돈 강(ре

---

31) ibid., pp.61-62.
32) А. И. Коваленко, "≪Шли встречь солнца…≫ жизнь и быт казаков на севере Дальнего Востока," *Россия и АТР No. 1* (2002), с. 5.
33) Б. П. Полевой (1997), op.cit., ч. 1, сс. 41-49.
34) ibid., ч. 2, с. 17.
35) ibid., ч. 2, с. 35.

ка Чендон, 현재의 촌돈(Чондон) 강)에서 수년 동안 탐사작업을 수행하며 원정대장으로서의 경력을 축적해 온 인물이었다. 그러나 예르몰린 탐험대는 야쿠츠크 요새를 떠난 후 캄차카 반도까지 도달하지 못했고, 예르몰린 일행 대부분은 굶주림 속에 생을 마쳤다.

1680년대 들어 러시아제국은 한동안 캄차카 지역으로 원정대를 파견하지 못했다. 캄차카 원정의 전진기지로 기능하던 아나디르 요새 주변의 불안한 정세 때문이었다. 아나디르 부근의 시베리아 토착민인 축치족들은 상대적으로 유순한 유카기르족과는 달리 러시아제국에 복속한 이후 과중한 세금(야삭) 납부에 불만을 축적해 오다 1689년 폭동을 일으켰다.[36] 축치족 전사들은 아나디르 요새 주변의 촌락과 조세징수기지(ясачное зимовье)들을 급습하여 많은 이들을 살해하거나 포로로 잡았다. 이 폭동의 여파로 아나디르와 야쿠츠크에서는 한동안 캄차카 반도로 탐험대를 보내지 못했다.

축치족의 폭동이 잠잠해 진 이후인 1690년대 중반에 아틀라소프 직전의 마지막 캄차카 원정대를 이끈 루카 세묘노프 모로스코(Лука Семёнов Мороско)가 아나디르를 출발했다. 모로스코는 1678년부터 아나디르에서 카자크로 종사했는데, 20세기 중반까지 러시아에서는 그가 최초로 캄차카 반도를 탐험한 인물로 알려지기도 했다.[37] 모로스코 원정대는 1695~96년의 캄차카 탐험에서 원래의 목표인 캄차카 강까지 도달하지 못했다.[38] 모로스코는 캄차카 반도를 탐험하고 돌아온 후 자신이 수집한 정보를 제공하여 캄차카 반도의 최신 지리 정보가 반영된 지도가 작성되는데 공을 세웠고, 이 지도는 훗날 아틀라소프의 원정에서 유용하게 활용됐다. 여기에 모로스코는 정보 제공에만

---

36) ibid., ч. 2, c. 42.
37) ibid., ч. 2, cc. 52-53.
38) ibid., ч. 2, c. 64.

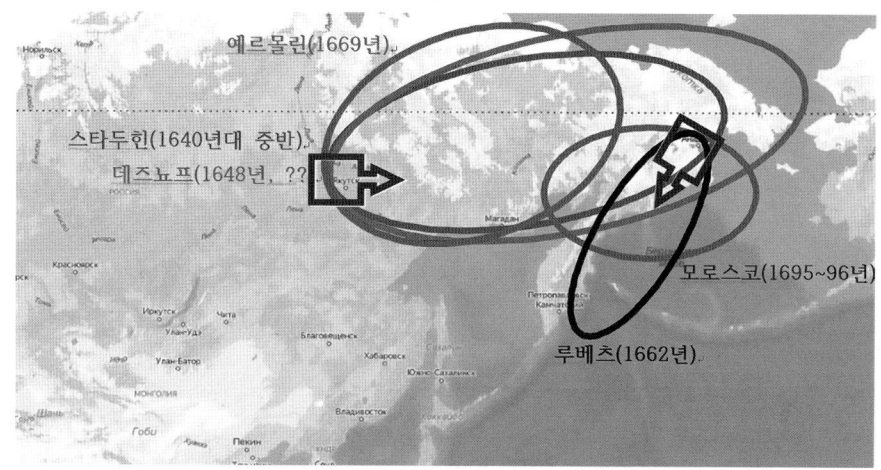

그림 2. 아틀라소프 이전 러시아인(카자크)의 캄차카 탐험사

* 출처: 저자 작성

그치지 않고 아틀라소프의 캄차카 원정에 직접 참여하여 원정의 성공에 상당한 기여를 했다.

Ⅲ. 러시아와의 교류 이전 캄차카의 상황

러시아인 최초로 캄차카 땅을 밟은 스타두힌을 비롯하여 아틀라소프에 이르기까지 그 어떤 외부인의 관측에서도 캄차카 지역에서 통일된 국가나 정부의 존재를 보고한 흔적은 없다. 이는 캄차카가 러시아제국에 정복되기 전까지 단일한 지도 체제나 정치 시스템을 보유하지 못했고, 외부의 강대한 세력(중국이나 한국, 일본 등)에 의해 지배되지 않았다는 의미로 받아들일 수 있다.[39] 1741-42년에 캄차카 지역을 방문한 스텔라(Steller)는 캄차카를 다스린 공통의 지배 세력이나 이곳을 통치한 외부 세력은 없다고 단언하기도 했다. 실제로 캄차카의 토착 원주민 세력이 그나마 통일된 저항 세력을 형성했던 시기는 아틀라소프의 원정 이후인 1720년대였다.[40] 즉, 17세기 말 아틀라소프의 1차 원정 당시에 캄차카 지역의 모든 토착 민족은 국가의 통치에 따른 전시 동원 체제를 이용하여 효율적인 대응을 할 능력이나 경험을 보유하지 못했다. 그리고 무기체계 역시 문제였다. 아틀라소프의 보고에 따르면 캄차카 현지인들은 동물의 뼈와 돌로 만든 활과 화살을 사용했고, 철제 무기는 없었다.[41] 이는 철제 무기와 화약 총기류로 무장한 러시아 원정대가 소수의 인원으로도 수적으로 우세한 토착 원주민과의 무력 분쟁에서 압도적 우위를 점할 수 있는 장점으로 작용했다.

여기에 캄차카 지역의 여러 곳에 분포해 있던 토착 민족인 축치족과 유카기르족, 코랴크족(коряки)[42], 이텔멘족(Ительмени)[43]은 서로 반목하고 있

---

39) G. W. Steller (2003), op.cit., p.181.
40) 1720년대 캄차카 폭동은 2명의 이텔멘족 수장이 조직적인 형태로 지도했다. 이들은 토착 원주민들을 규합하여 세력을 키웠고, 러시아 수비대에 대한 외부의 지원을 단절시키는데 주력했다. 안나 레이드 (2003), op.cit., pp.304-305.
41) В. В. Атласов, "《Скаски》 Владимира Атласова," К. В. Цеханская (1989), op.cit., cc. 70-72.
42) 포사이스는 현재의 코랴크족 조상이 아나디르만에서부터 남쪽으로 캄차카 반도 북부와 오호츠크해 북부 해안 부근에 거주하고 있었다고 주장한다. 그에 따르면 '코랴크'라는 명칭도 축치어와 코랴어의 '순록'을 의미하는 단어에서 유래했다고 한다. 제임스 포사이스 (2009), op.cit., p.87.
43) 정재겸은 이텔멘족이 동남아시아에서 캄차카로 이주해온 고아시아족과 중앙아시아에서 캄차카로 온 북미 인디언 선조들 간의 결합 속에서 7천년 전에 형성된 소수민족이라고 설명하고 있다. 조지 케넌 (2011), op.cit., p.77(각주 30번); 캄차카 반도의 중남

었고, 그로 인해 러시아의 침공에 효과적으로 대응하는 단일한 저항 세력 구축에 실패했다. 아나디르 근방의 유카기르족은 17세기말 러시아의 침입과 압박을 피해 캄차카 북부로 이동했고, 이 과정에서 현지에 있던 코랴크족과의 분쟁을 피할 수 없었다.[44] 코랴크족은 러시아 원정 이전에 캄차카 북부를 침공했고,[45] 이텔멘족을 공격해 그들을 중부 이남으로 밀어냈다. 중·남부에 산재했던 이텔멘족의 내부 분열도 심각했는데, 이는 훗날 아틀라소프에게 유리하게 작용했다. 아틀라소프 원정대는 캄차카 중부 지역으로 이동한 후 중부와 남부의 이텔멘족 간 심각한 반목을 이용해 손쉽게 중부의 이텔멘족과 연합하여 안정적인 거점기지를 확보할 수 있었다.[46]

캄차카 내부의 이러한 분열은 각각의 토착 민족들 간 폐쇄적인 소통 체계와 다른 민족과 부족에 대한 뿌리 깊은 불신에서 비롯됐을 것으로 추정된다. 설사 상호 소통이 있었더라도 이는 주거지역이 겹치는 일부 부족 간의 소통에 불과했기에 외부 세력의 침공 초기에 이에 대응하는 저항을 위한 단일 대오 형성은 사실상 불가능했다. 그리고 이들은 자주 상대방을 공격하여 자신들의 용맹을 과시하거나 포로들을 노예로 활용하곤 했다.[47] 축치족의 경우 유카기르족과 물물교환 형태의 교류를 이어오다 유카기르족을 복속한 러시아제국의 통제로 이것이 여의치 않게 되자 유카기르족을 자주 공격해 약탈하기도 했다.[48]

부 지역에 거주했던 이텔멘족은 북부의 코랴크족과 생활습관에서 차이가 있었다. 스텔라에 따르면 18세기의 코랴크족은 이텔멘족을 자신들과 '다른 사람들'로 땅 속에서 사는 이들이라고 했다. G. W. Steller (2003), op. cit., p. 185.
44) 제임스 포사이스 (2009), op. cit., p. 95.
45) G. W. Steller (2003), op. cit., p. 181.
46) Б. П. Полевой (1997), op. cit., ч. 2, с. 88.
47) 이러한 포로들은 2~3년간 노예생활을 한 뒤 석방되어 귀향할 수 있었다. G. W. Steller (2003), op. cit., p. 181.
48) 제임스 포사이스 (2009), op. cit., pp. 95-96.

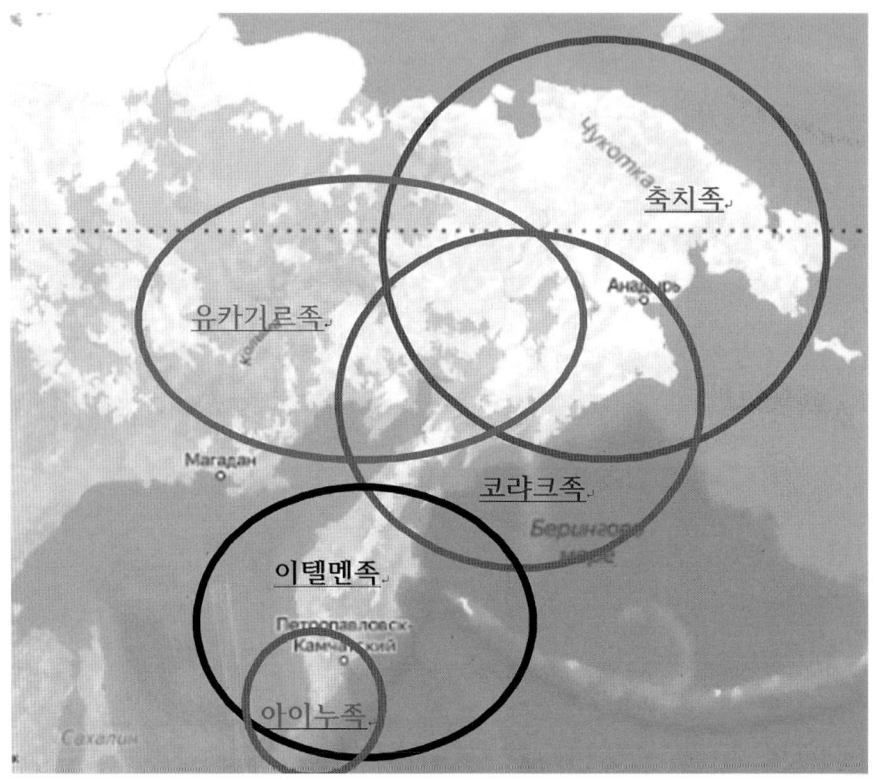

그림 3. 17~18세기 캄차카의 토착 소수민족 세력분포도
* 출처: 저자 작성

    결국 시베리아 동남부가 러시아제국의 영향력에 편입되는데 200년 이상 소요된 반면에 캄차카를 비롯한 시베리아 북동부가 러시아에 복속되는데 반 세기도 걸리지 않은 이유는 단일하고 통일된 지배 세력이나 국가체제의 미비가 가장 큰 이유였다고 볼 수 있다. 특히 러시아제국은 캄차카에서 국가 차원의 강력하고 조직적인 반발과 대응을 경험하지 않았다. 이는 러시아가 아무르 지역을 포함한 시베리아 동남부로 진입하는 과정에서 청제국의 강력한 반격에 포기했던 것과 비교해 보면 놀라운 역사적, 지리적 행운이었다고 할 수 있다.

Ⅳ. 아틀라소프의 1차 캄차카 원정

1. 아틀라소프의 개인적 삶

푸시킨이 '캄차카의 예르마크'(Камчатский Ермак)[49]라 칭송했던 블라디미르 블라디미로비치 아틀라소프(Владимир Владимирович Атласов)는 야쿠츠크에서 태어났다.[50] 그의 아버지인 블라디미르 티모페예프 오틀라스(Владимир Тимофеев Отлас)는 러시아 중부 지역인 페름(Пермь) 출신의 하급 상인(покрученик)이자 야쿠츠크의 카자크로 자주 모스크바를 오갔다.[51] 아틀라소프의 아버지 성이 '오틀라스'(Отлас)임에도 아틀라소프의 성이 '아틀라소프'(Атласов)인 것은 원래 아버지의 성인 '오틀라스'가 '아틀라스'(Атлас)[52]로 서류에 잘못 기입된 것에서 유래했다. 훗날 아틀라소프는 이를 뒤늦게 확인하고 본인의 성을 '오틀라소프'(Отласов)에서 '아틀라소프'(Атласов)로 정정했다.[53]

---

49) 예르마크 티모폐예비치(Ермак Тимофеевич)는 16세기 러시아의 카자크 지휘관으로 1582년 840명의 소규모 병력을 동원하여 시비르 칸국을 정복한 인물이다. 링컨은 예르마크의 시비르 칸국 정복을 당대의 콜럼버스나 코르테스에 비견할 만한 역사적 업적으로 평가하고 있다. W. Bruce Lincoln (1994), op.cit., pp.41-42; 즉 푸시킨은 아틀라소프의 캄차카 정복을 예르마크의 시비르 칸국 정복과 같은 위대한 역사적 사건으로 칭송하고 있는 것이다.
50) 아틀라소프가 태어난 시기는 현재까지도 명확하지 않다. 벨로프(М. И. Белов)는 1630년대 중반, 오그리즈코(И. И. Огрызко)는 1650년 초, 폴레보이는 1660년대 초를 주장하고 있다. Б. П. Полевой (1997), op.cit., ч. 2, с. 76.
51) ibid., ч. 2, сс. 72-73; В. В. Атласов, "《Скаски》 Владимира Атласова," К. В. Цеханская(1989), op.cit., с. 67.
52) 17세기에 러시아인들은 비단을 의미하는 '캄차'(камча)를 '아틀라스'라고도 불렀다. 즉, 아틀라소프의 성은 비단을 뜻하는 단어에서 유래됐다는 추정이 가능하다. 강성희 (2021), op.cit., p.159.
53) Б. П. Полевой (1997), op.cit., ч. 2, с. 76.

오틀라스는 하급 카자크로 일을 하면서 교육의 중요성을 깨달았다. 그래서 아들 3명에게 가정 학습으로 기본적인 소양을 교육시켰다.[54] 아틀라소프 3형제는 맏형인 이반(Иван)과 둘째인 블라디미르(Владимир), 막내인 그리고리(Григорий)였다.[55] 그리고리는 훗날 둘째 형 블라디미르의 캄차카 원정에 동행했다. 아틀라소프 형제의 어머니는 세례를 받지 않은 비(非)러시아인으로, 시베리아 소수민족 출신으로 추정되고 있다.[56] 당시에는 시베리아에 온 많은 러시아인이 현지의 소수민족 출신 여성과 결혼하는 사례가 많았다. 그러나 아틀라소프는 정교회 신자인 러시아인 여성 스테파니다(Степанида)와 결혼했고[57], 1684년 첫 번째 아들인 이반(Иван)을 얻었다.[58]

1682년 아틀라소프는 카자크로 첫발을 내딛었다.[59] 그는 1680년대에 야쿠츠크 요새를 거점으로 조세(야삭) 징수 업무에 주력했다. 이 당시 그는 실적 욕심에 조세 징수에 과하게 열중했고, 그로 인해 조세 대상인 야쿠트족(якуты)[60]이 고통을 겪기도 했다.[61] 한편으로 그는 야쿠츠크 주변 지역을 탐색하

---

54) ibid., ч. 2, с. 74.
55) ibid., ч. 2, с. 76.
56) 폴레보이는 아틀라소프의 어머니가 야쿠트인이라 확신한다. ibid., ч. 2, с. 77.
57) 체한스카야는 그녀의 정확한 이름을 스테파니다 페도로브나(Степанида Федоровна)라고 했다. В. В. Атласов, "《Скаски》 Владимира Атласова," К. В. Цеханская(1989), op.cit., с. 67.
58) ibid.
59) Б. П. Полевой (1997), op.cit., ч. 2, с. 71.
60) 포사이스는 야쿠트족을 시베리아 삼림지대의 남쪽에서 북부 삼림지대로 이주한 내륙아시아의 투르크족 계열로 보고 있다. 그에 따르면 야쿠트족은 레나 강변에서 퉁구스족과 함께 거주했는데, 스스로를 사하족(Caxa, Sakha)이라 불렀지만, 퉁구스족이 그들을 지칭한 예케트(Yeket)에서 야쿠트족이란 명칭이 유래했다고 한다. 제임스 포사이스 (2009), op.cit., pp.70-71.
61) Б. П. Полевой (1997), op.cit., ч. 2, с. 79.

그림 4. 블라디미르 블라디미로비치 아틀라소프

* 출처: "Крест Атласова," КОМСОМОЛЬСКАЯ ПРАВДА, 24 июля 2018, https://www.kp.ru/daily/26859/3901517/ (검색일: 2022.10.01).

는 탐험대에도 합류하여 훗날의 원정을 위한 여러 경험을 축적할 수 있었다. 이 시기에 그는 아버지인 오틀라스를 통해 당대 동시베리아를 탐험한 저명한 카자크들과 교류했다. 그 중에는 레나 강에서 콜리마 강까지 야쿠츠크 지역 상당수를 탐사한 막심 무호플레프(Максим Мухоплев)도 있었다.[62] 당시 무호플레프는 모로스코로부터 캄차카 반도에 관한 여러 정보를 입수했는데, 아틀라소프 역시 이 당시 무호플레프와의 교류를 통해 캄차카 정보를 청취했을 것으로 추정된다.

1684년 아틀라소프는 현재의 하바롭스키 변경주(Хабаровский край)를 관통하는 우다 강(река Уда) 탐험대에 참여했다. 이 과정에서 청나라의 알바진 요새(Албазинский острог) 공격 계획을 야쿠츠크 요새에 전달

---

[62] ibid., ч. 2, с. 77.

하는 임무를 수행하기도 했다.[63] 이때 그와 함께 한 이들 중에는 베링 해협을 탐험한 세몬 데즈뇨프의 아들인 류빔 데즈뇨프(Любим Дежнёв)도 포함되어 있었다.[64]

2. 원정의 준비과정

208년(1700)[65] 6월 3일 야쿠츠크의 행정관청에서 야쿠츠크의 50부장 카자크인 볼로디메르 오틀라소프가 야쿠츠크의 지방판사이자 총독인 다로페이 아파나시예비치 트라우르니흐트와 서기인 막심 로마노프 앞에 출석하여 (다음과 같이) 이야기했다: 지난 203년(1695)에 존경하는 (가가린) 총독의 명을 받들어 볼로디메르는 (카자크) 부하들과 함께 국가를 위한 조세 징수를 목적으로 아나디르 곶의 동계 숙영지로 파견됐다.[66]

---

63) ibid., ч. 2, с. 78.

64) В. В. Атласов, "≪Скаски≫ Владимира Атласова," К. В. Цеханская (1989), op. cit., с. 67.

65) 1700년 이전까지 러시아에서는 1492년 이반 3세(Иван III, 1440-1505)의 달력 개혁(календарная реформа)에 따라 1492년을 기점으로 연도를 계산했다. 따라서 여기서의 208년은 1700년을 의미한다. "События истории Руси за 1492 год," https://rusistori.ru/daty/1492/ (검색어: 2022.09.17); 이후 러시아는 표트르 1세가 1700년을 기점으로 다시 달력 개혁을 단행하여 율리우스력으로 변경했다. "Календарная реформа Петра l," https://vitalidrobishev.livejournal.com/7710643.html (검색어: 2022.09.17).

66) В. В. Атласов, "≪Скаски≫ Владимира Атласова," К. В. Цеханская (1989), op. cit., сс. 69-70; 아틀라소프의 캄차카 원정과 관련한 가장 중요한 역사적 사료는 그가 원정 후 직접 증언한 『이야기』(Скаски)이다. 1700년과 1701년 2차례에 걸쳐 구술한 아틀라소프의 원정 보고서인 『이야기』에는 1차 캄차카 원정에 관한 내용뿐만 아니라 그의 개인사에 관한 내용도 일부 포함되어 있다. 본 연구에서는 체한스카야의 책(сс. 69-85)에 실린 아틀라소프의 증언록인 『이야기』 원본뿐만 아니라 이를

(208 году, июня в 3 день, явился в Якутцком в приказной избе, перед стольником и воеводою Дорофеем Афанасьевичем Трау рнихтом да перед дьяком Максимом Романовым Якутцкий пят идесятник казачей Володимер Отласов и сказал: В прошлом в 203 году, по указу великого государя, посылан был он Володи мер с служилыми людьми за Нос в Анадырское зимовье, для г осударева ясачного сбору.)

1691년부터 아틀라소프는 야쿠츠크 주변보다 먼 지역으로 파견되기 시작했다.[67] 1692년 여름 그는 동부 축치족을 겨냥한 아나디르 요새의 원정대에 참여했다. 이 과정에서 아틀라소프는 원정대장과의 관계가 악화되면서 야쿠츠크로 소환돼 처벌받기도 했다.[68] 이후 원정대장이 자신에게 우호적인 안드레이 치판딘(Андрей Ципандин)으로 교체되자 그는 다시 야쿠츠크에서 아나디르로 향했다.[69] 1694년 아틀라소프는 아나디르에서 징수한 세금(주로 모피)을 야쿠츠크로 호송했다. 임무를 마친 그는 야쿠츠크의 총독(воевода)[70]인 가가린(Иван Михайлович Гагарин)과의 면담에서 새로운 땅

    토대로 그의 원정을 분석한 러시아 학자들의 문헌을 토대로 1차 캄차카 원정을 재구성했다.

67) Б. П. Полевой (1997), op.cit., ч. 2, с. 80; В. В. Атласов, "《Скаски》 Вл адимира Атласова," К. В. Цеханская(1989), op.cit., с. 68.
68) Б. П. Полевой (1997), op.cit., ч. 2, cc. 80-81.
69) ibid., ч. 2, с. 81.
70) 19세기 러시아의 역사가 클류쳅스키(В. О. Ключевский)의 『신분사』(История сословий в России, 1887)의 한글판을 낸 조호연·오두영은 '보예보다'(воевода)를 '지방군사장관'으로 번역했다. 모스크바국 시대 이후부터 '보예보다'가 '군 지휘관'이라는 원래의 의미 외에 지방장관의 성격도 가미되었기 때문에 '지방군사장관'이

(캄차카 반도)으로 향하는 원정 계획을 제안했다.[71] 이 제안을 수락한 가가린 총독은 1694년 10월 아틀라소프를 카자크 부대의 50부장 지휘관으로 임명했다.[72] 그리고 이듬해인 1695년 8월 그는 아나디르 요새의 새로운 책임자로도 임명됐다. 그 직후 그의 캄차카 원정대는 아나디르로 출발했다. 당시 아나디르로의 경로는 강의 수로를 통해서만 가능했다. 그래서 아틀라소프 원정대는 여러 험로를 거쳐 1696년 4월에야 아나디르에 도착했다.[73]

당시 아나디르 요새에는 소수의 주민들이 거주하고 있었다. 이는 1680년대 말 원주민 폭동의 여파로 당시 요새 주위에서 상당수의 적대적인 축치족과 코랴크족이 여전히 준동하고 있었기 때문이었다.[74] 당시 아나디르로 유입되는 인원은 감소하고 유출되는 수만 증가하고 있었다. 아나디르에서 아틀라소프는 모로스코가 직전에 행한 캄차카 탐험에 관한 소식을 접했다.[75] 그는 이에 자극받아 더욱 규모를 화대한 새로운 캄차카 원정 계획을 세우기 시작했다. 그런데 이 계획에는 모피 수집을 위한 단순 탐험이 아닌 캄차카 지역의 완

라 한 것이다. 그러나 본 저자는 '보에보다'를 '지방군사장관'보다는 '총독'으로 번역했다. 독자들이 '지방군사장관'보다는 총독이라는 용어가 보에보다의 성격을 이해하기 쉬울 것이라 판단했기 때문이다. 실제로『고려대한국어대사전』에서는 '총독'의 기본적 의미를 '어떤 관할 구역 안의 모든 행정을 총체적으로 감독하고 다스림. 또는 그러한 사람'으로 정의하고 있다. 바실리 오시포비치 클류쳅스키 (2007), op. cit., p. 242(각주 12); 네이버 국어사전: 고려대한국어대사전 - '총독' https://ko.dict.naver.com/#/entry/koko/3ffab792cc9b4149a215c811bab968c4 (검색일: 2022.09.15).

71) В. В. Атласов, "≪Скаски≫ Владимира Атласова," К. В. Цеханская (1989), op. cit., с. 68.
72) Б. П. Полевой (1997), op. cit., ч. 2, с. 82.
73) ibid., ч. 2, с. 84.
74) ibid.
75) ibid; 체한스카야는 아틀라소프가 루카 세메노프와 스타리친 모로스코 2명에게서 캄차카 정보를 얻었다고 설명하나, 이는 루카 세메노프 모로스코의 이름을 혼동한 것으로 보인다. В. В. Атласов, "≪Скаски≫ Владимира Атласова," К. В. Цеханская(1989), op. cit., с. 68.

전한 복속이라는 구상까지 포함되어 있었다.[76] 이반 하리토노프(Иван Харитонов)와 미하일 오스타피에프(Михаил Остафьев)가 추후 수익분배를 기대하며 아틀라소프가 조직한 원정대를 재정지원했다.[77] 캄차카 원정을 위한 모든 준비가 끝나자 아틀라소프는 총 120명의 카자크와 상인, 상공업자(промышленные), 유카기르족 대원들을 이끌고 1696년 12월 아나디르를 떠났다.[78]

3. 원정의 경과

아틀라소프 원정대는 캄차카 반도 북서부 펜지나 강(река Пенжина) 유역부터 탐사를 시작했다.[79] 코랴크족의 땅인 이곳에서 아틀라소프는 많은 코랴크인들에게 러시아제국으로의 복속을 강요하고 야삭(모피)을 징수했다. 정복 작업은 순조로웠으나 원정대가 기존에 이미 복속한 코랴크족에게까지 과중한 세금을 강요하는 행동을 자행해 많은 원성을 유발했다.[80] 사실 이 문제는 아틀라소프의 캄차카 원정이 실패로 끝났을 경우 문제가 될 소지가 있었다. 코랴크족들이 러시아제국 정부에 탄원서를 제출했고, 아나디르의 새로운 총독이 이를 야쿠츠크에 보고할 정도로 상황이 심각했기 때문이다. 코랴크족

---

76) 폴레보이는 아틀라소프가 캄차카 정복을 원정의 가장 주요한 목표로 내세웠을 것이라 주장하고 있다. Б. П. Полевой (1997), op.cit., ч. 2, с. 84.
77) ibid.
78) ibid; 체한스카야에 따르면 상공업자 포함 총 125명이라고 한다. В. В. Атласов, "《Скаски》 Владимира Атласова," К. В. Цеханская(1989), op.cit., с. 68.
79) Б. П. Полевой (1997), op.cit., ч. 2, с. 85.
80) ibid., ч. 2, сс. 85-86; 체한스카야는 코랴크족의 탄원서 제출 이유가 이미 다른 카자크(미하일 지노비에프 므노가그레시니)에게 야삭을 납부했는데, 아틀라소프가 또 다시 야삭을 징수했기 때문이며, 아틀라소프는 이를 몰랐다고 주장한다. В. В. Атласов, "《Скаски》 Владимира Атласова," К. В. Цеханская(1989), op.cit., с. 68.

의 집단 반발로 인해 원정이 무산될 위기에 몰린 아틀라소프는 캄차카 북부에서 남부로 방향을 돌리기로 결정했다.[81]

이 시기 또 다른 문제가 발생해 아틀라소프의 계획을 위협하기도 했다. 1697년 초 그리고리 포스트니코프(Григорий Постников)가 아틀라소프를 대신해서 아나디르의 새로운 책임자로 부임했다. 포스트니코프는 귀족인 지방 봉직자(сын боярский)[82] 출신으로 아틀라소프와 오래 알고 지냈으나 사이가 좋지 못했다. 그는 아틀라소프가 사나운 성격(горяций нрав)의 소유자이기에 캄차카 반도의 순조로운 정복이 어려울 것이라고 예측했다.[83] 결과적으로 이런 그의 판단은 옳았다. 실제로도 아틀라소프의 캄차카 원정은 잔혹한 방식으로 이루어졌고 그로 인해 불만을 품은 캄차카 북부의 반(反)러 코랴크족이 나중에 원정대의 귀환을 강력하게 방해하고 위협했다. 부임 후 포스트니코프는 아틀라소프 원정대에게 귀환 명령을 내렸으나 이를 전달하려던 오시프 미로노프(Осип Миронов)[84]가 아틀라소프와 접촉하는데 실패했다.

아틀라소프 원정대는 캄차카 반도 북서부 해안을 따라 이동하면서 수많은 코랴크 부족을 복속시키고 세금을 징수했다. 계획이 순조롭게 진행된다고 판

---

81) ibid., cc. 68-69.
82) 클류쳅스키에 따르면 '보야린의 자제'(сын боярский, 혹은 дети боярские)라는 단어의 의미는 17세기에 아직 보야린이라는 칭호를 받지 못한 보야린 가문의 사람들을 가리켰는데, 이는 '보야린 후보'라는 의미였다. 원래 17세기 이전인 분립영지가 사라지던 시기에 보야린의 지위를 가진 가문의 일원만 수도인 모스크바에 남고 가문의 나머지 사람들은 지방에 남아서 보야린이 되기를 기다려야 하는 상황에서 나온 것이었다. 이후 '보야린의 자제(들)'이라는 칭호는 지방의 봉직자를 가리키는 용어로 굳어졌다. 바실리 오시포비치 클류쳅스키 (2007), op.cit., pp.261-262.
83) Б. П. Полевой (1997), op.cit., ч. 2, с. 85.
84) 미로노프는 이후 캄차카 남부 지방의 책임자로 임명돼 활동하기도 했다. ibid.

단한 아틀라소프는 본대를 둘로 나누어 캄차카 원정을 진행하고자 했다.[85] 60명의 대원으로 구성된 원정 분대가 반대편인 캄차카 반도 북동부 해안에 인접한 류토르 해(Люторское море) 방면으로 이동했다.[86] 류토르 원정대는 그 지역과 인근 섬들을 탐험하며 현지 원주민을 복속시키고 조세 징수 작업을 했다. 아틀라소프는 남은 대원들과 함께 원정 본대를 지휘하여 오호츠크해(Охотское море)와 접한 캄차카 반도 서부해안을 따라 이동했다.[87] 이 과정에서 접촉한 순록계 코랴크족(оленые коряки)[88] 지역민들은 아틀라소프의 복속과 세금 징수 시도에 강하게 저항했다. 이에 아틀라소프 원정대는 무력을 앞세워 이들을 강하게 압박했다. 이 공격의 와중에 더 큰 악재가 발생했다. 아나디르 인근의 반(反)러 유카기르족이 원정대에 참여하고 있던 유카기르 대원 일부와 합세하여 아틀라소프 원정대와 아나디르 요새를 동시에 공격하려는 음모를 계획했다.[89] 다행히 요새가 방어에 성공하면서 유카기르족의 아나디르 공격은 실패했다. 당시 캄차카 반도 중부 지역에 위치한 팔라나 강(река Палана) 부근의 아틀라소프 원정본대 역시 유카기르족 오마(Ома)

---

85) В. В. Атласов, "《Скаски》 Владимира Атласова," К. В. Цеханская (1989), op.cit., с. 71.
86) 아틀라소프『이야기』에서는 누가 이 원정 분대의 지휘관인지 언급하고 있지 않으나, 폴레보이는 아틀라소프의 1차 원정 직전에 캄차카에 왔던 모로스코가 지휘했다고 기록했다. Б. П. Полевой (1997), op.cit., ч. 2, с. 86.
87) Б. П. Полевой (1997), op.cit., ч. 2, с. 86.
88) 이들은 순록을 사육하는 코랴크족으로 현지어로는 '차브추벤니'(Чавчувены)라고 불린다. 순록은 차브추벤니족의 삶에 있어서 가장 핵심이 되는 수단으로 지역간 이동은 물론 식량과 의복 등의 원천으로 활용된다. "КАМЧАТСКИЙ ЦЕНТР НАРОДНОГО ТВОРЧЕСТВА - Коряки," http://www.kamcnt.ru/traditional_culture/small_nations/672/ (검색일: 2022.08.09).
89) В. В. Атласов, "《Скаски》 Владимира Атласова," К. В. Цеханская (1989), op.cit., с. 71; Б. П. Полевой (1997), op.cit., ч. 2, с. 87.

가 이끄는 무리의 급습을 막아내고 이들을 추적하여 죽였지만, 이 과정에서 상당수 원정대원들이 전사하거나 부상하는 손실을 입었다.[90] 그리고 아틀라소프 역시 유카키르의 반란을 진압하는 과정에서 부상을 입었다. 이 사건 후 아틀라소프는 원정의 동력을 강화하기 위해 동부해안을 탐사하던 모로스코에게 본대와 합류하라고 지시했다. 그러나 모로스코는 '코흐차'(урочище Koxua)란 지역에서 코랴크족에게 살해됐다.[91]

모로스코 사후 아틀라소프 원정대는 티길 강(река Тигиль)[92]을 따라 이동하다 캄차카 강(река Камчатка)에 도착했다. 당시 캄차카 강에는 많은 수의 이텔멘족[93]이 산재해 있었다. 아틀라소프는 그의 증언에서 캄차카 강 양편으로 5백 가구(юрт) 이상이 살고 있다고 전했다.[94] 캄차카 강 중류 지역에서 진행된 아틀라소프 원정대의 복속 작업은 별다른 어려움 없이 신속하게 진행됐다. 당시 중부 이텔멘족은 캄차카 강 하류의 호전적인 남부 이텔멘족과 적대적인 관계였다. 그래서 캄차카 강 중류의 이텔멘족은 아틀라소프와 협력하여 하류 지역을 공략하고자 했기에 그의 복속 요구에 응했다.[95]

이후 아틀라소프 원정대는 캄차카 강 하류로 이동하여 중부의 이텔멘족과 함께 남부의 이텔멘족을 공격했다. 남부 이텔멘족은 순순히 러시아에 복속하지도, 야삭을 납부하려고도 하지 않았기에 아틀라소프는 상당히 거칠고 잔혹

---

90) В. В. Атласов, "《Скаски》 Владимира Атласова," К. В. Цеханская (1989), op.cit., сс. 71-72; Б. П. Полевой (1997), op.cit., ч. 2, с. 87.
91) ibid.
92) 아틀라소프의『이야기』에서는 키길 강(река Кыгыл)이란 명칭으로 되어 있다.
93) 아틀라소프의『이야기』에서는 현지 캄차달족(камчадальские иноземцы)이란 명칭으로 되어 있다.
94) В. В. Атласов, "《Скаски》 Владимира Атласова," К. В. Цеханская (1989), op.cit., с. 73.
95) ibid., с. 72; Б. П. Полевой (1997), op.cit., ч. 2, с. 88.

하게 대응했다.[96] 이후 원정대는 캄차카 반도 남부끝까지 이동한 것으로 추정된다. 기록상 아틀라소프가 쿠릴족(Курильские народ)이라 불리던 아이누족(Ainu, Айны)과 러시아인으로서는 최초로 조우했기 때문이다.[97] 1697년 가을 아틀라소프 원정대는 캄차카에 거주하던 아이누족과 접촉했다. 원정대는 6개의 쿠릴족 요새를 발견했고, 복속과 야삭 징수에 저항하는 쿠릴족 50명을 죽였다. 당시 아틀라소프 일행은 아이누족이 사용하는 단어인 사람을 뜻하는 '쿠르'(кур)에서 유래하여 이들을 '쿠릴'족이라 불렀다.[98] 이때 아틀라소프는 쿠릴 열도의 존재도 러시아 최초로 확인했다. 그의 정보 덕분에 쿠릴 열도는 이 때부터 세계 지도에 기록되기 시작했다.

한편으로 아틀라소프는 캄차카 원정 과정에서 일본인 조난자들[99]과 접촉하기도 했다. 러시아제국은 이미 지난 모로스코 원정 과정에서 이들에 대한 정보를 입수한 바 있었다. 이들은 우자킨(Узакин) 출신[100]으로 상선을 타고 인도(Индея)[101]로 이동하던 중 태풍을 만나 조난을 당해 캄차카 반도에 표

---

96) В. В. Атласов, "≪Скаски≫ Владимира Атласова," К. В. Цеханская (1989), op.cit., сс. 72-73.
97) ibid., сс. 73-74; Б. П. Полевой (1997), op.cit., ч. 2, сс. 90-91.
98) В. В. Атласов, "≪Скаски≫ Владимира Атласова," К. В. Цеханская (1989), op.cit., сс. 73-74; Б. П. Полевой (1997), op.cit., ч. 2, с. 90.
99) 아틀라소프의 『이야기』에서는 일본인 조난자들의 이름은 기록되어 있지 않다. 그리고 당시 캄차카 현지인들은 아틀라소프 일행에게 이들이 러시아인이라고 이야기하기도 했다. В. В. Атласов, "≪Скаски≫ Владимира Атласова," К. В. Цеханская(1989), op.cit., сс. 73-74; 그러나 체한스카야와 폴레보이는 이들 중 한 명의 이름이 '덴베이'(Денбей), 김석희는 '덴베에'(伝兵衛)라고 언급한다. ibid., с. 83(미주 4); Б. П. Полевой (1997), op.cit., ч. 2, с. 90; 김석희 (2018), op.cit., p.677.
100) 아틀라소프의 『이야기』에서는 우자킨국(Узакинское государство) 출신으로 나오는데 이는 일본의 도시 오사카와 혼동한 것으로 보인다. В. В. Атласов, "≪Скаски≫ Владимира Атласова," К. В. Цеханская(1989), op.cit., с. 73.
101) 아틀라소프의 『이야기』에서는 인도(Индея)로 가는 여정으로 나오나, 체한스카야

류했다. 아틀라소프는 캄차카에서 이 소문을 듣고 현지인들을 통해 이들과 접촉했다. 당시 일본인 조난자들은 현재 캄차카 반도 중부의 서부해안을 통해 오호츠크해로 흘러들어가는 이차 강(река Ича) 인근 지역의 이텔멘 거주지역에 머물고 있었다.[102] 당시 이텔멘족은 이들을 러시아인이라 생각했고, 아틀라소프 일행은 이들을 인도인으로 여겼다. 아틀라소프와 만난 일본인 중 한 명이 그와 함께 모스크바로 갔고 그곳에서 일본으로 귀국하지 못한채 생을 마쳤다. 아틀라소프는 자신이 일본인을 만난 최초의 러시아인이라 여겼고, 후대의 많은 학자들도 이에 동의했지만, 이는 사실이 아니었다. 이들보다 약 백여 년 앞선 17세기 초 러시아 서남부의 볼가 강(река Волга)을 방문했던 일본인에 대한 기록이 19세기 말 바티칸의 고문서에서 발견됐기 때문이다.[103] 그러나 아틀라소프가 러시아의 극동시베리아 지역에서 일본인과 접촉한 최초의 러시아인이라는 사실은 변함이 없다.

여기서 아틀라소프는 자신의 캄차카 원정을 사실상 마무리지었다. 즉, 아틀라소프 원정대는 캄차카 반도 정복작업에 있어 중부 지역의 복속은 달성하나 남부 전역까지는 완료하지 못하고 멈췄다. 그 이유는 원정대의 인원 손실이 심각한 수준에 이르러 원정의 동력이 소진됐기 때문으로 추정된다. 그리고 이 와중에 북부의 코랴크족들은 지속적으로 아틀라소프의 원정을 위협하고 있었다. 당시 북부의 반(反)아틀라소프 코랴크족은 러시아제국에 복속한 친(親)아틀라소프 코랴크족과 치열하게 대립했다.[104] 이 과정에서 수많은 친(親)아틀

와 폴레보이, 김석희는 이것이 인도가 아닌 당시 일본의 수도인 에도라고 지적했다. ibid; Б. П. Полевой (1997), op.cit., ч. 2, с. 90; 김석희 (2018), op.cit., p.677.
102) Б. П. Полевой (1997), op.cit., ч. 2, с. 89.
103) 폴레보이에 따르면 그는 필리핀 제도에서 러시아로 왔다고 한다. ibid., ч. 2, с. 90.
104) ibid., ч. 2, с. 89.

라소프 코랴크족이 학살을 당하기도 했다. 결국 캄차카 반도가 완전히 러시아 제국 영토에 편입된 시기는 2차원정이 이루어진 1700년대 초였다.

4. 원정의 마무리와 귀환

캄차카에서의 원정을 사실상 마무리 지은 아틀라소프는 자신이 이룩한 성과를 자축했다. 그는 캄차카 반도 중부에 위치한 카누치 강(река Кануч ь)[105] 좌안에 캄차카 원정의 공적을 새긴 대형 십자가(крест)를 건립했

그림 5. 십자가를 설치하는 카자크들

* 출처: "РУССКОЕ ГЕОГРАФИЧЕСКОЕ ОБЩЕСТВО - КАМЧАТСКОЕ КРАЕВОЕ ОТДЕЛЕНИЕ - 13 ИЮЛЯ 2022 ГОДА - 325 ЛЕТ ПРИСОЕДИНЕНИЯ КАМЧАТКИ К РОССИИ," https://www.rgo.ru/ru/article/13-iyulya-2022-goda-325-let-prisoedineniya-kamchatki-k-rossii (검색일: 2022.10.01).

---

105) 캄차카 강의 지류로, 과거에는 '카누치'(Канучь)와 '크레스토바야'(Крестовая) 라는 명칭을 가지고 있었으나 19세기 말부터 벨라야 강(река Белая)으로 불리고 있다. "РЫБАК КАМЧАТКИ - Река Крестовая," https://fishnews.ru/mag/articles/8113 (검색일: 2022.08.09).

다.[106] 그리고 그는 캄차카 강 상류에 정복행위의 지속성을 유지하기 위해 새로운 요새도 건립했다. 이곳을 지키기 위해 포타프 슈류코프(Потап Сюрюков)가 카자크와 유카기르족으로 구성된 27명의 대원들과 함께 잔류했다.[107]

이후 아틀라소프는 귀환을 결정했지만 아나디르로의 여정은 순조롭지 못했다. 우선 아틀라소프는 캄차카 원정 과정에서 심각한 부상[108]을 입어 이동 속도가 느렸고, 반(反)러 코랴크족은 캄차카 북부에서 원정대의 귀환을 방해했다.[109] 당시 아틀라소프에게는 북부의 코랴크족에 대응할 수단이 부족했다. 캄차카 복속 과정에서 여러 전투를 치른 원정대원의 숫자는 현저히 감소한 상태였고, 여기에 새로운 영구기지 건립을 위해 상당수 대원들도 잔류한 상태였기 때문이다. 귀환하는 아틀라소프 원정대는 최대한 반(反)러 코랴크족과의 불필요한 접촉을 피하기 위해 은밀히 이동했다. 1699년 7월 아틀라소프는 19명의 원정대원(러시아인 15인과 유카기르족 4인)과 이텔멘족 상류층 1인, 일본인 덴베이와 함께 아나디르로 무사히 귀환하는데 성공했다.[110] 원정을 떠난 지 2년만의 일이었다.

---

106) Б. П. Полевой (1997), op.cit., ч. 2, сс. 88-89.
107) В. В. Атласов, "《Скаски》 Владимира Атласова," К. В. Цеханская(1989), op.cit., с. 75; 폴레보이는 그의 이름이 슈류코프가 아닌 세류코프(Серюков)라 주장한다. Б. П. Полевой (1997), op.cit., ч. 2, с. 91.
108) 당시 아틀라소프의 부상은 상당히 심각한 수준이었는데, 이는 당시 야쿠츠크의 총독인 다로페이 아파나시예비치 트라우르니흐트에게 남편의 무사귀환을 요청했던 스테파니다 아틀라소바(Степанида Ф. Атласова)의 서한에서도 드러난다. ibid., ч. 2, с. 94.
109) ibid., ч. 2, с. 92.
110) ibid.

V. 아틀라소프의 1차 캄차카 원정의 역사적 의의

아틀라소프의 캄차카 원정은 엄청난 수량의 모피를 향후 수세기 동안 지속적으로 조세 징수할 수 있는 영토가 러시아제국에 정복되는 역사적 결과로 이어졌다. 그래서 푸시킨을 비롯한 후대의 러시아인들은 아틀라소프의 캄차카 정복을 시베리아 정복에 비견할 만한 성과로 간주하여 그를 '캄차카의 예르마크'라 칭송했다. 그리고 당시 아틀라소프 원정대가 획득한 경제적 성과 자체도 대단했다. 특히 '부드러운 황금'이라 불린 모피의 수량이 상당했다: 흑담비(соболь) 320점, 붉은 여우(красная лисица) 191점, 쥐색 여우(сиводушчатая лисица) 10점, 캄차카산 비버(калан) 10점 등 원정 과정 중 수집한 모피의 총 수량은 541점에 달했다.[111] 18세기 중반 시베리아 중남부의 캬흐타(Кяхта)에서 (평균적으로) 모피 1장당 80~100 (은화)루블에 매매된 것[112]을 감안하면 종류를 불문하고 추산해 볼 때 대략 43,280~54,100루블이라는 엄청난 액수를 한 번의 원정을 통해 확보한 셈이었다.[113]

그러나 아틀라소프 원정대의 가장 큰 정치적 성과로 여겨지는 캄차카 반도의 러시아제국 편입은 아직 미완의 결과였다. 1차 원정이 수행된 17세기 말

---

111) В. В. Атласов, "《Скаски》 Владимира Атласова," К. В. Цеханская(1989), op. cit., с. 75; Б. П. Полевой (1997), op. cit., ч. 2, с. 92.
112) James R. Gibson (1969), op. cit., p. 17.
113) 참고로 1711년 당시 러시아제국 일반 병사의 월급은 11루블이었다. "Что можно было купить на 1 рубль: покупательская способность рубля от Петра I до наших дней," https://dzen.ru/media/tanata/chto-mojno-bylo-kupit-na-1-rubl-pokupatelskaia-sposobnost-rublia-ot-petra-i-do-nashih-dnei-60043345f8b1af50bbc88bb2 (검색일: 2022. 10. 03).

까지 러시아의 캄차카 장악력은 불완전했고, 거점기지가 있던 중부의 일부 지역 만에서 유지되고 있었기 때문이다. 당시 캄차카 북부의 코랴크족 상당수가 러시아의 조세 징수에 저항하고 있었고, 남부에서 아직 복속하지 않은 이텔멘족은 잠재적인 위협으로 남아 있었다. 이에 더해 아틀라소프의 1차 원정 이후 캄차카의 현지 토착민들은 러시아의 향후 공격에 대비하여 자신들의 요새 방어도 강화하기 시작했다.[114] 결국 러시아제국은 아틀라소프의 1차 원정에 이어 주기적으로 추가 원정대를 파견하면서 캄차카의 완전한 정복을 꾀했고, 이는 1700년대 초반에야 완수됐다. 그래서 아틀라소프의 1차 원정은 캄차카 반도의 완전한 러시아 복속이 아닌 명목상의 정복이자 선언적 의미에 불과한 것으로 평가받아야 한다.

실제로 잔류한 원정대의 슈류코프 일행과 캄차카강 중류 이텔멘족의 관계가 그 방증이 될 수 있다. 아틀라소프 원정본대가 러시아로 귀환한 이후 양측은 대립하지 않고 평화로운 관계를 유지했다. 당시 슈류코프는 자신 주변의 현지인들이 가을까지 야삭 지불을 미루게 해달라는 요청을 아틀라소프에게 전했다.[115] 그리고 슈류코프는 캄차카 요새에 남은 소수의 원정대 인원을 고려하여 무리한 조세 징수보다는 이텔멘족과의 교역을 모피 수집의 수단으로 활용하기까지 했다.[116] 당시 이텔멘족은 모피를 러시아의 칼과 도끼 등 철제 제품(железные вещи)과 교환하는데 사용했다.[117] 즉, 이 기간 동안 러시아의 캄차카 요새는 지배체제의 거점기지로 활용되기 보다는 원주민과의 교

---

114) В. В. Атласов, "≪Скаски≫ Владимира Атласова," К. В. Цеханская(1989), op.cit., с. 76.
115) ibid., с. 75.
116) Б. П. Полевой (1997), op.cit., ч. 2, сс. 91-92.
117) 당시 이텔멘족과의 거래에서 칼 1개는 흑담비 모피 8점, 도끼 1개는 모피 18점의 교환가치를 지녔다. ibid., ч. 2, с. 92.

역기지로서 활용된 것이다. 이는 러시아의 캄차카 정복이 아직 미완임을 확인해 주는 사례이기도 하다. 그리고 캄차카 반도 중부의 이텔멘족과는 달리 북부의 코랴크족은 러시아제국에 대한 반감 속에서 아틀라소프 원정 이후에도 여전히 러시아의 캄차카 장악력을 심각하게 위협하고 있었다. 실제로 아틀라소프의 1차 원정이 종료된 지 3년 후 슈류코프는 상단을 이끌고 캄차카 기지에서 아나디르 요새로 향하던 중 북부의 코랴크족 땅에서 살해당했다.[118]

한편으로 1차 원정의 결과 역시 모피 수집을 통한 엄청난 경제적 성과를 제외하면 일방적이고 완벽한 형태로 귀결된 것으로 보기 어렵다. 아틀라소프 포함 최초 원정대원 121명 중 귀환인원 20명(본인 포함)과 캄차카 잔류 27명을 합하면 총 47명이 이번 원정에서 살아남았다. 이는 전체 인원의 38.8%로 사상률(61.2%) 측면에서 상당히 심각한 결과가 아닐 수 없다.

결국 위와 같은 내용을 고려해 볼 때 아틀라소프의 1차 캄차카 원정에 대한 역사적 평가와 의의는 다음과 같다고 볼 수 있다.

첫째, 아틀라소프의 1차 원정은 러시아의 캄차카 정복 과정의 첫 단계로서 받아들여야 할 것이다. 중부의 이텔멘족을 제외하면 북부와 남부에서 러시아제국에 대한 현지 토착민의 반감은 러시아의 장악력을 위협할 정도로 심각한 수준이었기에 당시 아틀라소프가 선포한 캄차카의 러시아 영토 편입은 선언적인 의미에 불과했다. 여기에 원정대의 귀환 과정에서 드러난 매우 높은 사상률 역시 후대의 많은 이들이 아틀라소프의 원정을 위대한 업적으로 칭송할 만큼 완벽한 결과도 아니었다.

둘째, 교류사의 범주에서 볼 때 아틀라소프의 1차 원정 과정에서 나타난 캄차카 토착 민족들의 반발과 저항은 이질적인 정치와 사회, 문화가 접촉하는

---

118) ibid.

과정에서 격렬히 표출된 '부정적 상호작용'의 대표적 사례로 평가할 수 있다. 즉, 단순히 러시아의 캄차카 정복사 혹은 영토 편입사라고 판단하기에는 캄차카 토착 민족들의 저항은 10년이 채 되지 않은 짧은 기간이나마 격렬히 진행된 측면이 있고, 이는 러시아의 강제적인 모피 수집이라는 약탈적 교류에 대한 역사적 반작용의 사례로 주목해 볼만한 가치도 있다.

덧붙이자면, 향후의 후속 연구는 지금까지 캄차카 역사에서 많은 이들이 주목하지 않았던 현지 토착민들의 저항과 내부 정세에 관한 분석이 보다 많이 이루어져야 한다고 생각한다. 이를 통해서 캄차카의 근세사에 대한 객관적이고 균형잡힌 이해가 가능해질 것으로 기대하기 때문이다. 아무쪼록 국내 연구자들의 다양한 후속 연구가 이어져 캄차카에 관한 한국 지역연구의 인문학술적 기반이 더욱 충실히 확립되기를 바라며, 본 연구가 미약하나마 이러한 노력에 힘을 보탤 수 있기를 기대한다.

〈참고문헌〉

1. 국문(사료+가나다 순(順)+인터넷)
(외교사료) 「한.소련 경제인 합동회의, 제2차, 서울, 1990.3.22~28」, pp. 210-212("제2차 한소 경제인합동회의 공동설명서"), 2020-0102, 08, 외교부 동구1과.

강성희, "러시아의 캄차카 원정대에 대한 고찰," 『유럽사회문화』 제25호 (연세대학교 인문학연구원, 2020).
_____, "캄차카 반도의 지명 '캄차카'의 유래에 대한 고찰," 『순천향 인문과학논총』 제40권 1호 (순천향대학교 인문학연구소, 2021).
김민수·이성민, "쿠트호 신화로 본 이텔멘족의 기원과 이동 - 한민족과의 연관성을 중심으로 -," 『한국 시베리아연구』 제22권 2호 (배재대학교 한국-시베리아센터, 2018).
김석희, "19세기 일본상인의 캄차카 연행 보고서 『다카다야가헤이 조액자기(髙田屋嘉兵衛遭厄自記)』에 나타난 골로브닌 사건 -근대 초기 환동해지역 북방의 교류-," 『인문사회 21』 제9권 3호(인문사회 21, 2018).
김양주, "캄차트카 연구보고서," 『한국 시베리아연구』 제6집 (배재대학교 한국-시베리아센터, 2003).
김은희, 『러시아연방주체 개관시리즈 - 사할린주』 (경기: 한국외국어대학교 러시아연구소, 2018).
두다료노크, S. M. 외 23, 『러시아 극동지역의 역사』(История Дальнего Востока России), 양승조 (경기: 진인진 2018).
박근수, "캄차카 관광자원의 고유성에 관한 연구," 『한국 시베리아연구』 제18권 2호 (배재대학교 한국-시베리아센터, 2014).
박선미, "서구학계의 고대 교류사 이론의 현황," 『한국고대사연구』 73 (한국고대사학회, 2014).
손성태, "우리민족의 이동 흔적-아무르에서 캄차카 반도까지," 『한국 시베리아연구』 제19권 1호 (배재대학교 한국-시베리아센터, 2015).
안나 레이드, 『샤먼의 코트』(The Shaman's Coat), 윤철희 (서울: 미다스북스, 2003).
엄순천, "고아시아 코랴족 홀롤로 축제 분석," 『러시아학』 제12호 (충북대학교 러시아·알타이지역 연구소, 2016).
원석범, "캄차트카 변강주 산업별 발전 전망 및 투자 여건 분석," 『한국 시베리아연구』 제21권

1호 (배재대학교 한국-시베리아센터, 2017).

이재혁, "시베리아의 수산자원과 한국 수산업의 진출 방안," 『한국 시베리아연구』 제17권 1호 (배재대학교 한국-시베리아센터, 2013).

정세진 외, 『한반도 동북아 평화체제의 정착을 위한 시베리아 인문학의 학적 체계 구성: 지역학적 통섭과 정책 공간 연계』 (세종: 경제인문사회연구회, 2020).

케넌, 조지. 『시베리아 탐험기』(Tent Life in Siberia), 정재겸 (서울: 우리역사연구재단, 2011).

클류쳅스키, 바실리 오시포비치. 『신분사』(История сословий в России), 조호연·오두영 (경기: 한길사, 2007).

포사이스, 제임스. 『시베리아 원주민의 역사』(A History of the Peoples of Siberia), 정재겸 (서울: 솔, 2009).

네이버 국어사전: 고려대한국어대사전 - '총독' https://ko.dict.naver.com/#/entry/koko/3ffab792cc9b4149a215c811bab968c4 (검색일: 2022.09.15).

2. 영문(알파벳 순(順))

Bentley, Jerry H. *Old World Encounters: Cross-Cultural Contacts and Exchanges in Pre-Modern Times* (New York: Oxford Univ. Press, 1993).

Gibson, James R. *Feeding The Russian Fur Trade: provisionment of the Okhotsk Seaboard and the Kamchatka Peninsula 1639-1856* (Madison, Milwaukee, and London: The University of Wisconsin Press, 1969).

Kennan, George. *Siberia and the exile system* (London: James R. Osgood, Mcilvaine & Co., 1891), vol.1.

Lincoln, W. Bruce. *The Conquest of A Continent: Siberia and the Russians* (Ithaca, NY: Cornell Univ. Press, 1994).

Steller, G. W. *Steller's History of Kamchatka: Collected Information Concerning the History of Kamchatka, Its Peoples, Their Manners, Names, Lifestyle, and Various Customary Practices*, ed. Marvin W. Falk, trans. Margritt Engel & Karen Willmore (Fairbanks, Alaska: University fo Alaska Press, 2003).

3. 노문(알파벳 순(順)+인터넷)

Коваленко, А. И. "《Шли встречь солнца…》 жизнь и быт казаков на с евере Дальнего Востока," *Россия и АТР No. 1* (2002).

Полевой, Б. П. *Новое об открытии Камчатки* (Петропавловск-Камчатский: Издательство "Камчатский печатный двор", 1997).

Цеханская, К. В. (Сотавление, предисловие, комментарии, словарь), *Колумбы земли русской: Сборник документальных описаний об открытиях и изучении Сибири, Дальнего Востока и Севера в XVII-XVIII вв.* (Хабаровское книжное издательство, 1989).

"ВИКИПЕДИЯ - 'Илимск'," https://ru.wikipedia.org/wiki/%D0%98%D0%BB%D0%B8%D0%BC%D1%81%D0%BA (검색일: 2022.07.07.).

"Календарная реформа Петра l," https://vitalidrobishev.livejournal.com/7710643.html (검색일: 2022.09.17.).

"КАМЧАТСКИЙ ЦЕНТР НАРОДНОГО ТВОРЧЕСТВА - Коряки," http://www.kamcnt.ru/traditional_culture/small_nations/672/ (검색일: 2022.08.09.).

"Крест Атласова," КОМСОМОЛЬСКАЯ ПРАВДА, 24 июля 2018, https://www.kp.ru/daily/26859/3901517/ (검색일: 2022.10.01).

"РУССКОЕ ГЕОГРАФИЧЕСКОЕ ОБЩЕСТВО - КАМЧАТСКОЕ КРАЕВОЕ ОТДЕЛЕНИЕ - 13 ИЮЛЯ 2022 ГОДА - 325 ЛЕТ ПРИСОЕДИНЕНИЯ КАМЧАТКИ К РОССИИ," https://www.rgo.ru/ru/article/13-iyulya-2022-goda-325-let-prisoedineniya-kamchatki-k-rossii (검색일: 2022.10.01.).

"РЫБАК КАМЧАТКИ - Река Крестовая," https://fishnews.ru/mag/articles/8113 (검색일: 2022.08.09.).

"События истории Руси за 1492 год," https://rusistori.ru/daty/1492/ (검색어: 2022.09.17.).

"Что можно было купить на 1 рубль: покупательская способность рубля от Петра I до наших дней," https://dzen.ru/media/tanata/chto-mojno-bylo-kupit-na-1-rubl-pokupatelskaia-sposobnost-rublia-ot-petra-i-do-nashih-dnei-60043345f8b1af50bbc88bb2 (검색일: 2022.10.03.).

에도 막부 시대 일본의 사할린 탐험에 대한 고찰

장하영*

I. 서론: 러일 교류의 시작과 사할린

역사상 러시아와 일본이 처음 공식적으로 접촉한 시기는 1855년 '시모다 조약(러일화친조약)'으로 알려져 있다. 시기적으로 당시 러시아는 제정러시아 말기였고, 일본도 도쿠가와 막부가 통치한 에도 시대의 말기로 미국에 문호를 개방한 직후의 시기였다.[1] 러시아와 일본 간 최초의 통상 항해 조약인 '시모다 조약'은 1855년 2월 7일에 체결되었으며, 이를 계기로 일본의 항구가 러시아 선박에게도 개방되면서 일본의 쇄국정책이 종결되었다.[2] 특히 일본은 러일관계 역사에서 시모다 조약을 중요하게 여기는데, 그 이유 중 하나는 당시 양국이 국경선 기준을 쿠릴열도의 이투루프와 우루프의 사이로 삼았기 때문이다. 이는 일본이 현재까지도 '북방영토'라고 칭하는 쿠릴 4개 섬[3]의 영유권을 주장

---

* 경북대학교 노어노문학과 강사S
1) 에도 시대는 도쿠가와 이에야스가 수립한 에도 막부가 일본을 통치한 1603년부터 1868년까지 시기.
2) "Treaty of Shimoda," Wikipedia, https://en.wikipedia.org/wiki/Treaty_of_Shimoda, (검색일: 2025년 5월 18일).
3) 러시아와 일본이 영유권 분쟁 중인 쿠릴 4개 섬은 쿠나시르(구나시리), 이투루프(에토로후), 시코탄, 하보마이이다.

하는 역사적 근거가 되고 있다. 러시아에서도 이 조약은 푸탸틴 제독의 끈질긴 외교적 임무 수행으로 일본과의 공식 관계를 수립할 수 있었고, 이는 공식적인 러일 외교관계의 시작이었다고 평가되고 있다.[4] 시모다 조약 이후 하코다테에 러시아 공사관이 설치되었고, 양국은 1858년 8월 에도에서 수호통상조약을 체결하면서 러시아는 일본에서의 경제적 활동을 보장받았다.[5]

이처럼 러시아와 일본 간에 조약이 성립되며 교류가 시작된 시기를 1855년으로 보는 시각이 우세하다고 평가할 수 있다. 또한 쿠릴열도를 둘러싼 양국 간 영유권 분쟁에 대한 역사적인 연원도 1855년 이후의 사건들에 대해 논하는 경우가 일반적이다. 한편, 러시아와 일본은 지리적으로 매우 인접하여, 지도상 일본 본토와 사할린 섬 사이에는 42 km 정도 폭의 라페루즈 해협(일본명: 소야해협)이 흐르고 있다. 사할린과 일본 본토의 지리적 인접성으로 인해 과거 일본의 활동 영역이 사할린에도 미칠 수 있었음을 짐작할 수 있다. 과거 일본 역사에서 지리적으로 가까운 사할린 지역에 대해 일본인들은 어떠한 생각과 의미를 부여했을지에 대해 의문을 가질 수 있다.

과거로부터 일본은 사할린 남쪽을 '가라후토(樺太)'라고 명명했으며, 1905년 러시아제국과의 전쟁에서 승기를 잡은 뒤 40년 간 사할린 전역을 통치한 역사가 있다. 실제로 러시아 제국과 일본의 막부가 사할린 지역에 관심을 가지기 시작한 시기는 1855년 시모다 조약의 때보다 훨씬 더 이전을 거슬러 올

---

[4] 1852년 푸탸틴(Путятин, Евфимий Васильевич) 제독은 일본과 외교관계를 수립하라는 임무를 받고 꾸준히 막부 당국을 압박했다. 그리고 1854년 미국의 페리 제독이 일본과 조약을 맺자 러시아도 그 기회를 틈타 일본과의 조약 체결에 성공하게 된다. 양승조, "동아시아 근대화 모델로서 러시아제국: 일본 사절단과 조선사절단이 체험한 제정러시아 근대화의 성과와 한계," 「유라시아 역사 문화: 제국, 권력과 경계」, (서울: 민속원, 2019), 121-157쪽.

[5] 양승조, (2019), 121-157쪽.

라간다. 현재 사할린은 러시아의 영토이지만, 수백 년 전부터 러시아와 일본은 각각 사할린을 자신들의 영토로 여겨왔다는 점을 각종 사료를 통해 확인할 수 있다. 본 글은 과거 일본이 언제부터 사할린에 대해 직접적으로 관심을 가지고 연구를 해왔는지에 대한 문제의식에서 출발한다. 이에 따라 1635년 이후 일본의 막부 체제에서 홋카이도 영지를 통치한 마츠마에(松前) 가문이 사할린 섬을 탐험하게 된 역사적 사실과 마미야 린조(間宮 林蔵)의 지도 제작 사례에 주목한다. 본 글의 목적은 과거 일본의 사할린 탐사와 관련된 역사를 살펴봄으로써 사할린에 대한 일본인들의 역사 인식을 이해하는 것이다. 이에 따라 본문에서는 기존 연구를 검토와 함께 일본의 사할린 탐험에 관한 주요 역사적 사례를 짚어보며, 이러한 연구가 지니는 의미에 대해 고찰하고자 한다.

Ⅱ. 기존 연구의 검토

1. 러시아 측 사할린 연구 동향

먼저 사할린 지역 연구는 탐험과 원주민 연구를 비롯하여 포괄적으로 진행되었으며, 이는 러시아 측과 일본 측 연구를 구분하여 평가할 수 있다. 우선 러시아 측 연구로, 리시치나(Лисицына, Е. Н.)는 러시아 학계의 사할린 연구 동향을 시대별로 정리했다. 그는 사할린이 러시아와 일본에 의해 분할 통치되었던 사실이 사할린 역사 연구의 방향성에 큰 영향을 주었다고 평가했다.[6] 특히 러시아에서 북사할린 연구는 정치, 사회적으로 연구가 활발히

---

6) リシツィナ Е.Н. (荒井信雄訳), "ロシアの研究者の業績にみる樺太研究について," 「スラブ・ユーラシア学の構築」研究報告集 (11), 89-91, (札幌：北海道大学スラブ研究センター, 2006)

진전되었으나, 남사할린 연구는 러시아에서 눈에 띄게 뒤처지는 모습을 보였다. 그는 그 원인으로 러일전쟁과 1917년 혁명 이후 변화된 러시아의 정치권력 변화, 그리고 그에 따라 사할린 지역이 폐쇄적인 국경 지역으로 전락했기 때문이라고 분석한다. 20세기 전반, 러시아 학계에서는 일본 연구와 함께 남사할린 지역도 다뤘으나 스탈린의 숙청으로 관련 연구 활동이 다수 중단되었다. 그리고 제2차세계대전 이후 러시아 측의 주요 관심은 사할린 반환과 이데올로기 중심의 연구였다. 러시아 학계는 1980년대 이후 일본의 긍정적인 유산도 인정하기 시작하면서 사할린 연구에서 이데올로기 채색이 점차 옅어졌다. 최근 러시아 측의 연구 주제는 사할린에 남아있는 일본의 문화유산 및 이주와 인구통계, 일본군과 민간인 귀환 등이 주요 관심사이며, 일본이 지배했을 당시 1905~1945년 남사할린에 대한 연구도 재조명되고 있다.

바실리옙스키(A. A. Vasilevski)와 비소츠키(M. S. Vysokov)는 사할린과 쿠릴열도의 역사가 단지 일본과 러시아의 영토분쟁 역사가 아님을 강조했다. 이들은 1985년 이전에는 소비에트 체제의 통제 아래에서 교육을 목적으로 한 사할린 및 쿠릴열도 연구가 진행되었음을 밝히면서 1985년 이후에야 검열이 철폐되고 자유로운 연구 환경이 조성될 수 있었다고 밝혔다.[7] 이들은 사할린 및 쿠릴열도 관련 역사가 지역 원주민 및 복합적인 다문화의 역사임을 강조하면서 이러한 역사 연구가 정치적 중립성을 가지고 국제 공동연구, 후속세대 교육을 목적으로 발전되어야 함을 주장했다. 이들은 또한 사할린 연구와 관련하여 일본과 러시아의 공동교과서 제작을 제안했다.

한편, 러시아 측의 사할린 역사 관련 연구는 1855년 시모다 조약을 전후로

---

[7] Alexander A. Vasilevski, Michael S. Vysokov, "Study of Local History in Sakhalin Region, Far East of Russia: Brief History, Current Situation and Perspectives," *Journal of Higher Education and Lifelong Learning*, 9, (2001), pp. 142-155.

하여 러시아의 동방 원정에 관한 연구가 활발히 진행됐다. 에켈(P. E. Eckel)은 페리 제독의 개항 요구에 앞서 1852년 러시아령 알래스카 총독의 지시로 린덴베르크(Lindenberg) 선장이 일본과의 외교 관계 수립을 위해 원정을 나섰다고 밝혔다.[8] 또한 엘리자리예프(В. Н. Елизарьев)는 1855년 시모다 조약 체결에서 사할린을 러시아와 일본이 공동관리하기로 합의하면서 사할린 귀속 문제를 둘러싼 양국 갈등이 시작되었다고 인식했다.[9] 이후 러시아가 사할린에 대한 실질적 통치를 강화하면서 1875년 상트페테르부르크 조약에서 러시아는 사할린 전체에 대한 영유권을 확보할 수 있었다. 시모다 조약 이전에는 1848년부터 1855년까지 러시아의 네벨스코이(G. I. Nevelskoy) 해군 장교가 사할린 탐사를 진행했다. 당시 사할린과 아무르 강 유역은 러시아에 잘 알려지지 않았는데 네벨스코이는 해당 지역이 러시아의 일부라고 주장하여 이를 중앙정부에 알렸다. 코래도(S. Corrado)의 연구에 따르면 이때부터 러시아가 사할린을 식민지로 삼을 수 있었다.[10] 이처럼 러시아에는 시모다 조약 이전부터 사할린을 발견한 사실과 일본과의 협상에서 마침내 1875년 사할린을 자국의 영토로 편입시킬 수 있었던 과정에 주목하여, 사할린 역사 연구가 현재 러시아에 속하는 사할린을 정당화하는 근거 자료로써 활용될 수 있음을 보여준다.

그 외에도 러시아 측에서 아이누 원주민을 비롯한 민족 연구가 상당수 진행된 것으로 보인다. 대표적으로 투라예프(В. А. Тураев)는 시모다 조약과 상

---

8) Paul E. Eckel, " A Russian Expedition to Japan in 1852," The Pacific Northwest Quarterly, Vol. 34, No. 2, (April, 1943) pp. 159-167.
9) В. Н. Елизарьев, "Борьба за Сахалин после Симодского трактата (1855-1867 гг.)." pp. 31-44.
10) Sharyl Corrado, "A land divided: Sakhalin and the Amur Expedition of G. I. Nevel'skoi, 1848-1855," Journal of Historical Geography 45, (2014), pp. 70-81.

트페테르부르크 조약, 그리고 제2차세계대전 종결 후 러일 간 영토 조정이 사할린과 쿠릴열도에 거주하는 아이누에게 적지 않은 영향을 미쳤다고 주장했다.[11] 아이누 원주민들은 동화정책, 강제 이주, 질병 등으로 인구 소멸과 문화를 잃어갔으며, 제국주의 팽창과 영토 분할의 대표적인 희생자가 되었다. 사할린에 고대부터 거주한 원주민들은 본래 그 지역의 주인이어야 했으나 제국에 의해 주체성을 상실했고 러일 교류의 역사 속에서 큰 피해를 입은 집단이었다고 볼 수 있다.

정리하면, 러시아 내에서 사할린과 쿠릴열도와 관련한 연구가 진행되어왔으며, 그 연구는 각 시대상을 반영하며 소련 시절부터 현재까지 연구의 추세가 조금씩 변화해왔다. 러시아에서는 사할린과 쿠릴열도가 단순히 제2차세계대전 이후 러시아의 영토가 되었다는 사실이 중요한 것이 아니다. 오히려 그 '주인 없는 땅'을 갖기 위한 러시아제국의 노력이 19세기부터 지속되었음이 더 중요하다. 러시아 측 연구는 네벨스코이 장교의 사할린 탐험 이후 시모다조약과 상트페테르부르크 조약 등 러시아의 사할린을 갖기 위한 노력이 강조되며 이러한 과정이 담긴 역사 연구가 활발한 편이다.

2. 일본 측 사할린 연구 동향

일본 측 사할린 관련 연구는 주로 식민지사와 관련된 개발과 근대화 연구나 사할린과 홋카이도 등지에 거주해 온 원주민 연구에 초점이 맞추어져 있다. 일본 측 연구는 크게 세 가지로 구분할 수 있다. 첫째는 1905년부터 1945

---

11) Вадим Анатольевич Тураев, "Этническая история айнов Сахалина и Курильских островов в контексте российско-японских территориальных размежеваний," Россия и АТР, (2018), pp. 213-230.

년까지 일본 지배하의 식민지로서 가라후토 연구이다. 둘째는 북방 탐사에 관한 연구로 과거 일본이 사할린을 탐험하고 발견한 역사를 다루고 있으며, 이는 일본의 북방 해역 어업 활동에 관한 역사적 사례와 함께 경제적 가치도 고려하여 연구가 진행되었다. 셋째는 홋카이도와 사할린 등지에 주로 거주해 온 원주민 아이누 민족에 관한 연구이다.

<일본 측 사할린 연구의 구분>
(1) 식민지로서 가라후토 연구 (1905~1945년)
(2) 탐험 연구 : 최초의 발견과 탐사, 어업 활동
(3) 원주민 연구

(1) 우선 사할린을 역사적으로 '가라후토(樺太)'라는 명칭을 사용하며 식민지 연구와 연관짓는 사례를 볼 수 있다. 미키 마사후미(三木 理史)에 따르면, 일본은 역사적으로 가라후토를 남과 북으로 구분하여 인식했으며, 그에 따라 학문적 관심도 상대적으로 북사할린보다 남사할린에 집중되어왔다.[12] 일본의 제국주의적 관점에서 가라후토는 '내지화된 식민지'로서의 의미를 지닌다. 그는 가라후토가 일본의 식민지였지만 내지로서의 취급을 받았기에 식민지 연구에서 사할린 지역은 학문적으로 각광받지 못했다고 지적한다.

다케노 마나부(竹野 学)는 1905년부터 1945년까지의 일본 통치 시기에 남사할린의 경제사 연구 동향을 다뤘다.[13] 일본 내 식민지 연구는 1960년부터

---

12) 三木理史, "20世紀 日本における樺太論の展開," 地理学評論 81-4, (2008), pp. 197-214.
13) 竹野学, "日本統治下南樺太経済史研究における近年の動向,"「スラブ·ユーラシア学の構築」研究報告集, (2006), 57-64쪽.

실증 연구가 활성화되면서 주로 '착취론'에 집중되었다. 이후 1980년대부터 식민 연구는 '제국', 세계체제론 등과 결부되며 다원화되었고 1990년대 이후에는 착취론에 대비되는 개념으로 식민지 개발과 근대화의 관점이 중시됐다. 이 과정에서 가라후토는 '착취론'의 개념과 다른 양상을 보였기에 식민지 연구에서 사할린은 점점 소외되었다. 그 이유 중 하나로 많은 일본인이 남사할린으로 이주하여 식민 시대 사할린 주민의 상당수가 일본인이었다는 점을 들 수 있다. 일본에서 가라후토 식민 연구는 제국주의 관점에서 토착민에 대한 억압이 강하지 않았고 근대화 시각에서도 '이주형 식민지'였기에 상대적으로 식민지로서 가라후토의 연구는 발전이 더디게 이뤄졌다. 다케시타 역시 가라후토 지역이 내지화된 이주형 식민지였으며, 이 지역이 식민지 연구에서 주변화되었음을 밝힌다. 그러나 '제국'이라는 개념 속에서 내지화된 식민지로서 가라후토는 점차 각광받게 되고 있음을 강조했다.

이리모토 다카시(入本 敬)는 역사적으로 일본의 북방 연구는 고대 시대부터 1867년까지 북방 지역에 대한 탐사, 아이누인에 대한 기록 등 주로 탐험과 관찰에 집중되었다고 밝혔다. 그는 일본의 북방 연구가 단지 지역 연구 수준에 머무르는 것이 아닌, 인간의 보편성과 다양성을 탐구하는 인류학으로 전환할 것을 희망했다. 그는 일본의 북방 문화 연구가 생태인류학, 비교문화 인류학 등으로 전환된 흐름을 제시하여 인류학의 방향성을 제시한다.

(2) 다음으로 일본의 북방 탐험에 관련된 연구로 최초의 발견이나 섬으로서의 발견을 강조한 연구가 이에 해당된다. 이러한 연구들은 일본이 러시아보다 먼저 사할린과 쿠릴열도에 대한 탐험을 진행하였음을 강조함으로써 일본이 이 지역을 각별히 여기고 있음을 암시하고 있다. 스밤바리테(D. Švambarytė)는 도쿠가와 막부 시대 일본의 북방 탐사가 러시아의 남하에 대

응하고 자국을 방어하기 위해 진행되었고 밝혔다.14) 그는 일본의 탐험이 메이지 시대 이후 이어지는 제국주의의 공간 인식과 영토확장 전략의 기초가 되었음을 밝히면서, 한편으로는 이러한 사할린 및 쿠릴 탐사가 러시아와의 외교 분쟁에서 발단이 되었음을 강조하고 있다.

브렛 워커(Brett L. Walker)는 마미야 린조(間宮 林蔵)의 사할린 탐사와 지도 제작이 제국의 형성 과정에 주요한 영향을 끼쳤다고 주장했다.15) 1808년부터 1809년까지 마미야 린조의 사할린 탐사와 지도 제작은 일본과 청, 러시아 간의 경계 설정을 명확히 하고 사할린이 섬이라는 사실을 과학적으로 입증한 중요한 연구 결과였다. 마미야 린조에 이어 이노 다다타카(伊能 忠敬)라는 에도시대 지리학자는 1800년부터 1817년까지 일본 전국을 측량하여 대일본연해연지전도(大日本沿海輿地全圖)를 작성했다. 이들의 지도 제작은 일본의 제국주의의 기초가 되었으며 제국의 성립을 수십 년 앞서 정당화하는 작업이었다. 1905년 가라후토를 병합할 수 있었던 배경에는 일본의 이러한 국가적 경계 인식과 지도 제작의 전통이 있다고 볼 수 있다.

그 외에도 사토 마고시치(佐藤 孫七)는 사할린과 쿠릴열도 근처의 해역 관련 연구를 진행하여 사할린 일대에 대한 경제적 가치를 강조했다. 그는 가라후토 연안의 어장 발견과 개척의 역사 연구를 통해 일본이 주장하는 북방영토의 근거로 사용될 수 있다고 주장했다. 특히, 아이누 민족과 일본의 협력과 갈등의 역사가 해양 개척을 이끌 수 있었다고 강조한다. 그에 따르면 고대부터

---

14) Dalia Švambarytė, "Scientific expeditions in Tokugawa Japan: Historical background and results of official ventures to foreign lands," ACTA ORIENTALIA VILNENSIA 9.1 (2008), pp. 61-84.

15) Brett L. Walker, "Mamiya Rinzō and the Japanese Exploration of Sakhalin Island: Cartography and Empire," Journal of Historical Geography, Volume 33, Issue 2, (2007), pp. 9-43.

17세기까지 가라후토 해안에 아이누족의 전통적 어업 생활이 이뤄졌으며, 17세기부터 19세기까지 마츠마에번과 마미야 린조 등의 활약으로 해역을 확장할 수 있었고, 19세기부터 20세기에는 일본 정부의 통치하에 어장을 전략적으로 관리할 수 있었다. 그리고 20세기 이후엔 일본 해군의 해양 측량과 본격적인 산업화 및 군사적 이용으로 발전되었다.[16] 이렇듯 일본 어민들의 노력은 북방영토 반환 주장에 대한 근거가 될 수 있으며 가라후토는 단순한 어장이 아니라 국가 주권임을 강조했다.

(3) 가장 많은 연구 비중을 차지하는 것은 과거부터 사할린의 진짜 주인이었던 원주민들, 그중에서도 아이누 민족에 관한 연구이다. 관련 연구자로는 일본령 가라후토 시대에 본래 주인인 아이누를 연구한 에모리 스스미(榎森 進),[17] 가라후토 아이누의 민족학 및 문화인류학적 연구사를 분석한 다무라 유키히토(田村 將人),[18] 사할린 아이누의 정체성을 논한 이노우에 코이치(Inoue Koichi)[19]가 있다. 이러한 연구들은 아이누의 언어, 문화, 설화 등 다양한 폭에서 이뤄지고 있다. 이노우에는 사할린 아이누 정체성이 역사적 맥락에 따라 복합적으로 재구성되고 있음을 강조했다.

---

16) 佐藤孫七, "日本北部(樺太)海域漁場の發見, 開拓の沿革(前期編)," 東海大學紀要海洋學部 第19号, (1984), 133-146쪽; "日本北部(樺太)海域漁場の發見, 開拓の沿革(後期編)," 東海大學紀要海洋學部第20号, (1985), 137-149쪽
17) 榎森, 進, "日本領"樺太"時代の同地の住人とアイヌの人々に関する一考察," 東北文化研究所紀要 第五十五号, (2023), 19-44쪽.
18) 田村 將人, "樺太アイヌに関する民族学・文化人類学上の研究史," 岸上伸啓編『環北太平洋沿岸地域の先住民文化に関する研究動向』国立民族学博物館調査報告, (2022), 135-168쪽.
19) Inoue, Koich, "A Case Study on Identity Issues with Regard to Enchiws (Sakhalin Ainu)," 北方人文研究, 9, (2016), pp. 75-87.

기존의 일본 측 연구를 통해 알 수 있는 것은 사할린 탐험이나 발견에 대한 연구가 상대적으로 도외시되어왔다는 사실이다. 실제로 일본 사료에는 고대부터 일본인이 사할린에 건너간 적이 있다고 기록되어 있으며, 혹자는 이미 수백 년 전부터 사할린에 대한 소유권을 일본이 가지고 있었다고 주장한다. 일본은 역사 연구를 통해 사할린과 쿠릴열도 귀속에 대한 문제를 지속적으로 제기할 가능성이 있다. 기존의 학자들이 제안한 바와 같이 이러한 연구들이 정치적 제약에서 벗어나 국제협력을 통한 공동 연구로 발전한다면 가장 이상적일 것이다. 이에 앞서 본 연구는 사할린이라는 특수한 지역에 대해 과거부터 일본은 어떠한 입장이었을지 의문을 가지며 출발했다. 그리하여 일본의 사할린 탐험 및 발견에 대한 역사를 다룸에 있어 러시아와 일본 측의 사료를 종합적으로 검토하면서 최대한 객관적인 입장에서 분석하고자 했다.

III. 일본의 사할린 탐험 역사: 주요 역사적 사건을 중심으로

1. 중세 시대: 일본 사료에 사할린 지역의 단발적인 등장

19세기에 이르러서야 러시아와 일본은 쿠릴열도의 섬들 사이에 경계를 두고 최초의 국경조약을 맺게 되었지만, 사할린에 대한 양국의 관심은 훨씬 더 이전을 거슬러 올라간다. 17세기 중반부터 러시아는 사할린 원정을 시작했으며, 일본은 지리적으로 가까운 만큼 일찍이 사할린 지역과 관련된 역사적 사실이 존재했던 것으로 알려진다. 이 중 몇 가지를 언급하면, 1057년 '곤자쿠 모노가타리'라는 일본의 서사시에는 일본의 사무라이 일족이 큰 배를 타고 일본 북부로 도주하다가 거대한 강을 발견하여 한달 동안 그곳을 거슬러 올라갔다는 설이 있는데 역사학자들은 그 강이 아무르강이었을 것으로 추정한다. 또한,

1282년 일본의 불교 승려가 설법을 위해 사할린에 건너갔으며, 1485년 사할린에 거주 중이던 아이누족의 수장이 일본 북부 지방을 지배하던 마츠마에 영주를 만나 그의 가신이 되기로 했다는 기록이 남아있다.[20] 그러나 이러한 일본의 사할린 교류 역사는 일시적으로 발생한 사건의 기록에 의존하고 있어 연구가 지속성을 갖기 위해서는 추가적인 연구와 재검토가 이뤄져야 할 것이다.

2. 에도 막부 시대: 마츠마에번(松前 藩) 체제에서 사할린 탐험 본격화

일본의 사할린 탐험이 두드러지게 나타나는 시점은 에도막부 체제에서였다. 280여 년 동안 에도막부를 유지하던 체제를 '막번체제'라고 한다. 쇼군을 중심으로 한 중앙정부를 막부라고 하며, 지방에서 일정한 권력을 가지고 다이묘가 통치하던 지역을 '번(藩)'이라고 한다.[21] 에도 시대 홋카이도 지방은 마츠마에(松前) 가문이 지배하는 번 체제였다. 러시아 측 사료에는 마츠마에 가문의 첫 북방 원정을 언급하고 있다. 17세기 말, 마츠마에 가문은 중앙 정부의 지원을 받아 홋카이도 대부분을 지배하게 되었다. 러시아 측 자료에 따르면, 마츠마에 가문은 섬을 평정하기 위해 아이누족을 무지비하게 탄압했다.[22] 일본은 사할린과 쿠릴열도를 개발하기 시작했고, 유럽 사람들보다 훨씬 먼저 홋카이도 북쪽 섬에 대한 정보를 접하게 되었다. 17세기에 들어서면서 일본은 이 지역을 연구하고 경제적으로 개발하기 시작했다. 홋카이도를 관할했던 마

---

20) Time Table of Sakhalin Island, https://web.archive.org/web/20151003010214/http://www.karafuto.com/timetab.html (검색일: 2025년 5월 10일)
21) 이진원, 「일본정치의 이해」, (경기: 보고사, 2024), 15쪽.
22) М.С. Высоков, А.А. Василевский, А.И. Костанов, М.И. Ищенко, 「ИСТОРИЯ САХАЛИНА И КУРИЛЬСКИХ ОСТРОВОВ С ДРЕВНЕЙШИХ ВРЕМЕН ДО НАЧАЛА XXI СТОЛЕТИЯ」, (Южно-Сахалинск: Сахалинское книжное издательство, 2008), pp. 267-269.

츠마에 가문은 최초의 북방 탐험대를 조직하는데 중요한 역할을 했다.

1635년 당시 마츠마에(松前) 가문 대표였던 긴히로(公広)는 자신의 영지 북쪽 땅을 조사하기 위해 탐험대를 조직했다. 홋카이도 해안은 무라카미 가몬자에몬을 보내 탐험하도록 했고, 사할린에는 사토 가모에몬과 가키자키 쿠란도가 파견되었다. 그들은 사할린과 홋카이도를 가르는 해협을 건너 사할린 남쪽 끝 크릴리온 곶에 위치한 우샤무 지역에 도착했다. 그러나 사토와 가키자키는 더 이상 나아가지 못하고 홋카이도로 돌아왔다.[23] 이듬해인 1636년 마쓰마에 가문의 가신 고우도 쇼에몬은 라페루즈 해협을 건너 우샤무 지역에 도달했으며 북위 49도선 부근의 싯카 마을에 도착했다. 고우도 쇼에몬은 이곳에서 겨울을 보냈고 1637년 봄 동해안을 따라 북동쪽으로 갔다. 그는 현재의 포로나이스크를 항해했고 고생 끝에 테르페니에 만에 도착했다.

1644년 중앙 막부는 일본 전체 지도를 제작하기 위해 각 영주가 소유한 영토 지도를 보내라고 요청했다.[24] 당시 홋카이도에서는 1635년~1637년 탐험 결과에 따른 사할린과 쿠릴열도를 나타낸 최초의 지도가 완성되었다. 이것은 고우도 쇼에몬이 사할린과 홋카이도를 여행하면서 작성한 수기와 지형도를 바탕으로 작성되었다.[25] 마츠마에 영주는 중앙정부에게 사할린 전체와 쿠릴열도, 캄차카 반도가 포함된 지도를 보냈다. 이 지도는 '쇼호오 쿠니에즈(昭保国戶)'라고 불리며, 이 지역을 그린 현존하는 가장 오래된 지도이다. 현재 전해지는 사본은 1700년에 마츠마에 가문이 쇼군에게 건네준 것

---

23) М.С. Высоков, А.А. Василевский, А.И. Костанов, М.И. Ищенко, (2008), pp. 267-269.

24) Time Table of Sakhalin Island, https://web.archive.org/web/20151003010214/http://www.karafuto.com/timetab.html (검색일: 2025년 5월 10일)

25) М.С. Высоков, А.А. Василевский, А.И. Костанов, М.И. Ищенко, (2008), pp. 267-269.

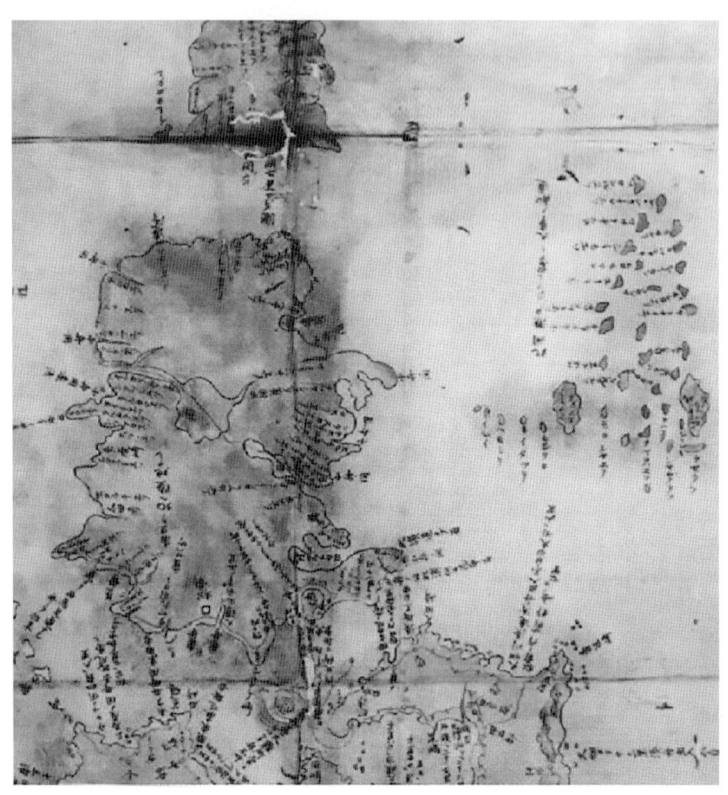

그림 1. 1644년 마츠마에 가문의 탐사로 완성된 사할린 지도
(일본국립역사민속박물관 소장, 출처: 北方領土問題対策協会)

으로 추정된다. (그림 1. 참고) 당시의 지도를 보면 당시 일본인들이 사할린의 지리적 위치를 잘 이해하고 있다고 볼 수는 없다. 그들은 사할린과 홋카이도가 일본의 최북단에 위치한다는 사실은 잘 알고 있었지만, 당시의 지형도가 오늘날의 사할린 모습과 유사하다고 볼 수는 없다. 당시 일본은 강한 쇄국 정책을 내걸었지만 마츠마에 가문은 활발하게 북방 지역을 개척했다. 1669년 홋카이도 아이누의 반란을 기록한 '에조의 난 간략기'에는 그 해에 마츠마에의 선박이 사할린으로 이동했다고 전해진다. 당시 일본인들은 사할린에서 수많

은 약용 버섯을 가지고 갔는데, 도쿠가와 정부는 이를 금지하지 않았다.[26] 마츠마에 가문과 중앙정부마저도 전통적인 아이누의 모든 땅을 자신들의 영토로 여겼다고 전해지지만, 러시아는 이러한 일본의 주장에 역사적 근거가 부족하다고 반박하는 입장이다.

1679년 마츠마에 일가는 아이누족 및 니브흐족과의 무역을 관리하기 위해 사할린 남부 해안에 '오토마리'(현재 코르사코프)라는 마을을 세웠다.[27] 최초의 일본인 정착촌이라 할 수 있는 이 오토마리에는 100채가 넘는 가옥이 세워졌고 이곳은 사할린 최대의 일본인 거점이 되었다. 매년 여름에는 북부 사할린에 사는 원주민들이 일본인과 교역하기 위해 이곳에 드나들었다. 마츠마에 가문에서 제작된 사할린 섬의 지도는 '키타에조'(북부 혼슈 지방)라고 불렸다.

3. 에도 막부 말기: 마미야 린조의 지도 제작으로 밝혀진 '사할린 섬'

1780년대에는 도쿠가와 막부가 남부 사할린의 아이누족에 미치는 영향력이 커졌다. 마츠마에 가문은 사할린을 관리하면서도 아이누족을 보호하진 않았으며, 아이누족들에게 청나라 비단을 탈취해 본토에서 마츠마에 특산물로 판매했다. 아이누족은 청의 비단을 얻기 위해 많은 모피를 빚졌다. 아이누족은 청에서 받은 비단 제복을 판매하기도 했는데 이는 마츠마에 가문의 위상이 높아지는 일이 되었다. 1807년 도쿠가와 정부는 마츠마에로부터 비단의 의존을 탈피하기 위해 사할린을 장악했다.[28]

---

26) М.С. Высоков, А.А. Василевский, А.И. Костанов, М.И. Ищенко, (2008), pp. 267-269.
27) 아이누어로 쿠슌코탄(Kushunkotan)이라고 한다.
28) "Sakhalin," Wikipedia, https://en.wikipedia.org/wiki/Sakhalin#History (검색일: 2025년 5월 11일)

1806년 흐보스토프가 지휘하는 러시아 호위함 주노나는 사할린 최대의 일본 교역소였던 오토마리를 공격하여 창고들을 약탈한 후 불태웠다. 그들은 당시 일본 상인들을 포로로 삼아 캄차카에 끌고 왔다. 이듬해에도 러시아는 남부 쿠릴 열도의 이투루프 섬과 오토마리 서쪽에 위치한 루타카를 공격했다.[29]

1808년 막부(중앙정부)는 마미야 린조를 사할린으로 파견하여 그때까지 일본인에게 알려지지 않았던 사할린 북부를 탐험하게 했다. 1808년부터 1809년까지 마미야는 배를 타고 사할린을 여행했다. 라페루즈 해협에서 북쪽을 바라본 그는 탐험가 최초로 사할린이 반도가 아닌 '섬'이라는 사실을 확인했다.[30] 1810년 그는 사할린 섬을 표기하여 지도를 제작했다. 그는 지도와 더불어 섬에 거주하는 주민과 자연의 특징을 기록했고, 해당 지역의 풍속을 그림에 담아내기도 했다. 마미야의 지도는 일본의 근대화를 앞당겼고 일본 제국이 원주민들의 땅을 빼앗아 식민지 건설을 촉진하게 된 결과를 낳았다.

마미야 린조는 유년 시절 에도에서 측량 기술을 배워 지도 제작법을 터득했다. 마미야는 1800년경 일본의 저명한 지리학자인 이노 타다타카를 만나 일본 선역을 아우르는 지도 제작 작업에서 북방 지역을 담당하게 된다. 홋카이도에서 활동을 시작한 그는 1803년 남 쿠릴열도의 지도 제작을 위한 작업을 시작했고, 1807년 이투루프 섬에서 작업하던 도중에 흐보스토프의 습격을 당하여 에도로 돌아왔다. 이후 당시 정부 관리였던 마즈다 덴주로와 함께 사할린으로 향했다. 그들은 1808년 4월 사할린 남서쪽 해안의 일본 무역 중심지였던 시라누시 마을에 도착했고, 그곳에서 마즈다 덴주로는 서쪽으로, 마미야 린조는 동해안을 따라 이동했다. 마즈다는 라흐 곶까지 이동했으나 러시아의 추가 공

---

29) Time Table of Sakhalin Island, https://web.archive.org/web/20151003010214/http://www.karafuto.com/timetab.html (검색일: 2025년 5월 10일)

30) Brett L. Walker (2007), op.cit., pp. 9-43.

격으로 아무르 강 하구에 도달하지 못했고, 마미야 린조는 동해안을 따라 신 노시레토코 곶에 도착했다. 그는 남쪽으로 방향을 틀어 서해안으로 이동했고 라흐 곶에 도착했다. 1808년 6월 그들은 홋카이도에 귀환하여 소야 마을에 도착했고, 마미야 린조는 마츠마에로부터 사할린 북부 지역 탐사에 대한 허가를 얻었다.[31]

1808년 7월 마미야 린조는 다시 사할린으로 이동하여 토쇼카우 지역에 도착했으나 극심한 추위로 더 이상 여행할 수 없게 되자 톤나이라는 아이누 마을에서 겨울을 버텼다. 1809년 마미야 린조는 아이누 원주민들과 함께 배를 타고 다시 북쪽으로 향했다. 아무르 강어귀에 도착한 그는 사할린 서쪽 해안이 북쪽으로 뻗어 있는 것을 보았다. 마침내 마미야 린조는 사할린이 좁은 해협으로 본토와 분리되어 있다는 것을 확인했다. 이후 그는 길랴크족들의 도움으로 아무르강에 도착했고 아무르 지역 주민들의 실상을 관찰한 후 일본에 귀환했다. 아무르 강 하류와 하구를 직접 눈으로 본 그는 대륙과 사할린 해안을 정확하게 지도로 나타냈다. 1809년 그는 여정을 마무리하고 에도로 돌아왔다.[32]

마미야의 여정에 의한 사할린 지도 작성은 이노 타다타카의 일본 전체 해안선 지도화에 크게 기여했다. 마미야의 지도 작성은 일본의 북방 지역에 대한 제국주의 확대에 초석을 마련했다고 평가된다.[33] 18세기 후반 프랑스 탐험가인 라페루즈가 한반도와 일본 북부를 탐험하면서 제국주의를 예견할 수 있었

---

31) М.С. Высоков, А.А. Василевский, А.И. Костанов, М.И. Ищенко, (2008), pp. 337-339.
32) М.С. Высоков, А.А. Василевский, А.И. Костанов, М.И. Ищенко, (2008), pp. 337-339.
33) Brett L. Walker (2007), op.cite., pp. 9-43.

 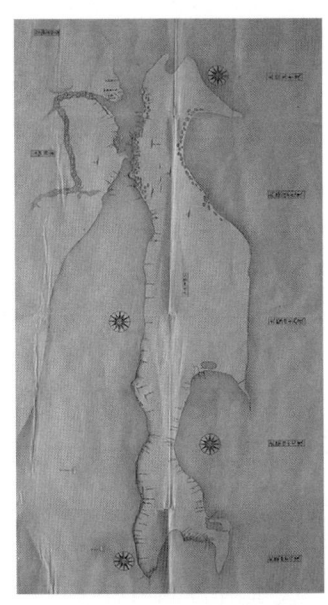

그림 2. 마미야 린조 초상화   그림 3. 마미야 린조가 그린 사할린 지도

던 것처럼, 일본에서 마미야 린조의 북부 탐험과 지도 제작은 일찍이 일본의 제국주의를 예견하며 구체화할 수 있었다. 사할린은 일본에서 '제국'을 실현할 대상이었으며 일본인들은 '식민지로서의 사할린'보다 제국을 확장한 개념으로 '일본의 일부로서의 사할린'을 기대했을 수도 있다. 홋카이도 북쪽에 위치한 미지의 세계를 알림으로써 이를 일본 제국의 일부가 될 수 있도록 기여한 인물이 바로 지도 제작자인 마미야 린조였다.

4. 시모다 조약 체결 전후 사할린의 귀속 문제

당시에 러시아인들은 마미야 린조의 업적을 알 수 없었다. 러시아 해군 장교였던 네벨스코이는 아무르 원정대를 조직하여 1849년부터 1855년까지 사할린과 아무르강 일대를 탐험했다. 네벨스코이는 아무르강 하구와 타타르 해협이 연결되어 있다는 사실을 발견했다. 러시아인들은 네벨스코이의 보고를 통해 사할린이 실제 섬이라는 사실을 알게 되었다.[34] 이는 일본에서 마미야 린조가 사할린 섬 지도를 제작한 이후로 약 40년이 흐른 뒤였다. 그전까지 러시아인들은 러시아 본토와 사할린이 연결되어 있을 것이라 추측했던 것 같다. 러시아에서는 타타르 해협의 가장 좁은 구간을 네벨스코이 해협이라고 명명했다.

1852년 러시아령 알래스카 총독의 지시로 러시아령 아메리카 회사 소속의 멘치코프 선박이 일본의 시모다 항으로 출항했다. 선장 린덴베르크는 일본 정부와 우호적인 관계를 맺고 무역을 제안하기 위해 조난된 일본인을 송환했다.[35] 이는 1853년 미국 페리 제독의 개항 요구보다 앞선 것으로 러시아 제국이 일본과의 외교관계를 수립하기 위한 사건이었다고 볼 수 있다.

1853년 러시아는 사할린 북쪽 경계에 국기를 꽂고 자국 영토임을 선언했다. 이에 일본은 항의했지만, 러시아는 오토마리에 군사 기지를 건설하여 위협을 가했다. 1855년 러시아와 일본은 쿠릴 섬들을 경계로 하여 최초의 국경 조약인 시모다 조약(러일 화친조약)을 체결했고, 사할린은 공동 관할하기로 합의했다. 엘리자리예프는 당시의 조약에서 러시아의 입장과 일본의 입장이 상이했다고 평가했다.[36] 러시아는 사할린을 자국의 영토로 완전히 귀속시키길 원했고, 일본은 상업적인 목적으로 인근 해역의 어업 활동을 보장받길 원했다. 또한 일본은 러시아와의 무력 충돌을 최대한 피하려 했으나, 사할린 남부 아이누 거주 지역은 자신들의 영향권 아래에 두고자 했다. 러시아와 일본은 시모다 조약에서 사할린에 대한 공동 통치의 의미를 다르게 해석했으며, 완전한 점령을 우선시한 러시아와 경제적 이득을 우선시한 일본의 이해 충돌

---

34) Sharyl Corrado (2014), op. cit., pp. 70-81.
35) Paul E. Eckel (1943), op. cit., pp. 159-167.
36) В.Н. Елизарьев, op. cit., pp. 31-44.

이 시작된 발단이 당시의 조약이었다고 볼 수 있다.

이후에도 양국 간 충돌과 국경 협상은 계속되었고 1875년 맺어진 상트페테르부르크 조약(일본명: 가라후토-치시마 교환조약)에서는 일본은 쿠릴열도 전체를 관할하는 대신 사할린을 양보하기로 했다. 1875년 조약 이후 러일전쟁이 발발하기까지 사할린은 러시아에서 관리하는 영토가 되었다. 엘리자리예프는 사할린 문제가 단순히 영토 문제가 아닌 제국의 확장과 식민 전략의 상징이었다고 평가했다.[37] 상트페테르부르크 조약으로 일본은 사할린에 대한 영향력을 완전히 상실하게 되었으며 이는 사할린에 대한 제국주의와 식민화의 실패였다고 볼 수 있다.

IV. 결론을 대신하여: 일본의 사할린 탐험 연구에 대한 고찰

본 글은 일본과 가까운 사할린에 대해 일본이 어떠한 입장인지, 그리고 과거 역사에서 사할린이라는 지역을 어떻게 다뤘을지에 대한 질문에서 출발했다. 근대 '국가'와 '국민'의 개념이 생겨난 19세기에 이르러서야 러시아와 일본은 국경 설정을 위한 여러 협약을 했고, 그런 와중에 사할린을 어디에 귀속시킬지에 대한 문제가 계속해서 논의되어 왔다. 러시아와 일본은 17세기 중반부터 사할린 지역을 본격적으로 탐험했고, 1855년 최초의 조약에 의해 양국은 사할린을 공동 관리하기로 합의했다. 현재 사할린은 러시아의 영토지만, 역사

---

37) В.Н. Елизарьев, "От Временного соглашения об острове Сахалин (1867 г.) к Санкт-Петербургскому договору (1875 г.)", Россия и АТР, (2007), pp. 107-116.

속에서 일본은 지리적으로 가까운 사할린과 러시아보다 더 많이 교류했을 가능성도 있을 것이라는 전제하에 문헌 조사를 실시했다.

17세기 일본의 사할린 탐험 역사를 통해 연구에 고려할 사항을 다음 세 가지로 정리할 수 있다. 첫째, 사할린 탐사에 대한 일본 측과 러시아 측의 역사를 비교하고 객관적으로 이해하는 작업이 필요하다는 점이다. 엄밀히 말하면 사할린 남쪽은 일본이, 북쪽은 러시아가 먼저 발견했다고 보는 것이 합당하다. 그러나 각자의 언어로 작성된 사료를 조사하다 보면 자국의 입장에서 사할린과의 교류 역사를 전개하고 있어 자칫 사할린에 대한 점거 혹은 영향력 확보가 역사를 서술한 측에 의해 먼저 이뤄졌거나 더 큰 영향을 받았을 것이라고 예상할 수 있다. 그뿐 아니라 사할린을 정복하는 과정에서 원주민에 대한 탄압이나 잔인성에 대해 상대국의 행위를 보다 강조함으로써 해당 영토가 자국에 속하는 것이 더 합당하다는 것을 입증하게 되는 기술 방법은 상호 간의 오해를 불러일으킬 수도 있다. 이에 따라 특정 지역에 대한 탐험 역사는 양측의 서술을 면밀히 살펴보며 제 3자 입장에서 객관적으로 이해할 필요가 있다.

둘째, 일본에서 마츠마에 가문에 의해 최초로 작성된 1644년 지도와 마미야 린조가 사할린을 섬으로 인식하여 제작한 1810년 지도의 비교를 통해 당시 일본인들의 사할린에 대한 인식이 어떻게 변화해왔는지를 살펴볼 수 있다. 1644년 지도는 현재의 사할린 모습과 많이 다르다고 할 수 있겠으나 마츠마에 체제에서 막부 쇼군에게 처음 보낸 사할린 지도로서 '최초'로 작성했다는 측면에서 큰 의미가 있다. 이를 통해 일본은 사할린 지역에 대한 점거가 일찍부터 진행되고 있었다는 점을 강조함으로써 사할린이 일본 내에서 '역사적 가라후토'로 기억되길 바라고 있을 것이라 예상할 수 있다. 한편, 200여 년 전 마미야 린조가 작성한 지도는 현 사할린 모습과 상당히 유사하다. 이 지도를 통해 일본은 북사할린을 정복하고 사할린이 반도가 아닌 '섬'이라는 사실을 밝혔기 때문에 혼슈와 연결성을 찾을 수 있었다고 이해할 수 있다. 만일 사할린이 섬이 아닌 반도로서 러시아의 대륙과 연결되었다면, 일본은 사할린이 러시아 제국에 귀속되는 것을 보다 빨리 인정했을지도 모른다.

마지막으로, 일본의 사할린 탐험에 대한 연구가 현재의 일본에게 어떠한 시사점을 제공할 수 있는지에 대해 고려할 수 있다. 일본은 적어도 남사할린을 먼저 발견했고, 역사적으로 자신들이 '가라후토'에 더 많은 영향력을 행사해왔다고 여길 수 있다. 특히, 쇄국 정책에도 진행되었던 마츠마에의 가라후토 탐험 및 지도 제작과 관련된 역사적 사실은 당시 일본이 사할린 지역을 자신들의 영지로 생각하고, 훗날 그것이 제국주의를 확장하고 실현하는데 기초를 제공할 수 있었다. 일본이 1905년부터 1945년까지 가라후토 내에 철도 및 광산 개발을 가속화하여 근대화를 앞당겼어도, 현재 사할린에 대한 영유권을 인정받는 것은 단지 희망 사항에 불과한 이야기일 것이다. 그럼에도 일본은 가라후토와 교류했던 역사를 지속적으로 강조함으로써 사할린은 일본과 역사적 교류가 깊은 공간이고 그렇기 때문에 현재에도 사할린에서의 러일 간 교류와 협력이 계속되어야 한다는 것을 강조하는 입장이다.

이러한 역사 연구를 통해 일본이 쿠릴 4개 섬 관련 영유권 문제를 절대 포기하지 않는 이유를 알 수 있다. 일본이 과거로부터 사할린과 쿠릴열도에도 영향력을 행사해왔는데, 그 작은 쿠릴 4섬까지 러시아 측에 양도한다면 일본은 오호츠크해에 대한 영향력을 모두 상실하게 된다. 특히, 일본은 러시아가 분쟁 섬에 군사적 전초 기지를 설치하여 이를 전략적으로 활용하려는 점을 가장 우려하고 있다. 연구를 통해 우리는 현재의 국제 정세를 이해하기 위해 역사 연구가 반드시 수반되어야 한다는 점을 알 수 있다. 그런 의미에서 본 연구와 같은 사할린 탐험에 관한 연구는 그만한 학술적 가치가 있다고 판단한다. 일본과 러시아의 사할린 탐험에 대한 후속 연구가 앞으로도 다양한 각도에서 진전되길 기대해본다.

〈참고문헌〉

양승조. "동아시아 근대화 모델로서 러시아제국: 일본 사절단과 조선사절단이 체험한 제정러시아 근대화의 성과와 한계." 「유라시아 역사 문화: 제국, 권력과 경계」. (서울: 민속원, 2019). 121-157쪽.

이진원. 「일본정치의 이해」. (경기: 보고사, 2024). 15쪽.

М.С. Высоков, А.А. Василевский, А.И. Костанов, М.И. Ищенко. 「ИСТОРИЯ САХАЛИНА И КУРИЛЬСКИХ ОСТРОВОВ С ДРЕВНЕЙШИХ ВРЕМЕН ДО НАЧАЛА XXI СТОЛЕТИЯ」. (Южно-Сахалинск: Сахалинское книжное издательство. 2008). pp. 267-269.

榎森進. "日本領"樺太"時代の同地の住人とアイヌの人々に関する一考察." 東北文化研究所紀要第五十五号. (2024). 19-44쪽.

竹野学. "日本統治下南樺太経済史研究における近年の動向." 「スラブ・ユーラシア学の構築」研究報告集. (2006). 57-64쪽.

三木理史. "20世紀 日本における樺太論の展開." 地理学評論 81-4. (2008). pp. 197-214.

田村 将人. "樺太アイヌに関する民族学・文化人類学上の研究史." 岸上伸啓編『環北太平洋沿岸地域の先住民文化に関する研究動向』国立民族学博物館調査報告. (2022), 135-168쪽.

佐藤孫七. "日本北部（樺太）海域漁場の発見、開拓の沿革(前期編)." 東海大学紀要海洋学部第19号. (1984). 133-146쪽.

佐藤孫七. "日本北部(樺太)海域漁場の発見, 開拓の沿革(後期編)." 東海大学紀要海洋学部第20号. (1985). 137-149쪽

リシツィナ E.H. (荒井信雄訳). "ロシアの研究者の業績にみる樺太研究について." 「スラブ・ユーラシア学の構築」研究報告集 (11), 89-91. (札幌：北海道大学スラブ研究センター, 2006)

Alexander A. Vasilevski, Michael S. Vysokov, "Study of Local History in Sakhalin Region, Far East of Russia: Brief History, Current Situation and Perspectives," *Journal of Higher Education and Lifelong Learning*, 9, (2001), pp. 142-155.

Brett L. Walker. "Mamiya Rinzō and the Japanese Exploration of Sakhalin Island: Cartography and Empire." *Journal of Historical Geography*. Volume 33. Issue 2. (2007). pp. 9-43.

Dalia Švambarytė. "Scientific expeditions in Tokugawa Japan: Historical background and results of official ventures to foreign lands." *ACTA ORIENTALIA VILNENSIA* 9.1 (2008). pp. 61-84.

Inoue, Koich. "A Case Study on Identity Issues with Regard to Enchiws (Sakhalin Ainu)." 北方人文研究 9. (2016). pp. 75-87.

Paul E. Eckel. " A Russian Expedition to Japan in 1852." The Pacific Northwest Quarterly, Vol. 34, No. 2, (April, 1943) pp. 159-167.

Sharyl Corrado. "A land divided: Sakhalin and the Amur Expedition of G.I. Nevel'skoi, 1848-1855." *Journal of Historical Geography 45*, (2014). pp. 70-81.

Вадим Анатольевич Тураев. "Этническая история айнов Сахалина и Курильских островов в контексте российско-японских территориальных размежеваний." *Россия и АТР*. (2018). pp. 213-230.

В.Н. Елизарьев. 「Борьба за Сахалин после Симодского трактата (1855-1867 гг.)」. pp. 31-44.

В.Н. Елизарьев. 「От Временного соглашения об острове Сахалин (1867 г.) к Санкт-Петербургскому договору (1875 г.)」. *Россия и АТР*. (2007). pp. 107-116.

"北方領土問題の歴史." 北方領土問題対策協会. https://www.hoppou.go.jp/problem-info/know/islands-history.html (검색일: 2025년 5월 18일)

Time Table of Sakhalin Island. https://web.archive.org/web/20151003010214/http://www.karafuto.com/timetab.html (검색일: 2025년 5월 10일)

"Treaty of Shimoda." Wikipedia. https://en.wikipedia.org/wiki/Treaty_of_Shimoda. (검색일: 2025년 5월 18일)

"Sakhalin." Wikipedia. https://en.wikipedia.org/wiki/Sakhalin#History (검색일: 2025년 5월 11일)

시베리아 샤머니즘에서 질병 영혼의 의미와 치료용 온곤의 역할

이현경*

Ⅰ. 서론

본 연구는 시베리아 민족들의 샤머니즘 신상(神像)인 온곤(онгон) 중에서 질병과 관련된 형상적 특징을 갖고 있는 치료용 온곤(лечебный онгон)에 주목하여 질병을 일으키는 주요 원인으로 지목되는 샤머니즘적 악령(惡靈)의 개념을 고찰해보고, 이들 치료용 온곤을 통해 악(惡)이 인격화되는 방식과 고대로부터 시베리아 민족들이 인간 내외부에 존재하는 고통의 문제를 어떻게 다루었는지를 분석해보고자 한다. 그리고 이를 통해 개인과 집단의 위기를 극복하기 위한 인간 심리의 원초적인 메커니즘을 알아보고자 한다.

시베리아 샤머니즘은 영적인 존재를 불러들이는 무당, 곧 샤먼을 중심으로 한 신앙 체계이다. 샤먼은 빙의나 탈혼의 상태에서 신령, 정령, 귀신 등으로 지칭할 수 있는 초자연적 존재와 직접 교류하여, 예언, 탁선, 복점, 치병, 제의 등을 행함으로써 인간 삶의 여러 문제들을 해결하고자 하였다. 샤먼이 문제 해결의 핵심 존재들을 만날 수 있는 주요 방법은 샤머니즘 우주 공간인 계

※ ※ 이 글은 『한국 시베리아연구』 2025년 29권 2호에 실린 논문을 수정 및 보완한 글임.
* 홍익대학교 미술학 박사

층화된 영적 세계를 넘나들면서 어떻게든 샤먼의 수호령과 도우미령들이 사는 곳으로 가서 도움을 요청하는 것이다. 따라서 시베리아에서는 이러한 샤머니즘 신앙의 대상들, 즉 샤먼의 수호령과 도우미령을 비롯한 인간의 삶과 죽음에 영향을 미치는 모든 신령들을 통칭하여 온곤이라 하였다. 그리고 이러한 영적 존재들을 털, 가죽, 천, 나무, 돌, 금속, 또는 뼈 등으로 형상물(形像, effigy)을 만들어 이입시켰으며, 이 형상화된 우상(神體)들 또한 온곤이라 불렀다.[1] 마치 우리나라 무당들이 무속의 신령들을 무신도(巫神圖)로 그려서 신앙의 대상으로 동일화하고 어떤 신령을 담았는가에 따라 무신도를 삼불제석,

---

1) 어트거니 푸레브, 「몽골 무교의 신령, 옹고드(Ongod)의 특징」, 『몽골 무속과 민속』(월인 2001), pp. 33-34. 몽골어 엉거(ongo), 혹은 엉겅(ongon)은 "모태의, 최초의, 기원의"라는 뜻과 함께 엉겅슈텡(ongon shuteen) 즉 "신령숭배"라는 제의적 뜻을 갖고 있다. 몽골에서는 몽골어 발음 옹곤에 복수형 조사를 붙인 옹고드(ongod)라는 말로 표현한다. (Ibid, pp. 32, 36.) 시베리아 각 민족들이 그들 언어에 따라 샤머니즘 신령을 지칭하는 용어는 헤아릴 수 없이 많다. 예를 들면, 시베리아의 투르크족은 그들을 토스(тос), 나나이족은 선(сеон)이나 싀뷘(сывын), 때로는 부르칸(буркан)이라 불렀다. 싈캬그인은 게근(кэгн), 울치족은 제바(зэва), 케드인은 로세(лосэ), 톰스크의 타타르인은 로스(los), 야쿠츠는 바쁘(бап, 또는 бах, баф), 네네츠는 헤에(хаэ 또는 хэге), 만시족(манси, 옛 보굴족вогулы)은 푸픠흐(пупых), 투바인(또는 소요트족сойоты)은 예렌(ерень, 또는 이렌ирень), 바슈키르인은 우슉(усюк), 추바인은 이예레흐(йерех, 또는 튜리тюри)라고 불렀다. 논문에서 지칭한 온곤(онгон)은 러시아어 발음으로, 몽골인과 부랴트인의 신령에 대한 용어 옹곤(ongon)에서 비롯된 것이다. 1925년부터 레닌그라드 대학의 민족학과 교수로 있던 젤레닌은 동시에 1949년까지 표트르대제인류학민족지학박물관(Кунсткамера)에서 일하면서 20세기 초반까지 성행했던 시베리아 온곤들을 대대적으로 조사하기 시작했다. 그는 당시 각 민족을 연구했던 제 학자들의 조사 내용을 기반으로 온곤이라는 단어를 대표 용어로 사용했고, 이후 연구자들도 특정 민족을 다루지 않는 경우, 온곤이라는 용어를 채택했다. 따라서 본 연구도 러시아 학자들의 관례에 따라 온곤이라는 용어를 사용하고자 한다. Зеленин, Д. К., Культ Онгогов в Сибири-Пережитки Тотемизма в Идеологии Сибрских Народов (Москва: Издательство Академии Наук СССР, 1936), с. 6.

오방신장, 칠성장군, 성수, 대신할머니, 호구아씨 등으로 불렀듯이, 온곤 또한 그 종과 속, 위치와 지위, 역할과 기능 등에 따른 개별 이름이 있었다. 그리고 동일한 존재의 온곤이라도 시베리아 제 민족은 그들 언어에 따라 다른 명칭으로 불렀다. 그러므로 불교의 다양한 불상처럼 시베리아 샤머니즘에서 온곤은 신앙 대상으로서 가장 핵심적인 요소가 된다.

본 연구에서 살펴볼 치료용 온곤은 위와 같은 온곤 중에서도 질병이나 죽음의 원인으로서 인간에게 해악(害惡)을 미치는 영혼과 관련된 신상을 말한다. 샤머니즘에서 대부분의 온곤은 인간의 입장에서 선악의 양면적인 모습을 모두 갖고 있는데, 치료용 온곤은 크게 물, 불, 달과 같이 자연신령 중에서 악령적인 성격을 띠는 것, 악령과 계약한 동물인 이직흐(изых), 환자 속에 들어가 구체적인 병이 된 질병령, 그리고 불행한 죽음으로 인해 떠도는 원혼(冤魂), 즉 악령이 될 가능성이 높은 영혼 등이 주입된 형상물을 말한다. 샤머니즘의 세계관에 따라 이러한 질병에 관련된 온곤은 의례 절차 상 역할이 있기 때문에 제작되었고, 전체 온곤에서 중요한 비중을 차지하였다. 그러나 지금까지 이러한 신앙의 주요 대상 중 하나인 치료용 온곤을 다룬 연구는 극히 드물다.

역사적으로 시베리아 지역은 16세기 말부터 시작된 러시아의 침입으로 러시아 제국의 일부가 되고 1918년에는 샤먼의 행위를 인정하지 않는 소련의 영토가 되었다. 이에 공산주의 정권이 무너지는 90년대 초까지 샤먼은 숙청되거나 강제 환속되었고 온곤을 비롯한 무구(巫具)들은 대다수가 불태워졌다. 그러나 그 과정 속에서도 살아남은 온곤들은 러시아의 일부 민족학 박물관에 소장되었고, 현재는 러시아에서 국가적으로 수집과 보존에 힘쓰고 있는 유물이 되었다. 그러므로 러시아에서는 시베리아에 대한 민족지학적인 조사와 더불어 온곤에 대한 연구도 활발하게 진행되었을 것으로 여겨지지만, 현재까지 치료용 온곤 자체에 대한 단독 연구서는 찾을 수 없었다. 하지만 본 연구에 길잡이가 된 몇몇 선행연구가 있다. 그 중 젤레닌의『시베리아의 온곤 숭배: 시베리아 민족들에 남은 토테미즘의 흔적』(1936)은 지금까지 온곤 자체를 연구한 유일한 단행본으로 토템에서 계승된 질병 영혼이 샤머니즘 안에서 어떻게 치료용 온곤으로 신앙화 되는지 밝히고 있고, 최근에 발행된 흐리스토포로바의『러시아 북부민족의 신화: 창조자 훔과 까마귀 후트하로부터 악마 쿨라와 악령 칸까지』(2023)에서는 시베리아 각 민족들의 신화 속 악령들을 서술하고 이들 악령이 질병령으로 작동하는 방식을 설명하고 있다. 또한 현대 의학의 관점으로 시베리아 몽골계 민족의 질병과 샤먼의 치병 활동을 살펴본 소드놈필로바의『의학과 주술 사이: 17-19세기 몽골족 문화의 민족적인 의학의 실천』(2019)은 기존의 민족지학자들이 다루지 않았던 질병과 관련된 시베리아 사회사와 생태의 문제를 다루어 많은 시사점을 주었다.[2] 그런데 이러한 연구들은 치료용 온곤이라는 형상물을 다룬 것은 아니기에, 본 연구에서는 유형의 증거 자료인 치료용 온곤을 추적하여 보다 실증적으로 영혼의 문제를 접근하고자 한다.[3]

---

[2] Зеленин, Д. К.(1936), там же, с. 436.; Христофорова, О. Б., Мифы северных народов России. От творца Нума и ворона Кутха до демонов кулей и злых духов кана, Серия-Мифы от и до (Москва: Манн, Иванов и Фербер, 2023), с.288.; Содномпирова, М. М., Между Медициной и Магией: Практики Народной Медицины в Культуре Монгольских Народов(ⅩⅦ-ⅩⅨ вв.) (Москва; Наука-Восточная Литература, 2019), с.208.

[3] 시베리아의 각 지역에 산재해 있는 온곤들과 그 중에서 치병의례와 질병령과 관련된 온곤을 실견하고 관찰하기 위해 2024년 6월 25일에서 7월 27일까지 러시아의 이르쿠츠크, 울란우데, 치타, 야쿠츠크의 도시들을 탐방하고 이르쿠츠크주와 부랴트공화국 오지의 에벤키족, 부랴트족의 정착촌을 현장 답사하였다. 방문 기간 동안 부랴트공화국의 샤머니즘 관련 전문가들을 인터뷰 하였는데, 그 중 동시베리아 국립기술경영 대학교의 역사학자 도르자 미하일로비치 만쉐예프 교수와 몽골 불교 티벳 연구소의 마리

한편 러시아어 문헌이 아닌 본 연구과 관련된 우리나라의 선행 연구는 거의 전무하다시피 했는데, 유사한 제목의 엄순천의 논문들을 찾게 되어 매우 주목되었다.[4] 그런데 그의 논문들은 에벤키와 우데게 이 두 민족의 영혼관을 살펴보고 그에 따른 치병 의례의 구체적인 절차와 내용에 초점을 맞추고 있어 본 연구와 지향하고자 한 주제 의식이 달랐다. 본 연구에서 보고자 하는 내용은 시베리아 샤머니즘에서는 왜 거의 모든 질병을 원혼이나 악령이 작동한 결과로 보는가, 또한 샤먼의 의례는 주로 어떤 질병에서 치료의 효과가 있었는가, 또는 효과가 없었다면, 효과가 없음에도 불구하고 샤머니즘적인 치병 풍습이 고대로부터 계승되고, 현대 의학이 성행한 지금도 무의식적으로 먼저 생각하게 되는 심리적 요인은 무엇인가이다. 또 치료용 온곤을 대하는 이들 민족의 어떤 태도들이 샤머니즘적 영혼관을 그들 스스로에게 고착시키고 이러한 치료용 온곤을 신앙적 유산으로 이어갔는가에 대해 고찰해 보고자 한다.

나 미하일로브나 소드놈필로브나 박사, 동양 고문서 및 목판화 센터의 수르자나 미야가쉐바 박사와의 대화를 통해 부랴트 샤머니즘의 치병의례와 그 특징, 그리고 질병을 일으키는 악령에 대한 내용들, 부랴트족이 잘 걸리는 질병들에 대한 내용을 파악할 수 있었다. 또한 울란우데의 샤먼센터 텡그리 한에서는 그 곳에서 복원한 부랴트족 온곤들을 실견하여 사진 촬영하고 샤먼 다리야의 도움으로 그 온곤들에 대한 몇몇 내용들과 치병 의례 과정을 기록할 수 있었다. 이를 통해 2013년에 제작된 질병 온곤과 19세기 말에서 20세기 초반에 만들어진 우스트 오르딘스크 부랴트 지역 국립 박물관 소장 질병 온곤을 비교해볼 수 있었다. 그리고 지난 5년 동안 모스크바, 상트페테르부르크, 카잔의 민족·종교박물관 등에서 접한 온곤 유물들과 도록들, 그리고 박물관 아카이빙 검색을 통해 질병 온곤에 대한 이미지 자료들을 보강할 수 있었다.

4) 엄순천, "병(病)에 대한 관념에 나타난 에벤키족의 영혼관", 『순천향 인문과학논총』 Vol. 39 No. 4 (순천향대학교 인문학연구소, 2020), pp. 103-136.; 엄순천, "러시아 극동 우데게족의 치병(治病)의식과 치병용 신상(神像)의 문화기술지적 고찰", 『유럽사회문화』 No. 29 (연세대학교 인문학연구원, 2022), pp. 149-190.

Ⅱ. 본론

1. 시베리아 민족들의 주요 질병과 그 원인

시베리아 민족들은 척박한 자연 환경과 혹독한 추위 속에서 가축사육 및 유목 생활을 통해 먼 거리를 오가며 육식 위주의 식생을 하였기 때문에 기본적으로 체력이 강하다. 그리고 정주민들처럼 도시 공간에서 과밀하게 생활하지 않기 때문에 집단 내에서 전염병이 돌 확률이 상대적으로 낮다. 그러나 역으로 겨울이 일 년에 8개월 이상 지속되는 추운 환경은 이들이 1년 내내 감기에 걸릴 확률을 높였으며, 감기에 동반하는 기침, 열 등이 낫지 않으면 종종 폐결핵이나 폐암에까지 이르렀다. 또한 추위를 극복하기 위해 우유를 섞은 차, 국물 등을 뜨겁게 끓여먹는 전통은 식도 협착이나 식도암에 걸리게 하였다.[5] 그리고 삼림이 드문 내륙 아시아의 특성을 갖는 시베리아는 태양 복사량이 압도적으로 많고 강한 자외선에 늘 노출되기 때문에 백내장이 흔한 질병이었다. 이들 민족은 광활한 대지에서 멀리 방목하는 동물 무리를 보거나 사냥을 위해 야생 동물을 관찰하는 등 정기적으로 눈을 훈련한 덕분에 좋은 시력을 갖고 있다. 그런데 주로 여성들에게는 근시가 만연했는데, 그것은 여성들이 일 년 내내 모피 옷과 신발, 가옥을 덮을 모피 장막 등을 만들어야 했고, 긴 겨울 저녁 내내 횃불과 같은 희미한 불빛 아래에서 바느질 뿐 아니라 이들의 장식 방식인 자수나 구슬을 다는 일을 수행했기 때문이었다.[6]

---

5) Содномпирова, М. М. (2019), там же, с.7.
6) Содномпилова М. М., Нанзатов Б. З., "Глазные недуги в традиционных представлениях тюрко-монгольских народов Внутренней Азии в XIX - начале XX века: природа заболеваний", профилактика и лечение, Вестник НГУ. Серия: История, филология, Т. 19 №3: Археология и этнография (Новосибирск: Новосибирский государст

가혹한 자연 조건과 유목 생활 방식은 개인뿐 아니라 집단의 위생을 유지하는데 매우 열악한 환경을 제공했다. 갓 태어난 어린 동물들은 추위를 견디기 힘들기 때문에 유르트 안에서 키워졌다. 그로 인해 유르트 안은 동물이 어느 정도 자라 강해질 때까지 흙바닥에 늘 동물 분비물이 혼재되어 있었다. 여기에 유목민들은 동물에게서 나오는 지방, 피, 털, 땀, 배설물 등의 분비물은 흙과 같은 자연의 한 부분으로 인식했으며 실제로 이것들은 유목 생활에 필수적인 것이었다. 따라서 인체와 동물에게 나오는 각종 분비물은 즉시 폐기되어야 할 더러운 불순물이 아니고 이들에게서 나는 냄새 또한 당연한 것이었다.[7] 그런데 이보다 더욱 위생을 어렵게 하는 것은 주거지에 목욕을 위한 장소가 없다는 것이었다. 목욕은 유목지 근처의 강이나 호수에서만 이루어졌는데, 긴 겨울 동안은 강물이 얼기 때문에 목욕이 불가능했으며, 매우 한시적으로 강물이 녹는 시기에만 행해졌다. 남자와 아이들은 강물에서 공개적으로 목욕을 했지만 여성의 목욕은 물의 주인령이 여성을 월경을 하는 부정한 존재로 싫어하기 때문에 강 주변에 별도의 구덩이를 파고 더러운 물을 붓고 보이지 않게 행해졌다.[8] 게다가 이들 민족의 관념에 따르면 한 사람에게 속한 영혼은 한 개가 아니므로 몇몇 영혼들 중 어떤 영혼은 자는 동안 사람을 빠져나갈 수가 있다. 그런데 만약 얼굴을 씻고 잠들면 빠져나간 영혼이 자신을 몰라볼 수 있으

венный университет, 2020), c.153. DOI 10.25205/1818-7919-2020-19-3-147-159.
7) Нанзатов Б. З., Содномпилова М. М., "Личная и общественная гигиена в понимании и в жизни кочевников", Oriental Studies(2) (Элиста: Oriental Studies (Previous Name: Bulletin of the Kalmyk Institute for Humanities of the Russian Academy of Sciences), 2019), c.257-258. DOI: 10.22162/2619-0990-2019-42-2-255-262. 예를 들면 동물의 지방과 기름은 서리와 강풍으로 인한 피부의 수분 손실을 막아 주었다. 그리고 동물 배설물은 난로의 주원료였다.
8) Нанзатов Б. З., Содномпилова М. М. (2019), там же, c.259.

므로 자기 전에 세수를 하는 것도 금기시 되었다.⁹⁾ 이처럼 가장 기본적인 개인위생 활동인 씻는 행위가 물 부족 또는 영혼 관념으로 인해 아주 제한적으로 행해졌기 때문에 이들에게 세탁과 세척 같은 집단위생 활동은 더 소원한 일이었다. 20세기 초까지 대다수 민족에게 외투는 일평생 한 벌이었고, 비싼 옷일수록 2~3대에 걸쳐 물려 입었다. 이들에게 옷은 빨아 입는 것이 아닌 헤질 때까지 입다가 교체하는 것이었으며 외투는 부정 타는 것을 방지하기 위해서라도 세탁하지 않았다.¹⁰⁾ 씻거나 세탁을 해서 부정을 탄다는 이들은 관념은 다음과 같은 것이다.

1944년 11월 시베리아 외지의 에벤키 마을에 이질(дизентерия)이 번졌다. 이질은 대변에 있는 시겔라(Shigella)균이 식수나 음식, 손이나 생활을 통해 입으로 들어가서 발생한다. 따라서 손을 잘 씻고 물과 음식을 잘 끓여 먹으면 감염을 줄일 수 있다. 당시 의사는 그곳 사람들에게 비누를 사용하는 법을 가르쳤고, 그로인해 샤워를 하게 된 한 사냥꾼이 대성통곡을 하면서 말했다. "이제 나는 이 타이가에서 사냥할 때 정령들의 도움을 받을 수 없다. 이 도우미영들은 눈이 없기 때문에 냄새로 사람을 감지한다." 의사가 한 시간 뒤에 돌아왔을 때, 그 사냥꾼은 창문으로 돌진하여 깨뜨린 유리조각으로 자신의 정맥을 찔러 온 몸에 피를 칠한 상태였다. 사냥꾼은 "이제 도우미영들은 나를 다른 사람으로 착각하지 않고 냄새로 알아볼 것이다."라며 안심하며 웃었다. 그러나 의사는 출혈과다로 그가 죽을 것을 걱정해야 했다.¹¹⁾ 따라서 이러한 비위

---

9) Содномпирова, М. М. (2019), там же, с.11.
10) Осокин Г. М., На границе Монголии. Очерки и материалы к этнографии юго-западного Забайкалья (СПб: Тип. А. С.Суворина, 1906), с.198.
11) Коледнева Н. В., Планета Эвенкия (Чита: Экспресс, 2009), с.187.

생적 관습으로 인해 시베리아 민족들은 20세기 중반까지도 옴(чесотка), 탄저병(сибирская язва)과 같은 각종 피부병, 전염성 만성결막염(трахома)에 쉽게 노출되었다.

옴은 개선충이라는 기생충에 의해 발생하는 피부질환으로 옴 벌레나 알이 피부, 옷, 침구류 등에 붙어 있기 때문에, 감염자뿐 아니라 그가 사용한 것은 물에 세탁하거나, 햇볕에 말리거나, 살충제를 뿌려서 알까지 모두 죽여 버려야 없어질 수 있다.[12] 또한 탄저병은 흙 속에 사는 탄저균(Bacillus anthracis)에 노출되어 발생하는 것으로, 기본적으로 초식 동물에게서 발생하는 질병이지만, 사람이나 육식 동물(기회숙주)에게 남아 있다가 새로운 숙주에게 들어갈 수 있다. 피부 감염은 탄저균에 감염된 동물의 사체나 오염된 토양과 접촉하여 발생하며 병 걸리거나 상한 고기를 먹으면 걸릴 수 있다.[13] 소비에트 혁명 이전 러시아에서 전염성 만성결막염은 실명의 첫 번째 원인으로 21.4%(700만 명)를 차지했다. 그리고 이 결막염이 걸린 700만 명 중 시베리아 민족들의 비중이 가장 높았다. 이 결막염은 20세기 초까지 부랴트족이 가장 흔하게 걸리는 눈병이었다.[14] 이처럼 감염에 취약한 비위생적인 환경에 더해 유목민들에게 필연적으로 따라오는 과도한 육식 생활, 그리고 동물과 밀접한 생활은 탄저병을 비롯한 공수병(бешенство, 또는 광견병), 간염(гепатит)과 같은 인수공통 전염병에 쉽게 걸리게 하였다.

---

12) 서울아산병원 건강정보 옴(Scabies) https://www.amc.seoul.kr/asan/healthinfo/disease/diseaseDetail.do?contentId=32469 (검색일: 2025.03.20.)
13) 서울대학교병원 N의학정보 탄저병(anthrax) http://www.snuh.org/health/nMedInfo/nView.do?category=DIS&medid=AA000040 (검색일: 2025.03.20.)
14) Алексеева Л. Л., "Эволюция глазных заболеваний и слепоты в Республике Саха (Якутия)", Вестник Северо-Восточного федерального университета им. М. К. Аммосова, Т. 7 №4 (2010), с.33.

여기에 가축 및 야생 동물을 날 것으로 먹는 습관은 기생충이나 바이러스균을 직접 흡입하는 것과 다름없었으므로 각종 위·장관 질병뿐 아니라 페스트(чума), 천연두(осна), 콜레라(холера), 장티푸스(тиф), 이질과 같은 치명적인 전염병에 노출되고 더욱 확산시키는 결과를 낳았다. 그렇지만 시베리아 민족들은 동물의 내장을 날 것으로 먹는 것을 인간의 건강에 매우 유익한 것으로 생각하였다. 그 예로 부랴트족은 갓 도살한 말의 생간과 복부에 낀 지방을 최고의 진미로 여겼으므로 말이 살찌는 가을에 도축하여 겨울을 대비하였다. 부랴트족은 가축을 도살한 후 아직 응고되지 않은 따뜻한 피를 마시고, 간과 신장을 그 자리에서 먹었다. 이들에게 신선한 피를 마시는 것은 대량의 출혈, 빈혈 및 결핵(туберкулёз)의 치료법이기도 하였다.[15] 그리고 이렇게 출혈을 수혈로 막는 치료법은 종종 효과가 있었다.

한편 이러한 질병들의 병리적 원인과 다르게, 우리나라 무속에는 질병의 원인으로 천연두를 일으키는 호구마마라는 명칭이 남아 있다. 이 명칭으로 보아 병의 연원이 조선 초기 중국 강남에서 들어왔다는 것과 천연두 귀신을 환자 대신으로 만든 인형으로 만족시킨다는 1920년대의 기록이 있다.[16] 이러한 천연두(осна)에 대한 역사적 맥락은 시베리아 민족들과 매우 유사한데, 시베리

---

15) Нанзатов Б. З., Содномпилова М. М., "Народно-бытовая медицина монгольских народов: средства животного происхождения в представлениях и практиках", Серия ≪Геоархеология. Этнология. Антропология≫ Т. 17. (Иркутск: Известия Иркутского государственного университета, 2016), с.130. 연구자가 2024년 7월에 몽골 불교 티벳 연구소에서 만난 마리나 미하일로브나 소드놈필로바(Содномпилова М. М.) 박사는 현대 부랴트 사람이 가장 잘 걸리는 질병으로 감기, 식도암, 폐결핵, 관절염을 들었다.
16) 무라야마 지준, 노성환 옮김, 『조선의 귀신』 (서울: 민음사, 1990), p. 150, 196. 초판 발행 1929년, 조선총독부 조사사업보고서.

아에서는 민족별로 이 천연두에 대한 훨씬 구체적인 유래와 내용이 존재한다. 이들 민족은 많은 사람이 죽는 천연두와 같은 역병의 원인은 좀 더 강력한 악령이 작동한 결과라고 생각하였으며, 때문에 외부에서 온 그 큰 손님의 진짜 정체는 상층세계나 하층세계의 주신(主神)들 중 하나이거나 또는 원혼 중에서도 보통 사람이 아닌 샤먼의 영혼이라고 생각하였다. 예를 들면 몽골족에게 천연두는 처음에는 중국의 정착민으로부터 유래하였으나, 17세기 러시아인들의 시베리아 정복 전쟁 이후에는 서쪽의 백인이 가져온 병이라고 하여 "하얀 하늘 세계의 신령(сагаан бурхан)"이라고 불리어졌다. 또한 그들은 천연두, 수두, 홍역을 증상에 따라 색깔별로 이름을 붙였다. 하카스인에게 "큰 손님" 천연두는 사얀 산맥 너머에서 왔으며, 그 곳은 풀이 시들지 않고 강도 얼지 않는 따뜻한 곳이다. 천연두 신령의 집단은 태양 신령처럼 밝고 홍채가 없는 흰 눈을 갖고 있다. 따라서 흰 얼룩이 있는 소나 말은 천연두와 관련된 가축이므로 해악을 가져온다고 믿었다.[17]

러시아 제국에서 천연두 백신 접종은 1805년에 법적 효력을 갖게 되었다. 그렇지만 이미 그 이전 1770년에 바르구진의 부랴트족이 처음으로 의사 이반 그리쉰에 의해 백신을 맞았다. 그리고 1776년에는 이르쿠츠크 지역의 부랴트족 어린이 6,450명이 의사 아담 이바노비치 브릴에 의해 백신 접종을 받았다. 이러한 과정을 거치면서 부랴트족은 19세기 이후 샤먼을 통해 천연두 신에게 사람의 생명을 바치는 일을 멈출 수 있었다. 그 이전까지는 이들에게 천연두는 동쪽 하늘의 강력한 악령 알반(албан) 텡게리로 이 악령에게는 한 가족 또는 한 울루스 당 세금을 바치듯이 한 사람의 생명을 바쳐야만 그의 분노를

---

[17] Содномпирова М. М. (2019), там же, с. 38, 40.

잠재울 수 있다고 여겼다.[18] 그런데 이렇게 샤머니즘 신앙 속에서 병의 원인을 찾는 시도는 근대 의학의 확산과 더불어 부랴트족의 천연두 사례처럼 시베리아 전체에서 바로 사라질 것 같았지만 그들 안의 신앙적 관념을 변화시키는 것은 결코 쉬운 일이 아니었다. 아무리 효과적인 약이라도 병의 원인이 자신의 영혼이 떠났거나 샤먼만이 쫓아낼 수 있는 악령에 사로잡혔다고 확신하는 환자에게는 도움이 되지 않았다. 1944년 8월 에벤키족 퉁고코첸 마을에 이질이 확산되자 의사는 그 지역의 에벤키족과 러시아인에게 똑같이 페니실린을 처방하였다. 그런데 러시아인 사망자는 하나도 없었지만, 의사가 말을 타고 에벤키족 오두막을 방문해 보니 모두 죽어 있었다. 이러한 결과를 초래한 이유는 당시 에벤키가 자신들이 러시아인과 같은 약으로 치료가 된다고 믿지 않았고, 오직 영혼을 다룰 수 있는 샤먼만이 도움을 줄 수 있다고 여겨 약을 먹지 않았기 때문이다. 그러나 1930년대 말 이 지역의 샤먼들은 소련 정부에 의해 반체제 인사들과 함께 모두 죽임 당했기 때문에 도움의 손길을 내밀 대상이 없는 상황이었다.[19]

이러한 시베리아 민족들의 샤머니즘에 대한 굳건한 믿음은 물론 당시 사회에서 샤먼이 사회적 지위가 높고 부유하며 존경받는 자이기도 하였거니와 샤먼이 그들의 생업 활동을 유지하기 위해 많은 액션을 취한 결과이기도 하였다. 샤먼은 오랫동안 그들의 치병 의례에 신뢰가 쌓이도록 종교, 신화적인 정당성을 부여하는 작업을 수행하였으며 해부학적, 생리학적 지식에 기반 하지 않은 그들의 치유 행위가 믿겨지도록 얼마든지 연극적인 상황을 연출할 수 있었다. 20세기 초 이르쿠츠크와 자바이칼의 부랴트 마을에서 경찰 장교를 지낸 테르

---

18) Содномпирова М. М. (2019), там же, с. 40, 42.
19) Колелнева Н. В. (2009), там же, с. 186-187.

민의 기록에 따르면, 부랴트 샤먼이 환자의 집에 초대되고 먼저 숫양을 잘라서 양고기의 어깨 부분을 태워 그 흔적을 보고 병의 원인과 해야 할 바를 알려준다. 의례 동안 많은 사람들이 환자의 유르트에 모여 먹고, 마시고, 담배를 피우고, 소리치고, 박수치며 환자가 회복될 때까지 매일 동물을 잡는 상황을 반복한다. 때로 의례 중에 영혼이 다른 샤먼을 부르라고 하면, 환자의 가족은 다시 양을 잡아 그 과정을 반복한다. 만약 환자가 계속 낫지 않으면, 샤먼은 제물로 드린 동물이 받는 신령에게 도달하지 않거나 마음에 들지 않아서 다른 신령에게 의지해야 하므로 새로운 동물을 희생 제물로 드릴 것을 요구하였다. 따라서 "아무리 부자인 사람도 5분만 누워있으면 알거지가 된다"는 말이 있을 정도로, 오랫동안 누워있던 환자는 희생 제물을 바치느라 가산을 다 탕진하고 부자의 소작 유목민으로 살거나 부자에게 저당 잡힌 삶을 살아야 했다.[20]

19세기 몽골에서는 샤먼이 아예 제물을 드릴 동물을 팔거나 아니면 상인과 친척 관계이거나 이도 아니면 상인과 담합하여 환자 가족에게 폭리를 취하는 일이 빈번하게 있었다. 비슷한 사례로 샤먼과 담합한 부랴트족 상인은 썩은 오리를 환자의 가족에게 한 마리당 5루블에 팔고 샤먼에게 수수료 2루블을 지급했다. 의례용 제물은 흥정을 해서 살 수 없으므로 환자의 가족은 그대로 구입할 수밖에 없었는데 이는 흥정을 한 제물은 의례를 성공시키지 못하기 때문이다. 이러한 상황 속에서 샤먼은 항상 부자들과 자발적, 구조적으로 친하게 되었다.[21] 현대 의학의 관점에서 보면 샤먼의 행위는 치료에 필요한 지식이 없는 상태에서 행해졌기 때문에, 각 민족들의 굳건한 믿음과는 별개로 샤먼의 치유 활동이 더 많아질수록 환자들의 증세는 더 악화되었다. 특히 전염병에

---

20) Термен А. И., Среди бурят Иркутской губернии и Забайкальской области: Очерки и впечатления (СПб.: Тип. МВД, 1912), с.55.
21) Термен А. И. (1912), там же, с.56,

샤먼이 개입될 때 샤먼의 의례 장소는 사고 모임의 장이자 행사장과 마찬가지였기 때문에 더욱 치명적인 결과를 낳았다. 여기서는 샤먼의 목숨도 예외가 될 수 없었다. 그렇지만 또한 이러한 결과와는 별개로 샤먼은 원인이 명확하거나 단순한 질병 즉 상해, 골절, 감기 같은 외부적으로 일반인도 파악할 수 있는 질병들을 다루지 않았다. 샤먼은 당시 사람들이 알 수 없는 바이러스가 원인인 전염병, 그 본질을 파악할 수 없는 장기 질환 같은 내부적인 질환을 선별적으로 다루었으며, 주술적 수단과 의례 방식에 의지하여 치료하였다.[22] 특히 샤먼이 자주 다루었던 질병은 히스테리, 자살 충동, 신경쇠약증, 우울증, 간질 (эпилепсия) 등 부랴트에서는 나이구르(найгур, 샤먼 병(巫病))라고 일컫기도 하는 정신 또는 심리장애였다.

    무병에 많은 관심을 갖고 연구한 학자들은 강한 능력을 지닌 샤먼들의 혈통에 정신질환을 앓고 있는 사람들이 집중되어 있다는 사실을 전면으로 부정하지 못하고 있다. 왜냐하면 이제는 정신분열증과 같은 정신장애는 유전적 성격을 지닌다는 사실이 의학적으로 잘 알려져 있기 때문이다.[23] 하리토노바의 설명에 따르면, 샤먼은 초감각적인 정신 생리적 특성과 특별한 세계관을 부여받은 개인이다.[24] 19세기 부랴트족은 여성들이 결혼한 이후에 샤먼이 되는 경우가 많았는데, 이는 무병이 소녀시절에 발현되지 않다가 결혼 후 여성들에게 가혹한 환경이 정신적 외상이 되어 유전적인 무병을 발현시키기 때문인 것으로 보고 있다. 당시 여성들은 타 부족이라는 외부로부터 온 검증되지 못한 존

---

22) Соднompирова М. М. (2019), там же, с.146, 185.
23) 현대 의학에는 정신적 외상, 즉 트라우마 또한 유전된다고 알려져 있다. 마크 월린, 정지인 옮김, 『트라우마는 어떻게 유전되는가』 (인천: 심심, 2016), p. 41.
24) Харитонова В. И., Феникс из пепла? Сибирский шаманизм на рубеже тысячелетий (М.: Наука, 2006), с.103.

재로서 그로 인해 시댁 사람들에게 검열을 받았으며, 원래도 낮은 사회적 지위로 차별 받고, 열악한 출산 조건에서 아이를 낳고 동시에 장시간 힘든 노동을 해야 했다.[25] 따라서 결혼 후 죽음을 초래할 정도로 바뀐 생활환경이 기혼 여성들에게 무병을 불러일으킨 것으로 보았다.

그런데 이러한 무병뿐만 아니라 다양한 정신 심리장애가 시베리아의 기후와 식생으로 인해 일어날 수 있다는 설명은 오랫동안 있어 왔다. 시베리아의 척박한 경관, 긴 추위, 어두운 겨울, 육식에 치우친 식생으로 인한 비타민의 결여, 또 봄철의 고질적인 영양 부족 등이 이들 민족에게 불안정한 정신 상태를 가져온다는 것이다.[26] 또한 어느 사회나 전쟁, 사회적 탄압, 대규모 전염병과 같은 집단적 죽음을 초래하는 상황에서는 우울증이나 자살 충동 같은 심리 정신적 압박이 심해진다. 그런데 그럼에도 불구하고 지금까지 러시아 연방 보건부의 조사 자료에 따르면, 인종적으로 몽골로이드 그룹의 자살률이 유독 높다.[27] 톰스크주립대학교와 러시아 연방 시베리아 지부 정신 건강 연구소에서는 알타이, 부랴트, 야쿠트, 하카스, 쇼르족 청년 810명을 대상으로 스트레스에 대한 저항 수준의 지표를 민족심리학의 지표로 조사한 바가 있다. 보고서에 따르면 이들 투르크-몽골 계열 민족들은 스트레스 저항력에 대한 수치가 낮게 측정되었는데, 이러한 낮은 지표는 어려움을 극복하고, 부정적 감정을 이겨내며, 적절한 자제력과 재치가 부족하다는 것을 의미한다. 이어서 보고서에서는 이렇게 스트레스 저항력이 낮은 이유를 이들이 사회적 평가에 민감하

---

25) Содномпирова М. М. (2019), там же, с.65, 68.
26) 홀트크란쯔(A. Hultkrantz), 최길성 옮김, 「샤머니즘의 생태학적·현상학적 측면」, 『시베리아의 샤머니즘』(서울: 민음사, 1988), p. 53.
27) Лубсанова С.В., Базаров А. А., "Суицидальное поведение и религиозность (на примере молодых людей бурятской и русской национальностей)", Суицидология Т. 4. №3(12) (2013), с.80.

며, 죄책감과 수치심을 잘 느끼고, 비밀주의 성향이 높기 때문인 것으로 보고 있다.[28] 따라서 이러한 연구를 참고해 봐도 무병을 비롯한 정신 심리장애 또한 시베리아 민족들이 갖는 특징적인 질환으로 여겨진다.

2. 시베리아 샤머니즘에서 악령의 개념과 질병 영혼

시베리아 샤머니즘에서 질병의 원인은 크게 세 가지로 나누어 볼 수 있다. 첫째는 환자 스스로 금기를 위반하여 부정을 탄 것이고, 둘째는 사람에게 있는 여러 영혼 중의 하나가 환자의 육체를 이탈하여 탈이 난 것이고, 셋째는 죽은 자의 영혼, 즉 타인의 영혼이나 상층 또는 하층 세계에 거주하는 악한 령이 환자의 육체를 사로잡아 해를 입은 것이다.

환자가 금기를 위반한다는 것은 가지 말라는 곳에 간다던가, 만지지 말라는 것을 만졌다든가, 외부 씨족을 받아들였다든가 하는 부정하거나 불순한 것에 닿는 행위를 말한다. 예를 들면 몽골인들에게는 낡은 옷을 받는 것, 큰 물을 건너는 것, 낙타를 탄 사람과 접촉하는 것, 날카로운 칼을 받는 것, 붉은 색의 물건을 받는 것, 회색 머리의 사람이나 회색 말을 탄 사람을 만나는 것, 폐허가

---

28) Семке В. Я., "Стрессоустойчивоссть как основа преодоления кризисов молодого поколения", Сибирский вестник психиатрии и наркологии №3(54) (2009), с.7-9.; Семке В. Я., Богомаз С. А., Бохан Т. Г., "Качество жизни молодежи народов Сибири как системный показатель уровня стрессоустойчивости", Сибирский вестник психиатрии и наркологии 2(71) (Томск: Иван Федоров, 2012), с.94-98. 이들 보고서에는 스트레스와 긴장에 관련된 삶의 질 지표를 34개의 영역에서 연구하였다. 그리고 스트레스 저항력을 낮추는 원인은 위의 본문 내용 외에 자신의 생각과 기분을 말로 표현하는 것의 어려움, 비관적인 기분, 잦은 분노, 자신에 대한 불만, 삶의 가치에 대한 불확실성 등이 있지만, 제시된 민족에게 보다 공통적으로 보이는 원인은 본문에 제시된 내용이다.

된 마을을 들어가는 것, 남편이나 자녀를 잃은 여성에게서 음식을 받는 것, 남동부에서 온 음식을 먹는 것 등이 부정한 행동이다. 그런데 이러한 금기 사항에서 부정함에 대한 논리적인 인과 관계를 파악하기는 힘들다. 왜냐하면 과부나 자녀를 잃은 여성, 그리고 남동부에서 온 음식이 불순하다는 것은 그 불순함이 음식이 상했다거나 병든 고기라거나 하는 합리적인 원인이 아닌 음식의 기원, 음식을 얻은 사람, 장소 등의 특성에서 비롯되기 때문이다.[29] 따라서 사람이 살면서 낡은 옷을 받거나, 큰 물을 건너거나 붉은 색의 물건을 받는 등의 일은 한 번 이상 일어날 수 있으므로 이러한 금기 사항을 모두 지키는 것도 원칙적으로 불가능하다. 그러므로 샤머니즘에서 금기의 위반과 질병, 죽음에 대한 관련성은 숫자, 방위, 장소, 시간, 사람, 신화, 역사적 기원 등의 어떤 요소들과 상관관계를 가지며 이들은 필연적이거나 논리적이지 않은, 상징적, 은유적인 인과 관계이다.[30]

여기서 시베리아 샤머니즘에서 외부인, 타 씨족이 부정한 존재라는 관념은 그 외부의 장소가 다른 나라, 다른 세계, 즉 살아있는 자들이 사는 세계가 아닌 죽은 자들이 있는 세계와 연결되기 때문이다. 돌간족에 따르면, 외부에서 온 낯선 사람의 정체는 늘 의심을 해 봐야한다. 이는 죽은 자의 영혼이 하층 세계인 저승에 가면 지상에서처럼 동일한 육체를 입게 되고, 그는 그가 죽었다는 사실을 모르고 중간 세계인 지상으로 올라올 수 있기 때문이다. 그러나 지상에서 죽은 자는 산 사람들에게는 보이지 않는 육체 없는 자이다. 때로 죽은 자

---

29) Bawden, C. R., "The Supernatural Element in Sickness and Death according to Mongol Tradition", Part I: Asia Major New Series v.8, n.2 (Taiwan: Institute of History and Philology, Academia Sinica, 1961), p. 234.
30) Рыкин П. О., "《Душа》, болезнь и смерть в традиционных представлениях монголов, бурят и якутов", Мифология смерти ред. Л. Р. Павлинская (СПб.: Изд-во "Наука", 2007), с.59.

는 지상으로 올라와 친척들을 보고 싶어 하고 그들의 삶을 걱정한다. 그러나 죽은 자가 아무리 좋은 의도를 갖고 있어도 산 사람에게는 불행과 악을 가져오는 해로운 존재가 된다. 왜냐하면 그는 저승에 있는 동안에만 자신의 친족들에게 유익을 줄 수 있으며 그가 하층의 경계를 넘는 순간 중간 세계에서는 낯선 침입자에 불과하기 때문이다. 따라서 죽은 자들이 하층 세계로 들어가면 그는 이미 다른 세계의 주민이자 낯선 사람이다.[31] 이러한 개념 하에 타 부족, 외부 씨족의 존재도 부정한 것으로 연결되었으며 보통 시베리아 민족들은 타 부족에서 온 여성이 해를 가져오고, 외부 씨족의 샤먼이 악령을 보내는 것이라고 여겼다.

네네츠, 응가나산 등 우랄계 시베리아인들은 사람의 육체에는 주요 영혼인 숨결 영혼, 그림자 영혼을 비롯한 몇 개의 영혼이 존재한다고 생각했다. 그들은 대게 남자는 5~7개, 여자는 4~6개의 영혼이 있다고 믿었다. 그 중 숨결 영혼은 사람의 육체와 절대 분리될 수 없고 죽은 뒤에는 상층 세계로 가서 같은 씨족의 아기로 환생한다. 반면 그림자 영혼은 살아있는 동안 육체와 분리될 수 있고 종종 잠들었을 때 새, 도마뱀, 딱정벌레, 또는 인간의 형태로 육체를 떠나 여행한다. 사람이 죽으면 이 영혼은 얼마 동안 무덤 근처에서 살다가 하층 세계로 간다. 그리고 사람이 지상에 살았던 기간만큼 하층의 저승에서 살다가 점점 크기가 작아지면서 벌레로 변한 뒤 끝내 완전히 사라진다.[32]

부랴트족과 같은 몽골계는 사람의 주요 영혼을 하나 더해 세 가지로 나누어 보았는데, 첫 번째는 사람의 뼈에 존재한다. 이 영혼은 사람 해골의 정확한 사

---

31) Дьяченко, В. И., "Представления долган о душе и смерти. Отчего умирают "настоящие люди"?", Мифология смерти ред. Л. Р. Павлинская (СПб.: Изд-во "Наука", 2007), с. 131-132.
32) Христофорова, О. Б. (2023), там же, с. 219-220.

본으로, 사람이 죽으면 무덤 근처에 남아 시신이 완전히 분해될 때까지 그 유해를 보호한다. 두 번째는 사람의 피 또는 심장, 간, 폐, 뇌에 존재한다. 이 영혼은 종종 잠자는 도중에 벌, 새, 작은 사람, 때로는 거인의 모습으로 육체에서 분리될 수 있다. 이 영혼은 매우 민감하므로 약간의 위험에도 육체로부터 벗어날 수 있으며, 그 때 제 시간에 이 영혼을 육체에 돌려놓지 않으면 그 사람은 반드시 병에 걸리고 심하면 죽는다. 또한 다양한 종의 악령들이 이 영혼을 노리고 있으며 이것을 사로잡아 가두고 먹어버릴 수 있다. 세 번째는 두 번째와 같이 다양한 모습으로 변할 수 있지만 사는 동안에는 육체와 분리될 수 없고 죽은 뒤에야 떠날 수 있다. 이 영혼은 북동쪽 하늘의 죽은 자들의 왕이 다스리는 곳으로 가서 악한 영인 보홀도이(бохолдой)와 아다(ада)가 되거나, 선한 영인 자얀(заян) 또는 에진(эжин)이 된다.[33]

이러한 관념 속에 부랴트 신앙 체계에서는 영혼을 생명력 영혼 술데(сулдэ), 숨결 영혼 아민(амин), 그림자 영혼 후네헨(hүнэhэн)으로 나누고, 사람의 죽음이 일어나면 먼저 생명력인 술데를 잃고, 다음으로 호흡 아민을 잃고, 마지막으로 그림자 후네헨이 육체에서 분리된다고 보았다.[34] 갈다노바는 위의 세 영혼 개념을 바탕으로 영혼에 선함, 중간, 악함이라는 세 가지 의미가 부여되었다고 설명하였다. 그녀에 따르면, 생명력 술데는 죽음 이후 씨족의 수호신이 되며, 삶-죽음-삶과 같은 생명의 순환에 참여하는 선한 영혼이다. 사람과 동물이 수명이 다하면 그들의 생명력 술데는 본래의 상태로 돌아가며,

---

33) Рыкин П. О. (2007), там же, с.66.
34) Суворова А. С., "Представления о душе в погребальной обрядности бурят", Ученые записки ЗаБГГПУ. Серия филология, история, востоковедения № 2(43) (Чита: ФГБОУ ВПО Забайкальский государственный университет, 2012), с.162-167.

사람의 탄생은 선한 영혼인 술데에 달려있다. 그리고 아민과 후네헨의 범주는 영구적으로 죽은 자의 세계와 연결되어 있으며, 악한 영혼은 해골을 지키기 위해 남고, 중간인 평균적인 영혼은 죽은 자의 세계로 가서 보홀도이(бохолдой)가 된다.[35] 한갈로프는 부랴트족의 영혼의 위계를 세 단계로 설명하였는데, 상위 단계는 텡게리와 같은 하늘 신령들, 중간 단계는 보통의 사람들이 죽은 다음에 변하는 영혼인 보홀도이, 그리고 하위 단계는 노예의 영혼이다. 중간 단계인 보통 사람이 죽으면, 무덤에 그가 저승에서 사용할 물건들과 입을 옷과 탈 말을 함께 묻어준다. 그러므로 저승에 사는 영혼인 보홀도이는 이 모든 것을 한 때 지상의 삶에서처럼 사용하면서 산 사람들에 세계에서 이루어지는 모든 생업 활동과 행사, 축제, 결혼식 등에 참여하고자 한다. 그렇기 때문에 그가 하층세계인 저승에서 산 자의 세계로 넘어올 때 위에서 설명한 돌간족의 사례처럼 산 자에게는 낯선 침입자가 된다. 그리고 이 침입자 보홀도이는 산 사람들과 곧 적대적인 관계로 돌변하여 질병을 일으키고 사람을 죽이며 해악을 끼치게 된다.[36]

한 때 능력 있는 샤먼도 중간 단계의 영혼이므로 그가 죽으면 보홀도이가 된다. 그런데 이 보홀도이가 예전의 능력을 이기적으로 사용하여 사람들에게 질병과 죽음을 초래할 수 있으므로 이러한 센 보홀도이에게는 살아있는 사람을 보호해 달라고 정성을 들여 제물을 바쳐야 한다. 보홀도이와 함께 부랴트족에게 질병을 보내는 악한 영혼인 아다(ада) 또는 아나하이(анахай)는 특정 거주지(울루스)에 거하는 영혼이면서, 여러 인간의 모습이나 동물로 변신

---

35) Галданова Г. Р., Доламаистские верования бурят (Новосибирск: Наука, 1987), с.43.
36) Хангалов, М. Н., Собрание сочинений: в 3 т. т. 1., Подгот. Г. Н. Румянцевым и др. (Улан Удэ: Нова-Принт, 2021), с.60-61.

하는 외눈박이의 추악한 영이다. 부랴트족은 이 아나하이의 기원을 두 가지로 보고 있는데, 하나는 동쪽 텡게리에 속한 악한 영의 사자라는 것이고, 다른 하나는 아이를 낳은 적이 없는 매우 죄 많은 여자의 영혼이라는 것이다. 때문에 부모는 이 아나하이로부터 아이를 보호하기 위해 샤먼에게 주변에 아나하이가 있는지 늘 물어보고 그 대가로 값비싼 선물을 했다. 그리고 이러한 질병령 중에 가장 해로운 우헤리에즤(ухэрь-эзы)가 있다. 이 우헤리에 는 보홀도이가 변한 최후 단계의 악령으로, 자연스러운 죽음을 맞이하지 못하고, 잔혹하게 살해당해 억울하게 생을 마감한 여자들의 원혼이다.[37] 따라서 이러한 죽은 자의 영혼은 산 자의 곁을 배회하며 사람의 생명에 위협을 끼칠 수 있으므로 죽은 자의 영혼이 무사히 저승에 안착하여 두 번째 죽음을 맞아 영구히 사라질 때까지 죽은 직후 바로 죽은 자의 영혼이 들어갈 형상물을 만들고 그 형상물을 잘 먹이고 달래주었다.

케트족에게 사람의 일곱 번째 영혼인 울베이(ульвей)는 생명력의 원천이다. 울베이는 사람이 살아있는 동안에는 잠잘 때 또는 아플 때 몸을 빠져나가 사람에게 해로움을 끼칠 수 있으며, 죽은 후에는 완전히 사람의 몸을 떠난다. 그런 다음 울베이는 하층 세계로 갔다가 얼마 후 다시 중간 세계인 지상으로 돌아와 그들 종족과 친척 관계로 여겨지는 곰에게로 옮겨간다. 이러한 울베이는 불멸의 영혼이다. <표1-1>의 사진에는 왼쪽에 여성과 남성 모습의 황동으로 만든 울베이가 세워져 있으며, 오른쪽에는 죽은 자를 대신한 인형인

---

[37] Затопляевъ, О. Н. И., "Некоторыя поверья аларскихъ бурять", Шаманския поверия инородцев Восточной Сибири, записки восточно-стбтрскаго отдела императорскаго обшества по этнографии томь II, выпускь 2-й (Иркутск: Типография К. I. Витковской, 1890), c.10-11, 13. 부랴트어 아다(ада)는 질병을 일으키는 병원체라는 뜻이다. Bawden, C. R.(1961), op. cit., p. 246.

<표 1> 죽은 자의 대리물 형상과 사람의 영혼이 변한 악령의 모습

1-1. 사람의 일곱 번째 영혼 울베이 한 쌍과 죽은 자의 대리물인 외투형태의 단골스	1-2. 샤먼이 저승으로 영혼을 보낸 의례 후 남아있는 죽은 자들의 형상물	1-3. 사람의 영혼 뒤를 쫓는 악령 켈레

케트족, 크라스노야르스크 주 투르한스크, 쁘루드첸코 개인 컬렉션, 사진 흐리스토포로바	나나이, 극동 지역 니콜라예브스키 주변, 1927년, 사진, РЭМ 4700-126	축치족, 출처: Богоразтан, В. Г. Чукчи: в 2 ч. Ч. II: Религия, Л., 1939. С.16, рис.8.

단골스(дангольс)가 세워져 있다. 머리가 없이 외투 형태로 죽은 자를 암시하는 사진 속의 단골스는 죽은 자가 너무 일찍 요절했거나 아니면 자연적인 죽음을 맞이하지 않았기에 그의 울베이는 하층 세계로 내려가지 못했다. 따라서 그의 울베이는 강제로 다시 중간 세계로 돌아와야 했고 이러한 울베이는 지상의 사람들에게 해를 끼칠 수 있었다. 이에 샤먼은 단골스를 만들어서 그 크기에 알맞는 장남감 미니어처인 컵과 받침, 스키와 겨울 부츠, 활과 칼을 앞에다 놓아 주고, 그의 영혼인 울베이에게 필요한 물품을 공급했으며, 주기적으로 음식과 물을 바쳤다.[38] 한티와 네네츠족 또한 장례식 후 바로 그림자 또는 분신이라는 뜻을 가진 형상물 시드량(сидрянг)을 만들고 3년 동안 집 안에서 음식을 바쳤다. 3년 후 이 영혼은 벌레로 변하고 두 번째 죽음 이후 그 영혼과의 소통은 끊길 것이지만, 3년이 지나도 그들은 시드량을 별도의 오두막

---

38) Христофорова, О. Б. (2023), там же, с. 223-225.

에 옮기고 일 년에 네 번 제물을 바쳤다.[39]

퉁구스-만주 계열의 나나이족과 울치족은 장례식 이후 대개 3년 동안 죽은 자의 영혼에게 제물을 바쳤고, 3년이 지나면 샤먼은 그 영혼을 그의 씨족이 있는 저승 부니로 배웅한다.[40] 〈표1-2〉의 사진은 3년 동안 제물을 바친, 죽은 자들을 대신한 나무 형상물들이며, 샤먼이 이들 영혼을 저승으로 보내는 의례를 마친 후에 남아있는 모습을 찍은 것이다. 〈표1-3〉은 북극 가까운 곳에 사는 민족인 축치족의 신화에 등장하는 악령 켈레(келэ)를 묘사한 그림이다. 악령 켈레는 원래 순록을 치는 사람들의 영혼이었지만, 서쪽 하층 세계에 살면서 지상으로 올라올 수 있다. 그러면 그는 연기 구멍을 통해 집으로 침입해서 사람들의 영혼을 훔치고 질병과 죽음을 초래한다.[41] 〈표1-3〉에 묘사된 켈레는 길쭉하고 날카로운 입을 갖고 있어 마치 오리와 사람이 혼합된 머리 모양을 하고 있으며, 가늘고 긴 팔다리로 몰래 사람의 영혼을 쫓아와서 무방비 상태로 있는 영혼을 불시에 납치해갈 것 같은 모습이다.

응가나산족은 사람이 죽으면, 그림자 영혼은 곧 싀당카(сыдангка)가 되지만 이때는 해를 끼치지 않는다. 그러나 죽은 뒤 몇 년이 지나면 싀당카는 산 자에게 적대적인 악령 응암테루(нгамтер'у)로 변한다. 응암테루는 그림자 영혼이 소진되어 눈과 팔다리가 하나인 반쪽짜리 영혼으로 그 성정도 반 토막이 나 있는 존재이다. 따라서 응암테루는 다시 완전해지고 싶어 산 자들을 부러워하며 해를 끼치고 온갖 질병과 광기를 유발한다. 특히 그가 사람의 머릿

---

39) Христофорова, О. Б. (2023), там же, с. 226-227.
40) Хасанова, М. М., "Путь души в ≪мир мертвых≫ по представлениям народов Амура", *Мифология смерти*, ред. Л. Р. Павлинская (СПб.: Изд-во "Наука", 2007), с. 141.
41) Христофорова, О. Б. (2023), там же, с. 259.

속으로 들어가서 뇌를 먹으면 죽음을 선고받는 것과 다름없다. 이 웅암테루에서 다시 약 10여년이 지나면 웅암테루는 훨씬 더 위험한 질병령 바루시(бару си)가 된다. 바루시는 뇌를 먹을 뿐만 아니라 이제 심장과 폐까지 먹는다. 웅가나산족에게 식당카는 특정한 죽은 사람이 반영된 영혼으로 만약 꿈에 죽은 이가 나오면, 이러 저러한 식당카가 왔다고 말한다. 그러나 웅암테루와 바루시는 알려지지 않은 익명의 영혼이다. 특히 바루시는 결코 특정한 사람과 연관되지 않는다. 바루시는 무명의 영혼으로 동부 웅가나산족은 질병령을 뜻하는 용어 코차(коча)와 바루시를 동의어로 쓰고 있다.[42]

이러한 시베리아의 원혼이나 무명의 영혼 개념과 관련하여, 우리나라 무속의 원혼 개념을 살피면, 우리나라에서도 원혼은 무주고혼(無主孤魂), 원귀(冤鬼), 잡귀(雜鬼) 등으로 불리며 사당(祠堂)이 없는 귀신, 즉 여귀(厲鬼)로 분류되어 조선시대에는 국가나 마을 단위로 이들을 위한 여제(厲祭)를 지냈을 정도로 큰 비중을 차지하고 있다. 나라에서 여제를 지낸 이유는 여귀는 원한의 기운이 서로 모여 질병이 생기게 하였기에 이를 미연에 방지하기 위해 위로해야 했기 때문이다.[43] 그런데 여귀가 어떤 특정 종류의 병을 일으키고, 그에 따른 대처법이 무엇인지에 대한 우리의 기록은 명확하지 않다. 그러나 시베리아 샤머니즘에서는 위의 웅암테루의 사례처럼 이들 여귀가 주로 정신장애를 일으킨다고 여기고 있으며, 이와 관련된 히스테리, 조울증, 간질, 피해망상증, 환각, 경련, 자살성향 등에 대한 구체적인 치료 방법들이 다루어졌다. 특히 시베리아 민족들은 무병이 샤먼의 죽은 조상들 중에 있는 원혼과 관련된다고 여겼다.[44] 부랴트족의 한 사례를 보면, 며느리가 정신질환을 앓자 시어머니와 남

---

42) Христофорова, О. Б. (2023), там же, с. 233-234.
43) 무라야마 지준, 노성환 옮김(1990), op. cit., p. 137.
44) Содномпирова, М. М. (2019), там же, с. 58, 60-62.

편의 친척들은 그녀를 펠트로 꽁꽁 묶어 유르트에 던지고 유르트를 폐쇄하고 즉시 다른 지역으로 떠났다. 야쿠트족의 경우는 결혼 생활 중에 며느리가 무병에 걸려 점점 악화되어 가출하자 그녀를 찾지 않았으며, 또 다른 여성에게는 자살을 강요하고 그녀를 일부러 구하지 않았다. 이러한 죽음 이후에 여성들은 해로운 질병령이 되었고 이후 사람들은 이들을 달래기 위해 정성들여 희생 제물을 바쳤다. 그리고 더 시간이 지나 그들은 존경받는 자얀과 온곤이 되었다. 부랴트 샤머니즘 신앙에 따르면, 이와 같이 굶주림과 추위로 죽은 사람들은 하늘로 올라가 상층의 신령들인 텡게리에 의해 사람들에게 존경받는 영의 지위를 부여받았으며 희생 제물을 받는 존재가 되었다. 따라서 이러한 원혼들로 인해 존경받는 샤머니즘 판테온의 수도 점점 늘어났다.[45]

그러므로 이 같은 개념들을 바탕으로 시베리아 샤머니즘에서 악령은 다음과 같이 세 가지로 분류해 볼 수 있다. 첫째, 원래 상층, 중간, 하층의 삼계에 살고 있는 신령들 중에서 선과 악에 대한 이중적 모습을 갖고 있는 존재들, 그리고 그 중에서 특히 하층세계 또는 특정 방위나 지역에 거주하면서 다양한 질병의 원인이 된 악령들, 둘째, 토템의 산물로서 동물적인 질병령이자 악령과 계약한 동물인 이직흐(изых), 셋째, 죽은 자의 영혼 중에서 하층세계인 저승에 온전히 남지 못한 영혼들, 그리고 장례를 치르지 못한 비정상적인 죽음을 당한 사람의 영혼인 원혼이 그것이다. 이 악령들은 모두 질병령이 될 수 있었다.

위에서 첫 번째 악령들은 예를 들면, 네네츠족 샤머니즘의 하층세계의 지배자 응가(нга)와 그의 자녀들을 들 수 있다. 응가는 사람의 생명을 위협하

---

45) Манжигеев И. А., "Бурятские шаманистические и дошаманистические термены", *Опыт атеистической интерпретации* (М.: Наука, 1978), с.79.

는 악령 응기렐카(нгылека)와 죽음의 벌레 할릐(халы)를 보내며 그의 자식들은 각종 질병의 원인이다. 자식들 중 메류 응가(мерю-нга)는 천연두를, 호데 응가(ходэ-нга)는 결핵을, 약데이 응가(якдэй-нга)는 옴을, 템 응가(тэм-нга)는 골절과 골다공증을, 냐름 응가(нярм-нга)는 붉은 반점이 있는 피부병을, 시 응가(си-нга)는 괴혈병을 일으키는 질병령들이다.46) 또한 부랴트족의 최고신령들은 천상의 신 텡게리 99명인데 이들은 서쪽 하늘에 거주하는 선하고 나이가 많은 55명의 텡게리와 동쪽 하늘에 거주하는 악하고 젊은 44명의 텡게리로 나뉜다. 여기서 동쪽의 악한 텡게리 중 아사랑기 아르반 구르반 텡게리(асарагни-арбан гурбан-тэнгэри)는 각종 질병을 일으키고 사람의 영혼을 먹어 죽이며, 호지링기 돌론 텡게리(хожиринги-долон-тэнгэри)는 폐결핵, 폐병, 괴혈병을 일르키고, 오힌 하라 텡게리(охин-хара-тэнгэри)는 남녀의 불임, 임산부 질병과 사망, 생식기 질병을, 그리고 간주 텡게리(ганзу-тэнгэри)는 광기, 지랄병, 광견병을 일으키는 악령이다.47)

두 번째 동물 악령들은 젤레닌에 따르면, 동물과 악령의 관련성은 토테미즘에서부터 시작되었다. 토템은 사람들을 보호하기도 하지만 금기를 위반할 때 질병을 일으키는 역할도 한다. 따라서 토템은 신령이자 악령이었고 보통 동물로 상징되는 토템에게 살아있는 동물을 희생 제물로 바쳤다. 시간이 지나 동물 중에는 악령과 계약한 특별한 동물이 있다고 여겼고 이러한 계약자인 동물이 질병을 막는 신성한 동물이자 악령의 탈 것으로 규정되고 그 동물은 털색이 좀 다르거나 얼룩이 있는 등의 외적 표시가 있다고 여겼다. 그리고 이들

---

46) Головнёв А. В., Говорящие культуры: традиции самодийцев и угров (Екатеринбург: ИИА УрО РАН, 1995), с. 419-420.

47) Хангалов, М. Н. (2021), там же, с. 263, 385.

은 마지막에 그들의 주인인 악령에게 환자의 영혼 대신 희생될 제물로 바쳐졌다.[48] 이렇게 악령과 결합된 동물을 이즤흐라고 불렸으며 이러한 이즤흐가 희생 제물로 바쳐진 모습을 <표2-1>의 벗겨진 소가죽의 얼룩으로 확인해 볼 수 있다. 이러한 이즤흐는 보통 천을 매달아놓아 표시하고 별도로 신성시하였다. <표2-2>의 내부에 병을 얻은 환자를 치료하기 위한 형상물에는 백조를 탄 인물과 초승달 옆에 묶인 어린아이가 있다. 아무르 지역의 니브흐족에게 백조는 토템 중 하나이며 그들에게 동물과 악령은 친척 관계이다.[49] 또한 투바족에게 달빛은 임산부에게 태아가 기형이 되거나 발육부진이 되는 원인이다.[50] 따라서 동물령 백조와 자연령 달은 내부의 병을 일으키는 원인으로서 잘 대접해야할 대상이다.

그리고 세 번째 악령들인 죽은 자의 영혼에 대한 관념을 통해 악령이 어떤 모습으로 형상화되었는지 그 근거를 찾아볼 수 있다. 시베리아 민족들은 사람의 영혼 중에 죽은 자의 세계로 가는 영혼을 다음과 같이 묘사했다. 퉁구스-만주 계열의 에벤키, 나나이족의 그림자 영혼 판얀(панян)은 사람의 정확한 사본으로 일종의 작은 사람이다. 만약 이 영혼을 보았다면 햇빛 아래의 그림자나 거울 또는 물에 비친 모습처럼 흐리게 보일 것이다. 그리고 케트족의 생명력 영혼 울베이(ульвей)는 인간의 아주 작은 분신처럼 보인다. 에스키모족에게 사람, 동물, 자연 모두에는 그의 주인 영혼이 있으며, 이 영혼은 살아있

---

[48] Зеленин, Д. К. (1936), там же, с. 288-289, 292.
[49] Христофорова, О. Б. (2023), там же, с.256.
[50] Содномпирова, М. М. (2019), там же, с.160. 부랴트족은 부모가 아이를 학대하면 달 또는 태양이 아이를 데려간다고 믿었다. 그것은 아이가 죽는다는 뜻이다. (Галданова Г. Р. (1987), там же, с.14-17.) 이러한 부랴트 신앙에서 우리의 《해와 달이 된 오누이》 동화의 플롯과 유사한 내용을 찾아볼 수 있다.

는 몸이 있지만 그것은 매우 작은 크기이다.[51] 그리고 이 영혼들은 모두 자신의 육체와 분리될 수 있었다.

〈표 2〉 죽은 자의 영혼을 담은 형상물과 악령의 형상

2-1. 희생 제물이 된 이즈흐	2-2. 내부 병 치료를 위한 영혼 형상	2-3. 죽은 자 영혼이 저장되어 있는 형상	2-4. 리크 온곤	2-5. 다바이-한 온곤
야쿠트, 야쿠티아, 20세기 초반, 사진, МАЭ 4568-106	니브흐, 아무르 강 사할린 섬, 19세기 말-20세기 초, 나무, 실, 11×4.5cm, РЭМ 6762-162	나나이, 연해주 지역 20세기 초, 나무, 19×22×18.5cm, РЭМ 1998-194	부랴트, 이르쿠츠크 알혼스키, 나무, 우스트 오르 스크 부랴트 지역 국립 박물관	부랴트, 이르쿠츠크 알혼스키, 천, 털, 가죽, 구슬, 우스트 오르 스크 부랴트 지역 국립 박불관

〈표2-3〉은 사람이 죽은 이후 샤먼이 그 영혼을 옮겨 담아 놓은 형상물(파냐паня 또는 파뇨панё)이다. 죽은 자의 대리물인 파냐에게는 3년 뒤 큰 장례식이 있을 때까지 정기적으로 음식을 봉양하고 마치 살아있는 그의 가족처럼 아침에 깨우고, 저녁에 잠자리를 봐주었다. 가슴 부분에 뚫린 구멍에는 담배를 꽂아 흠향하게 했으며 장례식 이후에 샤먼은 그를 저승으로 데려갔다.[52]

---

51) Христофорова, О. Б. (2023), там же, с. 221, 223.
52) Горбачева, В. В. др., На грани миров Шаманизм народов Сибири (из собрания Российского этнографического музея: Альбом) (М.: ИПЦ ≪Художник и книга≫, 2006), с. 241.

죽은 자의 영혼이 담긴 이 파냐 형상은 사람의 작은 실루엣과 같으며 눈코입이 없는 그림자와 같은 모습을 취하고 있다. 죽은 자가 눈코입이 없거나 또는 그 중에 하나가 없다는 발상은 다수의 민족들에게 공통적으로 남아있다. 앞서 이질에 걸린 에벤키 사냥꾼이 영혼은 눈이 없어 자신을 보지 못하므로 냄새로 식별한다는 생각이나 케트족이 고인은 듣거나 보지 못하므로 고인의 영혼이 담긴 형상물에 눈을 달아준다는 방식이 이를 반영한다.[53] 웅가나산족의 천연두를 일으키는 악령 쉬디안귀의 경우는 눈과 코가 없고 오직 입만 있는데 그 입으로 사람과 말하고 오직 제물을 먹는데 사용한다.[54] 이러한 모습은 〈표2-4〉 알혼 지역 부랴트족의 리크(рик) 온곤에도 나타난다. 리크 온곤은 불운을 일으키는 악의 권력자이자 잔혹한 왕(хан)인 다바이 한(давай-хан)을 여성 온곤으로 형상화한 악령이다.[55] 이 악령도 눈코입이 없는 얼굴에 일차원적인 신체 윤곽을 취하고 있다.

반면 〈표2-5〉 알혼 지역 다바이 한 온곤은 사람 뼈의 사본과 같은 모습으로 묘사되었다. 이 악령은 신체 윤곽을 단순하게 딴 나무판 위에 팔은 아예 천 조각으로 대체하였고 얼굴, 팔다리, 척추와 같은 사람의 골격만 따라 그려놓아, 그림자와 뼈로 묘사되는 영혼의 관념이 복합적으로 대입된 것 같은 형상이다.

3. 치병 의례와 질병 온곤의 효과

시베리아 민족은 "악령이 없으면, 질병도 없다"고 믿었으므로, 샤먼의 치병

---

53) Алексеенко Е. А., "Жизнь и смерть в представлениях народов Бассейна Енисея", Мифология смерти, ред. Л. Р. Павлинская (СПб.: Изд-во "Наука", 2007), с.39.
54) Христофорова, О. Б. (2023), там же, с.254.
55) Хангалов, М. Н. (2021), там же, с.324.

의례는 질병 온곤을 통해 외부에서 온 악령 또는 원혼을 해결함으로써 그 화근을 없애려는 것이 목적이다. 악령은 환자의 영혼을 다른 세계로 데려가거나, 그 영혼을 먹거나, 환자의 영혼을 몰아내고 자신이 그 자리를 차지하는 등의 방식으로 환자의 영혼에 먼저 타격을 준다. 악령에게 납치된 영혼이 육체에서 멀어질수록 육체의 손상 정도는 커진다. 따라서 샤먼의 치병 의례는 악령에게 빼앗긴 영혼을 어떻게 환자에게 되돌려놓을 것인가가 관건이 되었다. 그리고 악령에게 빼앗긴 영혼을 돌려받을 수 있는 가장 좋은 방법은 환자의 영혼을 대체할 수 있는 다른 영혼을 악령에게 바치는 것이었다. 여기서 다른 영혼은 환자와 같은 동급의 인간이나 인간과 친족 관계인 동물의 영혼을 말한다.

19세기 부랴트족 학자 한갈로프는 자신의 할아버지의 사례를 다음과 같이 서술하고 있다. 할아버지 한갈의 똑똑한 아들 스테판이 심하게 병을 앓자, 한갈은 샤먼을 불러 진단했다. 샤먼은 이미 스테판의 영혼이 하층의 에를렌 한의 감옥에 갇혀 있어 구하기가 쉽지 않지만 그의 형제 루카의 영혼과 교환하면 가능성이 있다고 말했다. 이에 한갈은 그것을 수락하고, 치병 의례 당일 샤먼은 곰의 영혼으로 변해 루카의 영혼을 잡으려고 했다. 그러나 잡으려는 순간 죽은 조상 아이샤한의 영혼이 곰에게 활을 쏘는 바람에 샤먼은 겁에 질려 도망쳤다. 이에 루카의 영혼을 잡지 못했고, 스테판은 죽었다.[56] 이와 같이 인

---

56) Хангалов, М. Н. (2021), там же, с. 137. 마트베이 니콜라이비치 한갈로프(Матвей Николаевич Хангалов, 1858-1918)의 아버지 이름은 니콜라이이며 니콜라이는 할아버지 한갈이 두 번째로 결혼해서 낳은 둘째 아들이다. 일화의 스테판과 루카는 할아버지가 첫 번째 결혼해서 낳은 아들들이며 할아버지는 첫 번째 부인과 그 사이에 낳은 두 아들 모두 죽자 두 번째 결혼을 했다. 한갈로프는 이들의 죽음이 스테판의 치병 의례의 결과에 화가 난 할아버지 한갈이 지역 의회에 일하던 기간에 그 샤먼을 처벌한 것에 대한 샤먼의 보복 주술에 의한 것으로 서술하고 있다. Хангалов, М. Н. (2021), там же, с. 137.

간 영혼을 교환하는 의식은 시베리아 샤머니즘의 가장 오래된 의식이며, 위의 경우 교환 대상으로 환자의 형제가 지목되었지만, 이렇게 교환할 영혼은 샤먼이 보통 환자와 연관이 있는 친족 중에 정했다. 그리고 이렇게 지목된 사람은 예외 없이 죽임당할 준비를 해야 했으며, 환자를 위해, 나아가 그들 공동체를 위해 기꺼이 희생양의 운명을 감수해야 했다. 그러나 이렇게 인간을 제물로 바치는 의식은 러시아 제국의 확산에 따라 널리 금지되면서 환자의 영혼을 동물의 영혼으로 바꾸는 의식이 보다 최근까지 이어졌다.

치병 의례 시, 생명력 영혼 술데(сулдэ)는 사람이나 동물의 심장, 간, 폐, 뇌에 있으므로 의례 중 희생된 사람 또는 동물의 내장 기관의 건강한 정도를 보고 그 건강한 술데가 환자의 병든 영혼과 대체될 수 있다고 믿었다.[57] 따라서 이러한 믿음에 의해 동물을 교환하는 의식은 여전히 행해졌지만, 현대까지 샤머니즘에서 더 흔히 행해졌던 치병 의례는 환자에게 침입한 악령 또는 질병령을 환자를 대신할 형상물로 옮기는 것이다. 의례 시 샤먼은 질병령에게 환자의 영혼을 그에게 돌려주고 형상물로 들어갈 것을 설득한다. 그리고 설득에 성공하여 질병령이 형상물에 들어가면, 그 즉시 파기하거나 멀리 숲으로 갖다 버린다. 그런데 이렇게 버리는 경우보다는 질병령을 그 형상물에 계속 살게 하면서 주기적으로 음식을 바치고 정성을 들여 더 이상 사람을 괴롭히지 못하게 하는 방법을 취하는 경우가 많았다.[58] 그러므로 치료용 온곤은 질병을 일으키는 죽은 자의 영혼, 악령, 원혼을 담아 놓은 형상물을 말한다. 이러한 치료용 온곤에게 더 이상 해를 끼치지 말아 달라고 하는 방법은 사람에게 당근과 채찍을 주는 것과

---

57) Дампилова Л. С., Цыбикова Б.-Х. Б., "Обряд замещения души в шаманской практике бурят", Сибирский филологический журнал №. 4 (2019), с. 52-53, DOI 10.17223/18137083/70/3.
58) Христофорова, О. Б. (2023), там же, с. 263-264.

비슷하다. 시베리아 민족은 영혼도 사람의 성향과 유사하다고 여겼으므로 사람이 맛있는 것을 먹고 기분이 좋아지듯이, 또 영리한 논리로 설득 당하듯이, 위협이나 처벌을 두려워하듯이, 사람의 마음을 바꾸는 이와 같은 방법들이 악령을 달래고 통제할 수 있는 주요 방법이라고 생각했다.[59]

〈표3-1〉 치료 부적은 퉁구스-만주 계열 나나이, 우데게이 등의 곰 형상의 도우미영 두엔테(дуэнтэ)의 모습을 하고 있다. 이 온곤은 류마티스 퇴행성 관절염 치료를 위해 만든 것으로 이 병에 걸린 것처럼 손목 관절이 기형적으로 꺾인 모습을 하고 있다. 나나이족은 두엔테가 류마티스 질병령을 제압하고 치료에 도움을 줄 것이라 믿었다. 〈표3-2〉 부적은 팔다리가 없는 의인화된 꼽추 형상이다. 샤먼은 허리가 아픈 환자를 위한 치병 의례 중에 이 조각상을 환자의 허리에 매달아 놓고 환자에게서 질병령을 추방하여 이곳으로 옮겼다.[60] 이 치료용 온곤의 눈은 푸른 구슬로 이루어져 있는데, 보통 구슬은 영혼이 숨는 곳이다.

〈표3-3〉 알타탄(алтатан) 온곤은 쿠딘스크 부랴트족이 유르트 동쪽에 놓고, 사람이나 가축에게 일어날 수 있는 다양한 병으로부터 보호해준다고 믿는 치료용 온곤이다.[61] 이 온곤에는 의인화된 질병령이 남자-여자-남자-여자-남자의 모습으로 나란히 배치되어 있고, 그들의 발아래에는 제물을 바치는 제

---

59) Широкогоров С. М., "Шаман-хозяин духов", Сем Т. Ю. сост., Шаманизм народов Сибири, Этнографические материалы XVIII-XX вв.: хрестоматия в 2-х тт. Том 1 (СПб.: Филологический факультет, СПбГУ; Нестор-История, 2011), с.211.
60) Горбачева, В. В. др. (2006), там же, с.220-221.
61) Банаева В. А., Онгоны Бурятская иконография (Усть-Ордынский: Национальный музей Усть-Ордынского Бурятского округа, 2014), с.71.

단이 8개의 직사각형 모양으로 그려져 있다. 〈표3-4〉 발라간스크 부랴트족의 하무우니(хамууни) 온곤은 옴을 걸리게 하는 질병령 하문(хамун)을 의인화한 온곤으로 하문은 악한 동쪽 텡게리의 보호를 받는, 동쪽 하트(хат) 중 하나이다.[62]

〈표 3〉치료용 온곤의 유형

3-1. 치료 부적	3-2. 치료 부적	3-3. 알타탄 온곤	3-4. 하무우니 온곤
나나이, 하바롭스크주, 1927년, 나무, 금속, 안료, 36×14×24cm, РЭМ 8761-9220	나나이, 우수리스크주, 20세기 초, 나무, 구슬, 24×7×5.5cm, РЭМ 1817-44	부랴트, 울란우데, 2013년, 천, 펠트, 나무, 금속, 붉은 안료, 샤먼센터 한 텡게리, 24년 4월 12일 촬영	부랴트, 울란우데, 2013년, 나무, 금속, 가죽, 붉은 구슬, 실, 샤먼센터 한 텡게리, 24년 4월 12일 촬영

하트는 오두막이란 뜻으로 장소, 지역적 성격을 갖는 영혼을 말한다. 〈표3-3〉과 〈표3-4〉에는 모두 작은 금속 조각의 영혼들이 매달려 있는데, 이는 앞서 설명한 대로 영혼은 작은 크기의 분신이며, 육체를 떠나 분리될 수 있는 독립적인 존재임을 시각적으로 표현한 것이다. 치료용 온곤은 위의 〈표 3〉처럼 특정 질병을 일으키는 악령을 형상화하는 경우도 있지만, 〈표 4〉처럼 비정상적으로 죽은 영혼 중에 특히 그 억울한 죽음으로 인해 원혼이 될 가능성이 많은 영혼을 형상화하는 경우가 많다.

부랴트족 온곤 〈표4-1〉 초원의 여성들(луговые женщины)은 다음의

---

[62] Хангалов, М. Н. (2021), там же, с.415, 435.

전설에 기인한다. 어떤 울루스의 주민들이 자신들의 터를 떠나 이주할 때, 더 이상 일도 못하고 스스로를 돌볼 수 없는 할머니 세 명을 버리고 떠났다. 이후 얼마 지나지 않아 할머니들은 추위와 굶주림으로 죽었다. 그런데 울루스의 주민들이 터를 잡은 새로운 거주지에 악천후가 닥쳐 사람들이 계속 병들고 가축이 죽어나갔다. 울루스 주민들은 이 재난의 원인을 알아보기 위해 샤먼을 불렀고, 샤먼은 주민들이 그들의 친족이었던 세 할머니들에게 무자비하게 대한 사실을 말하며 이들의 복수 때문이라고 설명했다. 이에 주민들은 샤먼의 지시대로 세 할머니를 위해 해, 달, 별이 있는 하늘 아래 신성한 집인 온곤을 만들어 추위에 떨지 않게 하고, 끊임없이 음식을 바쳐 배고프지 않게 하였다.[63]

〈표4-2〉에젠히(эзенхи 또는 эзиинхи) 온곤은 소나 양 등의 가축에 탄저병을 일으키는 질병령으로 이는 가혹하게 죽임당한 두 명의 젊은 하녀를 묘사한 것이다. 두 명의 하녀는 죽음 이후 온곤이 되어 병든 소를 치료하는 영혼이 되었다. 이 온곤은 다음의 두 온곤과 관련이 있는데, 먼저 우혜히 부루기 온곤(ÿхэхи буруги)은 어떤 집에서 하녀로 일하던 엄마와 딸인데, 어느 날 이들 모녀가 소젖을 짜다가 바닥에 흘리는 실수를 했다. 그녀들은 냉혹한 주인에게 벌 받을 것을 두려워하여 목을 매었다. 다른 하나인 이지(изи) 온곤은 우르마하라는 소녀가 송아지 떼를 몰고 이웃 초원으로 가다가 길을 잃고 점점 더 먼 타이가까지 가게 되었고, 그곳에서 에벤키를 만나 결혼하게 되었다. 그러나 소녀의 울루스에서는 그녀를 찾지도 않고, 아예 잊어 버렸다. 그 후 소녀의 씨족 울루스에 탄저병이 퍼졌다. 그 때 샤먼은 우르마하가 고향으로 돌아와 소와 양을 파괴하고 있다고 하였고, 우르마하와 그녀의 남편, 두 악

---

63) 이르쿠츠크 지역 박물관(Иркутский областной краеведческий музей имени Н.Н. Муравьева-Амурского) 홈페이지, https://iokm.ru/2023/01/23/онгон-луговые-женщины/ (검색일: 25.03.28.)

령을 온곤으로 돌보라고 하였다.[64]

<표 4> 원혼의 형상과 치료용 온곤

4-1. 초원의 여성들 온곤	4-2. 에젠히 온곤	4-3. 샤먼의 머리쓰개	4-4. 에젠히 온곤

부랴트, 울란우데, 2013년, 천, 붉은 안료, 금속, 샤먼센터 한 텡게리, 24년 4월 12일 촬영	부랴트, 19세기 중반-20세기 초, 천에 안료, 이르쿠츠크주지역박물관 7365-4	틀린기트, 알래스카, 1890년, 25×24 cm, 나무, 천, 수달 털, 목줄, 실, 안료, МАЭ 211-11/1	부랴트, 울란우데, 2013년, 펠트, 나무, 금속, 구슬, 털, 샤먼센터 한 텡게리, 24년 4월 12일 촬영

따라서 에젠히 온곤은 보통 이러한 서사의 주인공인 두 여성이 온곤에 묘사되지만, <표4-4>처럼 한 명의 소녀가 형상화되기도 한다. 그리고 <표4-1>과 <표4-2>의 여성들의 머리 위에 난 세 가닥의 뿔은 온곤의 힘과 신성함을 상징한다. 실제로 샤먼이 다른 세계로 영혼 여행을 할 때 긴요한 장비가 되는 샤먼의 모자는 종종 3개에서 12개까지의 뿔로 만들어졌다.[65] 이는 알래스카의 틀린기트족의 <4-3> 샤먼의 머리쓰개와 온곤에 묘사된 뿔의 모습이 상당

---

64) Иванов С.В., "Происхождение Бурятских онгонов с изображениями женщин", Родовое общество: этнографические материалы и исследования (М.: Изд. Академии Наук СССР, 1951), с. 127-128.

65) Жамцаранов Ц. Ж., Онгоны агинских бурят, Зап. Императорского русского географического общества по отделению этнографии. Т. XXXIV: Сборник в честь семидесятилетия Григория Николаевича Потанина (Санкт-Петербург: типография В. Ф. Киршбаума, 1909), с. 392.

히 유사하다는 점에서 같은 상징 의미를 유추해 볼 수 있다. 또한 악령이 된 원혼 중에 여성이 많은 수를 차지한다는 것은 부랴트족의 온곤을 주제별로 나누어볼 때 "여성 온곤"이라는 명칭이 별로도 부여되고, 또 여성 온곤의 비중이 높은 것으로 볼 때 알게 된다. 그리고 이렇게 다수의 여성 온곤이 남게 된 배경에는 온곤이 만들어졌던 시대의 가부장적인 노예 제도, 봉건적 억압, 불법, 차별, 빈곤과 곤경이 유목민 사회에서 유독 여성에게 많이 적용되었기 때문인 것으로 보인다.

한편, 위의 사례와 같이 샤먼이 진단한 질병의 원인과 그에 따른 치병 의례의 결과는 어떠했을까. 즉 치료용 온곤이 실제 치료를 위해 유용했는가를 따져보면, 병리적으로 병을 낫게 한 효과는 없었다고 볼 수 있다. 예를 들면 〈초원의 여성들 온곤〉의 경우, 현실적으로 이주한 지역에 기후 변화로 인해 기근이 들면 사람과 동물의 면역력이 떨어져 전염병이 돌 확률이 높아지고, 또 유목민의 육식 생활로 인해 인수공통 감염병에 쉽게 노출되어 사람과 가축 모두 대규모의 질병에 걸리는 상황을 예측해 볼 수 있다. 따라서 이러한 감염병에는 앞서 설명했듯이 사람이 많이 모이는 샤먼의 치병의례가 더 병을 증폭시킨다. 또한 〈에젠히 온곤〉의 경우, 오염된 목초지로 인해 흙 속의 탄저균이 소나 양 같은 초식동물에 성행하게 했을 것을 짐작해 본다면, 이 상황에서 온곤은 딱히 치명적인 감염병인 탄저병이 사라지는데 도움을 줄 수 없다. 그런데 유목민 사회에서 가축의 젖을 짜고 돌보는 일은 가사의 한 부분으로 여성의 일로 여겨졌으므로 여성에게 책임을 묻는 상황으로 이어졌고, 유목민 여성에게 더욱 가혹했던 여건들이 끊임없이 비극을 자아냈을 것이다.

그렇다면 이와 같이 온곤이 실제로는 병을 치료할 수 없음에도 불구하고 샤먼의 치병 의례가 오랫동안 유지되고 치료용 온곤이 계속해서 만들어질 수 있었던 이유는 무엇일까. 물론 러시아인 의사가 시베리아에 정착하여 그들의 의료 서비스가 성공적으로 제공되는 시기까지는 의학 지식은커녕 마을 사람 모두가 문맹자였던 시절 대중의 무지가 이러한 신앙을 더욱 맹신하게 하였을 것이다. 거기에 샤먼은 이러한 치병 의례와 온곤이 갖는 파급력을 증폭시키기 위해 최선을 다해 활동하였다. 어떤 샤먼은 대중의 무지와 미신을 이용하여 속임수도 불사하였다. 그러나 어떤 샤먼은 치병 의례에 집중하는 동안 빈번한 발작과 극도의 흥분 속에서 숨을 거두거나, 환자의 영혼을 찾기 위한 지난한 과정 속에서 돌아오지 못해 질식사에 이르렀다. 따라서 이러한 치병 활동에서 결코 샤먼만이 이득을 취하는 자는 아니었으며 샤먼의 초자연적인 능력이 종종 그들 스스로의 건강을 해치는 주원인이 되었다.

그러므로 이렇게 치료용 온곤에 대한 믿음을 약화시키는 현실적인 요소들이 있었음에도 불구하고 현대 의학이 발달한 오늘날까지 시베리아 민족에게 질병과 죽음을 대하는 샤머니즘 신앙이 계속 이어지고 있는 이유는 이들 민족과 어떤 본질적인 부분이 관련되어 있음을 생각하게 된다.[66] 이에 대해 부랴트 학자 미하일로바는 다음과 같이 설명한다. 치료용 온곤을 둘러싼 종교적 의미는 불행한 사람들의 영혼이 살아있는 사람들에게 해를 끼치지 않도록 죽은 사람과 좋은 관계를 유지하는 것이다. 그럼으로써 젊은 세대는 그들 씨족과 가족의 역사에 있었던 끔찍한 사건을 알게 되며 잔인한 행동은 씨족의 구

---

66) 일례로 2020년에서 2024년까지 연구자가 만난 부랴트국립대학교의 한 문화사 교수님은 부랴트인이고, 조부모 대부터 부모, 이모 등의 가족이나 친척이 국립대학의 교수 또는 공립학교 선생을 지낸 지식인 집안임과 동시에 전형적인 공산주의자 집안에서 태어났다. 그런데 그녀는 얼마 전 이사 간 집의 작은 방에서 한기를 느끼고 자꾸 안 좋은 기분이 들어서 샤먼을 불러 알아본 결과 그 방에서 전전대의 집주인의 아들이 자살을 한 것을 알게 되었다. 그녀는 이 방의 해로운 기운이 그녀의 어린 세 아이들에게 영향을 미칠 것을 우려하여 이사 간 지 얼마 되지 않았지만 바로 다시 이사를 갔다. 이를 듣고 연구자는 평소 자신은 공산주의자라고 거리낌 없이 말하던 그녀의 말과 행동에서 심한 부조화를 느꼈다.

성원들에게 비난받는다는 것을 배우게 된다. 치료용 온곤은 침대 머리 위, 난로 뒤편, 거주지의 바깥쪽 벽, 울타리 기둥, 마을 입구에 두었고, 이렇게 특정 가족의 공간에 남아 의례 중 그들에게 일어났던 서사를 표상하고 있다. 샤먼의 치병 의례는 연극적으로 비극을 재현하고 씨족의 구성원들은 그 고통에 참여하면서 씨족 공동체에 대한 의식이 더욱 살아나며 그들의 조상에 대한 애틋한 감정을 느끼게 된다. 치료용 온곤을 이용한 신성한 의례가 일으키는 마법은 사람들이 이 무생물에 담긴 의미를 읽고 느끼고 알게 되었다는 점이다. 온곤은 그 자체로 씨족의 구성원들에게 그들의 정체성과 뿌리, 그리고 다른 부랴트 씨족과의 차이점을 설명하고 있다.[67]

따라서 이러한 미하일로바의 설명에 기대어 생각해보면, 여성들의 원혼이 왜 유독 온곤으로 많이 추대되었는지 알게 된다. 유목민 사회에서 여성의 삶은 남성의 생업을 돕는 활동 외에 가사노동이 막중했다. 따라서 그녀들은 늘 피로가 누적된 상태였고, 관절염을 달고 살았다. 거기에 가족 내 낮은 지위로 인한 영양결핍이 빈번한 상태에서 비위생적인 환경에서의 출산은 산모의 사망률을 높였으며 동시에 사산아를 낳을 확률을 높였다. 여기에 근본적인 차별의 원천은 여성이 타 씨족에서 시집을 왔다는 것인데, 그것은 여성은 이미 타 씨족이라는 태생적인 부정함을 갖고 있다는 뜻이다. 그래서 이러한 환경 속에서 빈번하게 조기 사망하거나 죽임당한 여성들에게 〈초원의 여성들 온곤〉이나 〈에젠히 온곤〉처럼 온곤이 되어 씨족의 보호자로서 즉 씨족의 조상신으

---

67) Михайлова В. Т., "Шаманские культовые места и "онгоны"- маркеры этнической культуры Бурят", Исторические, философские, политические и юридические науки, культурология и искусствоведение. Вопросы теории и практики, №. 5 (31): в 2-х ч. Ч. II, (Тамбов: Грамота, 2013), с. 136.

로 보전하게 된다는 것은 태생적으로 차별당해 온 여성들에게는 오랜 숙원의 성취이자 가장 원했던 해원의 결과라고 볼 수 있다. 여성들이 치료용 온곤이 됨으로써 씨족 내 원한이 풀리고 그로 인해 씨족 공동체에 심리적 안정감이 부여된다. 이것은 온곤을 통해 태생적으로 불순한 여성을 포괄하여 씨족에 대한 소속감을 높이는 행동이다. 여기에 신앙 대상인 온곤이 된다는 것은 시베리아 샤머니즘이 쌓아놓은 종교적이고 우주적인 드라마의 한 부분이 되는 것을 의미한다.

 환자의 입장에서 생각해 보자. 사람이 어느 날 갑자기 자신이 치명적인 병에 걸린 것을 알게 된다면, 가장 먼저 드는 생각은 왜 나만 이런 병에 걸리게 되었을까하는 의문이다. 그리고 그 의문은 곧 모든 사람이 갖는 안온한 삶에서 자신만 혼자 튕겨져 나온 것 같은 소외감을 느끼게 한다. 만약 고통이 아주 심하게 계속 된다면, 이제까지 살아온 개인의 삶에 대한 부정적인 감정과 지금까지의 자신의 가치관에 대한 회의까지 들게 된다. 그러나 샤머니즘 치병 의례와 신화는 고통에 빠진 사람도 그 모든 것이 한 개인의 일에 불과하지 않고 우주적인 드라마의 한 부분이라고 느끼게 한다. 그리고 자기가 당하고 있는 개인적인 고통이 전혀 무의미한 고통이 아니라 샤머니즘 판테온과 그 의미 전체에서 볼 때 중요한 의미가 있다고 깨닫게 한다.[68] 이것은 범우주적인 차원에서 개인의 불행을 대입해 이해해 보려는 시도이다. 악령의 작동에 의해, 인간을 넘어서는 어떤 존재의 움직임으로 인해 나의 불행이 일어났다. 그것은 내 탓이 아니므로, 나는 소외되지 않는다. 그리고 샤머니즘 우주적 질서와 그 신화에 편입됨으로써 씨족 공동체를 포함하는 우주적 소속감에 편승되는 것

---

68) 리차드 컴스탁, 윤원철 옮김, 『종교의 이해-종교학 방법론과 원시종교의 연구』(서울: 지식과 교양, 2017), p. 115.

이다.

이와 같이 불행의 원인을 내가 아닌 악령, 질병령, 익명의 죽은 조상으로 돌리는 것은 비난의 화살을 탄 존재에게 돌리는 행위라고 볼 수 있다. 이것은 비난의 화살을 받아야하는 대리자를 세우는 것과 같으며 원론적으로 샤머니즘 치병 의례에서는 실제 인간과 동물의 영혼 교환의 방식의 희생양으로 그 대리자를 삼았다. 그런데 치료용 온곤은 이러한 희생양의 역할을 대신하여 씨족 집단에게 고통을 주는 원혼의 문제도 해결해주었다. 시베리아 샤먼은 희생제의를 통해 질병 온곤에게 악을 전가하고 또 원혼을 달램으로써, 죽은 영혼에게 집단적 학대, 폭력 등을 가해 트라우마를 유발할 만한 원인을 제공했던 씨족집단 또는 가족에게 면죄부를 주었다. 즉 집단 내부의 악함이나 폭력에 의해 비정상적으로 죽어 원혼이 된 죽은 영혼이 다시 집단에 해를 끼치지 못하도록 치료용 온곤을 통해 원한으로 인한 변괴를 예방하고자 했던 것이다. 이를 통해 치료용 온곤이 치유책보다 예방책으로서 더 중요한 가치를 가졌다는 것을 알 수 있으며, 이러한 예방책은 르네 지라르가 말하는 희생 제의의 보편적인 목적이다.[69]

르네 지라르에 의하면, 희생양은 씨족 집단과 공동체의 삶이 지속될 수 있도록 하기 위해 치르는 공물이다. 따라서 희생 제물이 죽는 것은 죽음의 위험에 처한 공동체가 새로운 문화 질서 속에서 재생하기 위한 것과 같다. 악령, 죽은 자의 영혼은 도처에 죽음의 씨앗을 뿌리고 난 다음에 스스로 죽거나 아니면 그들이 선택한 제물을 죽임으로써, 인간들에게 새로운 생명과 풍요를 가져다준다.[70] 이는 시베리아 샤머니즘이 죽음을 생명의 근원으로 보는 시각에

---

69) 르네 지라르, 김진식·박무호 옮김, 『폭력과 성스러움』(서울: 민음사, 1993), 33쪽.
70) Ibid, p. 86.

서 기인한다. 죽은 자의 영혼 중 하나는 하층세계의 저승으로 내려갔다가 다시 상층세계의 씨족의 나무로 올라가 그들 친족 중 하나의 아기로 환생한다. 이러한 생명의 순환에서는 죽음이 생명의 근원이고 죽음이 생명의 짝패이다. 따라서 샤머니즘 치병 의례 속에서 원혼이 당한 가혹한 죽음은 치료용 온곤 숭배와 하나의 짝패가 된다. 그리고 이러한 서사가 시베리아 민족들의 공동체의 운명을 결정짓고 보존하는 하나의 종교적 해석의 방식이다.

II. 결론

오늘날 현대 의학에서 설명하는 질병에 대한 주요 원인은 노화, 편식, 음주와 흡연, 약물 남용, 불규칙적인 생활습관이나 비위생 등 환자 스스로의 행동에서 또는 생명 활동의 자연스러운 결과로 규정될 때가 많다. 그러나 시베리아 샤머니즘에서 주요 질병의 원인은 치료용 온곤이 대변하듯이 악령, 원혼과 같은 외부의 원인에서 비롯된다. 악에 대한 관점은 두 가지로 나눌 수 있는데, 하나는 죄악이 인간 내부에 있으므로 세상이 악해진다는 관점과 다른 하나는 죄악이 외부에서 와서 인간에게 해를 끼친다는 관점이다. 샤머니즘은 이 후자의 관점에 따라, 죽음과 질병의 원인을 전적으로 인간 외부로 돌리고 있다. 이것은 샤머니즘의 세계관에서 중요한 자리를 차지하고 있는 죽은 자의 영혼에 대한 개념에서 비롯되는데, 죽은 영혼의 거처는 당연히 살아있는 인간 육체의 외부에 있기 때문이다. 그 중에서 원통한 죽음을 맞이한 자의 영혼, 즉 원혼이 해를 끼치는 방식에 따라 이 인간 외부의 악이 인격화된 악령이 구체적으로 작동하면, 이로 인해 질병이 생기는 것이다.

시베리아 민족들에게는 그들이 규정한 모든 종류의 금기와 위반이 만연해질 때 그리고 친족들 사이의 분쟁이 증가할 때 이를 못마땅하게 여긴 죽은 사람들이 나타나 산 사람들을 따라다니면서 달라붙는다. 그리고 죽은 자들은 산 사람들에게 악몽, 광기와 발작, 각종 질병과 전염병을 유발하고 이를 전파한다. 이러한 위기는 산 자의 세계와 죽은 자의 세계 사이의 간극이 사라지는 것으로 정상적인 상황일 때는 분리되어 있던 두 세계가 혼합된 비정상적인 상황이다. 그러나 죽은 자들도 원래는 자신들의 세계의 질서가 파괴되길 원하지 않는다. 따라서 어떤 절정기를 지나면, 죽은 자들은 산 자들이 그들에게 베푸는 숭배를 받아들이면서 산 사람들에게 달라붙는 것을 멈추고 평상시 그들의 거주지로 돌아간다. 그들은 샤먼의 의례를 통해 달래지고 스스로 떠나가거나 아니면 씨족 집단의 제의적인 부추김에 의해 추방된다. 그럼으로써 죽은 자와 산 자의 세계는 다시 간격이 생긴다.

샤먼의 의례 시 제작된 치료용 온곤은 종교적으로 형상화됨으로써 이러한 위기 상황에서 집단이 원하는 바를 표상하고 있다. 죽음은 산 사람이 당할 수 있는 가장 최악의 폭력이므로, 산 사람들은 죽음으로부터 어떻게든 자신을 보호해야 한다. 치료용 온곤은 질병으로 인해 닥쳐 온 죽음과 그에 대한 불안감이 엄습할 때 집단적으로 내건 종교적 차단막이다. 치료용 온곤을 통해 시베리아 사람들은 개인의 위기를 집단적으로 물리침으로써 불안감을 잠재울 수 있었고 공동체 안에서 소속감을 더 강화시킬 수 있었다. 따라서 치료용 온곤은 세대를 거듭하여 물려주면서 씨족 집단의 심리적 단합을 이끄는 숭배의 대상이 될 수 있었다.

질병으로 인해 불안과 공포에 휩싸인 각 개인이나 일개 가족은 이와 같은 온곤을 보며 씨족이라는 울타리 안에서 자신들을 보호해주는 죽은 조상이 있다는 의지의 대상을 떠올리게 된다. 치료용 온곤은 이렇게 정서적으로 의지가 되는 부적으로서 실질적인 치료에는 전혀 효과가 없더라도 치병 의례의 중심 요소가 되었다. 따라서 본 연구는 이와 같이 객관적으로 정의되지 않는 인간 실존의 문제들을 치료용 온곤이라는 실증적 유물로 보다 구체적인 이해를 도모하고자 하였다. 이러한 질병과 죽음의 문제는 시대와 지역을 불문하고 지속되므로 현대의 발달된 사회를 살아가는 사람들의 마음 속에도 분명 유사한 지점들이 있으리라고 생각된다.

〈참고문헌〉

르네 지라르, 김진식·박무호 옮김, 『폭력과 성스러움』, 서울: 민음사, 1993.
리차드 컴스탁, 윤원철 옮김, 『종교의 이해-종교학 방법론과 원시종교의 연구』, 서울: 지식과 교양, 2017.
마크 월린, 정지인 옮김, 『트라우마는 어떻게 유전되는가』, 인천: 심심, 2016.
무라야마 지준, 노성환 옮김, 『조선의 귀신』, 서울: 민음사, 1990. 초판발행 1929년, 조선총독부 조사사업보고서.
빌모스 디오세지 외, 최길성 옮김, 『시베리아의 샤머니즘』, 서울: 민음사, 1988.
Bawden, C. R., *The Supernatural Element in Sickness and Death according to Mongol Tradition, Part I: Asia Major New Series* v. 8, n. 2, Taiwan: Institute of History and Philology, Academia Sinica, 1961.
Алексеева Л. Л., "Эволюция глазных заболеваний и слепоты в Республике Саха (Якутия)", *Вестник Северо-Восточного федерального университета им. М. К. Аммосова* Т. 7, № 4, 2010.
Банаева В. А., *Онгоны Бурятская иконография*, Усть-Ордынский: Национальный музей Усть-Ордынского Бурятского округа, 2014.
Галданова Г. Р., *Доламаистские верования бурят,* Новосибирск: Наука, 1987.
Головнёв А. В., *Говорящие культуры: традиции самодийцев и ургов, Е*катеринбург: ИИА УрО РАН, 1995.
Горбачева, В. В. др., *На грани миров Шаманизм народов Сибири* (из собрания Российского этнографического музея: Альбом), М.: ИПЦ ≪Художник и книга≫, 2006.
Дампилова Л. С., Цыбикова Б.-Х. Б., "Обряд замещения души в шаманской практике бурят", *Сибирский филологический журнал* № 4, 2019, DOI 10.17223/18137083/70/3.
Жамцаранов Ц. Ж., "Онгоны агинских бурят", Зап. Императорского русского географического общества по отделению этнографии. Т. XXXIV: Сборник в честь семидесятилетия Григория Николаевича Потанина, Санкт-Петербург: типография В. Ф. Киршбаума,

1909.

Затопляевъ, О. Н. И., "Некоторыя поверья аларскихъ бурять, Шаманския поверия инородцев Восточной Сибири", *записки восточно-стбтрскаго отдела императорскаго общества по этнографии томь II, выпуск 2-й*, Иркутск: Типография К. I. Витковской, 1890.

Зеленин, Д. К., *Культ Онгогов в Сибири-Пережитки Тотемизма в Идеологии Сибсрских Народов*, Москва: Издательство Академии Наук СССР, 1936.

Иванов С.В., "Происхождение Бурятских онгонов с изображениями женщин", *Родовое общество: этнографические материалы и исследования*, М: Изд. Академии Наук СССР, 1951.

Коледнева Н. В., Планета Эвенкия, Чита: Экспресс, 2009,.

Лубсанова С.В., Базаров А. А., "Суицидальное поведение и религиозность (на примере молодых людей бурятской и русской национальностей)", *Суицидология Т. 4*, № 3(12), 2013.

Манжигеев И. А., "Бурятские шаманистические и дошаманистические термены", *Опыт атеистической интерпретации*, М: Наука, 1978.

Павлинская Л. Р. ред., *Мифология смерти: Структура, функция и семантика погребального обряда народов Сибири: Этнографические очерки*, СПб.: Изд-во "Наука", 2007.

Михайлова В. Т., "Шаманские культовые места и "онгоны"- маркеры этнической культуры Бурят", *Исторические, философские, политические и юридические науки, культурология и искусствоведение. Вопросы теории и практики*, № 5(31): в 2-х ч. Ч. II., Тамбов: Грамота, 2013.

Нанзатов Б. З., Содномпилова М. М., "Народно-бытовая медицина монгольских народов: средства животного происхождения в представлениях и практиках", *Серия ≪Геоархеология. Этнология. Антропология≫* Т.17, Иркутск: Известия Иркутского государственного университета, 2016.

Нанзатов Б. З., Содномпилова М. М., "Личная и общественная гигиена в понимании и в жизни кочевников", *Oriental Studies*(2), Элиста:

Oriental Studies (Previous Name: Bulletin of the Kalmyk Institute for Humanities of the Russian Academy of Sciences), 2019, DOI: 10.22162/2619-0990-2019-42-2-255-262.

Осокин Г. М., *На границе Монголии. Очерки и материалы к этнографии юго-западного Забайкалья*, СПб: Тип. А. С. Суворина, 1906.

Семке В. Я., "Стрессоустойчивоссть как основа преодоления кризисов молодого поколения", *Сибирский вестник психиатрии и наркологии* № 3. (54), 2009.

Семке В. Я., Богомаз С. А., Бохан Т. Г., "Качество жизни молодежи народов Сибири как системный показатель уровня стрессоустойчивости", *Сибирский вестник психиатрии и наркологии* 2(71), Томск: Иван Федоров, 2012.

Содномпилова М. М., Нанзатов Б. З., "Глазные недуги в традиционных представлениях тюрко-монгольских народов Внутренней Азии в XIX - начале XX века: природа заболеваний, профилактика и лечение", *Вестник НГУ*. Серия: История, филология Т. 19, № 3: Археология и этнография, Новосибирск: Новосибирский государственный университет, 2020, DOI 10.25205/1818-7919-2020-19-3-147-159.

Содномпирова, М. М., *Между Медичинной и Магией: Практики Народной Медицины в Культуре Монгольских Народов*(ⅩⅦ-ⅩⅨ вв.), Москва; Наука-Восточная Литература, 2019.

Суворова А. С., "Представления о душе в погребальной обрядности бурят", *Ученые записки ЗаБГГПУ. Серия филология, история, востоковедения* №2(43), Чита: ФГБОУ ВПО Забайкальский государственный университет, 2012.

Термен А. И., *Среди бурят Иркутской губернии и Забайкальской области: Очерки и впечатления*, СПб.: Тип. МВД, 1912.

Хангалов, М. Н., Собрание сочинений: в 3 т. т. 1., *Подгот. Г. Н. Румянцевым и др.*, Улан Удэ: Нова-Принт, 2021.

Харитонова В. И., *Феникс из пепла? Сибирский шаманизм на рубеже тысячелетий*, М.: Наука, 2006.

Христофорова, О. Б., *Мифы северных народов России. От творца Нума и ворона Кутха до демонов кулей и злых духов кана, Серия-Мифы от и до*, Москва: Манн, Иванов и Фербер, 2023.

Широкогоров С.М., "Шаман-хозяин духов", Сем Т. Ю. сост., *Шаманизм народов Сибири, Этнографические материалы XVIII-XX вв.: хрестоматия в 2-х тт. Том 1*, СПб.: Филологический факультет, СПбГУ; Нестор-История, 2011.

서울대학교병원 N의학정보 탄저병(anthrax) http://www.snuh.org/health/nMedInfo/nView.do?category=DIS&medid=AA000040 (검색일: 2025.03.20.)

서울아산병원 건강정보 옴(Scabies) https://www.amc.seoul.kr/asan/healthinfo/disease/diseaseDetail.do?contentId=32469 (검색일: 25.03.20.)

@2025 Иркутский областной краеведческий музей имени Н.Н. Муравьева-Амурского, https://iokm.ru/2023/01/23/онгон-луговые-женщины/ (검색일: 25.03.28.)

@2025 Музей антропологии и этнографии им. Петра Великого (Кунсткамера) Российской академии наук, Экспонаты, Собрание Этнография Сибири http://collection.kunstkamera.ru/entity/OBJECT?fund=19(검색일: 2025.03.22.)

©2025 Российский Этнографический музей, КоллекцияКультура народов Сибири и Дальнего Востока, https://collection.ethnomuseum.ru/entity/OBJECT?fund=929340(검색일: 2024.03.22.)

북극권 최대 문화유산 구제발굴 성과로 본 사할린섬의 선사유적 : 사할린 2(Сахалин-2) 프로젝트 건설을 중심으로

방민규*

Ⅰ. 머리말

2025년 APEC 정상회의가 열리는 곳은 대한민국 경주시로 신라의 천년고도로 유네스코 세계문화유산을 비롯해 수많은 문화유산이 분포되어 있는 역사 관광 도시이다. 대한민국의 일일생활권을 가능하게 한 KTX건설 당시 시내에 역사를 짓지 않고 외곽에 위치한 현재의 장소에 역사를 지을 만큼 경주의 문화유산 보호는 나름 철저하게 시행되었다. 현재도 크고 작은 문화유산 발굴들이 진행되고 있으며, 이를 통해 신라 역사의 퍼즐을 맞춰가고 있다. 이런 역사의 결과물로 2020년 총 5,657건의 문화유적[1] 데이터베이스 자료를 목록화하여 경주지역에서 이뤄진 유적조사 정보를 체계적으로 정리하였다[2]. 총 2권의

※ 이 글은 『한국 시베리아연구』 2025년 제29권 1호에 게재되었던 논문을 수정 보완한 것임.
* 국립세계문자박물관 자료관리부장
1) 2024년 5월 17일부로 문화재라는 명칭은 국가유산으로 변경되었으며 문화재청도 명칭이 국가유산청으로 변경되었다. 본고에서는 변경된 명칭인 '문화유산'이라는 단어를 사용하였다.
2) 국립경주문화재연구소, 『경주지역 유적조사 자료 DB 구축 및 분석연구』 1·2, (대전: 2020), p. 258.

자료집을 통해 시대별·유적 성격·조사사유별·발굴 면적별 분석을 통해 과거부터 현재까지 경주에서 이루어진 유적조사의 현황과 추이를 확인할 수 있다.

러시아연방 사할린섬에서 진행된 사할린-2(Sakhalin-2) 프로젝트는[3] 대규모 석유 및 가스 개발 프로젝트이다(그림 1). 운영사인 사할린에너지(Sakhalin Energy)가 1998년 파이프라인 설치를 위한 사전조사에서 센나야-1(Сенная-1) 유적을 발견하게 되고 이는 문화유산 보호에 대한 각별한 주의를 불러일으키는 계기가 되었다. 이후 러시아 연방정부는 문화유산 보호 프로그램을 지시하게 되고 시행사인 사할린에너지의 후원하에 현장조사는 전문가들을 중심으로 사할린대학교(Sakhalin State University)에서 진행하게 되었다. 구제발굴을 통해 구석기시대부터 근현대에 이르기까지 다양한 유적들이 찾아졌으며 선사시대 사할린섬의 인류 발자취에 대한 정보도 얻을 수 있는 계기가 되었다[4].

거대한 토목사업이 진행되는 동안 러시아 정부는 프로젝트 내용에 보호고고학 연구를 도입하는 법률을 제정하고 이를 통해 건축표준, 규칙 및 절차를 규제하는 일련의 변경사항이 적용되게 되었다. 섬 남북방향으로 800km에 달하는 석유 및 가스 파이프라인 건설현장 및 프로젝트의 잠재적 영향권 지역까지도 모두 포함된 내용이다. 프로젝트에 참여한 엔지니어와 환경론자들은 물

---

[3] 1994년 개발을 시작하여 2009년까지 2단계로 진행되었으며 두 개의 해양유전 개발과 함께 중국까지 보내기 위한 사할린 횡단 파이프라인 시스템 구축이 핵심사업이다. 액화천연가스의 가장 큰 구매자는 한국과 일본이다.

[4] . А.А. Василевский, Е.А. Витальевна, *Археологическое наследие острова Сахалин*, Владивосток: Издательство ≪Апельсин≫, 2017. —156 с.: ил.; А.А. Василевский, КАМЕННЫЙ ВЕК ОСТРОВА САХАЛИН", Южно-Сахалинск: Институтом археологии и этнографии РАН, 2008. —412 с.

론 사할린대학교가 수행한 고고학 조사를 통해 건설시작 전 역사 및 문화유산 기념물의 파괴를 방지할 수 있게 되었다. 현장에서 처음 확인된 유적은 1996년 여름 코르사코프(Корсаков) 지역 옛 쁘리고라드노에 마을(Пригородное) 근처 액화천연가스 플랜트 건설을 위한 엔지니어링 준비 작업이 시작된 지역에서 발견되었다. 이 지역은 코르사코프지구로 명명되었는데, 신석기시대와 청동기시대(기원전 5,000~1,000년) 옛사람의 다층 유적과 중세시대(11~13세기) 주거지 등이 발견되었다. 근현대 유적으로는 1905년 러시아 군사캠프로 사용되었던 건물과 함께 제2차 세계대전 시기의 콘크리트 벙커 등이 발견되었다. 실제로 향후 가스파이프라인의 전체 가설경로와 잠재적 영향권 안에 있는 지역에 대한 고고학 조사 결과 256개의 유적지가 사할린 유적 분포 지도에 표시되었다. 그중 96개는 프로젝트의 직접적 영향을 받는 지역에 위치했으며 고고학자와 사업시행자는 미래세대를 위해 이 유적들을 보호하기로 결정하였다.

 사할린섬의 고고학 연구 결과는 국내 학계에 드물게 소개되고 있는 상황이다[5]. 그런 상황속에서 구제발굴을 통해 밝혀진 사할린섬의 고고학 발굴 유적은 동북아 선사시대 다양한 문화 집단의 생활 및 경제 활동에 대한 중요한 정보를 제공할 뿐만 아니라 공간적으로 다른 고고학 유적 발굴성과와 비교될 수 있다는 점에서 중요하다고 할 수 있다.

 본 연구의 목적은 러시아 극동 사할린섬에서 진행된 대규모 건설 프로젝트 기간 동안 구제발굴을 통해 조사된 구석기시대, 신석기시대 선사유적의 성격을 파악하고 이를 통해 문화유산 보호의 중요성을 확인하고자 하는 것이다.

---

5) 방민규, "고고학 자료로 본 사할린섬의 전기 신석기시대 유적에 대한 탐색적 논의", 『한국시베리아연구』 26권 3호(배재대학교 한국시베리아센터: 2022), pp. 143-172.; 최몽룡 외, 『시베리아의 선사고고학』, 서울: 주류성, 2003, p. 572.

또한 단순한 고고학 발굴이 아니라 인접 학문과의 융복합 연구성과를 통해 사할린섬 지역 옛사람들의 발자취를 살펴보고자 한다.

Ⅱ. 사할린-2 프로젝트와 문화유산보호

사할린-2 프로젝트의 건설 구간에서 진행된 문화유산보호 프로그램의 참여자는 고고학자, 사업시행사(사할린에너지), 현장노동자가 모두 포함된다. 이들의 공동노력으로 사할린섬의 과거 많은 비밀들이 밝혀졌을 뿐만 아니라 두꺼운 토양층 밑에 감추어져 있던 독특한 고고학 자료들이 드러나게 되었다. 문화유산에는 고고학 기념물, 제례유적, 예술품 등을 포함한 역사적 가치가 있는 자료들이 모두 포함된다. 각각의 고고학적 발견들은 사할린섬을 포함한 특정 지역에 대한 작은 역사적 요소이자 문화유산의 중요한 부분으로 여겨진다. 이러한 요소들이 모여 동북아 가상사리에 위치한 혹독한 자연환경을 이겨낸 수천 세대 고대 섬 사람들에 대한 삶의 역사를 알 수 있게 되었다.

수년에 걸쳐 진행된 문화유산 보호 프로그램에서 가장 중요하게 여겼던 가치는 문화유산을 보호하기 위해 어떤 방법을 사용하느냐에 대한 고민이었다. 구제발굴은 예외적인 경우에 시행되었고 문화유산의 보호방법은 우선적으로 파이프라인의 경로를 수정하는 것이었다. 즉 가스 파이프라인 및 진입로 등의 경로를 변경하고 건설 경계를 수정하는 것이었다. 이런 결정을 통해 파이프라인의 경로나 기타 건설 대상물의 경계가 40회 이상 변경되면서 88개의 고고학 유적지가 보존되었다. 예를 들어 2004년 발견된 군벙커 주변의 파이프라인 경로 변경을 들 수 있다. 이 장소는 하라미토그스키(Haramitogsky) 일본군 진지

중 중요한 역할을 담당하던 곳이었다. 소련군을 포함해 양측에서 1,300명의 사상자가 발생한 과거의 피비린내 나는 전투현장의 모습을 고스란히 간직한 군벙커는 역사적인 기념물로 보존되었으며, 흙 제방으로 보강되고 파이프라인은 이 지역을 우회하여 건설되었다. 다른 역사적 유물들을 포함해 사할린-2 프로젝트 생산시설 건설 뿐만 아니라 운영 중 문화유산의 파괴를 방지하기 위한 조치들이 취해졌다.

현장 상황에 따라 문화유산을 우회하여 경로를 수정하는 것이 불가능하고,

그림 1. 사할린-2 프로젝트 건설 구간, 공사현장, 발굴조사 사진

(자료: A.A. Василевский, Е.А. Витальевна, 위의 책, pp. 4-11.)

상당한 비용과 시간이 소요되어 발굴 작업이 복잡해지는 경우도 발생하였다. 이런 경우 사할린-2 프로젝트의 시행사측에서는 비용이 많이 드는 수평 시추 방법을 선택하는 결정을 내리기도 하였다. 이 방법을 사용해 사할린섬에서 가장 큰 고고학 유적 중 하나인 차이보-1(Chavo-1) 유적을 보존할 수 있게 하였다. 이 유적지내에서는 신석기시대를 포함해 18세기까지 다양한 시대에 속하는 260개 이상의 고고학유적들이 발견되는 성과를 얻을 수 있었다.

구제발굴은 예외적인 조치로 간주되어 건설지역에서 발굴된 유적은 8개에 불과하다. 해당유적은 '센나야-1(Sennaya-1)', 오공끼-5(Ogonki-5), '슬라브나야-4(Славная-4)', '아도프투-2(Одопту-2)' 등이다. 이들 유적들은 중국문헌에 등장하는 '칠레미(Tsilemi)'로 언급된 니브흐(Nivkh)의 조상으로 추정되는 사할린섬 옛사람들의 문화발전 수준을 살펴볼 수 있는 중요한 고고학유적으로 평가된다.

고고학계에 충격을 준 발굴은 1998년 사할린국립대학교의 고고학자들에 의해 수행된 돌린스키(Dolinsky) 지역의 '센나야-1' 발굴이라 할 수 있다. 유적이 위치한 지역은 컨숨머스코에(Consumerskoye) 마을에서 남쪽으로 6km 떨어진 레브야쯔에(Lebyazhhye) 호수 근처이다. 이 유적에서 발견된 석기는 23만 년 전으로 편년되어 극동지역에서 연대가 가장 올라가는 것으로 평가받고 있는데 편년에 대한 학자들 간의 논쟁은 여전히 계속되고 있지만 사할린 땅에 인간이 거주한 역사를 밝혀준다는 점에서 사할린-2 프로젝트 기간 문화유산 보호프로그램의 가장 큰 결과물이라 할 수 있다.

러시아연방의 문화유산 보호와 관련한 법 조항에는 모든 시민이 역사 및 문화 유산 보존에 대해 주의를 기울이며 국가와 문화의 역사적 기념물을 보존할 의무가 있다고 명시하고 있다. 헌법 제44조 외에도 다양한 정부 수준에서 역사 및 문화유산 대상과 관련된 기업 및 주민의 활동을 규제하는 법률 문서들이 존재한다. 러시아 최대 규모의 석유 가스 프로젝트 운영사 중 하나인 사할린에너지는 사할린-2 프로젝트라는 이름으로 통합된 석유 가스 단지 전체의 건설 및 운영 대상의 영향권에 속하는 자연보존과 역사적, 건축적 대상물들의 보호에 세심한 주의를 기울여왔다. 고고학자와 관심있는 지역 전문가들이 파이프라인 건설 노선과 생산시설을 건설할 예정 지역에 대해 상세한 조사를 실시하였는데 이를 통해 프로젝트의 사전 공사 단계에서 많은 작업이 원활하게 진행되게 하였다. 지속적인 고고학 조사는 1998년부터 2008년까지 지속되었다. 그 결과 수천 개의 유물을 발견하고 발견된 모든 귀중한 유적의 기록은 사할린국립대학교에 의해 작성되고 박물관에 소장되어 전시되고 있다.

또한 생산시설과 관련 시설들을 건설하는 동안 고고학적 모니터링은 지속되었다. 발굴현장에 대한 꾸준한 관심 속에 발굴 진행 상황을 면밀히 관찰하고, 문화유적 분포지도를 작성하고 이를 통해 통제조치를 평가해 보호구역의 경계를 확정하였다. 이런 모니터링은 매년 실시될 예정이며 운영 단계 동안 '사할린-2 프로젝트의 문화유산 보호 계획'이라는 문서로 작성 보관되고 있다. 특히 박물관으로 옮길 수 없는 유물들을 보호하기 위해 2009년 문화유적 정보 표지판을 설치하였다. 러시아연방 사할린섬에서 진행된 대규모 건설 프로젝트를 통해 파괴될 뻔한 문화유산에 대한 보호뿐만 아니라 적극적인 조치를 통해 인위적인 파괴를 방지했다는 점에서 사업시행자의 문화유산 보호 의지가 얼마나 중요한지를 보여준다는 점에서 한국에서 벌어지는 문화유산 보호와 사유재산권 침해로 인한 갈등 상황을 해결하는데 도움을 줄 수 있는 사례로 활용되길 기대한다.

Ⅲ. 구제발굴 성과로 본 선사유적의 성격

1. 구석기시대
1) 전기 구석기시대[6] : 센나야-1(Sennaya-1) 유적

시베리아와 러시아 극동(쁘리모리예 및 아무르 지역 포함) 지역에 인간이 정착한 것과 관련된 문제는 1970년대부터 연구가 진행되었다(Okladnikov, Derevyanko, 1973; Derevyanko et al, 1994). 사할린섬의 경우 센나야-1 유적에서 일련의 자갈돌석기들이 발견되고 채취한 시료에서 절대연대(OSL)가 확인되면서 활발한 연구가 시작되었다[7].

센나야-1 유적은 1998년 사할린국립대학교 고고학팀에 의해 발견되었는데, 유적이 위치한 곳은 사할린섬 남부 돌린스키 지구의 소베츠스코에(Советское)와 스따로두브스코에(Стародубское) 마을 사이 레비아지예 호수 근처이다(그림 2). 문화층이 보존된 테라스 부분에 콘트롤피트를 넣어 확인하고 유물들을 수습하였다. 이후 1999년과 2000년에 발굴작업이 60㎡에 걸쳐 진행되었다. 이 사이트는 다양한 분석방법이 동원되기도 하였는데 2002년 일본 나라대학의 도움으로 수집한 시료들을 분석하여 9층 중 4개 층에 대한 일련의 OSL연대를 확보하였다. 이후 극동국립대학교, 해양연구센터, 지질학 등의 분

---

6) 그간 사할린섬에서 발견된 전기 구석기시대 유적은 소콜(Sokol), 임친(Imchin), 아도-투모보(Ado-Tumovo) 유적들이 있다.
7) 발광 연대측정(Luminescence dating)은 광물 입자가 태양광이나 충분한 가열에 마지막으로 노출된 기간을 결정하는 연대 측정 방법들을 뜻한다. 이러한 사건이 발생한 시점을 알고 싶어하는 지질학자와 고고학자에게 유용하다. 발광 연대측정법은 다양한 수단을 통해 발광을 자극하고 측정한다. 발광 연대측정에는 광자극발광 연대측정(optically stimulated luminescence, OSL), 적외선자극발광 연대측정(infrared-stimulated luminescence, IRSL) 및 열발광 연대측정(Thermoluminescence dating, TL) 등이 있으나 일반적으로 OSL 연대측정을 의미한다.

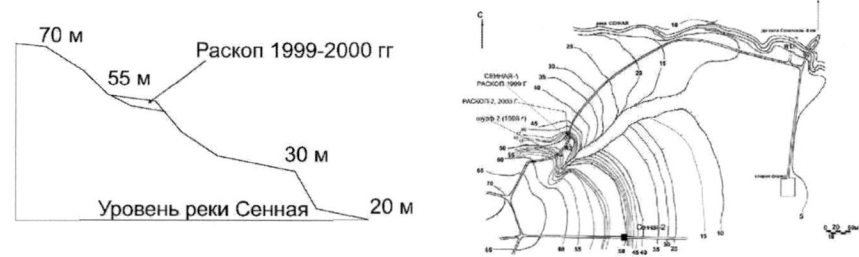

발굴지점 해발 55m(1999-2000년)　　　　　　유적 분포 지도

그림 2. 센냐야-1 유적 발굴 상황

석을 통해 발굴보고서가 완성되었다[8].

　유적의 지리적 위치와 지형학적 상황을 살펴보면 다음과 같다. 마을에서 남서쪽으로 8km 떨어진 곳에 위치하며 스스나이 계곡 북서쪽에서 오호츠크해안을 바라보는 언덕에 분포되어 있다. 해당 유적의 해발고도는 50~52m로 센냐야 강과는 10m 정도의 레벨 차이가 있다. 북쪽과 북동쪽이 가파란 경사면으로, 남쪽과 남동쪽에서는 계곡으로, 남서쪽과 서쪽에서는 더 높은 테라스로 경계가 지어진다. 발굴 조사 결과 유적지 전면을 따라 묻혀 있는 50m 길이의 테라스 퇴적물이 확인되었다. 테라스의 표면은 완만한 경사를 이루고 있으며 이 지층 안에는 400,000~200,000년의 중기 플라이스토세 해양층이 포함되어 있는 것으로 확인되었다(그림 2).

　센나야-1 유적의 퇴적층은 10개로 구성되어 있으며 유물이 포함된 층은 4층으로 동쪽에서 서쪽 방향으로 60cm 깊이에서 시작되어 220cm로 증가하는 양상을 보여준다(그림 3). 자세한 퇴적층 양상은 다음과 같다(표 1).

　<표 1>과 같은 퇴적양상과 연대측정 결과를 고려해 보면 유적의 형성 시

---

8)　А.А. Василевский, 위의 책, 2008, p.69.

토층 단면   토층 높이

그림 3. 센나야-1 유적 토층 사진

기와 그에 따른 유물의 매장이 32,000±197에서 15,000±154년 전의 기간에 단계적으로 발생했음을 알 수 있다. 1~2층은 느린 경사면 축적으로 형성되었으며, 3~8층은 충적층, 9~10층은 석호 기원으로 형성된 것으로 보인다.

채취된 시료를 통한 화분분석 결과를 살펴보면 지표하 210cm 깊이의 8층에서 채취한 1번시료의 화분에서는 오리나무, 가문비나무, 소나무, 자작나무, 느릅나무 등 관목을 포함한 것으로 나타났다. 깊이 150cm에서 채취한 2번 시료에서는 가문비나무, 삼나무, 참나무, 느릅나무 등 관목을 포함한 온대성 나무의 꽃가루가 분석되어 현대 기후와 유사한 따뜻한 기후였음을 나타내고 있다.

4층에서는 현대 사할린섬의 식물군에서 발견되지 않는 수생 양치류인 살비니아(Salvinia)의 포자낭이 1개 발견되었다.

〈표 1〉 센나야-1 유적 토층

층위	퇴적층	두께(cm)	연대 측정값	비고
1	현재의 표토층	10~15	현재	-
2	갈색사질토	10(15)~50(55)	-	-

층위	퇴적층	두께(cm)	연대 측정값	비고
3	회색양토	20~30	15,000±154	퇴적상태가 조밀한 층으로 돌 등의 이물질이 없음. 평균 두께는 20~30cm이며 4층과 혼합된 구간에서는 90cm로 증가. 40cm 깊이에서 시료 채취
4	회색양토	40~50	19,000±167	3층과 대조적으로 자갈과 둥근 사암 자갈로 가득 차 있음. 철 성분 함유. 서쪽 부분의 두께는 90~100cm. 110cm에서 연대측정 시료 채취
5	갈색사질양토	10~30	28,000±175	토층은 조밀하고 압축된 상태로 사암자갈이 포함. 125~130cm 깊이에서 연대측정 시료 채취.
6	적갈색사질양토	10~40	-	철 성분의 사암 자갈과 바위가 포함. 층의 밀도와 자갈의 직경은 5층에서 6층으로 갈수록 증가
7	고운 모래	10~20	32,000±197	160cm에서 연대측정 시료 채취
8	사암 자갈, 바위, 모래	20~30	-	동쪽 부분은 흰색점토층. 180~200cm에서 연대 측정 시료 채취
9	회색 고운 사질토	5~10	-	자갈이 포함되어 있으며 기원은 석호로 추정
10	흰색, 푸른색 점토	10~15	-	동쪽 부분은 1m 깊이까지 기반암이 붕괴되어 형성된 것으로 보아 해양이나 석호 기원으로 추정

(출처: А.А. Василевски, 2008, p.360)

이런 특성은 아마도 플라이스토세 중기의 따뜻한 시기 중 하나에 기인한 것으로 추정된다. 퇴적물의 특징을 고려해 보면 활엽수 종이 혼합된 어두운 침엽수림이 우세한 시기로 이는 플라이스토세 중기의 전반부에 해당한다고 보여진다. 꽃가루 분석 결과와 OSL연대측정 분석결과는 센나야-1 유적의 형성이 단기 기후온난화의 시기 중 하나였던 중기 플라이스토세 후반 빙하기의 시기 내에서의 간빙기를 나타낸다고 추정된다.

센나야-1 유적에서는 옛사람들이 제작한 석기들이 다량으로 출토되었다. 자갈돌석기 전통의 석기들이 일반적이며 출토 석기들의 특징은 크게 두 그룹으로 구분된다(그림 4). 1그룹은 연대가 올라가며 주로 대표적인 석기로는 자갈돌로 만들어진 찍개류, 망치돌, 몸돌, 격지, 대형긁개 등이다. 2그룹은 각진 표면과 넓은 타격 플랫폼을 갖고 있는 소형격지와 몸돌로 구성되어 있다. 2층에서 출토된 석기들의 암석학 분석 결과를 살펴보면 자갈로 만든 석기가 99

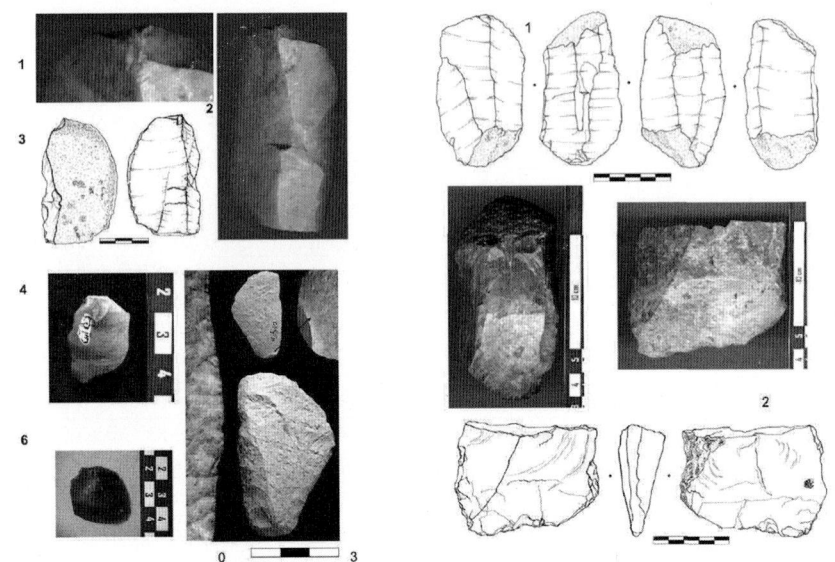

자갈돌 찍개   양면핵석기와 긁개

그림 4. 센나야-1 유적 출토 석기

(출처: А.А. Василевский, 위의 책, p.364.)

개, 부싯돌로 만든 석기 121개, 8개는 혈암, 사암제 2개, 10개는 안산암 및 현무암, 5개는 미사암으로 제작된 것으로 밝혀졌다. 대부분의 격지는 부싯돌, 세일 및 현무암을 사용하여 얻어진 것으로 보인다. 3층에서는 143점의 석기가 출토되었는데 이 중 86개는 자갈돌로 만들어졌고, 42개는 부싯돌로, 6개는 점판암으로 제작되었다.

4층~8층에서도 다양한 종류의 석기들이 출토되었으며 특히 8층의 27개 석기 중 16개는 부싯돌, 8개는 자갈돌, 2개는 현무암 등으로 제작되었다. 전체 층위를 바탕으로 석기들의 원자재를 분석한 결과 50% 이상이 자갈돌로 제작되었다. 그다음으로는 규산암이 38%를 차지하였으며 안산암, 현무암 등이 사용된 것을 확인하였다.

2) 후기 구석기시대 : 오공끼-5(Ogonki-5) 유적

오공끼-5 유적은 사할린섬 남부 아니바(Aniva) 지역에 위치하고 있는 다층 유적이다. 같은 이름을 갖고 있는 마을에서 6km 떨어져 있으며 사할린섬 남서부의 루토가(Lutoga)강 좌안에 위치한다. 1993년 처음 발견된 이후 유물이 발견된 지역은 크게 5개의 개별 유적지로 구분된다. 강의 범람원보다 해발고도는 43m 높은 곳에 위치한다. 1994~1996년에 첫 발굴이 시작되었는데 구석기시대 유물들이 출토된 면적은 170㎡에 해당된다. 3개의 문화층으로 구성되

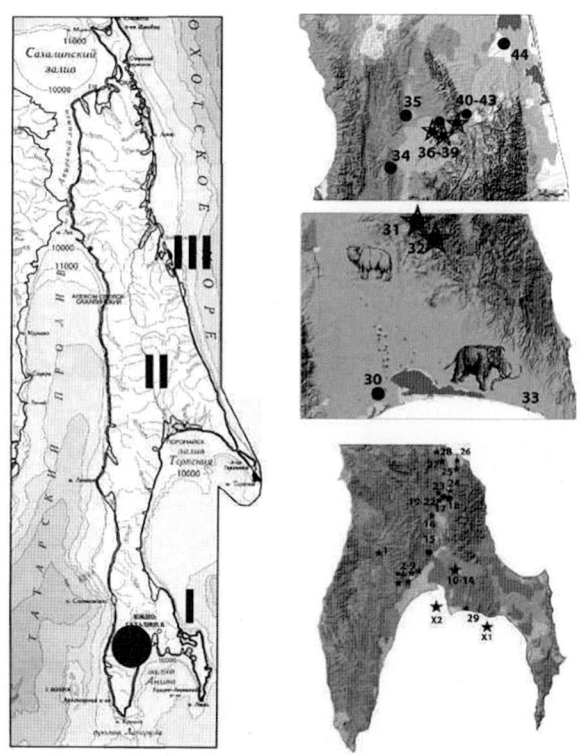

그림 5. 오공끼-5 유적 위치와 시기가 비슷한 유적 분포
(출처: А.А. Василевский, 위의 책, p. 373.)

어 있으며 지층의 교란과 파괴가 없어 편년 설정을 할 수 있었다(그림 5). 문화층 양상으로 각 층의 성격을 살펴보면 다음과 같다.

1층은 일련의 특징을 반영하면 13,000~11,000년 전으로 추정되며 이 시기는 구석기시대에서 신석기시대로 전환되는 시기에 해당한다. 2층은 18,000~13,000년 전 범위 내의 후기구석기시대로 절대연대 측정값은 17,860±120년으로 2층의 하한연대로 추정된다. 3층은 3기의 한데유적의 흔적이 발견되었으며 화로를 중심으로 집중적으로 돌날석기들이 분포하고 있다. 절대연대는 보정을 거쳐 22,000~19,000년 전으로 추정된다. 3층은 오공끼-5 유적의 가장 중요한 특징을 내포하는 문화층으로 후기구석기시대의 주거지 양상을 보여주고 있다. 노란색 점토층에서 출토된 목탄의 연대측정값은 31,330±440년으로 나타나 후기 구석기시대 초기 유적지임을 나타내고 있다. 15,000여점의 유물이 발견되었으며 사할린섬을 비롯하여 러시아 극동지역에서의 후기 구석기시대와 신석기시대로의 과도기 문화 형성과 발전 과정을 이해하는 데 매우 중요한 유적으로 평가받고 있다.

2층에서 출토된 2,523점의 석기 양상을 살펴보면 마이크로블레이드(109점), 칼날(45점), 긁개(23점), 찌르개, 뷰린 등이 주를 이루고 있다. 석기 제작시 발생한 폐기물인 무정형코어(2점), 마이크로플레이크(2,204점) 등도 발견되었다. 1층과 3층과는 다른 후기 구석기시대의 독특한 석기제작 양상을 보여준다. 대부분 검은현무암으로 제작된 슴베찌르개는 아마도 투척 무기의 끝부분에 사용된 것으로 추정된다.

3층에서 발견된 유물의 특징은 석기 제작에 필요한 재료가 집중되어 있어 선택이 용이했을 것으로 추정되며 재료로는 현무암, 녹색점판암, 백색 응회암 및 부싯돌이 사용되었으며 현무암 자갈로 만든 자귀는 가장자리가 매우 세심하게 연마되어 있으나 긁는 기능은 없었던 거로 보인다. 도구들은 대부분 칼,

긁개, 찌르개 등이 주류를 이루고 있다. 이런 석기조합의 양상은 연해주 지역의 우스티노브카-1(Ustinovka-1)[9], 수보로보-3(Suvorovo-3) 및 한국의 수양개 유적[10]과 비슷한 양상을 띠고 있어 동북아 후기 구석기시대의 석기제작 문화의 관계성을 고려해 볼 수 있다.

2. 신석기시대

1) 전기 신석기시대 : 아도프투-2(Одопту-2)

아도프투-2 유적은 사할린섬의 북쪽 오호츠크해 연안 필툰만(залив Пильтун)에 위치하며 해안테라스 반경 20m에 위치하고 있다. 주변에 호수가 자리잡고 있는데 깨끗한 식수를 구하기에 용이하며 이 호수의 물길은 바다와 연결된다. 1978년 골루베브(В. А. Голубев)가 이끄는 남사할린국립사범대(현 국립사할린대학교) 발굴단이 200㎡를 발굴하고 아도프투-1(Одопту-1)과 아도프투-2(Одопту-2)로 명명하였다[11]. 이후 사할린-2 프로젝트의 구제발굴이 진행되어2008년 국립사할린국립대학교 발굴단이 기존 발굴지역에 대한 상세한 조사를 실시하였다. 기존 발굴지역에서 남쪽으로 130m 떨어진 지점에서 발굴을 진행하였고 문화층을 확인하였다. 석기들의 특징으로 보아 기존 발굴지역과 동일한 성격을 갖고 있는 것으로 보인다(그림 6).

층위양상을 살펴보면 유적 토층의 단면이 일치하고 지표하 0.5cm~12cm

---

9) 방민규, 위의 논문, 2022, p. 143.
10) 이헌종·최종혁, "수양개 Ⅵ지구 후기 구석기시대 도끼형석기의 연구", 『박물관학보』 39호(한국박물관학회: 2020), pp. 197-220.
11) Голубев В. А. (1987). "Жущиховская И. С. Неолитическая культура Южного Сахалина в свете анализа керамических комплексов." (토기분석을 통한 사할린섬의 신석기문화) *Вопросы археологии Дальнего Востока СССР*. Владивосток: ИИАЭ ДВО АН СССР, С. 25-33.

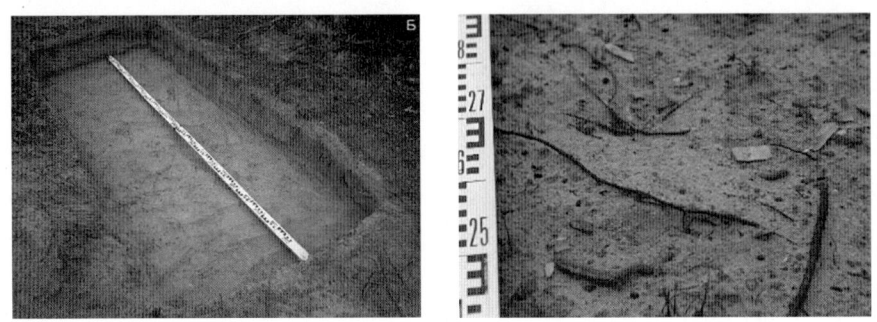

그림 6. 발굴 후 정리된 유구와 유물 출토 모습

(출처: В. А. Грищенко, 2011, p. 170)

사이에 짙은 갈색모래층과 밝은 황갈색 모래층이 단면에서 확인되고 있다. 석기는 작은 좀돌날들이 주류를 이루지만 길이 8~10cm 내외의 흑요석제 석기

그림 7. 좀돌날(1-15), 토기편(15-16), 석기(17)

(출처: В. А. Грищенко, 2011, p.171.)

들도 출토되었다. 석기들 중 찌르개가 특징적이며 이 유적이 전기 신석기시대 유적임을 알려주는 중요한 지표유물이기도 하다.

　남쪽 홋카이도섬과의 교류를 알려주는 흑요석제 석기도 출토되었는데 1978년 아도프투-2 유적에서 발견된 흑요석 원산지 분석을 통해 밝혀졌다. 2008년 발굴현장에서 토기편이 처음 출토되었는데 동반 유물로는 흑갈색 모래층에서 흑요석제 석기들과 좀돌날들이 함께 발견되었다. 4개의 토기편은 두께가 5mm 내외로 얇은편이다(그림 7). 이들 토기편의 발견으로 아도프투-2 유적의 연대가 홀로세 초기(8,000~9,000년 전)부터 전기 신석기시대로 편년되었다. 후기 구석기시대에서 신석기시대로의 전환기에서 양면석기 기술이 사용된 석기들이 발견되지 않았다는 점에서 전기 신석기시대 유적 중에서도 가장 이른 시기의 유적이라고 평가받고 있다.

2) 중기 신석기시대 : 슬라브나야-4(Славная-4) 유적

　슬라브나야-4 유적은 중기 신석기시대 유적으로 평가받고 있지만 전기 신석기시대의 후반부로 보는 의견도 있다. 2005년 구제발굴을 통해 유적의 성격

그림 8. 반수혈주거지1, 2 발굴 현장 모습

(출처: 방민규, 2022, p. 12)

을 알게 되었는데 사할린섬 남부에 위치하며 오호츠크해 연안에서 서쪽으로 400m 떨어진 지점에 위치한다(그림 8). 그해10월~11월에 걸쳐 발굴이 시행되었는데 주 목적은 전체 유적 범위에 대한 확인이었다.

해안가 사면 10~15m 범위에 걸쳐 발굴을 진행하였는데, 이름 모르는 작은 만쪽의 사면을 절개하여 문화층을 확인하였다. 동쪽 사면은 기울어져 있는데 초목이 우거져 있으며 남쪽사면으로 작은 골짜기가 형성되어 있다. 2006년 사할린-2 프로젝트가 본격화되면서 발굴도 전면적으로 진행되었다(그림 8).

사면의 높이는 해수면으로부터 14~15m 정도가 되며 이 지점에서 전체 퇴적층이 확인되어 각각의 문화층을 확인할 수 있었다. 중기 신석기시대 이른시기 문화인 소니문화의 특징인 돌화살촉과 흑요석제 석기 그리고 반수혈주거지가 발견되었다(그림 9). 발굴 방향은 낮은 서쪽지점에서 좀 더 높은 동쪽 지점으로 이동하면서 진행되었다. 전체 층위는 표토층을 포함하여 6개층으로 구성되어 있음을 확인하였다.

층위상황을 살펴보면 표토층은 5~30cm 두께로 갈색점토층과 부식토로 구성되어 있으며 교란이 심하게 되어 있는 상태이다. 1층은 5cm 내외의 부식토

그림 9. 토기편과 반수혈주거지1 내부 모습

(출처: 방민규, 2022, p. 13)

층이며, 2층은 10~40cm 두께의 갈색점토층과 황색 점토층으로 구성되어 있다[12]. 3층의 토층 두께는 10~20cm 내외로 흑갈색 사양토층에 회색점토층도 포함되어 있다. 4층은 회녹색 점토층이 섞인 황갈색 점토층으로 구성되어 있으며 반수혈주거지 1과 2의 바로 위층에 해당된다. 5층은 주거지의 문화층에 해당되는데 흑회색 사양토층이다. 주거지의 토층은 10~20층 내외로 구성되어 있다. 6층은 황갈색 모래층으로 유물은 발견되지 않았다.

주거지 1과 2에 2×2, 2×1.5m의 콘트롤 피트를 통해 주거지 바닥까지의 토층을 확인하였다. 주거지

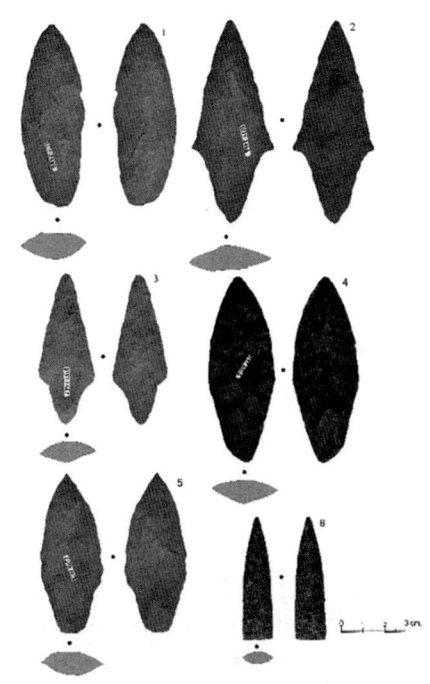

그림 10. 무경식과 유경식 화살촉
(출처: 방민규, 2022, p. 15.)

내부에서는 양면가공 석기와 함께 소니문화 유형의 토기편이 발견되었다. 흑요석제 석기는 소수만이 발견되었다. 이를 통해 슬라브나야-4 유적의 연대설정도 가능하게 되었는데, 중기 신석기시대로 편년되었다. 주거지 1에서 출토된 목탄을 통해 방사성탄소연대 측정이 진행되었는데 4,970±120년의 값을 나타냈다.

---

12) 방민규, "사할린섬의 신석기시대 원주민의 발자취와 자원 활용에 대한 연구 : 중기신석기시대 소니문화 자료를 바탕으로", 『아태연구』 29권 2호(경희대학교 국제지역연구원: 2022), pp. 5-29.

이상과 같은 상황을 종합해보면 슬라브나야-4 유적은 사할린섬 남부 중기 신석시대문화인 소니문화의 이른 시기에 해당된다고 볼 수 있다. 전기 신석기시대 유물인 흑요석제 화살촉과 함께 규암제 석기, 양면석기의 출현은 중기 신석기시대 소니문화로의 변화과정속에 나타난다. 주거지 1, 2의 발굴을 통해 흑요석제 화살촉이 전기 신석기시대의 지표유물로 볼 수 있음을 확인하였다.

IV. 맺음말

　본 연구의 목적은 러시아연방 극동 사할린섬에서 진행된 대규모 건설 프로젝트였던 사할린-2(Сахалин-2) 기간 동안 구제발굴을 통해 조사된 구석기시대, 신석기시대 선사유적의 성과를 공유하고 이를 통해 문화유산 보호의 중요성을 확인하고자 하는 것이다. 또한 단순한 고고학 발굴이 아니라 인접 학문과의 융복합 연구성과를 통해 사할린섬 지역 옛사람들의 발자취를 살펴보고자 하는 것이다.

　사할린-2 프로젝트의 건설 구간에서 진행된 문화유산보호 프로그램의 참여자는 고고학자, 사업시행사(사할린에너지), 현장노동자가 모두 포함된다. 이들의 공동노력으로 사할린섬의 과거 많은 비밀들이 밝혀졌을 뿐만 아니라 두꺼운 토양층 밑에 감추어져 있던 독특한 고고학 자료들이 드러나게 되었다. 구제발굴은 예외적인 경우에 시행되었고 문화유산의 보호방법은 우선적으로 파이프라인의 경로를 수정하는 것이었다. 이런 결정을 통해 파이프라인의 경로나 기타 건설 대상물의 경계가 40회 이상 변경되면서 88개의 고고학 유적지가 보존되었다.

구제발굴은 예외적인 조치로 간주되어 건설지역에서 발굴된 유적은 8개에 불과하다. 이중 본 고에서는 구석기시대 유적인 '센나야-1Сенная-1)', 오공끼-5(Огоньки-5) 유적과 신석기시대 유적인 '슬라브나야-4(Славная-4)', '아도프투-2(Одопту-2)'에 대한 성과를 살펴보고자 한다.

고고학계에 충격을 준 발굴은 1998년 사할린국립대학교의 고고학자들에 의해 수행된 돌린스키(Dolinsky) 지역의 '센나야-1' 발굴이라 할 수 있다. 이 유적에서 발견된 석기는 23만 년 전으로 편년되어 극동지역에서 연대가 가장 올라가는 것으로 평가받고 있는데 편년에 대한 학자들 간의 논쟁은 여전히 계속되고 있지만 사할린 땅에 인간이 거주한 역사를 밝혀준다는 점에서 사할린-2 프로젝트 기간 문화유산 보호프로그램의 가장 큰 결과물이라 할 수 있다. 또한 슬라브나야-4 유적은 사할린섬 남부 중기 신석시대문화인 소니문화의 이른 시기에 해당되는데 전기 신석기시대 유물인 흑요석제 화살촉과 함께 규암제 석기, 양면석기의 출현은 중기 신석기시대 소니문화로의 변화과정속에 나타난다. 주거지 1, 2의 발굴을 통해 흑요석제 화살촉이 전기 신석기시대의 지표유물로 볼 수 있음을 확인하였다.

대규모 건설공사는 문화유산의 파괴를 초래하지만 사할린-2 프로젝트의 경우처럼 문화유산보호를 위해 시행사가 자금을 지원하고 건설구간을 변경하는 등의 적극적인 조치를 취한다면 문화유산의 파괴도 최소화하고 막대한 자금이 들어가는 발굴을 순조롭게 진행할 수 있게 한다. 이를 통해 새로운 고고학 유적이 찾아지고 인접학문과의 융복합 연구가 가능하게 되어 학문세계의 선순환도 불러 일으킨다. 정부의 문화유산보호 법률 제정과 행정감독 등도 필수적이다. 또한 과학기술의 발달로 수습된 자료들은 지질학, 기후학, 동식물학, 암석학 등의 분석을 통해 사할린섬의 고환경과 인간 삶의 발자취를 밝혀내는데 중요한 정보가 될 것이다. 이를 통해 동북아시아 선사시대 문화 형성에 중요한 영향을 끼친 연해주 지역뿐만 아니라 사할린섬의 선사문화의 한반도와의 비교검토는 추후 연구과제로 삼아 진행할 계획이다.

〈참고문헌〉

국립경주문화재연구소, 『경주지역 유적조사 자료 DB 구축 및 분석연구』 1·2, 대전: 2020.
방민규, "고고학 자료로 본 사할린섬의 전기 신석기시대 유적에 대한 탐색적 논의", 『한국시베리아연구』 26권 3호, 배재대학교 한국시베리아센터: 2022.
방민규, "사할린섬의 신석기시대 원주민의 발자취와 자원 활용에 대한 연구 : 중기신석기시대 소니문화 자료를 바탕으로", 『아태연구』 29권 2호, 경희대학교 국제지역연구원: 2022.
이헌종·최종혁, "수양개 Ⅵ지구 후기 구석기시대 도끼형석기의 연구", 『박물관학보』 39호, 한국박물관학회, 2020.
최몽룡·강인욱·이헌종, 『시베리아의 선사고고학』, 서울: 주류성출판사, 2003.

Василевский А. А., Витальевна Е. А., *Археологическое наследие острова Сахалин*, Владивосток: Издательство ≪Апельсин≫, 2017.
Василевский А. А., КАМЕННЫЙ ВЕК ОСТРОВА САХАЛИН", *Южно-Сахалинск: Институтом археологии и этнографии РАН*, 2008.
Голубев В. А., "Жущиховская И. С. "Неолитическая культура Южного Сахалина в свете анализа керамических комплексов", *Вопросы археологии Дальнего Востока СССР*. Владивосток: ИИАЭ ДВО АН СССР, 1987.
Деревянко А. П., Васильев С. А., Маркин С. В., *ПАЛЕОЛИТОВЕДЕНИЕ, РОССИЙСКАЯ АКАДЕМИЯ ЙАУХ СИБИРСКОЕ ОТДЕЛЕНИЕ Институт археологии и этнографии*, 1994.
Окладников А. П. Деревянко А. П., *Далекое прошлое Приморья и Приамурья*, Владивосток: Дальневосточное книжное издательство, 1973.

기후변화와 북극항로의 부상:
新글로벌 물류수송 루트의 전략적 가치 고찰

박종관* · 이상철**

I. 들어가며

기후변화, 기후 온난화로 인한 전 지구적 차원의 기후위기가 인류의 미래를 위협할 정도로 급격히 진행되고 있다. 인간사회가 내뿜는 탄소배출이 주요 원인으로 지목됨에 따라 탄소 중립을 추진하기 위한 다양한 협력체계가 작동하고 있다. 우선 파리기후협정(Paris Agreement)[1]이 체결되었는데, 이 협정은 지난 교토의정서[2]의 한계를 넘어 전 세계 195개 국가들이 모두 참여해 지구의 평균온도가 산업화, 즉 산업혁명 이전보다 2도 이상 상승하지 않도록 탄소배출을 제로까지 낮추자는 합의이다.

주지하는 바와 같이 산업혁명 이후 과학의 발전으로 인한 인간사회의 활동

※ 이 글은 『한국 시베리아연구』 2025년 29권 2호에 실린 논문을 수정 및 보완한 글임.
* 조선대학교 유럽언어문화학부(러시아어전공) 교수.
** 경북대학교 노어노문학과 강사.
1) 2016년 제23차 기후변화 당사국총회에서 195개국의 만장일치로 채택되었다. 하지만 2017년 6월 트럼프 미국 대통령의 1기에 파리기후협정 탈퇴 선언과 2020년 11월 공식 탈퇴하였다. 이어 2021년 바이든 대통령이 재가입하며 상황은 반전되었으나, 트럼프 대통령 2기를 시작으로 2025년 1월 20일 다시 탈퇴하는 행정명령에 서명했다.
2) Kyoto Protocol은 1997년 12월 11일 일본 교토에서 열린 유엔기후변화협약(UNFCCC) 제3차 당사국총회에서 채택된 국제 협약이다.

이 활발해지면서 기후위기의 가장 근본적인 문제는 과학의 발전으로 인한 경제적 성장임을 지적할 수 있다. 경제성장과 기후위기는 생태학적 관점에서 탄소 경제가 주요인이다. 탄소 경제의 영향은 지구의 남북 끝자락에 있는 극지방에 큰 변화를 촉진하고 있는데, 특히 석유, 가스 등 방대한 지하자원이 매장되어 있는 북극과 이의 변화는 새로운 기회와 가능성을 열어주고 있다. 반면, 전 지구적 차원의 도전적인 과제도 동시에 촉발되고 있음을 지적한다. 이는 지구온난화 가속화에 따른 북극 지역에 항로(북극항로)와 자원에 대한 새로운 기회가 열리고 있는 것에서 기인한다고 할 수 있으며, 한층 더 심화하여 정치, 군사·안보로 확대되는 등 북극의 이해 당사국 간에 변화되고 있는 기회를 확보하기 위한 치열한 물밑 경쟁과 투기도 야기되고 있다.

그 무엇보다 북극 하면 항로와 자원 등 여러 측면에서 다양한 가능성과 문제점이 존재한다. 본 연구에서는 최근 북극에서 가장 중요한 관심사라 할 수 있는 북극항로의 미래 가치에 대해 살펴볼 것이다. 유럽과 아시아 및 북아메

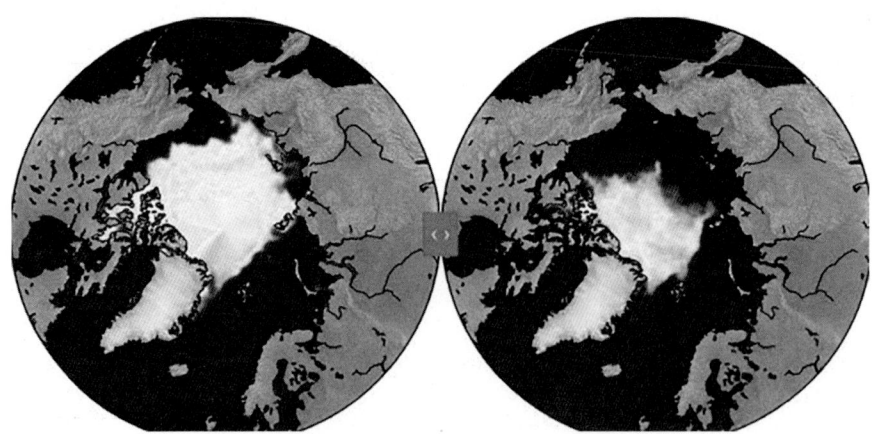

그림 1. 기후변화에 따른 모델링 프로그램 통해 예측

* 자료: "30년 후 북극 여름 얼음 볼 수 없을 것", "https://kienews.com/news/newsview.php?ncode=1065617394937137&dt=m(검색일:2025.06.19.)

리카를 연결하는 북극항로는 모든 북극권 국가들이 그린란드 주변 해역, 북미 해안, 노르웨이와 러시아 북쪽의 바렌츠해를 포함한 연안 해운(coastal shipping)에 연계되어 있다. 그러나 이들 해역에서의 연안 해운에는 매우 단단한 다년생 얼음과 유빙으로 인한 충돌 위험에 더해 다양한 위협이 따르고 있으며, 예상치 못할 위험 요소인 선박의 기름유출과 오염물질 배출 등으로 인한 환경오염의 위험도 동시에 수반되는 변수이다. 게다가 이는 동식물 서식지 주변의 소음 수준을 높여 북극권 동물계의 번식을 방해하고, 해양포유류의 자연적인 이동 경로를 제한하며 뿐만 아니라 해양포유류 사냥과 어업을 위주로 하는 원주민의 전통적인 경제활동과 생활 방식을 위태롭게 한다. 이러한 위협 요소들을 진지하게 고려하고, 이를 방지하거나 적어도 줄이기 위해 조처해야 한다는 것은 의심의 여지가 없다.

지구온난화와 북극항로 및 자원 개발은 북극 연구의 주요 의제 중 하나로 그동안 이와 관련하여 다양한 연구들이 활발하게 이루어져 왔다. 특히 최근 들어 북극은 러시아-우크라이나 전쟁 후 다양한 가능성에 대한 논의와 또 다른 변수가 예상되는 가운데 러시아와 미·NATO 간의 군사/안보, 항로와 자원을 중심으로 한 경제적 국제정치적 관점에서 이해관계의 대립과 협력의 논제들이 특히 그러하다 할 수 있다. 하지만 본 연구에서는 앞서 설명된 바와 같이, 지구온난화 가속화의 흐름 하에 미래의 마지막 보고로 인식되고 있는 북극 공간을 중심으로 한 우선적 관심 분야인 항로, 즉 북극항로를 살펴보면서, 북극항로 개발 촉진 이유라 할 수 있는 북극 공간의 풍부한 자원 및 개발을 21세기의 新글로벌 물류수송 루트로서의 북극항로 활용의 잠재적 가치를 종합적으로 분석을 시도하여 그 의의를 살펴 본다는데 목적을 둔다.

Ⅱ. 북극의 다양한 잠재성 및 중요성

1. 북극의 다양한 잠재성

21세기 접어들어 북극은 여러 이유로 그 중요성 또한 매우 다양하고 크다. 먼저 북극의 상징인 북극곰과 약 500만 명 이상의 주민이 이곳에 살고 있다.[3] 물론 이들 주민에는 조상 대대로 이 땅에 삶의 터전을 두고 전통적인 경제활동인 해양포유류 사냥과 어업 및 순록 목축으로 살아가고 있는 북극권 원주민 약 50만 명이 포함되어 있다.[4] 또 북극이 중요한 이유는 북극곰과 원주민뿐만 아니라 세계 기후의 균형을 유지하는 데 도움이 되기 때문이다. 북극과 남극은 세계의 냉장고이다.[5] 북극과 남극 지방은 열을 다시 우주로 반사하는 하얀 눈과 얼음으로 덮여 있으므로 열을 흡수하는 세계의 다른 지역과 균형을 이룬다. 북극 해빙은 지구라는 행성 북쪽 꼭대기에서 거대한 흰색 반사체 역할을 하며 태양광선 일부를 다시 우주로 반사해 지구 온도를 균일하게 유지하는 데 도움을 준다. 그러나 인간이 주요 요인이 된 지구온난화와 기후변화로 인해 북극은 지난 수십 년 동안 꾸준히 온도가 상승했다. 이는 수치상으로 세계 평균의 두 배 이상이다. 온도 상승으로 인해 바다 얼음이 녹게 되는데 이 결과 태양광선 반사가 줄어들고 바다가 더 많은 열을 흡수하여 지구온난화 효과가

---

3) 북극권에 거주하는 주민 인구조사에 따르면 1900년도 130만 명에서 1989년 610만 명으로 증가했으며, 이후 2019년에 540만 명으로 줄어들었다. 그중 러시아 북극권 인구가 차지하는 비중은 22%에서 58%로 다양하게 나타났다. (참조, СМИРНОВ А. В. "Население мировой Арктики: динамика численности и центры расселения," Арктика и Север. No. 40, 2020. с. 270-290.)
4) "Постоянные участники," https://arctic-council.org/about/permanent-participants/(검색일: 2025.02.12.)
5) "Six ways loss of Arctic ice impacts everyone," https://www.worldwildlife.org/pages/six-ways-loss-of-arctic-ice-impacts-everyone (검색일: 2025.02.05.)

확대된다. 북극은 또한 세계의 해류를 순환시켜 전 세계적으로 차가운 물과 따뜻한 물을 이동시키는 데 도움을 준다. 기후변화에 대처하고 최악의 영향으로부터 북극을 보호하려면 인간의 도움이 필요하다.[6]

기후변화(Climate change)와 온난화(기온 상승)는 북극해의 얼음 면적을 지속해서 급속하게 감소시켜왔다. 북극해의 얼음 면적은 2000년 이전에는 800~630만㎢를 차지했지만 2005~2010년에는 540~430만㎢에 불과했다. 21세기 첫 10년 동안의 기록적인 결과는 2007년에 430만㎢에 달하는 기록을 남겼다. 더 많은 얼음이 사라진 2012년에는 340만㎢로 줄어들었다.[7] 게다가 2024년 9월 북극의 연중 최소 얼음 면적은 428만㎢로 1979년 이래 46년간의 위성 관측 사상 일곱 번째로 낮은 수치를 기록했으며 최근 18년간의 얼음 면적은 위성 관측 기록 사상 가장 작은 18개의 수치이다. 해마다 변화의 차이가 있지만, 추세상으로 1981~2010년 평균보다 10년마다 12.2%씩 사라지는 속도를 보이며 점차 더 빨라지고 있다.[8] 실제로 그린란드는 지구 평균기온보다 4배나 빠르게 상승하고 있다.[9]

북극에서 얼음이 녹고 얼음 면적이 줄어든 결과는 무엇인가? 결과들은 다양하게 나타난다. 우선은 해양환경에 변화가 나타났다. 그동안 바다 얼음으

---

6) "Почему Арктика так важна," https://www.wwf.org.uk/where-we-work/arctic (검색일: 2025.02.05.)
7) Arctic Snow and Ice Data Center Arctic Sea Ice News & Analysis, 2010, 2011, 2012; S. Foucart, "La banquise arctique a fondu comme jamais cet été", Le Monde, 20 septembre 2012.
8) "Arctic Sea Ice Minimum Extent," https://climate.nasa.gov/vital-signs/arctic-sea-ice/?intent=121(검색일: 2025.02.13.), 이대식, "북극이 정말 열리는가?,"「RIO(Russia in & Out」No.9, 2025년 1월호. p. 8. (재인용)
9) 한종만·곽성웅, "그린란드 독립 가능성과 한계,"『한국 시베리아연구』제28권 4호 (배재대학교 한국-시베리아센터, 2024), p.113.

로 개발이 거의 불가능했던 연근해 석유와 가스 자원 및 광물자원 개발을 위한 새로운 기회가 창출되었다. 얼음이 없는 넓은 해양 지역은 어업을 위한 새로운 기회를 열고 재생 가능한 동식물 자원에 대한 접근을 제공했다. 동시에 그것은 생물 다양성과 해양 환경에 위험을 초래했다. 얼음이 녹고 있는 북극은 또한 이 지역의 바닷길, 즉 국제 해운 발전을 위한 새로운 기회를 창출했다. 북극을 통과하는 쇄빙 운송 경로는 남방항로, 즉 수에즈 운하를 통과하는 루트보다 유럽과 아시아 및 북미 사이의 통항을 결정적으로 단축할 가능성이 커졌다. 이것은 상당한 연료 절약과 대기로의 온실가스 배출 감소를 가능하게 한다. 얇은 1년생 해빙은 쇄빙선의 도움 없이도 선박 항해에 더 많은 기회를 제공한다. 또한, 크루즈를 포함한 북극 관광 개발에 대한 전망이 증가하고 있다. 더 나아가 식수에 대한 제한된 접근으로 고통을 받는 세계와 적어도 일부 지역에서 북극의 얼음은 거대한 식수 저장고로 이 문제를 해결하는 데 도움을 줄 수 있다. 실제로 북극의 빙하와 빙산은 지구 담수의 약 20%를 차지한다.[10] 한 연구의 컴퓨터 시뮬레이션은 선박으로 빙산을 아프리카와 유럽으로 운송하고, 식수가 부족한 지역으로 식수를 운송하는 것이 이미 실현 가능하며 비용면에서도 효율적이라는 것을 보여주었다.[11]

2. 북극의 중요성과 러시아의 북극 전략

북극이 중요한 이유는 앞서 살펴본 바와 같이 세계 기온의 균형자로서, 세

---

10) "Арктика - самый северный регион Земли," https://education.nationalgeographic.org/resource/arctic/ (검색일: 2025.02.05.)
11) Law of the sea, from Grotius to the International Tribunal for the Law of the Sea : liber amicorum Judge Hugo Caminos, edited by Lilian del Castillo, Marcelo G. Kohen and four others. (Leiden, Boston : Brill Nijhoff, 2015) p. 225.

계의 냉장고로서의 북극 얼음의 역할이다. 북극이 중요한 또 다른 이유는 자원이다. 미국 알래스카의 노스 슬로프(North Slope)에는 미국 최대 유전의 6%가 매장돼있으며, 100대 천연가스 유전 중 하나가 존재한다. 엔지니어와 지리학자들은 북극에는 전 세계 미발견 석유 자원의 13%, 미발견 천연가스 자원의 30%가 매장되어 있다고 추정하고 있다.[12]

북극에는 또한 니켈, 구리 광석 등 광물도 풍부하다. 광물자원에는 배터리, 자석, 스캐너에 사용되는 보석과 희토류 원소도 포함된다. 이러한 광물 매장지 중 일부는 지하에 있고, 다른 일부는 북극해 아래에 묻혀 있다. 광산과 시추 작업은 날씨에 따라 달라지는 경우가 많다. 겨울에는 기계가 얼어붙어 땅을 뚫기가 매우 힘들어진다. 날씨가 따뜻해지면 북극의 영구 동토층이 녹고 기계가 불안정해져서 환경에 피해를 줄 수 있다.[13]

북극해 해안선의 53%와 전체 북극권 인구의 절반에 가까운 약 250만[그림 1, 참조]을 차지하는 러시아의 관점에서 북극은 더욱 중요하다.[14] 러시아는 북극을 자국의 경제적 이익을 추구하고 보호하기 위한 전략적 중요 지역으로 명백한 입장을 제시하고 있다. 러시아의 북극 지역은 향후 러시아의 경제적 생존에 매우 중요할 것이다. 북극은 러시아 GDP의 약 20%, 수출의 22%, 러시아 전체 투자의 10% 이상을 차지한다.[15] 북극과 관련하여 러시아는 자원(에너지

---

12) "Арктика - самый северный регион Земли," https://education.nationalgeographic.org/resource/arctic/ (검색일: 2025.02.05.)
13) Ibid.
14) Российская Федерация, https://arctic-council.org/about/states/russian-federation/(검색일: 2025.02.09.)
15) Heather A. Conley, Matthew Melino, Nikos Tsafos, and Ian Williams, "America's Arctic Moment: Great Power Competition in the Arctic to 2050," Center for Strategic and International Studies (March 30, 2020), 10, https://www.csis.org/analysis/americas-arctic-moment-great-power-competition-arctic-2050 (검색일:

그림 2. 러시아 북극권 인구감소 현황

* 자료: "Узники Заполярья. Кто будет осваивать российскую Арктику?," https://aif.ru/money/economy/uzniki_zapolyarya_kto_budet_osvaivat_rossiyskuyu_arktiku(검색일: 2025.01.23.)

자원과 광물자원), 항로(북방항로와 해상운송), 식량 안보라는 세 가지 중요한 부문에서 전략적 경제 목표를 공격적으로 추구하고 있다.

첫째, 에너지 부문으로, 러시아의 에너지 산업은 러시아가 북극 지역 개발을 추구하는 가장 큰 단일 이유 중 하나이다. 러시아의 경제 안보는 '석유와 가스가 러시아 수출 수입의 60%, 연방 예산의 30% 이상을 차지'하는 등 에너지 산업과 불가분의 관계에 있다.[16] 2008년에 미국 지질조사국(U.S. Geological

---

2025.02.05.)

16) Eugene Rumer, Richard Sokolsky, and Paul Stronski, "Russia in the Arctic — A Critical Examination," Carnegie Endowment for International Peace (March 2021), 4, https://carnegieendowment.org/files/Rumer_et_al_Russia_in_the_Arctic.pdf. (검색일: 2025.01.05.)

Survey) 과학자들은 북극에 아직 발견되지 않은 '900억 배럴의 석유, 1,669조 입방미터의 천연가스, 440억 배럴의 천연가스 액체'가 매장되어 있다고 추정했는데, 그 중 '약 84%가 근해 지역'으로 추정되고 있다.[17] 전문가들은 러시아 북극에 85조 1천억 입방미터 이상의 천연가스와 가스 응축수를 포함한 173억 톤 이상의 석유가 매장되어 있을 것으로 추정한다.[18] 현재 대부분의 러시아 원유 생산은 서시베리아와 우랄-볼가 지역을 중심으로 이뤄지고 있지만, 러시아 북극은 러시아의 미발견 석유와 천연가스 자원 중 가장 큰 부분을 보유하고 있으므로 러시아의 미래 생산에서 중요한 역할을 할 것이다.[19] 석유와 천연가스 외에도 러시아 북극은 첨단기술과 신흥 기술의 핵심 구성 요소인 희토류 금속(디스프로슘, 네오디뮴, 프라세오디뮴)의 중요한 공급원이다.[20]

둘째, 북극의 석유와 천연가스가 러시아의 핵심적인 국익이기는 하지만, 러시아는 에너지 자원과 광물 개발뿐 아니라 전략적으로 중요한 북극해 항로(NSR, Northern Sea Route)의 활용도를 높여 북극에서 전략적 경제적 이익을 추구하고 있다. 북극 얼음이 빠르게 녹고 있으므로 일부 분석가들은 북극해

---

17) "Circum-Arctic Resource Appraisal: Estimates of Undiscovered Oil and Gas North of the Arctic Circle," U.S. Geological Survey Fact Sheet 2008-3049 (2008), https://pubs.usgs.gov/fs/2008/3049/fs2008-3049.pdf. (검색일: 2025.01.05.)
18) "Strategiia razvitiia Arkticheskoi zony Rossiiskoi Federatsii i obespecheniia natsional'noi bezopasnosti na period do 2035 goda [Strategy for Developing Russia's Arctic Zone and Ensuring National Security to 2035]," President of Russia (October 26, 2020), http://www.kremlin.ru/acts/bank/45972. (검색일: 2025.01.05.)
19) "Russia is World's Largest Producer of Crude Oil and Lease Condensate," Today in Energy, U.S. Energy Information Administration, August 6, 2015, https://www.eia.gov/todayinenergy/detail.php?id=22392. (검색일: 2024.12.28.)
20) "Regaining Arctic Dominance: The U.S. Army in the Arctic," Headquarters, Department of the Army (January 19, 2021), 16, https://www.army.mil/e2/downloads/rv7/about/2021_army_arctic_strategy.pdf. (검색일: 2024.12.28.)

항로를 활용할 경우 운송 경로 거리가 최대 40%까지 줄어들 수 있어서 북극해 항로의 상업적 생존 가능성을 선전하고 있다.[21] 자연적으로 발생하는 얕은 수심으로 인한 흘수 제한과 러시아가 부과하는 통과 요금 및 엄격한 규정으로 인해 북극해 항로의 상업적 중요성에 의문을 제기하지만 푸틴 러시아 대통령은 북극해 항로 운송량을 2019년 3,150만 톤에서 2035년 1억 3,000만 톤으로 늘리겠다는 목표를 공식적으로 제시했다.[22]

셋째, 식량 부문으로, 북극의 얼음이 녹는 현상은 자원과 항로 이외에도 러시아에 식량원 다각화를 통해 식량 안보를 개선할 중요한 기회를 제공한다. 이미 중요한 식량원인 러시아의 북극 해역은 현재 러시아 연간 어획량의 약 33%를 차지하고 있다.[23] 러시아는 변화하는 기후 조건으로 인해 북극 해역에서 상업적 어업이 증가할 것으로 예상하고 있다.[24] 북극에서의 어획량 증가 가능성은 러시아의 식량 수입의존도를 감소시킬 뿐만 아니라 북극해 항로를 통해 해외로 운송될 러시아 어류 수출도 증가시킬 수 있다.

---

21) Pavel Devyatkin, "Russia's Arctic Strategy: Maritime Shipping (Part IV)," The Arctic Institute Center for Circumpolar Security Studies (February 27, 2018), https://www.thearcticinstitute.org/russias-arctic-strategy-maritime-shipping-part-iv/ (검색일: 2025.01.05.)

22) "Стратегия развития Арктической зоны Российской Федерации и обеспечения национальной безопасности на период до 2035 года" http://www.scrf.gov.ru/security/economic/Arctic_stratery/ (검색일: 2025.01.05.)

23) Eugene Rumer, Richard Sokolsky, and Paul Stronski, "Russia in the Arctic — A Critical Examination," Carnegie Endowment for International Peace (March 2021), 4, https://carnegieendowment.org/files/Rumer_et_al_Russia_in_the_Arctic.pdf. p.6. (검색일: 2025.01.05.)

24) Ivan Stupachenko, "Can Russia's Arctic Deliver on Big Fishing Promises?" Seafood Source (April 4, 2018), https://www.seafoodsource.com/features/can-russias-arctic-deliver-on-big-fishing-promises (검색일: 2024.12.28.)

Ⅲ. 북극항로 활용과 동향

1. 북극항로 활용

북극이 남극보다 매력적인 이유는 바로 북극의 바다를 활용할 수 있다는 것이다.[25] 북극은 3개의 항로가 북극해를 횡단하고 대서양(유럽)과 태평양(아시아) 사이를 연결할 수 있다. 첫째, 캐나다 북극해 아치펠라고를 통과하는 북서항로(Northwest Passage), 둘째, 북방항로(Northern Sea Route)라고도 불리는 시베리아 북쪽 해안을 따라 연결된 북동항로(North-East Passage), 마지막으로 북극점(North Pole)을 통과하는 북극점 횡단 항로(trans-polar passage)이다. 이러한 항로 연결은 파나마 운하 또는 수에즈 운하를 통과하는 전통적인 해상 경로와 비교하여 유럽과 북미(미국과 캐나다), 유럽과 아시아 사이의 새로운 경로를 제공하고 실질적으로 거리와 시간 및 경비를 줄여준다.[26] 실제로 지난 2024년 9월 러시아와 중국의 협력하에 중국 선사인 NewNew Shipping은 컨테이너선 2척을 북극항로에 투입하여 전 구간 해빙의 방해 없이 16노트의 속도를 유지하며 수에즈 운하를 통과하는 항로보다 두 주 빨리 항해에 성공한 바 있다.[27]

이 세 개의 항로[28] 조건을 비교해 보면, 북동항로(North-East Passage), 즉

---

25) 박종관·최주화, "지속 가능한 러시아 북극 원주민의 미래 - 청소년 미술 공모전 출품작을 통해서 본 사하공화국 북극 원주민의 삶 -," 『한국슬라브연구』 제38권 1호 (한국외국어대학교 러시아연구소, 2022), p. 50.
26) 상하이에서 로테르담까지의 해운 총길이는 파나마 운하를 통해 25,588km, 수에즈 운하를 통해 19,530km, 북서항로를 통해 16,100km, 북방항로를 통해 15,793km, 북극점 통과 13,630km이다.
27) 이대식, "북극이 정말 열리는가?," 「RIO(Russia in & Out」 No. 9, 2025년 1월호, p. 7.
28) 항로의 명칭 북서항로(Northwest Passage), 북동항로(Northe-East Passage)는 유럽을 기준으로 초기 이 항로를 개척하는 과정에서 붙여진 명칭이다. 즉 유럽의 북쪽에

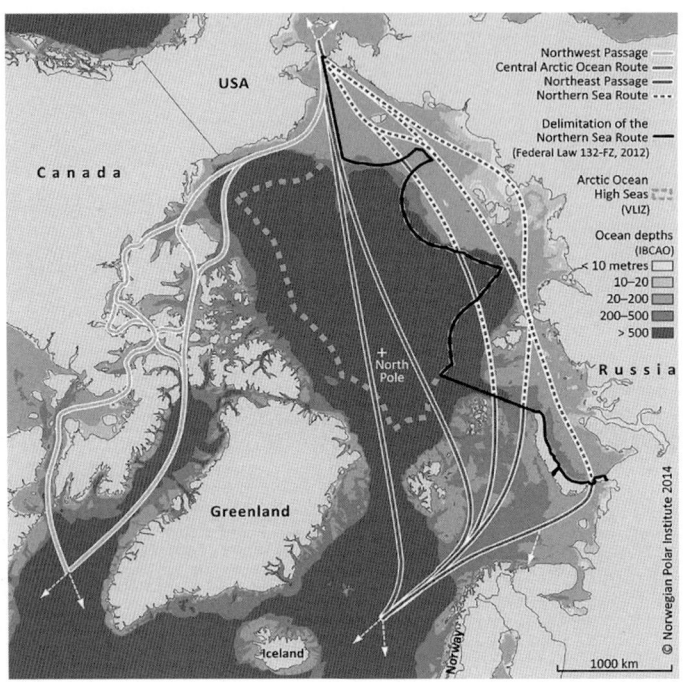

그림 3. 북극해 항로(Arctic Maritime Transport Routes)

* 그림 설명: 초록색-북서항로(미국, 캐나다 북극해 통과, 캐나다 북극 아치펠라고 통과하는 여러 노선), 붉은색-북극점 통과 항로, 파란색(실선)-북동항로(노르웨이 북극해 통과), 파란색(점선)-북방항로(러시아 북극해 통과 3개 노선, 해안선 근접 노선, 해안선에서 조금 떨어진 노선, 해안선에서 멀리 떨어진 노선) 〈자료: Arctic Maritime Transport Routes. Source: G. Sander/A. Skoglund, Norwegian Polar Institute, 2014. Source publication, https://www.researchgate.net/figure/Arctic-Maritime-Transport-Routes-Source-G-Sander-A-Skoglund-Norwegian-Polar_fig7_273757388 (검색일:2024.09.14.)〉

러시아가 자국 내 항로에 대해 명칭을 붙인 북방항로(Northern Sea Route)[29]가 국제 항행(international navigation), 특히 유럽과 아시아 사이의 통과통항

서 동쪽과 서쪽으로 가는 항로이다. 결국 어느 쪽으로 가든 아시아로 연결된다.

29) 러시아/소련은 북동항로(Northe-East Passage)의 개척과 개발 및 운영/관리 과정에서 러시아측에 속하는 항로의 명칭을 북방항로(Northern Sea Route)라 명명하고 국가(북방항로청)가 관리하고 있다.

(transit)에서 가장 편리하다고 볼 수 있다.[30] 북서항로(Northwest Passage)가 여름에만 그리고 주로 북부 지역에서 캐나다와 미국 해안 경비대 선박에 의해 항행에 산발적으로 이용되는 반면, 북방항로는 러시아 선박에 의해 이미 일년 내내 사용되고 있다. 러시아는 세계 최대의 쇄빙 선단을 보유하고 있으며[31], 1991년 이래 국제 항행을 위해 이 통로를 열었다. 기상 및 수문 서비스도 이미 제공되고 있으며, 훨씬 더 열악하게 해도가 그려진 캐나다 아치펠라고의 미로와 비교하여 훨씬 더 편리한 항행이 가능하다. 특히 지난 2024년 9월 북극항로 역사상 획기적인 사건이 발생했는데, 파나맥스급(3,000t~5,000t) 대형 신형 내빙(Non-Ice Class) 일반 컨테이너선이 쇄빙선의 도움 없이 북동항로를 최초

---

[30] W. Østreng, K. Eger, B. Fløistad, A. Jørgensen-Dahl, L. Lothe, M. Mejlæder-Larsen, T. Wergeland, Shipping In Arctic Waters. A Comparison of the Northeast, Northwest and Trans Polar Passages (Berlin/Heidelberg: Springer/Praxis, 2013).

[31] 현재 러시아 함대에는 7만 5천 마력의 강력한 원자로 2개를 장착한 4척의 원자력 추진 쇄빙선, '로시야 Rossiya', '소비에츠키 소유즈 Sovetsky Soyuz', '야말 Yamal', '피지샷 리에트 포베디 50 Let Pobedy'과 4만 마력의 단일 원자로를 장착한 2척의 원자력 추진 쇄빙선, '타이미르 Taymir', '바이가흐 Vaygach' 그리고 세계 유일의 원자력 추진 쇄빙 경량 화물선(atomic lighter carrier) '세이모르푸찌 Sevmorput'가 있다. 원자력 추진 쇄빙선단은 1959년부터 북방항로를 따라 러시아 및 외국 화물을 정기적으로 운송해 왔다. 2019년에도 쇄빙선은 일 년 내내 일했다. 총 17개의 쇄빙선이 지원에 사용되었다. 총 231번의 항해 또는 위치 변경을 수행했으며, 대부분(156회)은 겨울 항행 기간에, 나머지(75회)는 여름 기간에 이루어졌다. 핵 쇄빙선이 가장 많은 일을 했다. 2018년과 마찬가지로 '카피탄 바비체프 Kaptain Babichev', '카피탄 보로드킨 Kaptain Borodkin' 및 '카피탄 에브도키모프 Kaptain Evdokimov'라는 3개의 강 쇄빙선이 시베리아 강과 강으로 접근하는 항로를 열었다. Gazprom Neft가 의뢰한 차세대 쇄빙선 "안드레이 빌키츠키 Andrey Vilkitskiy"와 "알렉산드르 사니코프 Alexander Sannikov"가 2019년 북극에서 작업을 시작했다. 그들의 주요 작업은 북극 게이트 터미널에 대한 접근이었다. 이들은 2019년에 운영 중인 쇄빙선 중 가장 최신형이고 가장 오래된 쇄빙선은 '토르 Tor'(1964년 건조)다. NSR Shipping Traffic - Icebreaker support in 2019. https://arctic-lio.com/nsr-shipping-traffic-icebreaker-support-in-2019/ (검색일:2024.12.28.)

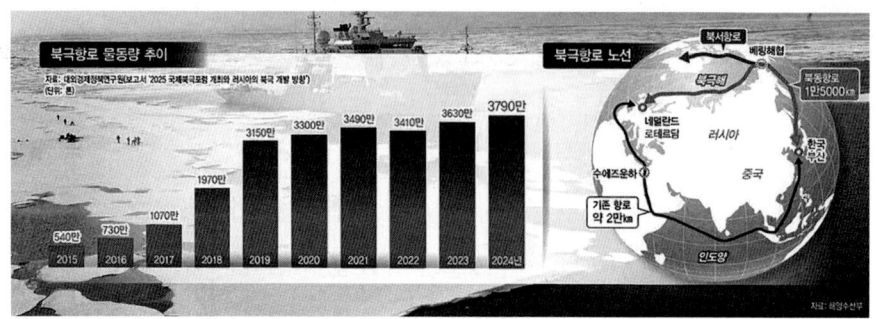

그림 4. 북극항로 물동량 추이

* 자료: "'부산에 HMM 옮겨 북극항로 중심지로' 공약…지역 경제 활로 될까," https://www.hani.co.kr/arti/economy/economy_general/1199961.html (검색일: 2025.05.30.)

로 통과했을 뿐만 아니라 두 척이 북극으로부터 750해리 떨어진 노바야제믈랴해에서 서로 스쳐 지나가는 랑데부에 성공했다.[32] 특히 지난 2015년 540만 톤에 불과했던 북극항로를 통한 물동량이 지난 2024년 3,790만 톤에 달했으며, 향후 2030년 북극항로를 통한 전체 물동량이 전체 해상화물의 1%에 해당할 1억 톤에 이르게 될 것이라는 전망이 나오는 등 북극항로에 대한 기대치가 한 층 더 높아질 것으로 전망된다.

북극권 국가들[33]은 북방항로와 해역에 관한 국제법 문제는 1982년 유엔 해양법 협약(UNCLOS) 조항에 따라 처리되어야 한다고 반복해서 강조해 왔다.[34] 미국을 제외하고 나머지 모든 북극권 국가들은 이 협약의 당사국들이다. 이 협약은 해운(shipping)을 규제하고, 이것이 수행되는 해역에 따라 연

---

32) 이대식, "북극이 정말 열리는가?," 「RIO」 2025년 1호, p. 7.
33) 북극해 연안 5개국(러시아, 노르웨이, 그린란드/덴마크, 미국, 캐나다)과 비연안 3개국(스웨덴, 핀란드, 아이슬란드)
34) 예를 들면, 2008년의 일루리사트 선언(The Ilulissat Declaration), Arctic Ocean Conference, Ilulissat, Greenland, 27-29 May, 2008.

안국과 국제 사회의 상호 권리와 의무를 정의하고 있다. 이러한 관점에서 내수(internal waters), 영해(territorial sea), 국제 항해에 이용되는 해협(straits), 배타적 경제 수역(exclusive economic zone), 공해(high sea)에 주의를 기울여야 한다. 유엔 해양법 협약(UNCLOS)의 항행에 관한 규정의 해석은 분쟁과 논란의 대상이 되었다. 특히 제234조(결빙해역)[35])의 의미와 해석의 차이는 분쟁과 논란의 대상이 되고 있다.

2. 북극항로 개척사

유럽과 아시아를 연결하는 북극 탐험은 900년대 바이킹이 스칸디나비아 북부와 아이슬란드에 정착하면서 시작되었다. 러시아와 중국 간의 직접적인 해상 연결을 구축하기 위한 해로(항로)를 찾는 아이디어는 16세기에 처음으로 이러한 가능성에 주목한 러시아 외교관 게라시모프(Д. Герасимов)와 관련이 있다.[36]) 러시아 탐험가들은 북동항로와 시베리아 북극의 "북방항로"를 항해했으며, 결국 1600년대에 베링 해협을 건넜다. 이 루트의 서쪽에서 동쪽으로의 최초의 완전한 통행은 19세기에 이루어졌다.

유럽과 아시아 간 무역에서 막대한 시간과 비용을 절약할 수 있는 북서항로 탐험은 '대항해 시대(the Age of Discovery)'에 북극 탐험을 주도했다. 존

---

35) "연안국은 특별히 가혹한 기후조건과 연중 대부분 그 지역을 덮고 있는 얼음의 존재가 항해에 대한 장애나 특별한 위험이 되고 해양환경오염이 생태학적 균형에 중대한 피해를 초래하거나 돌이킬 수 없는 혼란을 가져올 수 있는 경우, 배타적경제수역에 있는 결빙해역에서 선박으로부터의 해양오염을 방지, 경감 및 통제하기 위한 차별없는 법령을 제정하고 집행할 권리를 가진다. 이러한 법령은 항행과 이용 가능한 최선의 과학적 증거에 근거하여 해양환경의 보호와 보존을 적절하게 고려한다."
36) 배규성, "러시아의 북극과 북방항로(NSR)의 군사적 국가 전략적 중요성 - 역사적 접근," 『한국 시베리아연구』 제28권 4호 (배재대학교 한국-시베리아센터, 2024). pp.7-8.

캐벗(John Cabot), 마틴 프로비셔(Martin Frobisher), 헨리 허드슨(Henry Hudson)과 같은 탐험가들은 개방 수역 경로를 찾는 데 실패했다. 북서항로는 전설적인 노르웨이 탐험가 로알 아문센과 그의 선원들이 그린란드에서 알래스카까지 항해한 1906년까지 완전히 항해되지 않았다. 그의 탐험은 상대적으로 작은 배(어선을 개조한 것)가 필요했고, 해빙이 이동하면서 탐험 여행을 더 위험하게 했다. 결국, 탐험은 약 3년이 걸렸다.[37]

1917년 러시아 혁명은 북방항로 사용의 새로운 가능성 또는 필요성을 창출했다. 서구 세력에 의한 소비에트 러시아의 봉쇄와 고립으로 인해 이 루트를 사용하는 것이 필수적인 것이 되었다. 이 루트는 광대한 영토의 서부와 극동 지역 사이의 최단 교통 노선일 뿐만 아니라 완전하게 소비에트 관할 하에 있는 유일한 항로였다. 북방항로(Northern Sea Route)의 이름은 이전 항로인 북동항로(North-East Passage)를 대체했다. 1933년에 북방항로가 공식적으로 개방되었고, 1935년 상업적 이용이 시작되었다.

1990년에 채택된 북방항로 항해규칙(rules of navigation on the seaways of the Northern Sea Route)은 1991년 7월 1일 발효되었다.[38] 1995년 러시아는 북방항로 해운에 관한 가이드라인과 함께 이 항로를 이용하는 선박의 건조 및 장비에 관한 규정을 채택했다. 첫 번째 부분에서 북방항로 항해규칙은 북방항로가 내수, 영해 및 배타적 경제 수역 내에 위치한 국가적 운송 경로라고 설명한다. 따라서 북방항로는 내수, 영해 및 배타적 경제 수역에 관한 1998년의 러시아 연방법 및 배타적 경제 수역에 관한 법상의 국가적 운송 경로로 지

---

37) "Арктика - самый северный регион Земли," https://education.nationalgeographic.org/resource/arctic/ (검색일: 2025.02.05.)
38) 이 규정은 1990년 6월 1일과 1990년 9월 14일 소련 내각 결정(USSR Council of Ministers Decision) No.565에 따라 이루어졌다.

정되었다. 이 규칙은 북방항로가 모든 국가의 선박에 대해 비차별적인 기준으로 항해에 개방되어 있다고 명시하고 있다. 이 규칙은 북극해 지역에 존재하는 혹독한 기후 조건과 연중 대부분 시기 동안 얼음 존재가 항해를 방해하고 위험을 증가시키기 때문에 안전한 항해를 보장하고 선박으로부터의 해양 환경오염을 예방, 감소 및 통제하는 것을 목표로 한다.

한편 캐나다 북극 아치펠라고를 통과하는 여러 해로를 포함하는 북서항로(Northwest Passage)는 대서양과 태평양을 연결하여 파나마 운하를 통과하는 항로나 케이프 혼(Cape Horn)을 돌아가는 항로에 비해 경로를 단축할 수 있다.

문헌에 기록된 최초의 북서항로 통행은 1905년에 이루어졌고, 3년 동안 북서항로를 항해한 사람은 노르웨이 탐험가 로알 아문센이었다.[39] 한 시즌 동안 그리고 양방향으로의 최초의 통과 통행(transit passage)은 20세기 1940년대에 이루어졌다. 그것은 캐나다 선박 RCMPV St. Roch에 의해 달성되었다.

IV. 북극에서의 경쟁, 골드 러쉬

흥미로운 것은, 북극권의 경쟁을 촉발한 국가는 바로 북극권 육지면적의 40% 이상과 북극권 해안선의 53%를 차지한 러시아였다. 2007년 8월 2일 핵

---

[39] 로알 엥겔브렉트 그라브닝 아문센(노르웨이어: Roald Engelbregt Gravning Amundsen, 1872년 7월 16일 ~ 1928년 6월 18일)은 노르웨이의 탐험가이며, 인류 최초로 남극점을 탐험했다. 또한, 로버트 피어리의 일지가 1996년에 발견되어 그가 북극점 도달에 실패했다는 사실이 확인되었기에 비행선으로 북극점에 도달한 아문센은 인류 최초로 북극점에 도달한 사람이기도 하다.

추진 쇄빙선 러시아(Россия)의 쇄빙 지원을 받은 러시아의 해양연구선 아카데믹 표도로프(Академик Фёдоров)는 북극점 위 해상에서 심해 잠수정 미르(Мир)를 내려 해저 4,200m의 북극점(the North Pole)에 티타늄으로 만든 러시아 국기를 게양했다.[40] 이는 세계 언론의 폭발적 주목을 이끌었고, 북극권에 대한 경쟁을 도발했다. 러시아가 북극을 탐사하고, 북극점에 러시아 국기를 꽂은 의도는 북극의 자원 확보와 해양 영유권 분쟁에서 우위를 차지하기 위한 것이었다. 즉, 북극점을 지나는 로모노소프 해령이 러시아의 동시베리아해 대륙붕과 연결되어 있다는 과학적 증거를 찾아, 러시아의 대륙붕 경계를 200해리를 넘어 350해리까지 확장하기 위한 노력의 일환이었다. 군사적 임무는 아니었지만, 이 사건은 북극과 관련된 국가 간 이해관계에 대한 격렬한 재평가를 야기했다.[41]

모든 북극권 국가들은 북극의 풍부한 자원에 대한 국가적 권위를 주장하기 위해 안간힘을 쓰고 있다. 이 외교적 갈등은 한때는 '북극 골드 러쉬(Gold Rush in the Arctic)', 지금은 '신냉전(New Cold War)' 또는 간단히 '북극을 향한 경쟁(Race for the Arctic)'이라고 불린다. 러시아, 노르웨이, 그린란드(덴마크), 아이슬란드, 캐나다 및 미국의 배타적경제수역(EEZ)은 해안에서 200해리까지 확장된다. 국가는 배타적 경제수역 내의 모든 자원을 탐색하고 활용할 수 있다. 그러나 대부분의 북극해 연안국들은 200해리 대륙붕뿐만 아니라 200해리 이원의 150해리까지에 대한 해양 영토를 주장하고 있다. 예를 들어

---

40) "Подлёдный ≪Мир≫," https://www.gazeta.ru/science/2007/07/30_a_1966793.shtml (검색일: 2025.02.17).

41) LCDR Anthony Russell, USCG, "Carpe Diem Seizing Strategic Opportunity in the Arctic," Joint Forces Quarterly p. 51, 4th quarter 2008; Peter Brookes, "Flashpoint: Polar politics: Arctic security heats up," Armed Forces Journal, November 2008 http://www.armedforcesjournal.com/2008/11/3754021 (검색일: 2010.05.25) 참조

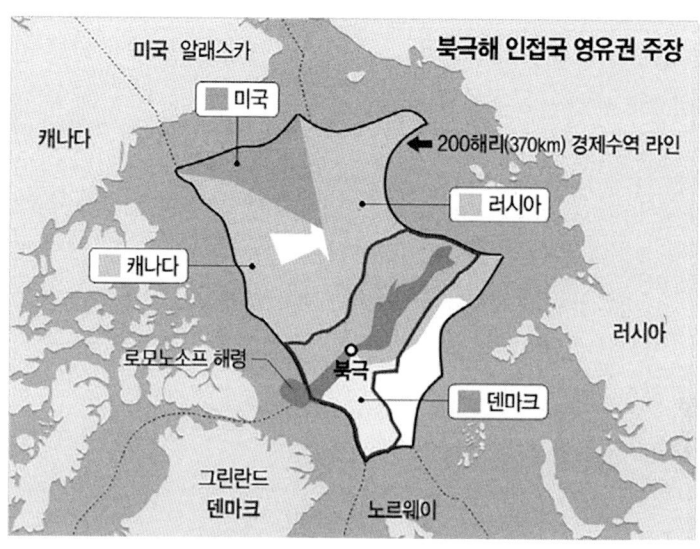

그림 5. 북극해 연안국 영유권 주장

* 자료: "격화되는 북극 영유권 갈등," https://bluemovie.tistory.com/701(검색일: 2023.09.13.)

러시아, 그린란드, 덴마크, 캐나다는 모두 로모노소프 해령에 대한 소유권을 주장하며, 최대 350해리까지 대륙붕의 확장을 추구하고 있다. 로모노소프 해령은 캐나다 북극에서 북극점을 거쳐 시베리아 해역까지 뻗어 있는 해저 산맥이다.[42]

하지만 최근 들어 주목해야 할 점은 미국의 대륙붕 확장 주장이다. 미국은 지난 2023년 12월 자국의 대륙붕 경계를 확장하였고, 해양에너지운영국(BOEM:Bureau of Ocean Energy Management)은 2025년 4월 약 1억 9천만 에어커(약 44만㎢)의 북극해를 자원 개발 대상으로 설정했다. 이 해역은 국제법상 200해리 배타적경제수역을 넘어서는 지역으로, 유엔해양법협약

---

42) "Арктика - самый северный регион Земли," https://education.nationalgeographic.org/resource/arctic/ (검색일: 2025.02.05.)

(UNCLDS)에 따라 확장 대륙붕으로 인정될 수 있다는 점이다. 비록 미국은 이 협약에 비준하지 않았으나, 그 기준에 따른 과학적 측량을 통해 독자적 경계를 선언한 바 있다. 이는 미국이 북극의 바다를 국제질서 재편의 한 부분으로 활용 가능성이 열려 있음을 방증하는 것으로 향후 행보가 주목된다.

V. 나가며, 북극항로의 가능성 제고

캘리포니아 대학에서 수행한 연구와 시뮬레이션[43]을 통해 2040년에서 2059년 사이에 두 개의 북극항로뿐만 아니라 북극해 전체 지역이 여름 동안 얼음이 완전히 사라질 수 있다고 한다. 즉 다년생 얼음이 사라져 특별한 쇄빙 기능이 없는 선박도 북극점을 통과하는 항로를 비교적 자유롭게 이용할 수 있는 가능성이 커진 것이다. 따라서 상황은 현재 발트해에 존재하는 것과 유사하다. 오늘날에도 북극점을 경유하는 해로 이용 가능성은 2012년 중국의 쇄빙선 Xuelong호가 극점을 통과하는 항로를 양방향으로 통과함으로써 입증된 바 있다.[44] 게다가 앞서 설명한바, 지난 2024년 9월 러시아와 중국의 협력하에 중국 선사인 NewNew Shipping Line은 컨테이너선 2척을 북극항로에 투입하여 항해에 성공하는 등 이어 동년 14차례에 걸쳐 북극항로를 왕복 횡단하

---

43) N. Vanderklippe, "Study Predicts Arctic Shipping Quickly Becoming Reality", Globe and Mail (March 2013).
44) T. Petersen, "Chinese icebreaker concludes Arctic Voyage", Barents Observer (September 2012).

며 북극항로 연중 개통에 적극성을 보이고 있다.[45] 이와 관련하여 블라디미르 푸틴 러시아 대통령은 수년 동안 북극항로를 따라 훨씬 더 많은 화물수송을 요구해 왔다. 이는 2022년 초 우크라이나에 대한 전면적인 침공이 시작된 이후 더 큰 추진력을 얻었으며 이후 이 항로를 통한 수출이 집중적으로 추진되었다.[46]

북극해를 통과하는 해로는 유럽과 아시아를 연결하는 데 매우 중요하다. 유럽과 아시아 사이의 거리가 크게 단축되고, 수에즈 운하 또는 파나마 운하를 통한 운송에 비해 항해 시간이 짧아지고, 연료가 절약되고, 온실가스 배출량이 적은 경제적 이점이 명백하다. 일례로 유럽에서 제작한 자제를 네덜란드 로테르담 항에서 선적한 뒤 수에즈 운하를 건너, 말라카 해협을 통과하여 약 2만km 여정이 부산까지 도착하는 데만 30~35일이 걸린다. 하지만 북동항로를 통해 부산까지의 거리는 약 1만 5천km로 거리만으로도 크게 단축된다.[47] 게다가 아시아 국가, 특히 중국뿐만 아니라 한국, 일본, 인도의 관점에서 북극해 항로의 이용(가능성)은 경제적, 전략적, 지정학적 이유로 중요성이 한층 더 커졌다. 특히 에너지 안보를 확보할 LNG 및 원유의 수입과 관련하여 중요성이 더욱더 부각되었다. 현재 중국과 아세안 국가들(남중국해), 중국과 일본(센카쿠/다오위다오) 및 양안관계(대만해협)의 갈등과 관련하여 아시아 및 태평양 지역의 영토 분쟁 및 긴장과 관련된 가능한 사고 및 충돌로 인해 말라카 해협과 남중국해 남부 노선을 통과하는 통과 통항이 차단될 수 있다. 여기에 수에

---

45) "북극항로 2027년까지 컨테이너선 연중항해 가능할까?," https://www.shippingvoice.kr/news/articleView.html?idxno=3063 (검색일: 2025.02.12.)
46) Ibid.
47) "부산에 HMM 옮겨 북극항로 중심지로' 공약…지역 경제 활로 될까," https://www.hani.co.kr/arti/economy/economy_general/1199961.html (검색일: 2025.05.30.)

즈 운하의 제한된 용량과 아프리카 해안 인근의 불법 해적 행위는 병목현상을 더욱 가중한다. 일례로 지난 2021년 수에즈 운하를 통과하던 에버 기븐(Ever Given)호 좌초 사고를 교훈 삼아 이를 대처할 수 있는 수송 루트로서의 가치다. 또한, 에너지 및 광물자원에 대한 대체 공급처를 확보하는 것은 여러 아시아 국가들에 중요하고 또 필요하다.

북극과 관련하여 한국의 전략적 필요성과 북극항로의 가능성도 예외가 될 수 없다. 한국은 에너지와 천연자원 소비의 거의 94.8%를 수입한다. 에너지 수입 의존도는 통계가 시작된 1990년 이후로 전혀 개선되지 않고 있는데, 1990년 수입의존도는 88.7%였으나, 이후 2001년 98%까지 오른 후 2010년 97.5%, 2020년 95%, 2023년 93.9%를 보인다.[48] 이렇듯 중요한 것은 먼저, 더 경제적일 수 있는 석유와 가스(LNG 포함) 수입의 해상 항로를 확보할 필요가 있다. 둘째, 세계적인 무역 대국으로서 북극해의 얼음이 녹고 대형 화물선과 유조선 등의 항해가 가능해짐에 따라 북극항로가 경제성이 있는 수출 해상 루트가 될 가능성이 크다. 러시아 측 북동항로와 캐나다 측 북서항로는 기존의 항로와 비교해 더 저렴한 비용으로 러시아와 유럽 및 북미로의 경제적 효과가 큰 新글로벌 물류수송 루트를 제공해 줄 것이다. 셋째, 북극권의 연안 및 해상의 자원개발 및 인프라 구축에서 한국의 참여 가능성도 빼놓을 수 없다. 특히 시베리아와 북극해 연안의 자원개발과 관련하여 한국의 관심이 고조되고 있고, LNG 수입의 세계적인 메이저(2023년 일본 다음으로 세계 2위의 수입국[49])으로서 북극권의 새로운 가스전 개발과 해상운송의 가능성은 한국의 참여

---

48) "에너지 수입 의존도 94%…"수입길 막히면 한국은 석기시대"," https://m.ekn.kr/view.php?key=20240911022099490 (검색일: 2025.02.12.)

49) "Countries with largest liquefied natural gas (LNG) import capacity in operation worldwide as of 2024," https://www.statista.com/statistics/1262088/global-lng-

를 더욱 촉진할 것이다. 넷째, 조선 강국으로서, 특히 한국이 보유한 쇄빙 또는 내빙 선박, 특히 LNG 탱커 관련 첨단기술은 급속하게 성장하고 있는 LNG 시장과 러시아의 북극항로가 활성화되면 더 많은 기회를 동반한 가능성이 열릴 것으로 기대된다.

끝으로, 우리나라 조선업 위기가 한참일 때인 2010년대에 러시아가 북극의 자원개발 일환으로 시작된 야말-LNG 개발로 인해 발주한 쇄빙 LNG 선박이 한화오션(옛 대우조선해양)에 2013년 북극의 얼음을 깨고 항해 가능한 아틱-7급의 쇄빙선 15척을 발주한 바 있다. 이는 침체되어 가던 우리나라 조선업계에 새로운 부흥의 원동력을 불어넣었고, 이를 토대로 오늘날 세계 최고의 쇄빙 기술력과 건조력을 확보하는 계기가 되었음을 잊어서는 안 될 것이다. 러시아 입장에서 북극의 자원개발과 북극항로 개발은 조선업 강국인 한국의 미래에 중요한 한 꼭지가 될 것이라 여겨지며, 특히 미 트럼프 2.0 시대에 북극에 대한 긴장감은 더욱 더 첨예화될 것으로 판단되며, 북극 및 북극항로에 주목해야 할 이유다.

---

import-capacity-by-country/(검색일: 2025.01.12.)

〈참고 문헌〉

박종관·최주화, "지속 가능한 러시아 북극 원주민의 미래 - 청소년 미술 공모전 출품작을 통해서 본 사하공화국 북극 원주민의 삶 -,"『한국슬라브연구』제38권 1호, 한국외국어대학교 러시아연구소, 2022.

배규성, "러시아의 북극과 북방항로(NSR)의 군사적 국가 전략적 중요성 - 역사적 접근,"『한국 시베리아연구』제28권 4호, 배재대학교 한국-시베리아센터, 2024.

한종만·곽성웅, "그린란드 독립 가능성과 한계,"『한국 시베리아연구』제28권 4호, 배재대학교 한국-시베리아센터, 2024.

이대식, "북극이 정말 열리는가?,"「RIO(Russia in & Out)」No. 9, 2025년 1월호.

Arctic Maritime Transport Routes. Source: G. Sander/A. Skoglund, Norwegian Polar Institute, 2014. Source publication, https://www.researchgate.net/figure/Arctic-Maritime-Transport-Routes-Source-G-Sander-A-Skoglund-Norwegian-Polar_fig7_273757388 (검색일: 2024.09.14.)

"Arctic Sea Ice Minimum Extent," https://climate.nasa.gov/vital-signs/arctic-sea-ice/?intent=121(검색일: 2025.02.13.)

Arctic Snow and Ice Data Center, Arctic Sea Ice News & Analysis, 2010, 2011, 2012; S. Foucart, "La banquise arctique a fondu comme jamais cet été", *Le Monde*, 20 septembre 2012.

Østreng W., Eger K., Fløistad B., Jørgensen-Dahl A., Lothe L., Mejlæder-Larsen M., Wergeland T., Shipping In Arctic Waters. A Comparison of the Northeast, *Northwest and Trans Polar Passages* (Berlin/Heidelberg: Springer/Praxis, 2013).

Petersen T., "Chinese icebreaker concludes Arctic Voyage", *Barents Observer* (September 2012).

Vanderklippe N., "Study Predicts Arctic Shipping Quickly Becoming Reality", *Globe and Mail* (March 2013).

СМИРНОВ А. В. "Население мировой Арктики: динамика численности и центры расселения," *Арктика и Север*. No. 40, 2020.

"격화되는 북극 영유권 갈등," https://bluemovie.tistory.com/701(검색일: 2023.9.13.)

"에너지 수입의존도 94%…"수입길 막히면 한국은 석기시대"", https://m.ekn.kr/view.

php?key=20240911022099490 (검색일: 2025.02.12.)

"북극항로 2027년까지 컨테이너선 연중항해 가능할까?," https://www.shippingvoice.kr/news/articleView.html?idxno=3063(검색일:2025.02.12.)

"'부산에 HMM 옮겨 북극항로 중심지로' 공약⋯지역 경제 활로 될까," https://www.hani.co.kr/arti/economy/economy_general/1199961.html (검색일: 2025.05.30.)

"30년 후 북극 여름 얼음 볼 수 없을 것", "https://kienews.com/news/newsview.php?ncode=1065617394937137&dt=m(검색일:2025.6.19.)

"Арктика - самый северный регион Земли," https://education.nationalgeographic.org/resource/arctic/ (검색일: 2025.02.05.)

"Подлёдный ≪Мир≫," https://www.gazeta.ru/science/2007/07/30_a_1966793.shtml (검색일: 2025.02.17).

"Постоянные участники," https://arctic-council.org/about/permanent-participants/ (검색일: 2025.02.12.)

"Почему Арктика так важна," https://www.wwf.org.uk/where-we-work/arctic (검색일: 2025.02.05.)

"Российская Федерация," https://arctic-council.org/about/states/russian-federation/ (검색일: 2025.02.09.)

"Стратегия развития Арктической зоны Российской Федерации и обеспечения национальной безопасности на период до 2035 года" http://www.scrf.gov.ru/security/economic/Arctic_stratery/ (검색일: 2025.01.05.)

"Узники Заполярья. Кто будет осваивать российскую Арктику?," https://aif.ru/money/economy/uzniki_zapolyarya_kto_budet_osvaivat_rossiyskuyu_arktiku(검색일: 2025.01.23.)

"Circum-Arctic Resource Appraisal: Estimates of Undiscovered Oil and Gas North of the Arctic Circle," U.S. Geological Survey Fact Sheet 2008-3049 (2008), https://pubs.usgs.gov/fs/2008/3049/fs2008-3049.pdf. (검색일: 2025.01.05.)

"Countries with largest liquefied natural gas (LNG) import capacity in operation worldwide as of 2024," https://www.statista.com/statistics/1262088/global-lng-import-capacity-by-country/(검색일: 2025.01.12.)

Eugene Rumer, Richard Sokolsky, and Paul Stronski, "Russia in the Arctic — A Critical Examination," Carnegie Endowment for International Peace (March 2021), 4, https://carnegieendowment.org/files/Rumer_et_al_Russia_in_the_Arctic.pdf. (검색일: 2025.02.05.)

Heather A. Conley, Matthew Melino, Nikos Tsafos, and Ian Williams, "America's Arctic Moment: Great Power Competition in the Arctic to 2050," Center for Strategic and International Studies (March 30, 2020), 10, https://www.csis.org/analysis/americas-arctic-moment-great-power-competition-arctic-2050 (검색일: 2025.02.05.)

Ivan Stupachenko, "Can Russia's Arctic Deliver on Big Fishing Promises?" Seafood Source (April 4, 2018), https://www.seafoodsource.com/features/can-russias-arctic-deliver-on-big-fishing-promises (검색일: 2024.12.28.)

LCDR Anthony Russell, USCG, "Carpe Diem Seizing Strategic Opportunity in the Arctic," Joint Forces Quarterly p. 51, 4th quarter 2008; Peter Brookes, "Flashpoint: Polar politics: Arctic security heats up," Armed Forces Journal, November 2008 http://www.armedforcesjournal.com/2008/11/3754021 (검색일: 2010.05.25) 참조

"NSR Shipping Traffic - Icebreaker support in 2019," https://arctic-lio.com/nsr-shipping-traffic-icebreaker-support-in-2019/ (검색일:2024.12.28.)

"Regaining Arctic Dominance: The U.S. Army in the Arctic," Headquarters, Department of the Army (January 19, 2021), 16, https://www.army.mil/e2/downloads/rv7/about/2021_army_arctic_strategy.pdf. (검색일: 2024.12.28.)

"Russia is World's Largest Producer of Crude Oil and Lease Condensate," Today in Energy, U.S. Energy Information Administration, August 6, 2015, https://www.eia.gov/todayinenergy/detail.php?id=22392. (검색일: 2024.12.28.)

Pavel Devyatkin, "Russia's Arctic Strategy: Maritime Shipping (Part IV)," The Arctic Institute Center for Circumpolar Security Studies (February 27, 2018), https://www.thearcticinstitute.org/russias-arctic-strategy-maritime-shipping-part-iv/ (검색일: 2025.01.05.)

"Six ways loss of Arctic ice impacts everyone", https://www.worldwildlife.org/pages/six-ways-loss-of-arctic-ice-impacts-everyone (검색일: 2025.02.05.)

"Strategiia razvitiia Arkticheskoi zony Rossiiskoi Federatsii i obespecheniia natsional'noi bezopasnosti na period do 2035 goda [Strategy for Developing Russia's Arctic Zone and Ensuring National Security to 2035]," President of Russia (October 26, 2020), http://www.kremlin.ru/acts/bank/45972. (검색일: 2025.01.05.)

그린란드의 인구지리적 특성과 사회 변화

한종만* · 이재혁**

I. 북극해의 관심지역 그린란드

기후온난화에 의한 북극해의 해빙과 환경의 변화는 물리적으로 접근이 어려웠던 북극지역의 접근성과 개발 가능성을 높이고, 북극항로의 이용 가능성, 풍부한 연료 및 원료자원과 수산자원과 관광자원의 이용과 채굴이 용이한 상태로 변모하고 있다. 북극해는 자원과 물류 등 경제적 이익을 추구하는 공간으로서뿐 아니라 군사적인 갈등공간으로 급격히 부상하고 있고, 미국을 중심으로 한 서방국들과 러시아는 북극해를 중심으로 대립을 구체화하고 있다. 세계에서 가장 큰 섬인 그린란드는 최근 북극해에서 큰 관심의 대상이 되는 지역이기도 하다.

칼라알리트 누나트((Kalaallit Nunaat)로 불리는 그린란드인의 땅은 서쪽으로 데이비스 해협, 배핀만, 나레스 해협에 의해 캐나다 동부 북극과 분리되어 있으며, 동쪽으로는 아이슬란드와 덴마크 해협으로 분리되어 있다. 그린란드의 면적은 2,166,000 ㎢로 세계에서 가장 큰 섬이지만, 약 410,000 ㎢정도에

※ 이 글은 『한국 시베리아연구』 2025년 29권 1호에 실린 논문을 수정 및 보완한 글임.
* 배재대학교 명예교수
** 배재대학교 연구교수

걸쳐서만 빙하가 녹아 노두가 노출되어 있고 나머지는 약 3 km두께의 얼음으로 덮여 있는 지역이다.

2024년 그린란드의 인구는 55,840명으로 집계된다. 행정구역은 2009년 지방자치단체 구조 조정으로 18개 지자체 수가 현재는 5개 지자체로 구성된다. 남부 그린란드에서는 3개의 지자체(Nanortalik, Narsaq, Qaqortoq)가 하나의 자치 구역 Kujalleq로 합병됐다. 그린란드의 5개 지자체 명칭: ① 아반나타(Avannaata : AVA), ② 케케르탈릭(Qeqertalik : QTL), ③ 쿼카타(Qeqqata : QQT), ④ 세르메르수크(Sermersooq : SMS), ⑤ 쿠얄레크(Kujalleq : KJL); - 각각 행정중심지: ① 일루리사트(Illulissat), ② 아시아트(Aasiaat), ③ 시시무

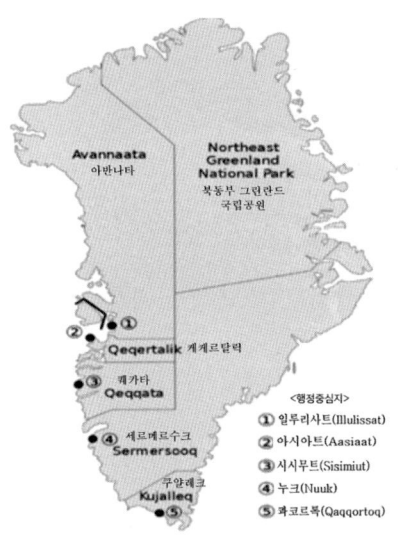

그림 1. 그린란드의 행정구역

(자료: Carina Ren and Gunnar Thór Jóhannesson, "To be or not to be like Iceland? (Ontological) Politics of comparison in Greenlandic tourism development," Published online by Cambridge University Press, Feb. 6, 2023.)

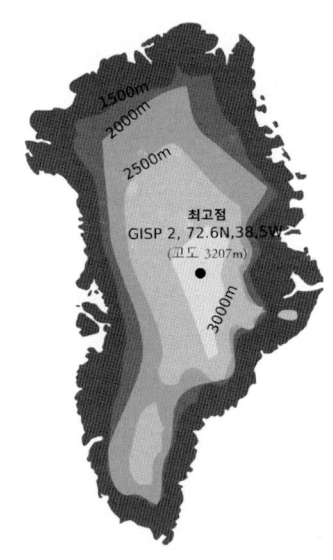

그림 2. 그린란드 빙상두께

(자료: https://de.wikipedia.org/wiki/Grönländischer_Eisschild#/media/Datei:Greenland_Ice.svg)

트(Sisimiut), ④ 누크(Nuuk), ⑤ 콰코르톡(Qaqqortoq)(그림 1 참조). 그러나 그린란드 북동부 국립공원(Kalaallit Nunaanni Nuna Eqqissisimatitaq)과 그린란드 북서부의 피투피크(Pituffik) 우주 기지(이전 Thule Air Base)는 통합되지 않고 있다. 국립공원은 972,000㎢(섬의 약 46%)로 세계에서 가장 큰 국립공원이자 가장 북쪽에 있는 국립공원이다.[1]

지역의 연구와 정책에는 지역거주자의 인구는 사회·경제 문제의 기본이 되는 자료이다. 이를 통한 각종 자료는 각종 사회 정책들의 중요한 근거가 되며, 인구지리학의 주요 연구자료들로 역할을 한다. 지역의 연구에는 인구밀도 및 분포, 인구 구조(연령구성, 특S성 등), 자연적 인구 변화, 즉 주민 수의 변화(출생률, 사망률 등), 지역 인구의 단기 또는 장기적 공간 및 사회적 이동성, 미래 인구구성 및 인구변화에 대한 예측 등이 포함된다. 북극 지역에 관한 연구는 자연지리적 개념뿐 아니라 정치, 경제, 사회, 문화, 언어적 분석 접근이 필요하다. 북극지역에는 40여 개 민족그룹의 원주민이 거주하며, 전체 인구의 10%인 약 400만 명으로 추산된다. 어떤 공간에서의 인구는 인구지리학의 가장 중요한 연구과제가 된다.[2] 인구의 대부분이 원주민으로 구성된 그린란드는 지역의 정체성 파악과 정책결정의 중요 요소인 인구에 관한 연구 분석이 필수적인 지역이다.

고고학자들은 4500년 전 베링해 양편에 거주한 에스키모 집단(팔레오-에스키모족)이 캐나다 북극 섬을 통해 여러 차례 그린란드로 이주했으며, 현재 그린란드 이주자의 대부분은 10세기 전후에 네오-에스키모 집단인 툴레문화에 기원을 두고 있다고 한다. 거의 같은 시기인 10세기 말에 동쪽에서 온 바이킹

---

1) CIA, "Explore All Countries: Greenland," CIA World Factbook, May 8, 2024. 그린란드 통계 당국은 국립공원의 면적을 85만 7,600㎢(섬의 40%)로 집계했다(<표> 참조).
2) Jürgen Bähr, Christoph Jentsch, Wolfgang Kuls. Bevölkerungsgeographie, (Berlin, New York: Walter de Gruyter, 1992). p. 25.

족이 그린란드 서해안에 정착하면서 15세기까지 번성하다가 여러 환경적 요인으로 멸족한다. 그러나 여러 차례 서쪽에서 온 토착민, 이누이트족은 그린란드로 북부, 동부, 서부, 남부로 산재하면서 그들의 생존력을 이어갔다. 15세기부터 바이킹족 외 유럽의 여러 국가는 포경, 선교, 북서항로 개척 등을 위해 그린란드로의 진입이 이루어지면서 토착민과의 접촉과 교류도 이루어졌다. 1721년 덴마크-노르웨이왕국은 그린란드를 식민화와 기독교화했으며, 1814년 덴마크왕국은 독자적으로 식민화하면서 독점무역권의 강화와 외부와의 교류와 접촉을 제한했다. 그린란드 토착민들은 15세기부터 바이킹족과 기타 유럽인의 경제(어업과 포경업)와 선교 활동 과정에서 접촉과 교류가 이루어지면서 혼혈도 이루어졌다. 현재 그린란드 토착민의 4분의 1은 유럽인, 특히 덴마크인의 뿌리를 두고 있다고 한다.

1953년 덴마크왕국이 그린란드를 통합하면서 현대화 과정을 통해 강압적 도시화 시도는 많은 덴마크인이 그린란드로 이주했으며, 동시에 그린란드인의 덴마크로 이주도 대대적으로 이루어졌다. 현대화 과정에서 빠른 발전과 더불어 보건 상황이 개선되면서 인구가 빠른 속도로 증가했지만, 강압적 산아세한 등 이누이트 정체성의 파괴 등 많은 부작용도 동반했다.

그린란드는 1979년 자치를 얻었으며, 2009년 확대된 자치정부는 독자적으로 독립 가능성을 가지고 있지만 여전히 외교, 국방, 시민권, 통화 등 권한은 덴마크왕국이 행사하고 있다.

그린란드는 세계에서 가장 인구밀도가 낮으며, 열악한 자연조건으로 그린란드인의 순유출과 인구 감소 현상이 지속해서 증가하는 점을 고려할 때 그린란드 자치정부는 자원개발과 기반시설 건설을 위해 해외인력의 필요성이 증대되고 있다. 그린란드의 독립적인 자치를 위해서는 인구규모와 인재양성이 중요한 변수가 될 것이다.

II. 그린란드의 원주민과 인구형성

1. 그린란드로의 이주 물결: 이누이트인과 바이킹족

혹독한 자연환경으로 인해 인간이 거주하기 어려운 극지지역이고, 세계에서 가장 큰 섬 그린란드에 첫 번째 거주한 인간집단은 고고학자들이 칭하는 에스키모족이었다. 베링 해협은 최초 에스키모의 교차로로 약 5,000년 전, 여러 집단의 사람들이 이 해협의 양쪽에 정착했는데, 그 시대에는 얼음이 없었다. 1000년 후, 아메리카 대륙의 빙하가 녹았고, 베링 해협을 따라 있던 사냥꾼 공동체가 아메리카 대륙의 남쪽으로, 그리고 북극 연안을 따라 그린란드까지 이주했다. 이 시대의 흔적과 화석을 연구하는 선사시대 역사학자들은 '북극의 해안 자원에 적응한 사냥꾼 민족'을 묘사하기 위해 에스키모라는 용어를 사용했다. 이 시대는 두 가지 주요 선사시대와 문화로 나뉜다: 팔레오 에스키모와 신 에스키모. 북극 전역에 퍼져 나간 것은 후자의 지류였다. 그들은 오늘날 이누이트의 조상이다.

최초의 유목민 이주민 집단들이 기원전 약 4,500년 전부터 그린란드에 들어왔다. 에스키모인들은 캐나다의 북극 섬들을 거쳐서 7차례에 걸쳐 그린란드로 이주해 왔다. 팔레오-에스키모(Paleo-Eskimo)족은 ① 인디펜던스 I 문화, ② 사카크 문화, ③ 인디펜던스 II 문화, ④ 도싯 I 문화로 약 2,500년 전에 서쪽에서 이어졌다. 기원후 이주 물결은 서기 700년 서쪽에서 온 ⑤ 도싯 II 문화이며, 현재 그린란드 인구의 대부분은 약 1,000-1,100년 전에 그린란드로 들어온 ⑥ 툴레 문화의 후손이다. 마지막으로 서쪽에서 온 이주 물결은 12세기 이누그수크 문화다(표 1 참조). 사카크(Saqqaq) 문화와 도싯(Dorset) 문화(기원전 2300년경부터 900년경까지)로 대표되었다. 네오 에스키모(Neo-Eskimo)

인 툴레 에스키모는 서기 900년경에 그린란드에 도착했다.[3]

  이누이트족의 기원전 주요 이주는 주로 육상에서 순록, 사향 등을 찾아 툰드라에서 살았던 팔레오-에스키모였다. 툴레(Thule) 문화의 사람들은 해양동물을 포획하는 것을 생활의 기반으로 삼은 네오-에스키모였다.[4] 오늘날 이누

---

3) "West Greenland Inuit," https://www.encyclopedia.com/humanities/encyclopedias-almanacs-transcripts-and-maps/west-greenland-inuit (검색일: 2025.03.15).

4) 이 시대의 흔적과 화석을 연구하는 선사시대 역사학자들은 에스키모라는 용어를 사용하여 '북극의 해안 자원에 적응한 사냥꾼 민족'을 묘사하기 위해 에스키모라는 용어를 사용했다. 또한 '에스키모'라는 이름은 알래스카에서 이누이트와 유픽(Yupik)을 지칭하는 데 일반적으로 사용되었지만, 이 용어는 이제 많은 사람 또는 대부분 사람에게 받아들일 수 없는 것으로 간주한다. 알래스카 원주민, 주로 비원주민에 의해 부과된 식민지 이름이기 때문이다. 알래스카 원주민들은 이누피아크어나 유픽어와 같이 자신의 언어로 사용하는 이름으로 알려지기를 점점 더 선호한다. '이누이트'는 현재 알래스카와 북극 전역에서 사용되는 용어이며, '에스키모'는 사용되지 않고 있다. '이누이트북극권이사회(Inuit Circumpolar Council)'는 '이누이트'라는 용어를 선호하지만, 다른 일부 조직에서는 '에스키모'를 사용하고 있다. 알곤퀸 인디언(Algonquin Indians)의 언어로 '날고기를 먹는 사람'을 의미하는 에스키모라는 단어는 17세기 프랑스 정착민들에 의해 처음으로 적용되었다. 우리 중 일부는 북부의 토착민을 '에스키모'라고 부르며 자랐지만, 이것은 그린란드 이누이트가 선호하는 이름이 아니며 일반적으로 경멸적인 것으로 간주한다. '에스키모'라는 용어는 'ayaskimew'라는 단어에서 파생되었으며 단순히 '스노우 슈즈 끈을 묶는 사람'을 의미하므로 부정적인 의미가 없다. 그럼에도 불구하고, 이 원주민들은 이제 자신들을 이누이트족 또는 단순히 그린란드인이라고 부른다. "The Inuit of Greenland - Just don't call them Eskimos!," https://poseidonexpeditions.com/about/articles/people-from-greenland/ (검색일: 2025.03.15); 캐나다와 그린란드 사람들은 오랫동안 다른 이름을 선호해왔다. '사람'을 뜻하는 '이누이트'는 캐나다에서 사용되고, 이 언어는 동부 캐나다에서는 '이누크티투트(Inuktitut)'라고 불리지만 다른 지역 명칭도 사용한다. 그린란드의 이누이트 사람들은 자신들을 '그린란드인(Greelanders)' 또는 '칼라알리트(Kalaallit)'라고 부르는데, 그들은 이 언어를 '그린란드어(Greenlandic)' 또는 '칼라알리수트(Kalaallisut)'라고 부른다. 알래스카에는 문자 그대로 '실제 사람들'을 뜻하는 이누피아트(Inupiat)와 '이누이트'라는 전반적인 명칭에 포함되는 다른 그룹이 포함된다. 북미 본토 유픽(Yup'ik) 사람들은 p'를 사용한 철자를 선호하는데, 이는 장음 p 또는 겹자음 p를 나타낸다. 아포

이트족의 조상들은 대대적인 이주를 거친 후, 서기 1000년경에 알래스카에서 북극으로 이주했다.

마지막으로 동쪽에서 온 바이킹족의 이주는 2차례 있었다. 982년에서 1500년 사이의 노르웨이 이민과 1721년 한스 에게데(Hans Egede)가 이곳에 도착한 후 이어졌다. 10세기 말 툴레(Thule) 부족의 도착과 거의 동시에 노르드인들은 아이슬란드에서 이주하여 상대적으로 온난한 그린란드 남부에 정착했다. 그린란드에서 500년 동안 살아온 그들은 그린란드 남단에서 누크 피오르에 걸쳐서 농업생활을 하였으며, 번성기에 바이킹(노르웨이인)의 인구는 5,000명으로 추정하고 있다. 그러나 바이킹은 500년 동안 정착하다가 15세기 초 사라졌는데, 그들의 농업 문화가 적응에 실패한 것으로 보인다.

16세기에서 19세기 사이 서그린란드인들은 유럽의 탐험가와 포경선과 간헐적 접촉이 있었으며, 약간의 교역도 이루어졌지만, 1721년 덴마크-노르웨이의 식민지화 노력으로 서그린란드의 문화와 사회가 급격히 변화했다. 1721년, 한스 에게데(Hans Egede) 목사가 그린란드에 와서 그린란드를 덴마크의 식민지로 만들었다. 동시에 그는 그린란드 주민들을 기독교화했으며, 오늘날 이 지역은 루터교 사회다. 그러나 동그린란드 이누이트족은 1884년에야 유럽인들에 의해 발견되었는데, 이들은 어느 정도의 고립 때문에 이주 이후에도 계속 그들의 자체적인 생활을 유지하였다. 이것은 그린란드 서부 해안과 캐나다

스트로피가 없는 유픽은 러시아의 세인트로렌스St. Lawrence) 섬과 인근 추코트카 해안의 사람들을 말한다. 코디악(Kodiak) 섬의 주민들은 자신을 알루티크(Alutiiq)라고 부르는 반면, 케나이(Kenai)반도 남부의 가까운 친척들은 수그피아크(Sugpiaq)라는 이름을 선호한다. 알류샨과 프리빌로프(Pribilof)섬의 사람들은 자신을 알류트보다는 우낭가크(Unangax)라고 부르는 것을 선호한다. "Inuit or Eskimo: Which name to use?," https://www.uaf.edu/anlc/research-and-resources/resources/archives/inuit_or_eskimo.php (검색일: 2025.03.15).

의 이누이트족이 1720년경부터 외부인과 끊임없이 접촉했던 것과는 대조적이다.[5]

18세기에는 선교지와 교역소가 해안을 따라 세워졌다. 18세기와 19세기에는 그린란드 동부 남부의 인구가 서부 그린란드 남부에 정착했다. 식민지 행정부의 유화적인 고립주의 정책은 제2차 세계대전 이후까지 계속되었는데, 1950-60년대 국가 주도의 개발 정책의 결과로 그린란드 사회의 근대화가 가속화되었다.[6] 15세기 이후 그린란드인들은 유럽인들의 포경선과 덴마크-노르웨이왕국(1721년), 덴마크왕국(1814년)의 식민지 과정을 통해 그린란드 토착민인 이누이트와 접촉과 더불어 혼혈도 발생하였다. 1953년 그린란드의 덴마크왕국과의 통합과 근대화 과정을 통해 덴마크인의 그린란드로의 이주와 더불어 그린란드인의 덴마크로의 이주도 가속화됐다. 이누이트는 이누이트 누나트(Inuit Nunaat)라는 영토를 가진 한 민족으로, 러시아 극동 추코트카 지역, 알래스카 서부 및 북부, 이누이트 누낭가트(Inuit Nunangat) 또는 북극 캐나다(Arctic Canada), 그린란드 (Greenland)의 일부를 포함한다. 이누이트는 알래스카와 캐나다에서 그린란드로 빠르게 이주하여 약 1,000년 전에 이 섬을 점령하기 시작했으며, 이누이트의 언어와 문화는 지리적으로 세계에서 가장 큰 면적을 가진 언어 중 하나가 되었다.[7]

---

[5] "Comparison of Greenland and Canadian Inuit Culture," https://inuitartsociety.org/meetings/2009summary/sheila-romalis-greenland-canadian-inuit-culture/ (검색일: 2025.03.15).

[6] "West Greenland Inuit," https://www.encyclopedia.com/humanities/encyclopedias-almanacs-transcripts-and-maps/west-greenland-inuit (검색일: 2025.03.15).

[7] "INUIT FROM GREENLAND," https://nordligefolk.no/hjem-2/nordlige-folk_2/2022-inuitter-fra-gronland/?lang=en (검색일: 2025.03.15).

<표 1> 그린란드 이누이트 시대와 바이킹 시대의 주요 약사[8]

그린란드 이누이트 시대
① 기원전 2500-1800년: 인디펜던스 I (Independence I) 문화
② 기원전 2300-900년: 사카크(Saqqaq) 문화
③ 기원전 1200-700년: 인디펜던스 II (Independence II) 문화
④ 기원전 600-100년: 도싯 I (Dorset I) 문화
⑤ 서기 700-1200년: 도싯 II (Dorset II) 문화
⑥ 1100년 경 툴레(Thule) 문화: 오늘날 그린란드의 인구는 서기 9세기경에 이곳에 도착한 마지막 이민자인 툴레 문화의 후손
⑦ 12-13세기: 이누그수크(Inugsuk) 문화

지난 4500년 동안 이누이트족은 사냥과 낚시로 생활하는 유목민이었지만 오늘날에는 정주 생활을 한다. 약 40개의 다른 종족 그룹에 속한 125,000명 이상의 이누이트족이 알래스카(미국), 캐나다, 그린란드(덴마크) 및 러시아 북동부를 포함하는 거대한 지역에 살고 있다. 비록 이누이트족의 집단이 아주

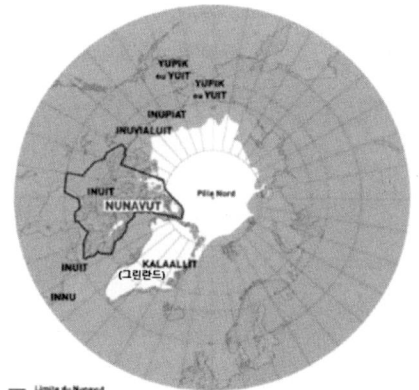

그림 3. 이누이트 거주 지역

(자료: "The Inuit People, Polar Pod, THE INUIT PEOPLE)

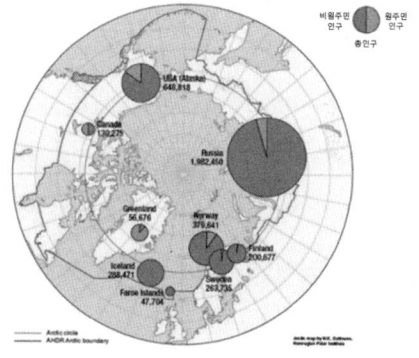

그림 4. ADHR의 북극 원주민 분포

(자료: ADHR, Arctic Human Development Report (Akureyri: Stefannson Arctic Institute, 2004), p.19.

---

8) "History of Greenland," https://www.britannica.com/topic/Inuit-people (검색일: 2025.03.15).

먼 거리로 떨어져 있을지라도, 이누이트족은 놀라울 정도로 동질적인 태도를 유지해 왔다. 캐나다에는 30,000명의 이누이트족, 알래스카(미국)에는 44,000명의 이누피아크와 유픽족, 그린란드(덴마크)에는 50,000명의 칼라알리트족, 시베리아(러시아)에는 1,200명의 시베리아 유픽족, 유이트(Yuit; 러시아어 Юиты)족이 있다. 유이트족은 러시아연방의 북동쪽 끝과 알래스카 세인트로렌스 섬과 추코트카 반도해안을 따라 거주하는 유픽족이다(그림 3 참조). 그린란드는 전체인구의 대부분이 이누이트인으로 북극권에서 가장 높은 원주민인구 밀집지역이다(그림 4 참조).

2. 그린란드 식민지 시대의 인구 구조와 특성

그린란드 역사는 기원전 2500년부터 이누이트 시대, 982년부터 바이킹 혹은 노르드인(Norse)이 진입하면서 노르웨이와 이누이트 병존 시대, 15세기부터 노르드인의 소멸로 1721년까지 제2차 이누이트 시대, 1721년 덴마크-노르웨이 왕국의 식민지 시대, 1814년 나폴레옹 전쟁 후속 조치로 체결된 킬(Kiel) 조약에 따라 아이슬란드와 그린란드를 세외한 노르웨이가 스웨덴으로 합병(1814-1905년)되면서 덴마크왕국(아이슬란드, 그린란드, 페로제도 포함)의 식민지 시대, 1953년 덴마크왕국의 일부로 통합국가 시대, 1979년 그린란드 자치 시대, 2009년 그린란드 자치 시대 확대로 구분된다.

그린란드인과 유럽인의 접촉은 식민지 이전, 식민지, 식민지 이후의 세 가지 기간으로 나눌 수 있다. 식민지 이전의 접촉은 처음에는 탐험과 무역에 국한되었는데, 예를 들어 1500년대에 북서항로를 찾기 위해 영국 탐험가들이 그린란드로 향했을 때다. 18세기 초부터 그린란드 서해안에서 유럽의 고래잡이 활동으로 고래잡이꾼들이 그린란드 이누이트족과 접촉하게 되었다.

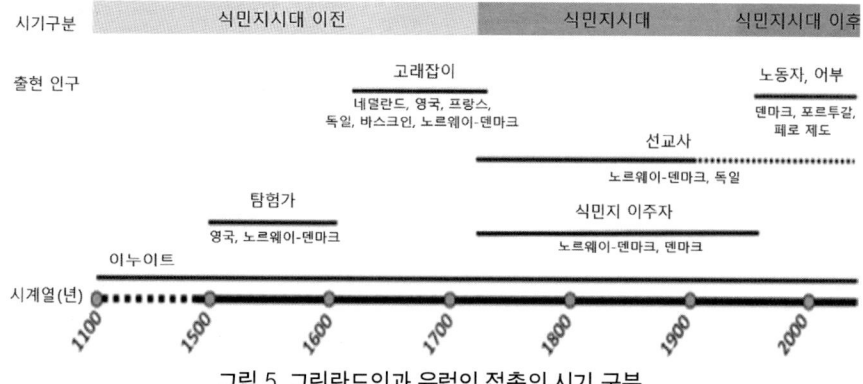

그림 5. 그린란드인과 유럽인 접촉의 시기 구분

(자료: Ryan K. Waples, Aviaja L. Hauptmann, Inge Seiding, Emil Jørsboe, and etc., "The genetic history of Greenlandic-European contact," Current Biology, Current Biology, Cell Press, May 24, 2021, p.2215.)

처음에는 네덜란드인이 유럽의 고래잡이를 주도했지만, 그 세기 후반에는 주로 프리지아(Frisian)인, 영국인, 덴마크-노르웨이인, 바스크인, 프랑스인, 독일인이 고래잡이를 했다. 과거 그린란드에 거주했던 바이킹의 흔적을 찾기 위해 여러 번의 시도 끝에 1721년 덴마크-노르웨이왕국의 선교사 한스 에게데가 도착하면서 식민지 시대가 시작되었고, 그린란드 이누이트족과 유럽인 사이에 새롭고 영구적인 유형의 접촉이 이루어졌지만, 고래잡이가 여전히 주요 매력이었으며, 예를 들어 1721년 네덜란드 선박이 107척이나 왔다. 덴마크-노르웨이 선교사 외에도 독일 모라비아 형제단은 1733년에서 1900년 사이에 누크와 여러 다른 지역에 종교 선교단체를 세웠다. 1751년 덴마크-노르웨이는 식민지 활동을 확대하고 무역에 대한 독점권을 주장했으며, 그 이후로 그린란드인과 유럽인의 주요 접촉은 덴마크왕국이었다. 1814년 킬 조약 이후 노르웨이 본토는 스웨덴과 합병되었지만, 그린란드, 아이슬란드, 페로제도는 덴마크왕국으로 편입되면서 그린란드는 독점적으로 덴마크왕국의 식민지가 되었고, 1953년에 덴마크왕국의 동등한 일부가 되었다. 1721년부터 식민지 기간 주로 덴마크 노동자와 포르투갈과 페로제도에서 온 계절어부들이 상당히 유입되었다(그림 5 참조).

식민지 시대 첫 75년 동안 서그린란드의 원주민 인구는 천연두와 기타 전염병의 전파로 인해 1721년 8,000명에서 18세기 후반의 약 6,000명으로 감소했다. 1805년부터 1800년대 중반까지 북그린란드와 남그린란드 모두에서 인구가 꾸준히 증가했다. 1860년에서 1900년 사이에 남그린란드의 인구는 정체되었지만, 북그린란드의 인구는 계속 증가했다. 세기가 바뀌면서 서그린란드 두 지역의 원주민 인구는 꾸준히 증가했고 2차 세계 대전이 끝난 이후로는 더욱 빠르게 증가했다.[9] 동해안의 작은 인구와 북서쪽 높은 곳의 툴레(아바네르수아크)의 인구도 증가했다(그림 6 참조).

그린란드 물개사냥꾼 문화의 인구학적 특징은 콜럼버스가 출현한 이후 약 1900년까지 북미의 인디언 부족은 성인 중 남성이 대다수였지만, 서부 그린란

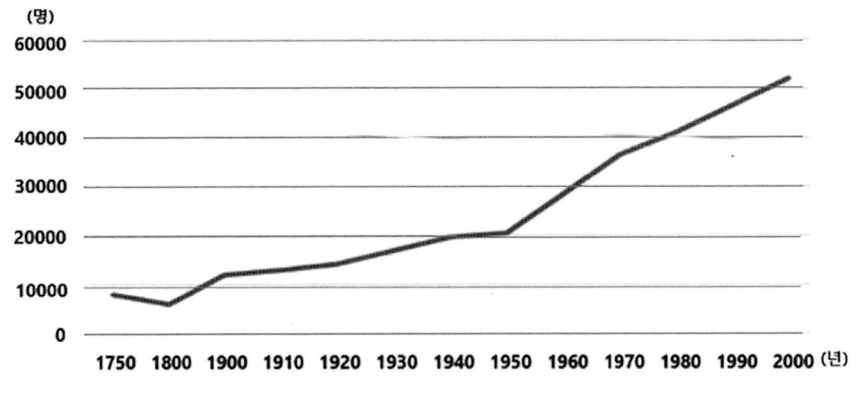

그림 6. 1750-2000년 그린란드 이누이트인 인구 추이

(자료: "Greenland Inuit Population change.pdf," Wikimedia Commons, File:Greenland Inuit Population change.pdf - Wikimedia Commons)

---

9) Ole Marquardt, "Greenland's demography, 1700-2000: The interplay of economic activities and religion," *Études/Inuit/Studies*, Vol. 26, No. 2 (2002), p. 49.

드에서는 상황이 정반대였다. 특히 남부 지역에서는 더욱 극명하게 나타난다. 여성이 대다수인 곳은 남부 그린란드가 북부 그린란드보다 훨씬 많았다. 남부 그린란드의 성 분포가 매우 불균형하다는 것은 19세기 후반 캐나다, 미국, 덴마크의 해당 분포와 비교했을 때 분명해진다. 캐나다와 미국은 모두 이민자 중 남성이 대다수를 차지하여 남성의 수가 여성의 수보다 약간 더 많았다(표 2 참조). 지역 인구가 작았기 때문에 그린란드 두 지역 모두에서 자연적 멸종의 위협에 처해 있었다.

〈표 2〉 1840-1880년 그린란드인 15-59세 여성 1,000명 당 남성 수

그린란드 1840년		그린란드 1855년		그린란드 1860년		그린란드 1880년	
북부	남부	북부	남부	북부	남부	북부	남부
1,098	1,230	1,046	1,244	1,046	1,315	1,108	1,342
캐나다		미국		덴마크			
1861년	1881년	1860년	1880년	1860년	1880년		
945	992	947	968	1,017	1,058		

(자료: Ole Marquardt, "Greenland's demography, 1700-2000: The interplay of economic activities and religion," Études/Inuit/Studies, Vol.26, No.2, 2002, p.51.)

기독교 선교사들이 그린란드에 왔을 때, 그들은 일부다처제를 기독교와 양립할 수 없는 이교도적 제도로 여겼다. 역사적 자료에 따르면 선교사들은 여러 차례에 걸쳐 이누이트 전통의 힘에 굴복하여 원주민의 일부다처제 생활을 묵인하였다. 하지만 일반적으로 선교사들은 일부다처제의 강력한 반대자였다. 결과적으로 기독교가 북쪽의 우페르나비크에서 남쪽의 나노르탈리크까지 1세기 동안 식민지 지배를 한 후, 일부다처제 제도는 기존 규칙에 대한 몇 가지 예외로 축소되었다. 남부 그린란드의 일부 지역에서는 성비가 너무 불균형해서, 사회가 자연적 멸종위기에 처했다. 혹독한 자연적 조건 때문에 경제 활

동 참여자들의 사망률이 높았기 때문에 남성의 수가 여성보다 훨씬 적었다. 일부다처제나 아내교환과 같은 관습은 한 남자가 특정 여성 한 명만 임신시키는 것을 허용했을 때보다 출산 수가 더 많았다는 것을 의미했다. 기독교 선교사들의 눈에는 음란하고 타락한 행태에 불과한 이러한 풍속은 금지되었다.[10]

선교사들은 다처제와 다산을 증진하는 문화적 관행을 비난하고, 이교 관습 중 하나인 유아살해도 비난했다. 그린란드의 이교 사회는 신생아가 어머니를 잃거나 북극의 수렵채집사회에서 살아남기 어렵다는 상황일 때 유아살해에 의지했다. 또한 사냥꾼들의 수확량이 장기간 감소하여 기존 식량 재고가 생존해야 하는 사람들의 수에 비해 부족해질 때도 유아 살해에 의지했다. 따라서, 다처제, 혼교, 유아살해를 모두 공격함으로써 그린란드인의 기독교화는 감소

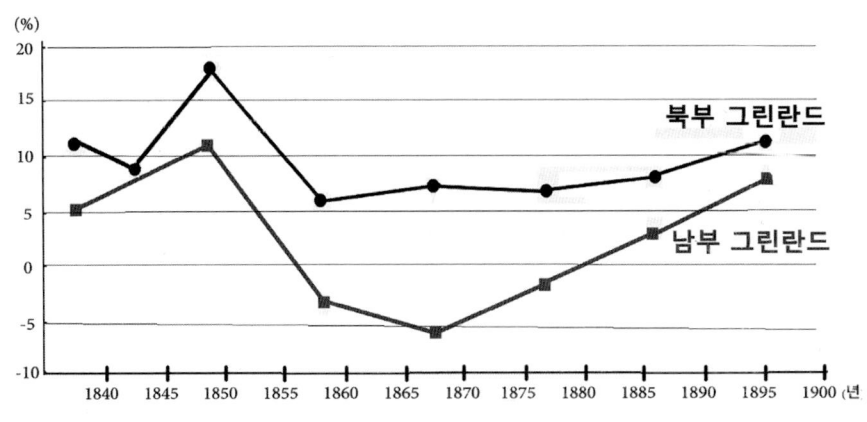

그림 7. 1834-1900년 이누이트인 증감률

자료: Ole Marquardt, "Greenland's demography, 1700-2000: The interplay of economic activities and religion," Études/Inuit/Studies, Vol.26, No.2, 2002, p.55.

---

10) ibid., pp.54-55.

하는 인구통계적 결과를 가져왔다.[11]

1834년의 첫 공식 인구 조사부터 1900년까지 북그린란드 인구 증가는 남그린란드 인구 증가보다 훨씬 앞섰다. 남그린란드는 1855년에서 1880년 사이에 마이너스 성장을 경험하기도 했다(그림 7 참조).

1855년에서 1860년 사이 남부 그린란드의 인구 감소로 인해 덴마크 통계청은 1856-60년 동안 그린란드의 연평균 출산율을 계산했다. 통계청은 이 결과를 덴마크왕국의 다른 지역에서 나온 해당 수치와 비교했는데, 놀라운 결과는 남부 그린란드의 수렵채집 사회의 출산율이 북부 그린란드보다 낮을 뿐만 아니라 덴마크 자체보다 낮았다는 것이다.

남그린란드의 저출산율은 해당 지역의 기혼 여성의 수가 상대적으로 적은 것과 비교했을 때 양호한 수준이었다(표 3 참조). 20세 이상의 여성의 절반 이상이 결혼의 제약을 받지 않고 살았던 남그린란드는 아이슬란드와 마찬가지로 덴마크왕국에서 극단적인 사례였다.

〈표 3〉 1856-60년 덴마크왕국의 출산율 추이(20-50세 여성 1,000명당)

북부 그린란드	남부 그린란드	덴마크 본토	페로제도	아이슬란드
176	140	166	132	192

(자료: Ole Marquardt, "Greenland's demography, 1700-2000: The interplay of economic activities and religion," Études/Inuit/Studies, Vol.26, No.2, 2002, p.56.)

〈표 4〉 1860년 덴마크왕국 결혼/결혼하지 않은 (20세 이상) 남성과 여성의 비율(%)

덴마크왕국	남성			여성		
	비결혼	결혼	홀아비	비결혼	결혼	과부
북부 그린란드	25.9	66.7	7.4	20.2	60.8	19.1

---

11) ibid., pp.55-56.

덴마크왕국	남성			여성		
	비결혼	결혼	홀아비	비결혼	결혼	과부
남부 그린란드	26.4	62.7	10.9	29.8	44.9	25.3
덴마크	31.8	62.2	6.0	27.2	59.1	13.7
페로제도	36.0	55.5	8.5	32.0	52.0	16.0
아이슬란드	37.9	54.8	7.3	38.7	46.5	14.8

(자료: Ole Marquardt, "Greenland's demography, 1700-2000: The interplay of economic activities and religion," Études/Inuit/Studies, Vol.26, No.2, 2002, p.56.)

북그린란드와 남그린란드의 인구 구조 차이는 두 지역 모두에서 기혼남성이 모든 성인 남성의 약 3분의 2를 차지하는 반면, 북그린란드에서는 기혼여성이 모든 성인 여성의 60.8%를 차지했지만, 남그린란드에서는 44.9%에 불과하다는 사실에서 잘 드러난다(표 5 참조). 이런 상황에서 남그린란드의 평균출산율이 낮은 것은 당연한 일이다.

1차 세계 대전이 끝난 후, 그린란드는 전통적인 사냥과 채집 이외에도 사냥, 현대 어업, 다양한 형태의 임금노동을 현대적으로 결합했다. 1901~1950년까지 여성의 비율이 높았지만, 점차 성비는 균형적으로 발전했다.

〈표 5〉 1901-97년 그린란드 원주민의 성별 추이(15-59세)

연도	1901	1911	1921	1930	1950	1960	1970	1980	1990	1997
남성	1,000	1,000	1,000	1,000	1,000	1,000	1,000	1,000	1,000	1,000
여성	1,230	1,209	1,116	1,140	1,068	1,069	1,038	947	932	919

주: 1960년과 1970년 성별 비율은 14세 이상

(자료: Ole Marquardt, "Greenland's demography, 1700-2000: The interplay of economic activities and religion," Études/Inuit/Studies, Vol.26, No.2, 2002, p.63.)

옛날 물개사냥꾼 사회는 심한 여초현상을 보였으나, 남부 그린란드에서 카약사냥이 사라지면서 성인 남성의 부족 현상이 사라졌다. 또한 1920년대에 남

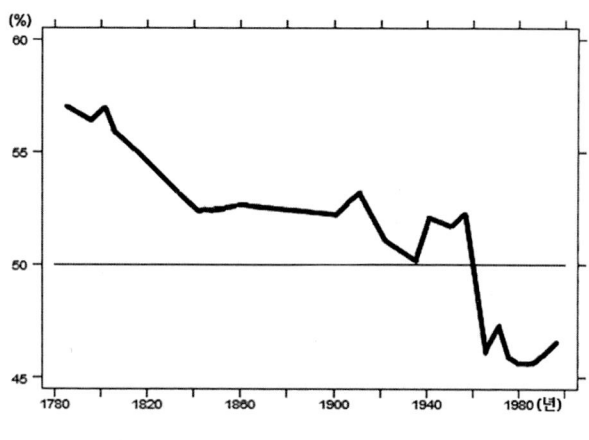

그림 8. 1786-1996년 그린란드 여성 인구 비율

자료: R. O. Rasmussen and L. C. Hamilton, The Development of Fisheries in Greenland, with Focus on Paamiut/Frederikshåb and Sisimiut/Holsteinsborg, Roskilde, Denmark: North AtlanticRegional Studies (NORS), 2001, p 37

부 그린란드에서 시작된 준공업적 어류 가공공장에 임금노동이 도입되면서, 미혼 여성도 자신과 '사생아' 자녀를 부양할 수 있게 되었다.

전 세계 다른 곳과 마찬가지로, 20세기에 위생 조치와 공중 보건 서비스가 도입되면서 그린란드의 사망률은 낮아졌지만, 동시에 사회가 과거 물개사냥을 버리고 사냥, 현대적 어업, 임금노동을 하면서 출산율이 상승했다. 20세기의 첫 3분의 1 기간 동안 출산율은 이전 세기보다 느리지만 꾸준히 상승했다. 2차 세계 대전 이후, 1950년대와 1960년대에 국가가 겪은 급속한 사회적, 경제적 변화와 전후 몇 년 동안의 국제적 베이비붐 추세에 따라 약 20년 동안 출산율이 급격히 상승했다. 그 결과, 아동인구는 점점 더 큰 비율을 차지하게 되었고, 1970년에는 그린란드에 그 어느 때보다 많은 아동인구(47.7%)가 있었다. 이후 합법화된 임신중절과 가족계획으로 출산율이 감소하여, 아동인구가 그린란드 인구에서 차지하는 비중이 이전보다 작아졌다.

19세기의 후반부에는 남부 그린란드의 기후 변화로 인해 기온이 따뜻해졌

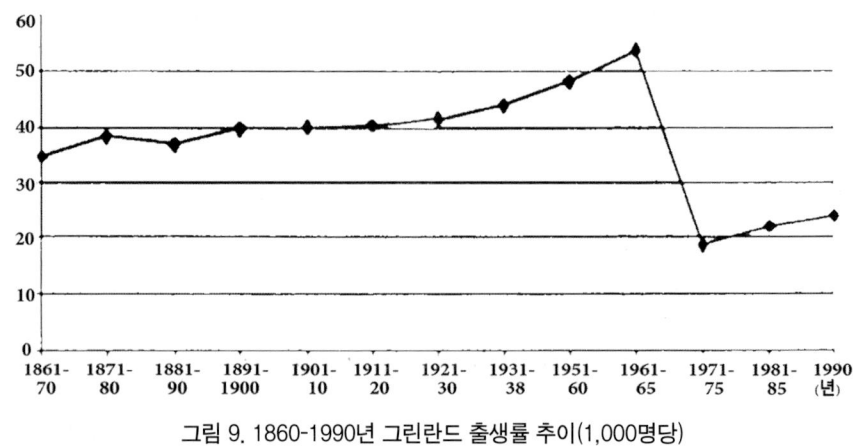

그림 9. 1860-1990년 그린란드 출생률 추이(1,000명당)

자료: Ole Marquardt, "Greenland's demography, 1700-2000: The interplay of economic activities and religion," Études/Inuit/Studies, Vol.26, No.2, 2002, p.64.

고 폭풍우가 예전보다 더 빈번해졌다. 남부 그린란드인들은 일반적으로 물개 사냥에 전적으로 의존했으나, .카약 사냥의 조건이 악화하여 물개사냥이 어려워졌다. 이 기간에 중부 남부 그린란드의 불균형한 성비가 심화하였다.

Ⅲ. 그린란드 인구 구조와 특성

그린란드가 덴마크왕국의 식민지에서 완전히 덴마크에 통합된 1953년부터 1979-2008년 제한된 자치정부 시기까지, 2009년 이후 확대된 자치정부 시대, 그리고 2100년까지 미래 그린란드 인구 구조와 특성을 분석하면 다음과 같다.

최근 그린란드인과 접촉한 유럽 14개국에서 온 3,972명의 그린란드인과 8,275명의 유럽인의 고밀도 SNP Chip 데이터를 결합하고 하플로타입

(haplotype-based) 기반 방법을 사용하여 유럽 14개국 각각의 조상 기여도를 추론한 결과, 그린란드인의 유전적 조상의 4분의 1은 북유럽인, 특히 대부분은 덴마크 계열로 추정하고 있다.[12] 현재 그린란드인의 10%는 덴마크인이며, 덴마크에 거주하는 그린란드인은 만 7,000명으로 추정된다.[13]

1950년에서 2024년 사이에 그린란드의 인구는 23,209명에서 55,840명으로 증가했다. 73년 동안 인구 규모는 140.6% 증가했다.

그린란드 인구의 중간 연령은 34.65세, 인구밀도는 1㎢당 0.14명, 유아 사망률은 1,000명당 9.62명, 남성 29,360명, 여성 26,480명으로 집계됐다.

그린란드의 미래 인구(2024-2100)는 55,840명에서 37,230명으로 감소할 것으로 예상된다. 2024년에서 2100년까지 인구 규모가 60.41% 감소할 것으로 추정했다.

1950년대부터 39.5세였던 기대수명이 2024년에는 70.19세로 급격히 늘어났다. 미래에 그린란드는 2100년까지 인구 기대 수명이 79.74세에 도달할 것으로 예상된다.

---

[12] Ryan K. Waples, Aviaja L. Hauptmann, Inge Seiding, Emil Jørsboe, and etc., "The genetic history of Greenlandic-European contact," Current Biology (May 24, 2021), p. 2214. SNP는 Single Nucleotide Polymorphism)의 약어로 DNA 서열에서 하나의 염기서열(A,T,G,C)의 차이를 보이는 변이를 의미함. "[Genotyping] SNP Array," https://bioinformaticsandme.tistory.com/132 (검색일: 2025.03.15); 하플로타입(Haplotype)은 haploid(홑배수체)와 genotype(유전자형)의 합성어로, 어떤 생명체에서 한 부모로부터 함께 유전되는 대립유전자의 집합, 즉 생식자의 유전자형을 의미함. "하플로타입," https://ko.wikipedia.org/wiki/%ED%95%98%ED%94%8C%EB%A1%9C%ED%83%80%EC%9E%85 (검색일: 2025.03.15).

[13] "The Indigenous World 2024: Kalaallit Nunaat (Greenland)," https://iwgia.org/en/kalaallit-nunaat-greenland/5393-iw-2024-kalaallit-nunaat.html (검색일: 2025.03.15).

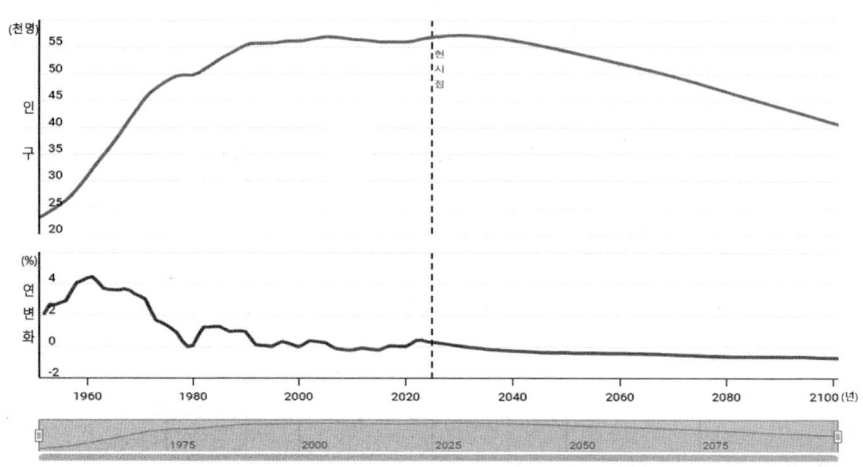

그림 10. 1954-2100년 그린란드 인구와 성장률 추이

자료: "Greenland Population 1950-2024," Macrotrends, 2024. Greenland Population 1950-2024 | MacroTrends

〈표 6〉 1950-2100년 그린란드 기대 수명 추이

연도	기대수명(나이)	연도	기대수명(나이)
1950	39.502	2030	70.876
1960	58.546	2040	72.091
1970	63.029	2050	73.353
1980	62.120	2060	74.612
1990	63.239	2070	75.911
2000	65.631	2080	77.194
2010	68.454	2090	78.458
2020년	70.155	2100년	79.738

(자료: "GL Population of Greenland: Life Expectancy of Greenland Between 1950 - 2100 (10 Year Increments)," database.earth, 2024. Population of Greenland 1950-2024 & Future Projections)

그린란드의 합계출산율은 1950년대부터 하락 추세를 보였으며 앞으로도 계속될 것이다. 그린란드의 총출산율이 2100년까지 여성 1인당 1.729명의 출

산율에 도달할 것으로 예상했다.

〈표 7〉 1950-2100년 그린란드 총출산 추이

연도	합계 출산(명)	연도	합계 출산(명)
1950	5.6414	2030	1.861
1960	6.6863	2040	1.8174
1970	3.5411	2050	1.7963
1980	2.3543	2060	1.7723
1990	2.418	2070	1.7588
2000	2.347	2080	1.7447
2010	2.2407	2090	1.7422
2020	1.9984	2100	1.729

(자료: "GL Population of Greenland: Fertility Rate in Greenland Between 1950 - 2100 (10 Year Increments)," database.earth, 2024. Population of Greenland 1950-2024 & Future Projections)

그린란드의 중위연령은 1950년대부터 상승 추세를 보였으며 앞으로도 계속될 것으로 예측된다. 그린란드의 중위연령이 2100년까지 44.87세에 도달할 것으로 추정하여 인구노령화가 계속될 것으로 예측할 수 있다.

〈표 8〉 1950-2100년 그린란드 중위연령 추이

연도	중위연령	연도	중위연령
1950	17.6493	2030	37.1496
1960	17.2166	2040	40.0541
1970	18.1445	2050	39.5907
1980	22.8178	2060	40.7633
1990	26.8376	2070	42.7673
2000	31.123	2080	42.9686

| 2010 | 32.5102 | 2090 | 43.4925 |
| 2020 | 33.596 | 2100 | 44.8698 |

(자료: "GL Population of Greenland: Median Age in Greenland Between 1950 - 2100 (10 Year Increments)," database.earth, 2024. Population of Greenland 1950-2024 & Future Projections)

그린란드 사망자는 2024년에는 그린란드에서 563명이 사망한 것으로 집계되었다. 이는 그린란드의 사망자 수가 2022년 542명 사망한 수치보다 증가하고 있다.

처음으로 그린란드인이 포함된 조사위원회 보고서(잘 알려진 'G60')는 1960년대에 효율성 측면에서 도시화와 중앙집권화를 강화했다. 이 전략은 산업을 간소화하기 위해 몇몇 마을에서 인구를 교육하고 집중시키는 것이었다. G60 보고서는 덴마크 본토보다 그린란드의 생활 조건이 심각한 상황임을 지적했다. 주로 의료, 학교, 주택 공급뿐만 아니라 경제(수산물 가공 및 1970년대부터 게 가공 확장) 및 기반시설(부두 및 헬리콥터 착륙장 건설)에 투자가 이루어졌다. 당시 덴마크는 총 20억 DKR(덴마크 크로네)에 달하는 막대한 금액을 투자했다. 더 나은 의료서비스와, 건강에 해로운 가옥재료인 이탄을 사용한 흙집의 철거로 광범위하게 만연된 결핵이 급속히 감소했다. 그 결과 평균수명은 1945년 남성 32세, 여성 38세에서 1970년대 각각 63세, 68세로 늘어났다.[14]

---

14) Rolf Lindemann, "Grönland - Perspektiven eines Entwicklungslandes in der Arktis," (TERRA-Online Lehrerservice, 1999) (klett.de), p.5.

<표 9> 1950-2100년 그린란드 사망 추이

연도	사망(명)	연도	사망(명)
1950	514	2030	645
1960	320	2040	765
1970	308	2050	759
1980	405	2060	684
1990	477	2070	675
2000	463	2080	643
2010	477	2090	571
2020	522	2100	547

(자료: "GL Population of Greenland: Deaths Greenland Between 1950 - 2100 (10 Year Increments)," database.earth, 2024. Population of Greenland 1950-2024 & Future Projections)

2024년 그린란드는 -284명의 순이주가 나타났다. 이는 그린란드로 이주하는 사람이 그린란드로 이주하는 사람보다 284명 더 많다는 것을 의미한다. 그린란드의 순이주가 -323명이었던 전년도인 2022년과 비교했을 때 순이주가 증가했다. 그린란드의 인구 유입/유출 통계에서 보면 1950~1980년대까지는 지속적으로 유입됐지만 1990년대와 2000년대 각각 648명과 229명의 높은 순유출을 기록했다. 2020년대까지 유출은 계속 이어졌으며 2030~2100년에도 이 현상은 지속해서 이어질 것으로 추정된다.

그린란드는 1950년대 이후 평균출산연령이 감소했다. 30.11세에서 27.97세로, 전체 인구의 평균 출산연령이 -7.12% 감소했다. 2020년 27.94세, 2021년 27.93세, 2023년 27.92세, 2024년 27.965세로 집계됐다.

그린란드의 출생인구는 1950년 964명, 1960년 1,498명 최대치를 기록한 후 1970년과 1980년 각각 1,100명, 1,010명에서 1990년 1,246명으로 증가했으나 2000년부터 지속해서 감소하여 2100년 351명으로 감소할 것으로 예측된다.

2024년에 그린란드는 출생자 수는 762명으로 추정되며, 2022년에 기록한 804명의 신생아 출산 수와 비교했을 때 감소한 수치다.

그린란드의 인구 증감율은 2024년 7월 1일 현재 -0.156%다. 이는 전년도 데이터와 비교했을 때 0.054% 포인트 감소한 수치다. 2024년까지 그린란드의 인구 증가율은 -0.156%로 감소할 것이다. 더 나아가 미래를 살펴보면 그린란드의 인구 증가율은 2100년까지 -0.65%의 감소율을 보일 것으로 예상된다.

〈표 10〉 1950-2100년 그린란드 인구 증감률 추이

연도	인구성장률(%)	연도	인구성장률(%)
1950	2.159	2030	-0.303
1960	4.389	2040	-0.543
1970	2.877	2050	-0.513
1980	1.207	2060	-0.557
1990	0.228	2070	-0.648
2000	0.393	2080	-0.624
2010	0.588	2090	-0.577
2020	-0.055	2100	-0.65

(자료: "GL Population of Greenland: Population Growth Rate of Greenland Between 1950 - 2100 (10 Year Increments)," database.earth, 2024. Population of Greenland 1950-2024 & Future Projections)

현재 덴마크, 핀란드, 스웨덴, 올란드에서 유소년(0-14세)보다 노인(65세 이상)이 더 많다. 노르웨이에는 유소년과 노인의 수가 거의 같지만, 몇 년 후에는 노인이 젊은이를 추월할 것으로 예상된다. 아이슬란드, 페로제도, 그린란드와 상황은 다른데, 그곳에는 여전히 노인보다 유소년이 많다. 그린란드는 북유럽에서 가장 큰 차이를 보이며, 노인보다 유소년이 2배 이상 많다. 이는 그린란드의 높은 출산율과 가장 짧은 기대 수명과 관련된다. 북유럽은 낮은 출산율과 고령화에도 불구하고 북유럽 지역의 총인구는 1990년 이후 18% 증

가했는데, 이는 순이주 때문이다.[15]

　1950년 그린란드 인구는 2만 3,209명에서 73년이 지난 2024년에 140.6% 증가한 5만 5,840명으로 증가했다. 2024년 그린란드 인구는 5만 5,840명으로 남성 2만 9,360명, 여성 2만 6,480명으로 집계됐다. 1950년 인구밀도는 1km^{2}당 0.057명에서 2024년 0.136명으로 증가했지만, 여전히 세계에서 인구밀도가 가장 낮은 지역이다.[16]

　2024년 그린란드 연령별인구를 보면 0~14세 20.4%(남성 5,964명/여성 5,798명: 1.03), 15~64세 67.1%(남성 20,050명, 여성 18,711명: 1.13), 65세 이상: 12.5%(남성 3,829명, 여성 3,399명: 1.07), 평균연령은 35.3세(남성 35.9세, 여성 34.7세), 100명당 출생률 13.5명, 사망률 9.2명, 영유아사망률 8.5명(남자 9.9명, 여자 6.9명)으로 집계됐다.[17]

　그린란드의 5개 행정구역 중 가장 큰 면적의 행정구는 세르메르소크(SMS), 아반아타(AVA), 케크카타(QQT), 케케르탈리크(QTL), 쿠얄레크(KJL) 순이며, 2024년 기준으로 인구수는 SMS, AVA, QQT, KJL, QTL 순이다. 그린란드 수도 누크(Nuuk)가 위치한 SMS와 일루리사트 주도인 AVA 등 2개 구역 면적이 109만 8천km^{2}로 전체 면적의 2배 이상이며, 인구수도 3만 4,328명으로 전체 인구의 60% 이상을 점유하고 있다. 또한 SMS 인구수는 1980년부터 지속해서 증가하는 추이를 보이고 있으며, AVA 인구수는 2010년 최고점 1만 973명에서

---

15) Lars Bevanger, "The Nordics lack children - only Greenland stands out," *Nordic Labour Journal* (Feb. 15, 2020).

16) CIA, "Explore All Countries: Greenland," CIA World Factbook (May 8, 2024); "Facts about Greenland," https://www.norden.org/en/information/facts-about-greenland (검색일: 2025.03.15).

17) ibid.

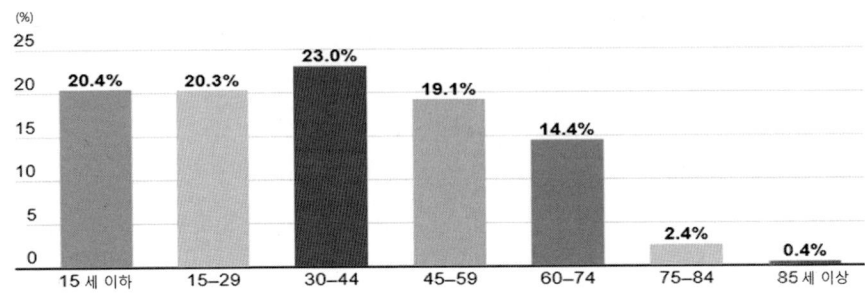

그림 11. 2024년 그린란드 연령별 인구

2020년 1만 726명으로 감소했지만, 2024년에 1만 846명으로 증가했다. KJL, QTL, QQT 인구수는 지속해서 감소하는 추이를 보인다.

〈표 11〉 그린란드 행정구역별 면적과 인구

행정구역	면적 km²	1980*	1990*	2000*	2010*	2020*	2024*
아반나타	522,700	9,425	10,466	11,190	10,973	10,726	10,846
쿠알레크	51,000	7,921	8,363	8,053	7,859	6,439	6,145
케케르탈릭	62,400	7,546	7,822	7,507	6,776	6,340	6,058
퀘카타	97,000	8,809	9,638	9,542	9,677	9,378	9,204
세르메르수크	575,300	15,528	18,923	19,549	21,232	23,123	23,482
기 타	857,600	544	346	283	205	75	64
그린란드 총계	2,166,000	49,773	55,558	56,124	56,452	56,081	56,699

주: * 1월 1일 기준; X 지방행정 구역 아님

(자료: Kalaallit Nunaanni Naatsorsueqqissaartarfik, "Greenland: Municipalities, Major Towns, Settlements & Stations - Population Statistics, Maps, Charts, Weather and Web Information," 2024. Greenland: Municipalities, Major Towns, Settlements & Stations - Population Statistics, Maps, Charts, Weather and Web Information)

그린란드의 도시화율은 1960년 59%, 1970년 73%, 1980년 76%, 1990년

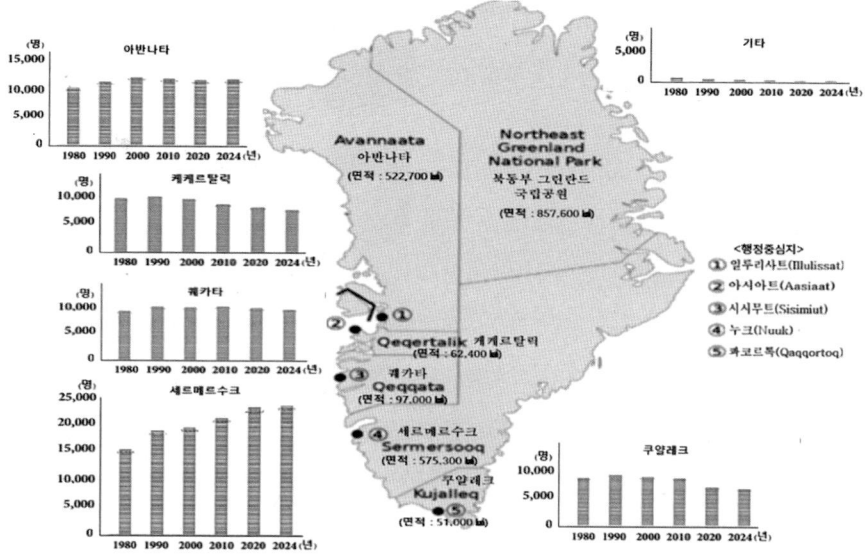

그림 12. 그린란드 행정구역별 인구 변화

80%, 2010년 84%, 2020년 87%로 증가했다.[18] 인구의 대다수가 도시지역으로 집중하고 있다. 그린란드의 교육받은 엘리트는 수도인 누크(Nuuk) 근무를 선호했다.

2024년 1월 1일 기준으로 그린란드의 인구(5만 6,699명) 중 남성 52.8%(2만 9,921명), 여성 47.2%(2만 6,778명)다. 연령별 인구 구조로 0-17세 23.8%(만 3,504명), 18-64세 66.1%(3만 7,463명), 65세 이상 10.1%(5,732명)다. 10년 단위 연령별로 0-9세 7,784명, 10-19세 7,197명, 20-29세 8,096명, 30-39세 9,301명, 40-49세 6,654명, 50-59세 7,926명, 60-69세 6,650명, 70-79세 2,422명, 80-89세 619명, 90세 이상 50명으로 집계됐다.

---

18) "Urban population (% of total population) - Greenland," https://data.worldbank.org/indicator/SP.URB.TOTL.IN.ZS?locations=GL (검색일: 2025.03.16).

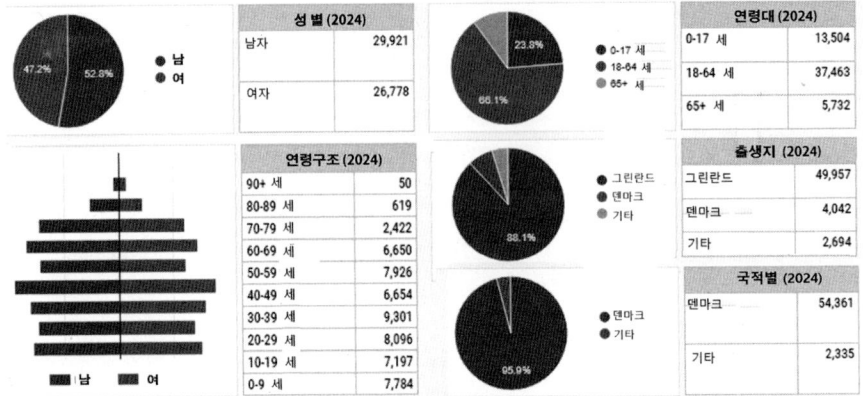

그림 13. 2024년 그린란드 인구구조

자료: Kalaallit Nunaanni Naatsorsueqqissaartarfik, "Population Structure," 2024.

그린란드인의 출생지는 그린란드 4만 9,957명(88.1%), 덴마크 4,042명, 기타 해외 2,694명이며, 국적별 인구수는 덴마크 5만 4,361명(95.9%) 기타 해외인 2,335명(4.1%)이다.

그린란드에서 태어나 덴마크에 거주하는 사람의 수는 지난 10년 동안 꾸준히 증가했다. 2023년 17,000명 이상의 그린란드 사람들이 덴마크에 거주하고 있다. 이 수치는 순 덴마크인이 포함되어 있어 이누이트인의 수는 정확히 추정할 수는 없지만, 그린란드를 대표하는 덴마크 의원 아키-마틸다 회그-담(Aki-Matilda Høegh-Dam)은 약 14,000명으로 추산했다.[19]

2024년 1월 1일 현재 그린란드 주민의 대부분은 덴마크 시민권을 가지고

---

19) "Aki-Matilda Høegh-Dam: We will hold an independence referendum in Greenland no matter what," vilaweb.cat, May 17, 2023, https://www.vilaweb.cat/noticies/aki-matilda-hoegh-dam-we-will-hold-an-independence-referendum-in-greenland-no-matter-what/ (검색일: 2025.03.16).

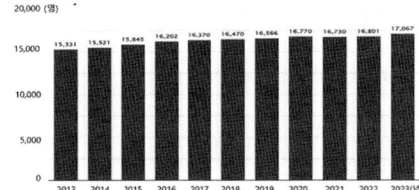

그림 14. 2013-23년 그린란드에 태어난 덴마크 거주인

(자료: Einar H. Dyvik, "Number of people from Greenland living in Denmark 2013-2023," Statista, Aug. 23, 2024.)

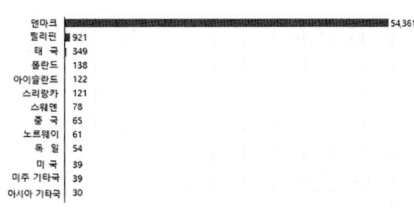

그림 15. 2024년 그린란드 국적별 인구

(자료: Einar H. Dyvik, "Population of Greenland in 2024, by citizenship," Statista, Jul. 4, 2024.)

있으며, 그 수는 54,400명이다. 필리핀과 태국 시민권이 두 번째와 세 번째로 많았으며, 같은 해에 각각 921명과 349명의 시민이 그린란드에 거주했다.

그린란드의 지역 내에 새로운 인구유인 상황이 없고, 낮은 출산율과 외부로의 이주가 증가한다면 그린란드의 인구는 지속적으로 감소할 것으로 예측된다.

Ⅳ. 그린란드의 인구와 사회 환경 변화

2024년 1월 1일 기준으로 덴마크왕국 내에 그린란드의 총인구 5만 6,699명으로 88%가 이누이트족이다. 이 토착민들은 통칭하여 이누이트(Inuit)로 알려졌지만, 대부분의 그린란드인은 이누구이트(Inughuit), 투누미트(Tunumiit), 칼라알리트(Kalaallit)의 세 가지 하위 집단으로 나뉜다. 각자는 고유한 언어나 방언을 가지고 있지만, 실용적인 이유로 대부분 이누이트인은 덴마크어와 칼라알리수트(Kalaallisut)를 모두 사용하는 이중 언어를 구사한다. 그린란드 정부는 2009년 자치정부를 확보하여 그린란드 인구가 영향을 받는 대부분 지역에 대해 중앙정부가 관할권을 행사할 수 있게 되었다. 따라서 그린란드는 인구가 주로 토착민이고 유일한 공식 언어인 칼라알리수트(Kalaallisut)는 초등 및 중등학교에서 가르치고 공식 업무를 수행하는 데 사용된다.

1953년 그린란드의 덴마크왕국의 통합이라는 새로운 정치직, 문화적, 경제적 현실은 그린란드 사람들의 삶의 방식에 급진적인 변화를 불러왔으며, 이누이트족은 소수민족이 아니라 덴마크인의 지위를 부여받았다. 새로운 그린란드 지방 의회는 1953년에 덴마크 그린란드 내각을 통해 덴마크 정부와 긴밀한 관계를 조성했다. 그러나 그린란드인은 항상 2등 민족으로 차별했으며, 덴마크인 대부분은 그린란드인을 부정적 시각이 많았으며, 현재 덴마크에 거주하는 그린란드인은 교육기관에서 차별은 해결되지 않고 있다.

새로운 정치적, 문화적, 경제적 현실은 그린란드 사람들의 삶의 방식에 급진적인 변화를 가져다주었고, 이누이트족은 이제 모두 일자리, 교육 및 사적 재정 노력을 통해 시민이 되었다. 정체성, 문화적 자기이해, 교육자본의 빠른 변화와 결합한 대량 이주가 나중에 새로운 성장 도시에서 일부 심각한 알코올 남용에 대한 불만과 황폐함을 초래했다고 여겨졌다. 의료시스템의 현대화로 인해 대부분 사람이 그린란드에서 다양한 질병에 대해 진단받고 치료받을 수 있었고 전반적인 건강 복지가 크게 향상되었다. 동시에 도시의 새로운 건물에는 해안 전역에서 온 100명 이상의 사람이 거주하기 시작했다. 세대 간 생활이 귀중한 표준이었던 곳에서 개인 주택이 갑자기 자금 지원을 받았고 사람들은 이제 정부가 주도한 지원으로 자기 집을 지을 수 있었다. 도시에는 도로가 건설되었고 자동차가 일상적인 도시 생활의 일부가 되기 시작했다. 대다수 사냥꾼, 어부 사회에서 산업문명으로의 변화는 급격히 일어났고, 외곽 마을과 거주 지역의 재정적, 산업적 폐쇄로 인해 인위적으로, 도시로 강제 이주시킨 많은 지역 주민은 그들의 새로운 집에서 주인이라기보다는 이방인이 되었다.

경제적 추구는 새로운 덴마크 시민들의 일상생활에서 중요한 요소가 되었다. 1953년에 국가 위원회에서 처음으로 아동 보호 복지가 입법되었다. 이러한 정책은 그린란드 사람들을 덴마크 출신 동료들과 동등하게 만드는 것을 목표로 했지만, 고급 및 숙련 노동력에서 그린란드 사람들의 비중은 감소했다. 노동력의 새로운 상황과 덴마크와 그린란드 임금의 불평등이 결합된 그린란드의 정치 사회경제적 방향은 다시 고민을 시작해야만 하는 몇 가지 이유가 나타났다. 지역 노동력에 대한 더 나은 평등과 인센티브를 창출하기 위한 새로운 계획이 수립되었다.

그린란드 땅은 서쪽으로 데이비스 해협, 배핀만, 나레스 해협에 의해 캐나다 동부 북극과 분리되어 있으며, 동쪽으로는 아이슬란드와 덴마크 해협으로 분리되어 있다. 그린란드의 면적은 2,166,000㎢로 세계에서 가장 큰 섬이지만, 약 410,000㎢ 정도에만 빙하가 녹아 노두가 노출되어 있고 나머지는 약 3km 두께의 얼음으로 덮여 있는 지역이다. 과거 이누이트인들의 거주지는 상대적으로 낮은 고도의 연안지역에 입지하고, 기후적으로 생활에 유리한 남서부에 거주하였다. 덴마크정부는 소규모 정착지를 위한 재화와 서비스의 적절한 배분이 적당하지 않다고 생각했다. 그 결과 주택, 학교, 의료/보건 서비스시설의 확충은 그린란드인의 강력한 도시화 물결을 가속화시켰다. 1960년 정착지 수는 149개에서 1975년 122개로 감소했다. 같은 기간 3대 도시인 누크(Nuuk)의 인구는 162%, 시시미우트(Sisimiut)는 114%, 일루리사트(Ilulissat)는 157% 증가했다. 도시에서는 1960년대 유럽의 도시 계획 아이디어에 따라 다층 아파트 블록이 건설되었다. 동시에 이러한 도시 집중은 수렵 동물의 특성에 따라 이동하는 수렵문화의 소멸을 가져왔다. 그린란드의 현대화는 북유럽 전체에서 가장 큰 아파트 건물인 '블록 P'의 건설로 정점을 찍었고, 1966년 누크 중심부에 건설되어 2012년 철거될 때까지 수년 동안 그린란드 전체 인구의 1% 이상이 거주했다.

그린란드의 주요 기반 건설과 확장에는 노동력이 필요했다. 이들 노동자는 그린란드인만이 아니라 종종 여름 동안만 덴마크에서 왔다. 덴마크인들은 일반적으로 그린란드에 짧은 기간만 머물며 그린란드에서의 체류를 덴마크 본토에서의 경력을 위한 발판으로 여기기 때문에 그린란드의 특정 조건에 특별히 익숙해지려는 의지가 없는 경우가 많다.

덴마크 정부의 그린란드의 '덴마크화' 동화정책은 무리하게 이루어진 경우도 발생하였다. 1950년대 초반, 22명의 이누이트 어린이가 자신의 집에서 끌려 나와 덴마크로 이송되어 덴마크인으로 양육되면서, 토착민들에 대한 비인권적인 사회 실험 사례가 발생했다. 목표는 그린란드를 빈곤과 저개발에서 벗어나게 할 새로운 지식인을 양성하는 것이었다. 일 년 반 후에 그들은 그린란드로 송환되어 적십자 시설에 수용되었고 모국어로 말할 기회도 박탈당하였다. 성인이 된 후 그들 중 일부는 덴마크로 돌아갔고, 대부분은 정신 건강 문제를 겪고 약물 남용의 희생자가 되었다. 2020년 12월, 덴마크 정부는 서면 사과문을 발표했지만, 금전적 보상은 거부했다. 2023년 생존자 6명으로부터 소송을 당한 정부는 분쟁을 해결하고 각 원고에게 약 37,000달러의 배상금을 지급하기로 합의했다.[20]

덴마크 출신 정착민들은 그린란드 지역 주민들을 2등 시민으로 취급하는 신식민지 통치자로 자리 잡았다. 1999년 1월 1일 기준으로 56,083명의 그린란드인 중 11.2%는 그린란드에서 태어나지 않았다(대부분 덴마크인). 이 비율은 1989년 17.3%에 비해 많이 감소했다. 1964년에 출생지 기준(덴마크 또는 그린란드)이 도입된 후 출생지로 급여가 결정되었다. 덴마크에서 태어났다면 동일 직업의 급여가 그린란드에서 태어났을 때보다 높았다.

전반적으로 1940년에서 1975년 사이에 그린란드 인구는 급격히 증가했다. 이는 주로 출산율이 매우 높았기 때문이었다. 1960년대의 합계출산율은 7명이었다. 즉, 모든 그린란드 여성은 평균 7명의 자녀를 낳았다.[21] 이러한 그린란드인의 빠른 인구 성장에 두려움을 느낀 덴마크 정부는 산아제한과 그린란드인의 덴마크 이주를 목표로 했다. 덴마크에 거주하는 그린란드인(대부분 청장년)이 약 1만 명이며, 1966-75년에 덴마크 의사들이 산아제한을 위해 그린란드 여성의 피임 캠페인을 조성했다. 13세 이하 그린란드 여성 약 4,500명이 이러한 조치를 받은 것으로 추산된다.[22] 산모가 20세 미만으로 (계획되지

---

20) "Остров Гренландия - на грани ≪независимости≫, поощряемой англосаксами," Военно-политическая аналитика, 20.05.2023, https://vpoanalytics.com/geopolitika-i-bezopasnost/ostrov-grenlandiya-na-grani-nezavisimosti-pooshhryaemoj-anglosaksami/ (검색일: 2025.03.16).

21) ibid.

22) "Конституция Гренландии - шаг к независимости и примирению?," https://www.imemo.ru/publications/policy-briefs/text/beluhin (검색일:

않은) 출산하는 비율도 크게 늘었다. 20세 미만의 출산은 1990년 299명에서 1996년 588명으로 증가했다. 합법적인 낙태 건수도 놀라울 정도로 높다. 그린란드에서는 출생 1,000명당 낙태 건수가 약 800건으로, 이는 덴마크보다 약 4배 높다. 특히 걱정되는 점은 20세 미만의 경우 691건이라는 점이다. 그러나 최근 약 150명의 그린란드 여성이 자신들의 동의나 지식 없이 피임 코일을 장착했다고 주장하며 덴마크 정부를 상대로 소송을 제기했다. 일부 여성들은 그린란드의 인구를 줄이기 위해 덴마크 의사들이 자궁내장치(IUD: Intrauterine device)를 장착했을 때 12살밖에 되지 않았다. 덴마크 소피 뢰데(Sophie Løhde) 내무부 장관은 "이는 비극적인 일이며, 우리는 무슨 일이 일어났는지 진상을 규명해야 하며", "현재 조사단이 독립적이고 공정한 조사를 진행하고 있다"고 말했다.[23] 2023년 6월 초, 덴마크, 그린란드, 페로제도 접촉위원회 누크 회의에서 덴마크 메테 프레데릭센(Mette Frederiksen) 총리와 라스 뢰케 라스무센(Lars Løkke Rasmussen) 외무장관은 두 가지 불법적인 사건에 대하여 그린란드인들의 항의에 직면했다. 20세기 후반 있었던 그린란드 여성의 불법피임과, 덴마크 당국이 1911-74년 아버지에 대한 정보 제공을 거부한 불법적인 '그린란드 고아' 사건이 문제로 부각되었다. 2016년 그린란드에는 서류상 아버지에 관한 정보가 없는 사람이 약 5,000명으로 추정되고 있다.[24] 결국

2025.03.16).

23) "Greenlandic women sue Danish state for contraceptive 'violation'," The Guardian, Mar 4, 2024, https://www.theguardian.com/world/2024/mar/04/greenlandic-women-sue-danish-state-for-contraceptive-violation-coil (검색일: 2025.03.16).

24) "Дания и Гренландия по-прежнему в поисках общей арктической стратегии," https://russiancouncil.ru/analytics-and-comments/columns/arcticpolicy/daniya-i-grenlandiya-po-prezhnemu-v-poiskakh-obshchey-arkticheskoy-strategii/ (검색일: 2025.03.16).

덴마크왕국의 1950-70년대 산아제한 정책으로 인해 그린란드 인구는 증가를 멈추게 되었다.

유럽인의 눈으로 본 전통적인 그린란드 사회는 성적인 문제에 있어서 매우 관대했다. 이에 따라 많은 그린란드 사람이 15~18세기 바스크, 네덜란드, 독일 포경 선원과의 성관계, 그리고 덴마크인과 혼혈로 유럽인의 피를 나눈 조상으로 여기게 되었다. 그러나 이러한 태도는 1960년 이후 호황기에는 엄청나게 많은 수의 성병을 초래했다. 1983년에는 12,538명의 임질 사례가 등록되었다(당시 인구 49,773명 중). 이 수치는 오늘날에 급격하게 감소했지만, 최근에는 에이즈가 나타나게 되었다. 에이즈 질환 사례는 1990년부터 1996년까지 47건에서 190건으로 증가했다.

그린란드 사회가 현대화 과정에 적응하는 데 문제가 있다는 더욱 명확한 증거는 자살률에서 찾을 수 있다. 그린란드 전체 사망자의 약 30%는 통계적 의미에서 '부자연스러운 사망', 즉 살인, 자살, 사고로 인한 사망이다. 그린란드의 1인당 GDP는 덴마크 평균의 약 3분의 2이지만 자살률은 7배 이상 높다. 이러한 높은 비율은 그린란드의 평균 기대 수명이 여전히 덴마크보다 10년 낮은 이유를 설명한다. 자살률은 10~19세 사이에서 특히 높으며, 1992년에는 여성의 자살률이 394명, 남성의 경우 4,169명에 이르렀다. 그리고 자살하는 사람은 주로 젊은 남자들이다. 현재 높은 자살률은 그린란드 원주민 특유의 특징이며 항상 존재해 왔다고 생각할 수 있다. 이는 사실이 아니다. 1971년 그린란드의 자살률은 17명이었다.

그린란드가 독립적인 공동체를 형성하는 한계요인으로는 재정 자립 외에도 적은 인구수가 있다. 2024년 기준으로 인구는 5만 5,840명으로 1km^{2}당 인구밀도가 0.136으로 세계 최저 수준이다. 2100년 미래 인구는 2024년보다 60% 수준인 3만 7,230명, 인구 밀도도 0.0907로 감소할 것으로 추정한다. 적은 국민 수는 인재와 인력 등 인적자본의 부족을 유발한다. 알코올 남용, 높은 자살률, 여전히 열악한 보건 위생 등으로 인구는 지속적으로 감소하고 있으며, 인구 순유출 현상도 현저하게 나타나고 있다. 덴마크지역에 거주하는 그린란드인이 1만 4천 명으로 추정되고 있어 북극 디아스포라 현상도 가시화하고 있다. 그 결과 해외인력 유입이 점차 증가하고 있다. 2018년부터 2023년까지 주로 아시아 국가에서 온 취업 외국인(17~64세) 약 1,000명이 그린란드로 이주했다. 2018년부터 해외 취업자 수는 지속해서 증가하여 2023년 약 1,750명을 기록했다.

2100년 그린란드 인구가 3만 명 수준으로 감소할 것이라는 예측은 인구학적 위기를 가속화하면서, 그린란드 존립 자체도 위험한 상태다. 그러나 지난 4500년 동안 극한 상황에서도 지혜롭게 생존한 이누이트족의 전통은 계속 이어질 것으로 기대한다.

근래 급속히 진행되는 기후환경의 변화는 그린란드의 석유, 가스 등의 천연자원뿐 아니라. 최근 세계적 관심을 끌고 있는 희토류 자원의 중대한 매장지역으로 관심이 집중되고 있다. 2009년 덴마크로부터 자치권을 획득한 그린란드는 광물자원 및 석유자원에 대한 100% 지배권을 갖게 되었다. 초기에는 기초금속, 다이아몬드, 보석, 금, 니켈과 백금족 원소에 대한 광물자원 탐사가 활발하게 진행되었으나, 그린란드에 많은 양의 희토류 부존이 알려지면서 희토류에 대한 관심이 집중되고 있다. 그린란드 북쪽에는 기초금속인 납-아연-구리(Pb-Zn-Cu) 광화대가 발달하며, 동쪽에는 몰리브덴(Mo), 구리(Cu), 페그마타이트(PGE), 금(Au), 니켈(Ni) 광화대, 남쪽에는 린콜라이트(REE), 지르코늄(Zr), 니오븀(Nb), 탄탈럼(Ta), 우라늄(U), 토륨(Th), 불소(F) 광화대, 시생대(Archean)지역에는 금(Au), 리튬(Li), 철(Fe), 루비 광산 등이 발달하며, 그

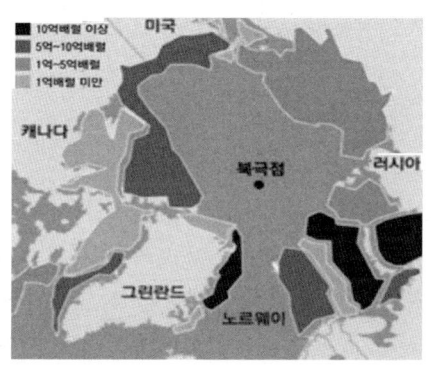 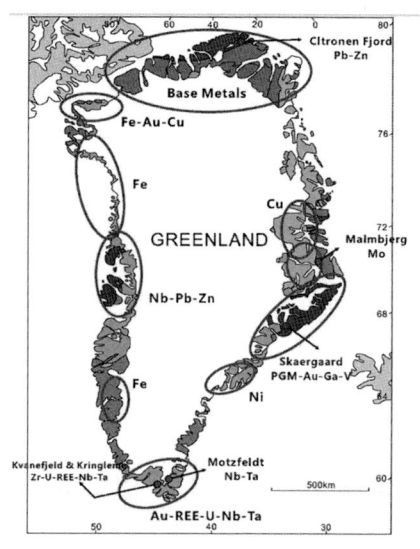

그림 16. 북극해의 석유 가스 자원 매장량   그림 17. 그린란드의 광물자원 매장 분포

(출처 : https://www.mk.co.kr/news/it/view/2019/08/615886/(검색일 2020.7.30.)   (출처 : 고상모·이길재·양석준, 2012, "그린란드의 지질 및 광물자원 부존현황,")

외의 광물로는 철, 다이아몬드, 흑연광상등이 분포한다[25].

    그린란드의 풍부한 광물자원은 미국과 중국 등 각국이 개발에 관심을 보이는 중요한 요인이 된다. 그린란드가 새로운 산업지역으로 발전하여 일자리를 창출하고 새로운 인구를 유입하게 된다면, 인구감소와 선주민의 상대적으로 낮은 경제적 수준을 극복하고 비약 발전할 기회가 될 것이다.

---

25) 고상모·이길재·양석준, "그린란드의 지질 및 광물자원 부존현황," 『광물과 산업』 (Mineral science and industry) 제25권 (한국광물학회, 2012), pp. 29-36.

V. 맺음말

그린란드 거주자의 대부분은 북극권의 소수민족에 해당하는 이누이트 민족이다. '민족'의 개념은 그 어원적 의미로는 출신을 의미한다. 특히 낭만주의에서는 인종적 민족공동체와 관련지어 생각하고, '국가'와는 반대의 의미로 사용된다. 국가 내에서의 민족은 보다 넓은 국가 테두리 안에 종족이 되고 언어적으로 특수한 소수민족, 즉 민족그룹 내지는 국가의 소수민족으로 이해된다. 민족은 역사상 하나의 공통된 언어, 공통된 지역, 공통의 경제생활 및 공통 문화에서 발현되는 공통의 심리 요소로 형성된 안정된 공동체로 볼 수 있다. 즉 같은 문화를 공유할 때, 서로 같은 민족에 속한다고 인식할 때 그 구성원들이 그들의 공통된 멤버십에 의하여 쌍무적인 권리와 의무를 서로가 확실하게 인식한다면 같은 민족이라는 것이다. 그들은 경제생활의 공통성, 안정된 영토를 가진 공동체, 언어의 공통성, 민족 소속감의 인식, 정신적 공통성, 민족특성, 민속관습 등의 구성요소를 갖게 된다. 공동의 지역적 기원 또는 공동의 조상이란 동일한 지역이나 조상으로부터의 유래만이 아니라 그 민족집단이 경험한 역사도 포함된다. 인구는 지역 주민들의 총합이며, 주민들의 의식과 성향은 민족적 정체성을 반영한다고 할 수 있다. 그린란드는 대부분 이누이트 인구이며, 식민지 시대에는 소외되었지만, 시간이 지남에 따라 그들의 자치에 대한 요구는 더 큰 자치권을 요구했고 거의 독립된 그린란드 정부로 이어져 왔다.

최근 미국이 그린란드를 미국에 귀속하려는 주장이 국제사회의 큰 문제로 떠오르고 있다. 2025년 3월 11일에 실시된 그린란드 투표에서 미국대통령 트럼프의 주장에 비판적이었던 데모크라티트(Demokraatit)당이 제1당으로 올라섰다. 그린란드는 덴마크로부터의 독립이라는 문제에 대해 온건한 입장을 취해왔는데, 대부분의 그린란드 정치인들은 이를 장기적인 목표로 지지하고 있다.[26] 또한 2위는 날레라크(Naleraq)라는 정당으로, 이 정당은 더 빨리 독립을 강력히 밀어붙였는데, 이 정당의 일부 당원들은 이 정당이 그린란드가 미국을 포함한 다른 나라들과 더 자유롭게 연합할 수 있게 해줄 것이라고 주장해왔다. 그러나 그린란드 주민들은 트럼프의 적극적 유인에도 불구하고 미국에 흡수되는 것을 원하지 않는다는 점을 분명히 해왔으며, 2025년 1월의 여론조사에 따르면 최소 85%가 이에 반대하고 있다.[27]

오늘날 그린란드는 대부분의 문제를 자치적으로 관리하고 있다. 그러나 덴마크의 재정 지원이 그린란드 예산의 절반 이상을 차지하고 학교와 사회 복지 서비스부터 값싼 가스에 이르기까지 모든 비용을 지불한다는 점을 고려할 때 완전한 독립은 어려울 수도 있다. 그린란드의 경제는 어업에 크게 의존하고 있지만 관광산업은 빠르게 성장하고 있다. 그린란드가 어업, 관광산업, 천연자원을 활용한 광공업의 발달을 통하여 경제적 자립을 가질 수 있다면 그린란드인의 독립을 이룰 수 있을 것이다. 현대사회에서 융화되고 혼합정착된 생활에서 그린란드인들이 정체성을 갖고 자신들의 독립된 사회를 이끌어갈 수 있을지가 주목된다.

---

[26] "In Trump's Shadow, Greenland Votes for a New Government," The New York Times, March 12, 2025, https://www.nytimes.com/2025/03/12/world/europe/greenland-election.html (검색일: 2025.03.16); "Greenland's opposition wins election dominated by independence and Trump," BBC News, Mar. 12, 2025, https://www.bbc.com/news/articles/cx2r3d0r8z0o (검색일: 2025.03.16).

[27] 2025년 그린란드 여론 조사 - "Opinionsmåling i Grønland 2025," https://www.veriangroup.com/da/news-and-insights/opinionsmaling-groenland-2025 (검색일: 2025.03.16).

< 참고문헌 >

고상모·이길재·양석준, "그린란드의 지질 및 광물자원 부존현황," 『광물과 산업』(Mineral science and industry) 제25권, 한국광물학회, 2012.

이재혁, "북극권의 관광자원과 생태관광을 통한 관광산업 활성화 방안," 『지금 북극은 ; 북극, 지정·지경학적 공간』(서울: 학연문화사, 2021년), pp. 303-335.

이재혁, "새로운 정치지리 공간으로서의 북극해" 『지금 북극은 ; 북극, 갈등과 협력이 공존하는 공간』(서울: 학연문화사, 2024년), pp. 143-163.

한종만, "북극이사회의 회원국/단체명과 조직 현황," 배재대학교 북극연구단, 『북극의 눈물과 미소: 지정, 지경, 지문화 및 환경생태 연구』(서울: 학연문화사, 2016년), pp. 457-479.

한종만, "그린란드: 미지의 낙원, 지구상에 마지막 남은 처녀지, 블루오션 지역," 제45차 배재대학교 한국-시베리아센터 콜로키엄, 2024년 7월 9일.

한종만, "그린란드 면적의 실상과 허상," The Journal of Arctic, No. 37, Aug. 2024, pp. 17-28.

한종만·곽성웅, 2024, "그린란드의 독립 가능성과 한계," 『한국 시베리아연구』vol. 28, no. 4(배재대학교 한국-시베리아센터), pp. 111-167.

"하플로타입," https://ko.wikipedia.org/wiki/%ED%95%98%ED%94%8C%EB%A1%9C%ED%83%80%EC%9E%85 (검색일: 2025.03.15).

Bähr, J., Jentsch Ch., Kuls, W.. *Bevölkerungsgeographie*, Berlin, New York: Walter de Gruyter, 1992..

Bevanger, Lars. "The Nordics lack children - only Greenland stands out," *Nordic Labour Journal*, Feb. 15, 2020.

CIA, "Explore All Countries: Greenland," *CIA World Factbook*, May 8, 2024.

Dyvik, Einar H. "Number of people from Greenland living in Denmark 2013-2023," *Statista*, Aug. 23, 2024.

Kalaallit Nunaanni Naatsorsueqqissaartarfik, "Greenland: Municipalities, Major Towns, Settlements & Stations - Population Statistics, Maps, Charts, Weather and Web Information," 2024.

Marquardt, Ole. "Greenland's demography, 1700-2000: The interplay of economic activities and religion," *Études/Inuit/Studies*, Vol. 26, No. 2, 2002.

Rasmussen, R. O., & Hamilton, L. C. "The Development of Fisheries in Greenland, with Focus on Paamiut/Frederikshåb and Sisimiut/Holsteinsborg," *Roskilde, Denmark: North Atlantic Regional Studies (NORS)*, Jan. 2001.

Waples, Ryan K., Hauptmann, Aviaja L., Seiding, Inge, Jørsboe, Emil and etc. "The genetic history of Greenlandic-European contact," *Current Biology*, May 24, 2021.

"Aki-Matilda Høegh-Dam: We will hold an independence referendum in Greenland no matter what," vilaweb.cat, May 17, 2023, https://www.vilaweb.cat/noticies/aki-matilda-hoegh-dam-we-will-hold-an-independence-referendum-in-greenland-no-matter-what/ (검색일: 2025.03.16).

"Comparison of Greenland and Canadian Inuit Culture," https://inuitartsociety.org/meetings/2009summary/sheila-romalis-greenland-canadian-inuit-culture/ (검색일: 2025.03.15).

"Facts about Greenland," https://www.norden.org/en/information/facts-about-greenland (검색일: 2025.03.15).

"[Genotyping] SNP Array," https://bioinformaticsandme.tistory.com/132 (검색일: 2025.03.15).

"GL Population of Greenland: Future Population of Greenland (2024 - 2100)," database.earth, 2024. Population of Greenland 1950-2024 & Future Projections.

"Greenland Inuit Population change.pdf," Wikimedia Commons, https://commons.wikimedia.org/wiki/File:Greenland_Inuit_Population_change.svg (검색일: 2025.03.16).

"Greenland Population 1950-2024," Macrotrends, 2024, https://www.macrotrends.net/global-metrics/countries/GRL/greenland/population (검색일: 2024.11.10).

"Greenlandic women sue Danish state for contraceptive 'violation'," The Guardian, Mar 4, 2024, https://www.theguardian.com/world/2024/mar/04/greenlandic-women-sue-danish-state-for-contraceptive-violation-coil (검색일: 2025.03.16).

"Greenland's opposition wins election dominated by independence and Trump," BBC News, Mar. 12, 2025, https://www.bbc.com/news/articles/cx2r3d0r8z0o (검색일: 2025.03.16).

"History of Greenland," https://www.britannica.com/topic/Inuit-people (검색일: 2025.03.15).

"In Trump's Shadow, Greenland Votes for a New Government," The New York Times, March 12, 2025, https://www.nytimes.com/2025/03/12/world/europe/greenland-election.html (검색일: 2025.03.16).

"INUIT FROM GREENLAND," https://nordligefolk.no/hjem-2/nordlige-folk_2/2022-inuitter-fra-gronland/?lang=en (검색일: 2025.03.15).

"Inuit or Eskimo: Which name to use?," https://www.uaf.edu/anlc/research-and-resources/resources/archives/inuit_or_eskimo.php (검색일: 2025.03.15).

"Opinionsmåling i Grønland 2025," https://www.veriangroup.com/da/news-and-insights/opinionsmaling-groenland-2025 (검색일: 2025.03.16).

"The Indigenous World 2024: Kalaallit Nunaat (Greenland)," https://iwgia.org/en/kalaallit-nunaat-greenland/5393-iw-2024-kalaallit-nunaat.html (검색일: 2025.03.15).

"The Inuit of Greenland - Just don't call them Eskimos!," https://poseidonexpeditions.com/about/articles/people-from-greenland/ (검색일: 2025.03.15).

"Urban population (% of total population) - Greenland," https://data.worldbank.org/indicator/SP.URB.TOTL.IN.ZS?locations=GL (검색일: 2025.03.16).

"West Greenland Inuit," https://www.encyclopedia.com/humanities/encyclopedias-almanacs-transcripts-and-maps/west-greenland-inuit (검색일: 2025.03.15).

Lindemann, Rolf. "Grönland - Perspektiven eines Entwicklungslandes in der Arktis," TERRA-Online Lehrerservice, 1999, (klett.de).

"Дания и Гренландия по-прежнему в поисках общей арктической стратегии," https://russiancouncil.ru/analytics-and-comments/columns/arcticpolicy/daniya-i-grenlandiya-po-prezhnemu-v-poiskakh-obshchey-arkticheskoy-strategii/ (검색일: 2025.03.16).

"Конституция Гренландии - шаг к независимости и примирению?," https://www.imemo.ru/publications/policy-briefs/text/beluhin (검색일: 2025.03.16).

"Остров Гренландия - на грани ≪независимости≫, поощряемой анг лосаксами," Военно-политическая аналитика, 20.05.2023, https://vpoanalytics.com/geopolitika-i-bezopasnost/ostrov-grenlandiya-na-grani-nezavisimosti-pooshhryaemoj-anglosaksami/ (검색일: 2025.03.16).

북극항로의 개발과 향후 전망

예병환*

I. 주요 국제 해상항로와 국제 해상운송

해상운송에서 가장 많은 비중을 차지하는 해상수송은 컨테이너선에 의한

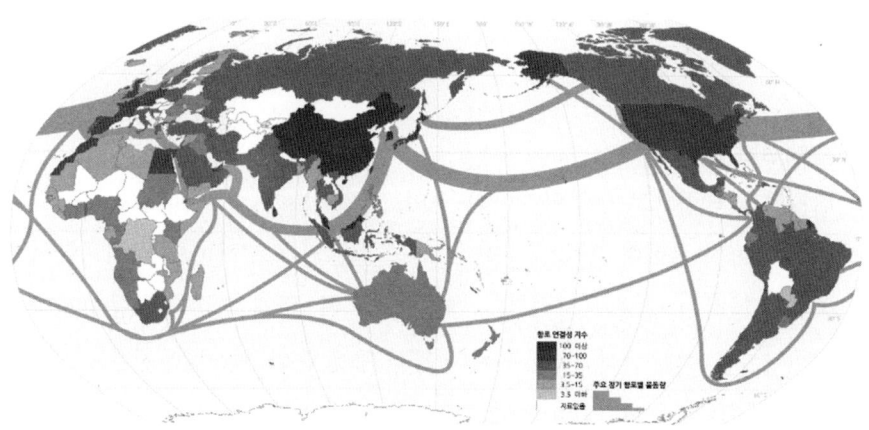

그림 1. 세계 주요 컨테이너선 항로

(그림 출처: 삼성SDS(주)의 디지털 물류시스템 Cello Square, 주요 컨테이너선 항로와 국제 운하. https://www.cello-square.com/kr-ko/blog/view-76.do)

※ 이 원고는 2022년 대한민국 교육부와 한국연구재단의 지원을 받아 수행된 연구임 (NRF-2022S1A5C2A01092699)
* 배재대학교 한국-시베리아센터 연구교수

물동량의 수송이다. 세계 주요 해상운송항로로서 가장 대표적인 컨테이너선의 운송항로는 [그림 1]에서 나타나는 바와 같이 대서양 항로, 태평양 항로, 아시아-유럽 항로가 있다.

1. 대서양 항로

대서양 항로는 크게 북대서양·아프리카·남아메리카(파나마 운하 경유 포함)의 3개 항로로 구성된다. 서유럽과 북아메리카 동안을 연결하는 북대서양 항로는 1840년경 개항한 세계 최초의 대양횡단 항로이고, 또 취항 선박수와 수송 화물량에서 각각 세계 전체의 2/3 이상을 차지하여 세계 제1의 교통량을 가지는 항로이다. 남대서양 항로는 서유럽과 남아메리카 동안을 잇는 항로이며, 남아메리카의 밀·육류·양털 등의 농·축산물과 유럽의 공업제품 등이 주로 수송되는 항로이다.

2. 태평양 항로

태평양을 중심으로 동북아시아와 북미, 오세아니아 및 남미대륙을 연결하는 주요 운송항로이다. 남방항로는 1867년 일본의 요코하마에서 샌프란시스코까지 운항하는 항로가 처음으로 개통되었으며, 현재 평균적인 운항시간은 여객선이 9일, 화물선이 13일, 목재나 광석 등을 운반하는 전용선은 11일, 그리고 컨테이너 전용선은 9일 정도 소요된다.

태평양 항로는 크게 북태평양 항로와 남태평양 항로로 구분된다. 북태평양 항로는 알류산 열도에 근접하는 북방항로와 하와이를 경유하는 남방항로로 다시 구분되어 지며, 1867년 일본의 요코하마에서 샌프란시스코를 연결하는 항로가 가장 최초로 개설되었다. 남태평양 항로는 태평양을 경유해서 북아메리카와 오스트레일리아, 뉴질랜드 등을 연결하는 항로이다. 미국경제의 팽창과 더불어 오늘날 중요성이 증가하고 있다.

3. 아시아·유럽 항로

유럽에서 인도양을 거쳐 아시아 동부지역을 연결하는 주요 항로이다. 15세기부터 유럽인의 동인도무역을 위해 개척되었다. 이후 18세기부터 제2차 세계대전 때까지 영국의 아시아 식민지 경영을 위한 해상운송의 대동맥이 되었으며, 1869년에 수에즈 운하가 개통되자 시간과 거리가 크게 단축되었다.

4. 북극항로

최근 기후변화로 인해 북극해의 해빙현상이 가속화 되면서 북극해를 경유하는 항로의 이용가능성이 크게 증가하고 있다. 북극항로는 크게 북서항로, 북동항로, 그리고 북부해항로(NSR)로 구분되어 진다.

북서항로(Northwest Passage, NWP)는 북아메리카의 서부지역 배링해와 캐나다 북부지역의 북극 군도를 지나 배핀만을 경유하여 북아메리카 동부지역을 연결하는 항로이다. 북서항로는 동아시아와 뉴욕 등 북미 대서양 연안의 항구 사이의 거리를 단축시키게 된다. 부산-뉴욕 항로 기준으로 파나마 운하 경유의 기존 항로에 비해 약 2,500해리의 운항거리가 단축된다.

2014년 캐나다 해상운송사인 Fednav는 퀘벡 북부 디셉션 베이에 있는 대규모 광산에서 생산된 니켈정광(nickel concentrate)을 북서항로를 통해 중국으로 운송하였으며, 2016년과 2017년에는 네덜란드 선박회사인 Royal Wagenborg가 운영하는 내빙선박이 중국에서 퀘벡으로 북서항로를 통해 알루미늄 양극을 운송하였다.

북서항로를 이용한 대서양과 태평양을 오가는 선박 항해는 2012년 20건에서 2017년 33건으로 크게 증가하여 이전의 최고 기록을 갱신하였다.[1] 북서항로를 이용한 물동량은 2018년 캐나다 배핀섬(Baffin Island)에서 유럽 및 아시아로 수송된 철(iron)의 물동량이 처음으로 500만 톤을 넘어섰다.

북동항로(Northeast Pssage, NEP)는 북유럽과 노르웨이의 노스 케이프(North Cape)에서 북부 유라시아 및 시베리아를 연결하는 항로이다. 북극해를 지나는 북극항로는 수에즈 운하를 경유하는 현재 항로보다 거리가 짧아 항해일수와 물류비를 크게 단축할 수 있다는 장점이 있다. (표 1 참조)

북부해항로(Northern Sea Route, NSR)는 북동항로의 러시아 구간인 베링해협(Bering Strait)에서부터 카라관문(Kara Gate)에 이르는 구간으로 구분되어 진다. 러시아 정부는 NSR의 서쪽은 노바야젬랴(Novaya Zemlya, 동경 68도)섬으로부터 동쪽 끝은 베링(Bering)해협 이북(북위 66도)으로 정의하고 있다. 이에 따라 카라해(Kara Sea), 랍테프해(Laptev Sea), 동시베리아해(East Siberian Sea) 그리고 츄코트해(Chukchi Sea)가 NSR에 포함된다.

〈표 1〉 태평양과 대서양 연결 항로의 거리(단위 : 마일)

구분	Hamburg			
	Vancouver	Yokohama	Hong Kong	Singapore
북극해 항로	6,635	6,920	8,370	9,730
수에즈 운하 경유	15,377	11,073	9,360	8,377
희망봉 경유	18,846	14,542	13,109	11,846
파나마 운하 경유	8,741	12,420	12,920	15,208

(출처: 최경식, "북극해 항로의 전망과 기술적 과제", 『해양한국』, 2001년 2월호, p. 61)

---

1) Mooney, Chris, "Scientists came to explore the fabled waters of the Arctic — but their work could also change its future". *Washington Post*. 21 December 2017.

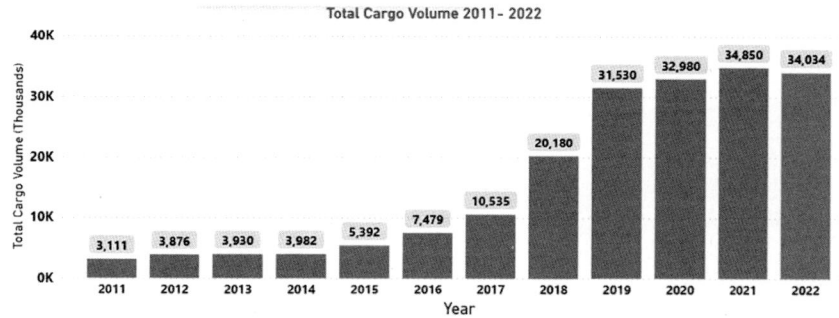

그림 2. 북동항로 이용현황(2011-2022)

(자료 출처: CHNL, NSR Shipping activities in 2022. https://chnl.no/research/reports-reports/nsr-shipping-activities-in-2022/)

노르웨이 북극물류센터(CHNL:Centre for High North Logistics)가 작성한 보고서[2])는 NSR의 운항 활동에 관한 상세한 정보를 제공하고 있다.

2022년 북동항로를 이용한 해상운송에는 총 314척의 선박이 2,994회 운항하였으며, 총 물동량은 3,400만 톤으로, 2021년 3,485만 톤보다 약간 감소하였다. 2021년에는 총 3,227회의 항해와 414척의 선박이 운항하였다.

2022년 북동항로를 이용한 총 314척 선박의 국가별 비중을 살펴보면 러시아 국적의 선박이 278척, 키프로스 8척, 바하마 7척, 홍콩 7척, 마셜 제도 4척, 라이베리아 3척, 그리고 시에라리온, 덴마크, 파나마, 쿼라소(Curaçao) 국기를 단 선박이 각각 1척 운항하였다. 화물 유형별 선박운항은 LNG 운반선 26척, 벌크선 3척, 유조선 3척, 일반 화물선 3척, 보급선 1척이 북동항로를 운항하였다.

2022년 NSR 화물 운송수송에서 가장 크게 기여한 것은 LNG 수송이었으며,

---

2) CHNL(Centre for High North Logistics), NSR Shipping activities in 2022. 참조. https://chnl.no/research/reports-reports/nsr-shipping-activities-in-2022/

N	Vessel Name	Ice Class	2020	2021	2022
1	Clean Horizon	Arc 4	2	5	6
1	Clean Ocean	Arc 4	4	4	4
1	Clean Planet	Arc 4	4		3
1	Clean Vision	Arc 4	3	4	1
1	Lena River	Arc 4	3	2	2
1	Yenisey River	Arc 4	4	2	2
1	Boris Davydov	Arc 7	15	13	16
1	Boris Vilkitskiy (LNG)	Arc 7	15	16	15
1	Christophe de Margerie	Arc 7	15	16	18
1	Eduard Toll	Arc 7	15	16	14
1	Fedor Litke	Arc 7	15	16	16
1	Georgiy Brusilov	Arc 7	15	17	16
1	Georgiy Ushakov (LNG)	Arc 7	15	17	17
1	Nikolay Evgenov	Arc 7	17	12	15
1	Nikolay Urvantsev	Arc 7	17	16	16
1	Nikolay Zubov	Arc 7	14	14	17
1	Rudolf Samoilovich	Arc 7	16	15	18
1	Vladimir Rusanov (LNG)	Arc 7	14	15	16
1	Vladimir Vize	Arc 7	16	17	16
1	Vladimir Voronin	Arc 7	14	15	14
1	Yakov Gakkel	Arc 7	16	14	18
1	LNG Dubhe	No Ice Class	3	4	3
1	LNG Megrez	No Ice Class		4	4
1	LNG Merak	No Ice Class	1	3	5
1	LNG Phecda	No Ice Class	1	4	4
1	Yamal Spirit	No Ice Class		3	4
26			254	263	280

Table shows number of LNG carriers export voyages from Sabetta in 2020-2022.

26 different vessels were involved in the export of LNG.
15 of them have ice class Arc-7 and work year-round for this project
11 additional vessels have ice class Arc-4 (6 ships) or No ice class (5).
They were involved in transportation during summer-autumn period.

2020 254 Voyages
2021 263 Voyages
2022 280 Voyages

We see increase in the total number of LNG voyages from Sabetta from 263 in 2021 to 280 in 2022.

The difference is 17 voyages:

14 of them is an increase made by vessels with Arc-7 ice class
other 3 voyages made by ships with lower Ice class additionally hired in the summer-autumn period.

LNG Export Direction	2020	2020 %	2021	2021 %	2022	2022 %	Change 21-22
To West (Mainly to Europe)	221	87%	219	83%	249	89%	30
France	58	23%	60	23%	87	31%	27
Spain	30	12%	30	11%	50	18%	20
Belgium	62	24%	53	20%	67	24%	14
Russia	1	0%	9	3%	15	5%	6
Taiwan					1	0%	1
China	3	1%	3	1%	2	1%	-1
Denmark	3	1%	1	0%			-1
Norway	10	4%	1	0%			-1
Portugal	6	2%	7	3%	3	1%	-4
Netherlands	26	10%	26	10%	21	8%	-5
UK	22	9%	29	11%	3	1%	-26
To East (mainly to Asia)	33	13%	44	17%	31	11%	-13
China	22	9%	28	11%	29	10%	1
Indonesia					1	0%	1
Taiwan	4	2%	1	0%	1	0%	0
Russia	1	0%					
South Korea	2	1%	5	2%			-5
Japan	4	2%	10	4%			-10
Total	254	100%	263	100%	280	100%	17

2022 Results
Europe +32
France +27
Belgium +14
Spain +22
UK -26

Asia -14
China no changes
Japan -10
S.Korea -5

Remarks.
*Russia Transhipment at Kildin Island near Murmansk port.

**China and Taiwan Voyages from Sabetta to China / Taiwan via Suez Canal (going westward from Sabetta).

그림 3. 사베타항의 LNG 수송 현황(2020-2022)

(자료 출처: CHNL, NSR Shipping activities in 2022, https://chnl.no/research/reports-reports/nsr-shipping-activities-in-2022/

사베타항에서 LNG를 수송한 항해가 280회였다. LNG 수송은 2021년보다 유럽으로 향하는 항해가 30회 더 많았으며, 대부분이 프랑스, 벨기에, 스페인의 항구로 향해하였다. 그리고 2022년 아시아 국가로 향하는 LNG 수송은 31회였으며, 이는 2021년보다 다소 감소한 수치였다, 지역별 LNG 운송에서 중국

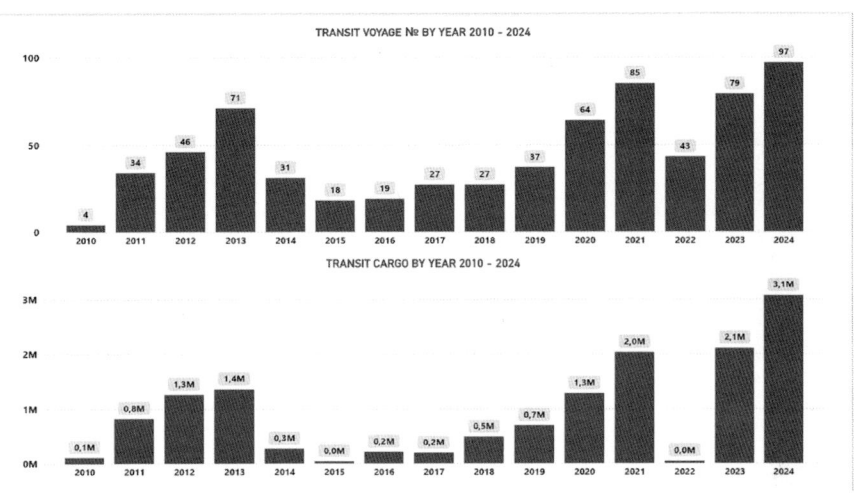

그림 4. NSR 통과항해 물동량(2010-2024)

(자료 출처: CHNL, Main Results of NSR Transit Navigation in 2024.)

으로의 수송에는 변동이 없었지만, 국제정치적 환경으로 인해 일본과 한국으로의 수송은 전무하였다.

NSR을 이용한 통과항해의 물동량은 2024년 약 306만 6,000톤이 운송되었다.[3] 통과항해 횟수는 총 97건의 항해가 등록되었으며, 이 중 56건은 화물을 실은 항해였고 나머지 41건은 밸러스트 화물을 실은 항해였다. 2024년 북동항로를 이용한 통과항해의 운항 방향은 러시아-중국 간 항해, 중국-러시아 간 항해, 그리고 러시아 서부 및 동부 항구로의 항해가 주로 이루어졌다. 러시아 항구 간 항해는 36회(서부-동부 및 동부-서부 항해 포함), 러시아-중국 간 항해는 34회, 그리고 중국에서 러시아로의 항해가 27회 운항하였다. 국제정세의 영향으로 2023년과 마찬가지로 국제 통과 항해는 전혀 이루어지지 않았다.

---

3) CHNL, Main Results of NSR Transit Navigation in 2024. 참조 https://chnl.no/news/main-results-of-nsr-transit-navigation-in-2024/

Direction	Voy №	Cargo	Cargo %
Russia - China	34	2 919 200	95,2%
Crude Oil	18	1 890 000	61,6%
Bulk cargo	9	877 000	28,6%
Containers	6	80 200	2,6%
Other	1	72 000	2,3%
China - Russia	27	122 200	4,0%
Containers	8	91 100	3,0%
Other	4	31 100	1,0%
Ballast	15	0	0,0%
Russia - Russia	36	25 045	0,8%
Other	7	16 045	0,5%
Containers	3	9 000	0,3%
Ballast	26	0	0,0%
Total	97	3 066 445	100,0%

그림 5. 항로별 항해 횟수 및 화물량

(자료 출처: CHNL, Main Results of NSR Transit Navigation in 2024. https://chnl.no/news/main-results-of-nsr-transit-navigation-in-2024/)

통과항해의 화물 수송량 측면에서는 러시아에서 중국으로 향하는 방향이 290만 톤으로 전체 수송량의 95%를 차지하였으며, 반대로 중국에서 러시아로 향하는 방향은 약 12만 톤으로 전체 수송량의 약 4%를 차지하였다. 러시아 항구 간 화물 수송량은 25만 톤으로 전체 화물의 1% 미만이었다. <그림 5 참조>. 통과항해의 주요 운송화물 유형은 원유운송이 전체의 약 60% 이상이었으며, 벌크화물(석탄, 비료, 철광석)이 약 30%, 그리고 컨테이너 화물이 러시아-중국간 약 2.6% 그리고 중국-러시아간 컨테이너 화물이 약 3% 수송되었다.

북극해의 해상운송에는 NSR을 이용한 운송물동량이 꾸준히 증가하고 있다. 러시아의 북극해 물동량은 2010년대 초반 연간 물동량이 약 300만 톤이 운송되었으나, 2010년대 후반 물동량이 꾸준히 증가하기 시작하여 2018년 2,000만 톤을 넘어선 이후 매년 3,000만 톤에 달하고 있다. 이러한 꾸준한 물동량의 증가에 따라 북극항로를 이용한 전체 물동량은 2030년까지 1억 톤에 육박할 것으로 전망된다.

Ⅱ. 북극항로의 개발과 발전

1. 북극항로의 정의

북극항로의 사전적 의미는 북극해를 통하여 아시아와 유럽, 그리고 북미와 유럽을 연결하는 북극 항해로(Actic shipping Routes)와 북극의 극지방의 상

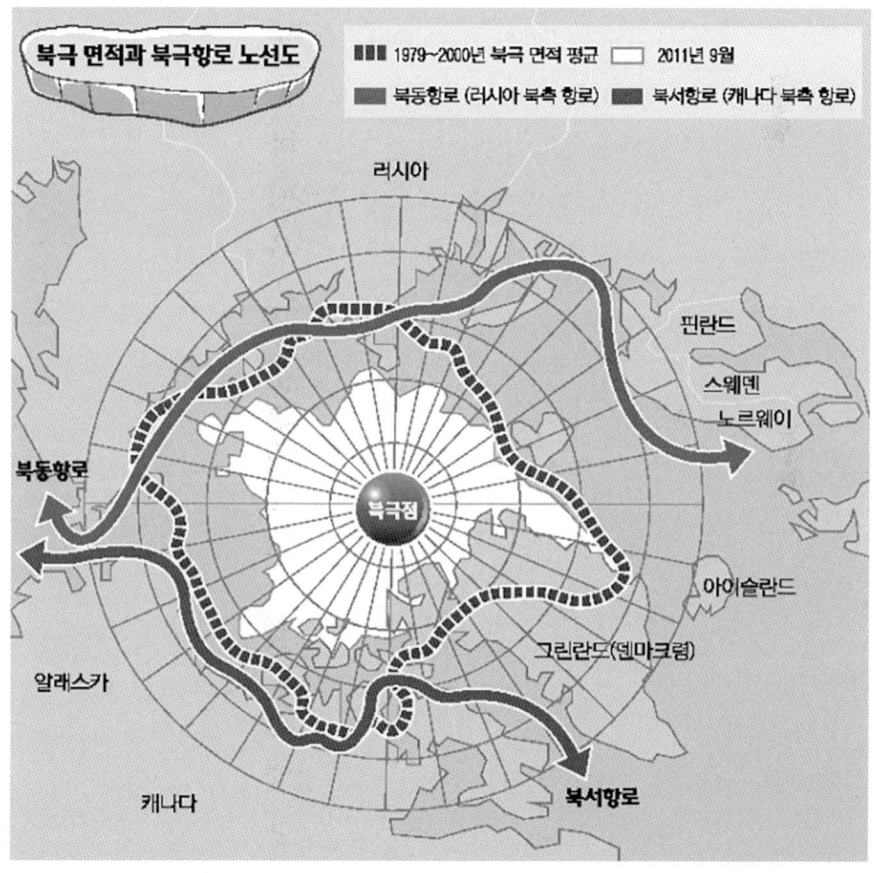

그림 6. 북극항해로

(자료 출처: https://img.etoday.co.kr/pto_db/2012/07/20120724102021_213736_500_500.jpg)

공을 이용하는 항공항로를 의미하지만 일반적으로 북극항로라고 하면 선박의 운항에 이용되는 북극항해로를 말한다.

북극해를 경유하는 북극항해로는 크게 3가지로 구분하고 있다. 세부적으로 북미지역과 유럽을 연결하는 캐나다 북부 해역의 북서항로(Northwest Passage, NWP)와 동북아시아와 유럽을 잇는 북동항로(Northeast Passage, NEP), 그리고 북극의 얼음이 모두 녹으면 이용가능한 북극점 근처를 횡단하는 북극횡단항로(Transpolar Sea Route, TSR)로 구분되어진다.

그러나 일반적으로 북극항해로는 북극해를 통하여 극동과 유럽을 잇는 항로를 통칭하며, 보편적으로 북아메리카와 유럽을 잇는 캐나다의 북극 군도를 연결하는 북서항로(NWP: Northwest Passage)와 러시아의 북쪽 북극해 연안을 따라 서유럽과 동쪽의 베링해협을 통과하여 아시아를 연결하는 아시아와 유럽을 잇는 북동항로(NEP: Northeast Passage)를 말한다. 그리고 러시아는 북동항로(NEP)의 러시아 구간을 NSR(Northern Sea Route)이라고 부르고 있다. NSR은 북동항로의 일부로 한국에서 북극항로, 북극해항로, 북방항로, 북해항로, 북부해항로 등으로 번역되고 있다. 러시아 정부는 NSR의 서쪽은 노바야젬랴(Novaya Zemlya, 동경 68도)섬으로부터 동쪽 끝은 베링(Bering)해협 이북(북위 66도)으로 정의하고 있다. 이에 따라 카라해(Kara Sea), 랍테프해(Laptev Sea), 동시베리아해(East Siberian Sea) 그리고 츄코트해(Chukchi Sea)가 NSR에 포함된다.

북극횡단항로(TSR)는 북극점 근처를 횡단하기 때문에 북동항로나 북서항로와 달리 특정국의 수역을 지나지 않아 자유로운 항해에 유리한 항로이다.

2. 북극항로의 개척과정

르네상스시대 이후 수 많은 탐험가들에 의해 새로운 항로를 개척하고자 하는 노력이 지속되어 왔다. 동양과 서양의 무역을 통한 막대한 부의 창출은 콜럼버스, 마젤란, 바스코 다가마 등 수 많은 탐험가들에 의해 동-서양을 연결하는 바닷길, 즉 항로를 찾는 모험을 감행하게 만들었다. 당시 수에즈운하가 없던 시절 이들에 의해서 포르투칼에서 아프리카대륙의 연안을 따라 희망봉을 경유하여 인도양을 항해하는 항로가 개척되었으나 너무 멀고 험난한 항로였다.

이후 탐험가들은 대서양과 인도양을 보다 빠르게 항해할 수 있는 새로운 항로를 개척하고자 하는 모험은 지속되었고, 결국 탐험가 콜럼버스의 모험에 의해 우리에게 잘 알려진 신대륙(아메리카 대륙)의 발견이 나타나게 되었고, 유럽과 아메리카 대륙의 카리브해를 연결하는 대서양을 횡단하는 새로운 항로가 개척되었으나 원래 계획했던 아시아의 인도양으로 항해하고자 하는 새로운 항로의 개척에는 실패 하였다. 이후 바스코 다가마는 아프리카를 돌아 인도로 항해하였으며. 마젤란은 남아메리카를 돌아 인도로 항해하였다. 이후 탐험가들의 마음을 사로잡은 것은 유럽과 태평양을 최단거리로 연결하는 새로운 항로, 즉 유럽 사람들은 북아메리카 북쪽의 북극해를 지나 태평양으로 이어지는 항로를 찾기 위하여 심혈을 기울였고 그 결과 북극항로가 개척되었다.

북극항로는 북서항로와 북동항로 두 갈래로 개척되었다. 북서항로는 유럽에서 북아메리카 대륙 북쪽을 지나 베링해협을 경유하여 태평양을 연결되는 항로이며, 북동항로는 유럽에서 러시아와 유라시아 대륙 북쪽을 지나 동쪽으로 베링해협을 경유하여 태평양을 연결하는 항로이다. 유럽의 모험가들에 의해 이 두 항로를 개척하러 나선 시기는 북서항로의 개척이 조금 앞서 이루어졌다.

북서항로의 개척은 1728년 베링이 북극해에서 태평양으로 나아가는 출구를 발견함으로써 북서항로의 개척이 시작되었다. 베링은 1728년 그린란드 서쪽 배핀섬에서 북아메리카 대륙의 약 1,500km에 달하는 북극해를 지나 베링해에 도달할 수 있는 새로운 가능성을 찾게 되었다. 이후 북서항로의 개척를 위한 많은 탐험가들의 시도가 이어졌으며 결국 1906년 노르웨이의 탐험가 아문센에 의해 북서항로가 최초로 개척되었다. 아문센은 1903년 6월 오슬로항을 떠나 그린란드로 향하였고 그린란드 동해안과 캐나다 북동 해안 사이의 데이비스해협(Davis Strait)을 항해하였다. 계속되는 항해는 배핀만(Baffin Bay)을 가로질러 데번(Devon)섬과 배핀(Baffin)섬 사이의 수로를 통과하였고, 캐나다 북부해의 킹윌리엄(King William)섬에서 2년을 지낸 후 항해를 계속하였고, 드디어 1905년 8월 맞은편에서 오던 포경선을 만나 북극해의 항해가 가능함을 인지하게 되었다. 맞은편에서 나타난 배는 샌프란시스코를 출발하여 베링해협을 거쳐 북극해까지 진출한 미국의 포경선이었다. 항해는 계속되었으며 결국 알래스카의 배로 곶(Point Barrow) 앞바다를 지나 베링해협을 통과하여 마침내 대서양에서 태평양으로 연결되는 항해에 성공하였다. 새로운 항로의 개척을 위한 노력은 오슬로를 떠난 지 3년 4개월 만인 1906년 10월 샌프란시스코에 도착하여 마침내 최초로 북서항로가 개척되었다. 이후 북서항로를 이용한 항해는 1942년 캐나다의 범선이 태평양에서 캐나다의 북극해를 통과하여 대서양을 항해 하였고, 1944년 캐나다의 범선이 다시 대서양에서 출발하여 태평양으로의 운항하는 항해가 성공적으로 이루어져 북서항로의 이용가능성이 높아졌다.

유럽에서 캐나다의 북부 연안을 따라 북극해를 통과하여 아메리카 대륙의 서부 태평양 연안에 도착하는 북서항로의 개척은 파나마운하의 건설은 생각하지도 못한 시절 남아메리카의 남단의 오르노스섬(Isla Hornos)의 혼 곶(Cape Horn)을 돌아가거나, 아프리카의 남단 희망봉(Cape of Good Hope)을 돌아가는 항로와 비교하면 꿈같은 항로였다.

북동항로를 찾아 나선 최초의 탐험은 1594년 네덜란드의 탐험가 바렌츠(Willem Barentsz)에 의해 이루어졌다. 당시 바렌츠는 북동항로를 완벽하게 개척하지는 못했지만 뱃길을 해도에 기입하고 기상자료를 남김으로써 중요한 역할을 했다. 바렌츠는 탐험과정에서 스피츠베르겐섬을 발견하고 바렌츠해 일대를 항해하였으나 노바야젬라섬의 얼음 바다 앞에서 항로개척을 포기하였다. 바렌츠가 통과하지 못한 노바야젬라섬을 드디어 스웨덴 탐험가 아돌프 에리크 노르덴시욀드(Adolf Erik Nordenskiöld)가 통과함으로써 1879년 북동항로를 이용한 항해가 처음으로 성공했다. 그는 1875년과 1876년 두 차례에 걸쳐 예비 항해를 하고 1878년 7월 증기선 베가호를 타고 노르웨이의 최북단 트롬쇠항을 출발하여 이듬해인 1879년 7월에 알래스카의 클래런스항에 도착하여 최초로 북동항로를 개척한 탐험가가 되었다. 이후 1920년 아문젠에 의해 두 번째로 북동항로를 통과하는 항해가 성공리에 이루어졌다.

북극항공로(North Pole Air Routes)는 일명 폴라루트(Polar Route)라고도 불리며, 이 항공로(항로)는 북위 78도 이상의 북극의 극지방 상공을 이용하는 비행 항로를 말한다. 북극항공로를 가장 먼저 개설한 것은 노르웨이, 스웨덴, 덴마크 3국 연합으로 구성된 스칸디나비아 항공사(Scandinavian Airlines System, SAS)이며, 1954년 DC-6B 항공기를 이용하여 코펜하겐-로스앤젤레스 노선을 최초로 운항하였다.

북위 78도 이상에 위치한 북쪽 극지방의 대부분은 알래스카, 캐나다 북부 그리고 러시아의 시베리아 지역이다. 냉전기간동안 유럽에서 극동 아시아를 연결하는 민항기들은 공산권인 옛 소련과 중국의 영토를 지나가지 못하였다. 따라서 이들은 북극점을 지나 비행하는 동안 우주 방사선의 노출위험이 클 수 있다는 우려와 통신장애나 항법계기 오작동 가능성이 제기됨에도 불구하고 알래스카를 통해 북극 지역을 지나는 항로를 선택할 수밖에 없었다. 그러나 냉전 이후 러시아와 중국이 자국의 육상 영공을 개방하면서 동아시아 국가들과 유럽을 오가기 위해 알래스카를 거쳐 북극항로를 이용하는 일은 없어졌으며, 2001년부터 러시아가 북극해 영공을 개방해 시베리아를 거치는 북극 항공루트가 개척되었다.

3. 북극항로의 현황과 전망

북극항로는 아시아와 유럽, 태평양과 대서양의 거대 경제권을 이어주는 중요한 무역로가 될 것으로 전망하고 있다. 전세계 공업 생산의 80%는 북위 30도 이북 지역에서 생산되고 있다. 또한 세계의 주요 공업지역과 대도시들 역시 북극에서 6,000km 이내의 북반구에 위치하고 있기 때문에 향후 북극해를 이용하는 국제간 물류 이동이 아주 중요한 의미가 있다.

1) 러시아의 NSR(Northern Sea Route)개설과 이용현황

북동항로의 러시아 구간인 베링해협(Bering Strait)에서 카라관문(Kara Gate)에 이르는 구간을 러시아는 북부해항로(Northern Sea Route, NSR)로 명명하고 있다. 러시아 정부는 NSR의 서쪽은 노바야젬랴(Novaya Zemlya, 동경 68도)섬으로부터 동쪽 끝은 베링(Bering)해협 이북(북위 66도)으로 정의하고 있다. 이에 따라 카라해(Kara Sea), 랍테프해(Laptev Sea), 동시베리아해(East Siberian Sea) 그리고 츄코트해(Chukchi Sea)가 NSR에 포함된다.

러시아 정부는 NSR을 1991년 처음으로 외국선박에 개방하였다. 러시아는 2차 세계대전 이전부터 북극해 연안도시에 물자공급을 위해 북극해를 운항하는 항로를 이용하여 왔으나, 냉전시절에는 군사안보 차원에서 서방세계에 북극해를 운항하는 항로의 개방을 전면 금지해 왔다. 그러나 냉전이후 당시 고르바쵸프 대통령이 개혁개방정책을 추진하면서 1987년 무스만스크에서 북극해 항로에 대한 개방을 언급함에 따라(Murmansk Initiatives) 북극해 항로가 국제수송로로 개발이 가능하게 되었다. 이후 1990년에 북극항로 운항규칙을 마련했고, 1991년 7월 북극항로위원회를 설치하여 국제항로로서 북극해 항로의 이용을 촉진하기 위한 외국선박의 북극항로 사용에 따른 허가절차 및 기타 규제조항을 규정하는 NSR 항해규칙이 만들어졌다. NSR 항해규칙은 러시아 정부가 북극항로를 항해하는 선박을 대상으로 제정한 전문규정으로 다른 국제입법에 비해 엄격하다. 1991년 9월부터 시행된 북극항로의 운항규칙이 북극항로의 기본적인 법제의 근거가 되었다. 이를 활용하여 배타적 경제수역과 그 외측 공해에 대한 운항을 규정했다. 그리고 1993년 북극항로를 항해하는 선박의 설계와 장비, 보급에 대한 요구 사항을 제정하였다.

러시아의 NSR이 개방된 이후 북극항로를 이용한 물류의 수송이 시작되었으며, 2009년 2척, 2010년 4척이던 NSR의 선박 운행이 2011년 34척, 그리고 2012년 48척으로 선박운항이 늘어나면서 NSR운항에 신기록이 수립되었다.

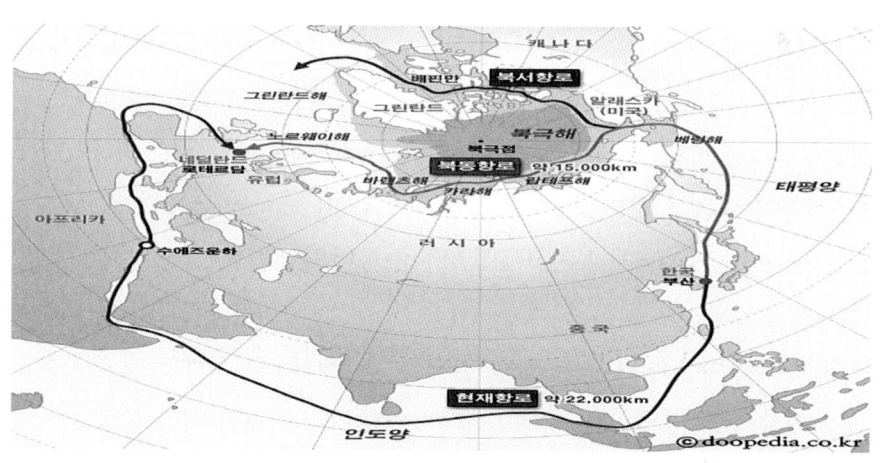

그림 7. 북극항로

(사진 출처 : 네이버 이미지 검색(검색어: 북극항로))

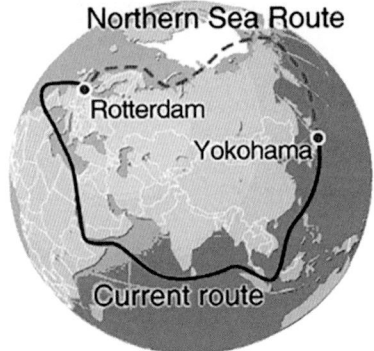

Map credit: Hugo Ahlenius/UNEP-Grid Arendal

그림 8. 북극항로

(사진 출처 : 구글 이미지 검색(검색어: North Pole Route))

아시아와 유럽을 운항하는 북극항로의 이용이 3년 사이에 24배 폭증했다. 화물도 2011년 82만t에서 2012년 126만t으로 50% 이상 늘어났다.

특히 의미 있는 북극항해는 2012년 러시아 최대 국영 기업인 가스프롬사의 LNG 실험수송이었다. 러시아 국영가스회사인 가즈프롬의 자회사 '가즈프롬 마케팅앤드레이딩'(GM&T)이 그리스 다이나가스(Dynagas)로부터 용선한 대형 LNG 운반선 '오브 리버(Ob River)'호가 세계 최초로 북극해항로(Northern Sea Route)를 이용한 LNG운송에 성공했다. LNG 수송선인 '오브 리버호'는 6만6342t을 싣고 11월 7일 노르웨이 함메르페스트(Hammerfest)의 스노흐비트(Snohvit) 터미널에서 LNG를 선적하여 출항에 나선지 1개월만에 일본 후쿠오카 인근 토바타(Tobata) 터미널에서 성공적으로 하역했다.

'오브 리버'가 지난달 9일부터 18일까지 북극해항로를 통과할 때 북극항로는 북극양(Arctic Ocean)의 바렌트해(Barents Sea)와 카라해(Kara Sea)는 대부분 해빙지역이었으나, 동시베리아해 빌키츠코고(Vilkitskogo)와 베링해협 구간은 두께 30cm 이상으로 결빙된 지역이다. 이 해역의 통과를 위해서 러시아 '로사톰플로트(Rosatomflot)'사가 운영하는 세계 최대 핵쇄빙선인 '승전 50주년(50 Let Pobedy - 50 Years of Victory)'이 선박을 인도했으며, 러시아 운수성 산하 북극해항로국 소속의 아이스 파일럿(ice pilot)의 협조를 받았다.

실험운항의 결과 아시아의 에너지 시장을 겨냥한 유럽의 LNG 관문인 함메르페스트에서 수에즈운하를 거치는 남방 항로보다 운항일수를 20일을 단축해 경영적인 측면에서의 의미는 매우 컸다. 운항과정에서는 또한 북극해의 해빙(解氷)을 확인하기도 하였다. 11월이면 북극엔 얼음이 꽝꽝 얼어붙는 시점이었으나 시험운항기간에 바다는 얼지 않았다. 항로의 서반부인 바렌츠해~카라해 사이엔 얼음이 없었다. 그러나 동반부가 시작되는 빌키츠코 해협부터 베링 해협 사이엔 30㎝ 두께의 얼음이 떠다녔다. 그러나 '젊은 얼음'이었다. '녹고 있는 북극해' '상업성을 보여주는 북극해'를 대형 고객이 될 수 있는 가스프롬이 직접 확인한 것이다.

모스크바의 'NSR 이용·조정 비영리 조합'의 블라디미르 미하일로비치 회장은 재화중량(DWT) 2만t이 넘는 선박의 NSR 통과 시간을 남방 항로와 비교했다. '퍼시비어런스 탱커'의 무르만스크-중국 닝보 항해는 12일 걸렸다. '상코 오디세이'의 무르만스크-베이징은 18.5일, '쿠투조브'의 무르만스크-긴강(Gingang)은 10일 걸렸다. 7만4000t급 '스테나 포세이돈'의 무르만스크-인천은 22일 걸렸다. 통상 남방 항로의 35~38일과 비교하면 40%가 넘는 감축이다. 평균 속력은 12노트로 평균 운항 시간은 7월은 11일, 8월은 9일 이하로 단축되는 것으로 나타났다. 해상운송의 운항기간 단축은 운항비용의 절감을 의미한다. 북극항로를 이용한 절감되는 일일 비용을 중량별로 추계하였는데 15만 초과 선박은 1일 9만 달러, 5만~7만t의 선박규모는 1일 4만~5만 달러, 그리고 2만~2.5만t의 소형 선박은 2만 5,000 달러로 나타났다. 최대 22일의 운항기간의 단축이 나타나지만 평균적인 단축기간을 10일, 그리고 한 척의 1일

운항비용 절감을 평균 5만 달러로 잡으면 선박들이 약 50만 달러를 절감할 수 있을 것으로 추계되어 진다.

〈표 2〉 상하이 - 함부르크간 화물 운송모드와 항로별 비교

기준	북동항로(NSR)	수에즈운하	시베리아 횡단철도(TSR)	항공운송
운송모드	해상	해상	육상	항공
운송거리(Miles)	7,700	10,200	5,735	4,345
운송소요기간(일)	18-20	28-30	18-20	2
1회 운송용량(TEU)	2,800	9,600	110	8
주당 운송용량(TEU)	72,000	124,800	1,980	832

자료 : 김종호, "지구 온난화에 따른 북극 항로의 활동 가능성 점검", 『VIP Report』, 10-07, 통권 제 434호, 현대경제연구원, 2010. p.3.에서 재인용.

〈표 3〉 태평양과 대서양 연결 항로의 거리(단위 : 마일)

구분	Hamburg			
	Vancouver 까지	Yokohama 까지	Hong Kong 까지	Singapore 까지
북극해 항로	6,635	6,920	8,370	9,730
수에스 운하 경유	15,377	11,073	9,360	8,377
희망봉 경유	18,846	14,542	13,109	11,846
파나마 운하 경유	8,741	12,420	12,920	15,208

출처: 최경식,"북극해 항로의 전망과 기술적 과제", 『해양한국』, 2001년 2월호, p. 61, (이영형, "러시아의 북극해 확보전략: 정책 방향과 내재적 의미", 『중소연구』, 제33권 제4호, p. 120에서 재인용)

2) 북서항로의 이용현황과 경제적 효용성

북서항로를 이용하면 수에즈 운하와 파나마 운하를 이용하는 기존 항로보다 운송거리가 짧아지면서 30~35%의 연료비 절감이 가능하여 화물수송에서 운송비 절감으로 인한 경제성이 높은 것으로 예상된다.

그림 9. 북동항로와 수에즈운하 경유 항로 비교

(사진 출처 : 구글 이미지 검색(검색어: North Pole Route))

〈 표 4 〉 주요 항로별 거리 비교(단위: km)

	북서항로	수에즈 운하 경유	파나마 운하 경유
도쿄~런던	16,000	21,000	23,000

(자료원: Wall Street Journal)

　　북극항로를 이용할 경우 캐나다의 군도 수역을 통과하는 북서항로와 시베리아 연안을 통과하는 북동항로는 기존항로보다 40% 정도 항해거리를 단축하게 되며, 앞으로 북극점을 통과하는 직선항로가 개설되는 경우 거리를 훨씬 더 단축하게 된다. 유엔과 캐나다의 전문가들은 북극지방 기온이 지구상의 다른 지역보다 2배 이상 빠르게 상승하고 있고, 2050년쯤이면 여름에 선박들이 캐나다 북부 해역을 항해할 것이라고 주장하고 있다. 이렇게 되면 일본 도쿄에서 캐나다 북부 해역을 경유해 영국 런던까지 항해하는 거리는 16,000km로, 수에즈운하 경유 항로(21,000km)나 파나마운하 경유 항로(23,000km)보다 훨씬 단축된다.

해상운송에서 파나마 운하와 수에즈 운하는 통행 선박 크기에 제한이 있다. 파나마 운하를 통과하지 못하는 파나막스(6만~7만 톤급) 이상의 선박은 남아메리카를 우회하는 항로를 이용하게 되는데, 북서항로를 이용해 영국 런던에서 일본 도쿄까지 화물을 운송할 경우 파나마 운하를 거치는 것보다 무려 7,000여km를 단축할 수 있다. 또한 북극 항로는 해상운송에서 해적이 없는 안전한 바닷길로 인식되고 있다. 북서항로를 이용할 경우 유빙의 위험으로 보험료 상승이 예상되나, 수에즈 운하를 거치는 기존의 항로를 이용하는 선박의 보험료는 소말리아 해적 출몰 증가로 2008년 이후 최대 10배 이상 증가한 것으로 나타나고 있어 수에즈 운하를 이용할 경우 부담해야 하는 보험료보다 훨씬 저렴할 것으로 전망된다.

현재 캐나다는 미국, 러시아, 덴마크, 핀란드, 아이슬란드, 노르웨이, 스웨덴 등의 국가와 함께 결성한 북극협의회(The Arctic Council)를 통해 북극항로뿐만 아니라 북극해의 자원 활용을 위한 협의를 진행하고 있다. 1988년 캐나다와 미국은 캐나다 북단의 북극해 영유권에 대한 논의는 일단 배제한 체 '북극협력을 위한 합의'를 통해 북서항로를 지나는 모든 선박은 연구 활동을 위해서는 반드시 사전에 캐나다 정부의 허가를 받아야 한다는 규칙을 제정하고 있다. 그러나 2005년 미국 핵잠수함 샬롯호가 캐나다 정부의 허가 없이 북서항로를 이용, 북극점에 도달한 사실이 알려지면서 양국의 북극해 영유권에 대한 외교적 논쟁이 다시 가열되기도 하였다. 2006년 캐나다의 하퍼 총리는 취임 직후 성명을 통해 캐나다의 북극해 주권에 관여하지 말라고 강력하게 항의했으나 미국 대사는 북서항로는 국제법상 공해로 보아야 한다고 주장하고 있다.

이러한 국제적 분쟁에도 불구하고 북서항로의 이용은 북미지역의 캐나다와 미국뿐만 아니라 유럽과의 교역 확대에 촉매로 작용할 가능성이 높아지고 있다. 북서항로를 통한 해운이 실용화되면 캐나다와 미국 동부와의 교역은 육상교통을 이용하지 않고 직접 해상 운송이 가능하게 돼 교역 중대가 예상되며, 운송거리가 획기적으로 단축되는 북서항로를 이용할 경우 미국과 유럽과의 FTA를 더욱 강화해 교역량을 늘리는 촉매제로 작용할 것으로 전망된다.

그러나 현재까지는 북서항로가 실용적으로 이용되지 않아 캐나다와 미국 사이의 영유권 대립은 크지 않은 상태이다. 앞으로 항로의 이용 가치가 높아질수록 북극해를 둘러싼 캐나다와 미국의 대립은 더 커질 것으로 예상되며 북서항로의 원활한 이용을 위해서는 양국의 영유권 대립을 주시할 필요가 있다.

3) 북극항로의 이용전망과 경제성 추계

한국해양수산개발원(KMI)은 해빙 속도로 볼 때 늦춰 잡아도 2020년엔 6개월, 2025년 9개월, 2030년이면 연중 내내 일반 선박의 운항이 가능할 것으로 보고 있다. 아직까지는 빙하가 막고 있어 쇄빙선 투입과 특수선박 확보, 새로운 항로의 개척에 따른 위험부담 등으로 경제성이 떨어지지만, 얼음이 녹는 정도에 반비례해 이용가치가 높아질 게 당연하다. KMI의 분석에 따르면 기존 수에즈운하를 경유하는 항로와 북극항로를 이용하는 수송비용이 같을 경우, 북극항로를 이용하는 물동량이 2015년에는 28만TEU(20피트짜리 컨테이너), 2020년 398만TEU, 2025년 1,360만TEU, 2030년 2,832만TEU로 급격히 늘어날 것으로 전망하고 있다. 이에 따른 북극항로 화물 수송분담률도 2015년 1.4%, 2020년 13.9%, 2025년 36.0%, 2030년 58.5%로 급증할 것으로 전망된다. 기존 해운항로 대비 북극항로의 비용이 80%일 때는 2020년 1,169만TEU, 2030년 4,370만TEU에 달하고 70% 일 때는 2020년 1,298만TEU, 2030년 4,481만TEU로 크게 증가할 것으로 보고 있다.

〈표 5〉 북극항로 물동량·분담비율 전망

운임수준	물동량(1만TEU)				분담비율(%)			
	2015년	2020년	2025년	2030년	2015년	2020년	2025년	2030년
120	1	29	151	406	0.1	1.0	4.0	8.4
110	6	123	553	1342	0.3	4.3	14.6	27.7
100	28	398	1360	2832	1.4	13.9	36.0	58.5
80	246	1169	2513	4377	12.2	40.9	66.6	90.4
70	394	1298	2614	4481	19.5	45.4	69.3	92.5

※ 운임수준은 기존 항로를 100으로 했을 때 기준. 분담비율은 기존 항로에서 북극항로로 옮겨가는 비율.
※ 자료: 한국해양수산개발원

2030년이면 지난 해 부산항이 처리한 컨테이너 물동량(1704만TEU)의 1.5~2.6배가 북극항로를 통해 움직이게 되는 것이다. 북극항로가 아시아 유럽 항로의 주 항로가 되는 셈이다. 해양수산개발원이 한·중·일 3국의 해운·물류기업 80여 개를 대상으로 설문 조사를 한 결과도 비용이 현재와 같고 운항시간이 5일 줄면 한국은 20%, 일본 20%, 중국은 11%의 화주가 북극항로를 이용하겠다고 밝혔다. 10일이 줄면 한·일·중이 각각 72%·69%·24%로, 15일이 되면 한국 96%, 일본 95%, 중국 43%로 나타났다. 단축 기간이 빠를수록 화주 선호도가 높아진 것이다.

북극항로의 최대 장점은 아시아에서 유럽을 갈 때 둥근 지구를 빙 돌아서 가는 게 아니라 북극을 거쳐 최단거리로 가는 경제성이다. 동북아시아~인도양~수에즈운하~지중해~대서양~유럽으로 가는 전통 항로가 아닌 북극항로를 이용하면 전체 거리의 40%, 8000km의 단축 효과로 운항시간도 24일에서 14일로 줄어든다. 컨테이너 운송을 기준으로 25~30% 가량의 물류비 절감 효과가 가능한데 고유가가 지속될수록 이 효과는 더 커진다.

<표 6>: 기존 구주항로와 북극항로 거리 비교 (단위: NM)

항로			도착				
			브레멘	로테르담	앤트워프	리스본	발렌시아
출발	부산	북극	7,726	7,782	7,855	8,742	9,406
		수에즈	11,098	10,864	10,865	9,806	9,267
		절감거리	-30.4%	-28.4%	-27.7%	-10.9%	1.5%
	싱가포르	북극	10,172	10,228	10,301	11,189	11,852
		수에즈	8,631	8,396	8,397	7,338	6,799
		절감거리	17.9%	21.8%	22.7%	52.5%	74.3%
	상하이	북극	8,167	8,223	8,296	9,184	9,847
		수에즈	10,819	10,585	10,585	9,526	8,987
		절감거리	-24.5%	-22.3%	-21.6%	-3.6%	9.6%
	홍콩	북극	8,837	8,893	8,966	9,854	10,517
		수에즈	10,039	9,805	9,805	8,746	8,207
		절감거리	-12.0%	-9.3%	-8.6%	12.7%	28.1%

자료 : HMC 투자증권, Industry Report 2013.08.29. p.30. 재인용.

NSR은 대서양에서 태평양까지 시베리아·북극권을 따라 유럽과 아시아를 연결하는 최단 항로이다. 한국을 비롯한 일본에서 화물을 운송할 경우 파나마 운하를 거치는 것보다 무려 7,000여km를 단축할 수 있다. NSR은 1932년에 첫 번째 선박이 아르한겔스크부터 베링 해까지 항해한 이후 쇄빙선 함대의 덕택으로 러시아 북부지역의 화물운송 루트로 집약적으로 이용되어 왔으며, 1980년대 말 NSR의 화물운송 규모는 670만 톤을 기록하기도 하였다. 2011년 기준으로 NSR의 연간 항해일은 141일로 항해 가능기간은 7월초부터 11월 중순까지이다. NSR의 장애요인으로는 유빙문제 뿐만 아니라 바닷물의 물보라와 강풍 등의 자연 지리적 조건, 구조와 긴급 활동을 위한 시설물 부재, 신뢰할만한 기상예보의 부재 등이 있다. 겨울과 봄에는 NSR의 동부구간 항행은 매우 어려운 상황이다. 여름에도 수많은 빙하와 빙산이 유동적이기 때문에 아이스 클래스 기능을 가진 선박이나 쇄빙선의 호위가 필요하다.

이러한 여러 제약조건은 지구온난화로 인해 급격히 변화하기 시작하였고, 북극해의 에너지 자원개발이 가속화되면서 상업화의 가능성은 크게 증가하고 있다. NSR의 경제성분석은 다양하게 진행되고 있으며 최근 발생한 수에즈운하 사고로 인해 대체 운송로의 가능성이 높아지고 있다.

<그림 7>과 <표 7>에서 나타나는 것처럼 수에즈운하를 이용하여 아시아에서 유럽까지 수송하는 거리는 약 20,900km(10,744해리)이며, 운항일수는 평균 24일 정도가 소요된다. 그러나 NSR을 경유하여 아시아 지역에서 네델란드 로테르담까지 운항하면 운항거리는 약 13,700km (7,667해리)이며 운항일수는 평균 14일 정도 소요되어 운송거리는 약 7,000km가 적어지고 운송 시간은 10일 정도를 절약할 수 있게 된다.

<표 7> 항로별 아시아-유럽 운송로 비교

항구명	~ 네덜란드 로테르담 운송로 길이(해리)			
	희망봉 (남아공)	수에즈 운하	북극해 항로	북극해항로 운송로 단축 % (수에즈 운하 대비)
일본, 요코하마	14,448	11,133	7,010	37
대한민국, 부산	14,084	10,744	7,667	29
중국, 상하이	13,796	10,557	8,046	24
홍콩	13,014	9,701	8,594	11
베트남, 호치민	12,258	8,887	9,428	-6

자료원: Buixade Farre, Norwegian University

그러나 NSR은 대부분의 구간이 얼음으로 덮혀 있어 항행하기 위해서는 쇄빙선의 호위가 절대적으로 필요하며, NSR의 운항에는 쇄빙선 에스코트에 따른 추가적인 비용이 발생한다. 이를 반영한 북극항로의 경제성 추정은

그림 10. NSR과 수에즈운하 항로 비교

Pham(2019)의 분석에 따르면 다음과 나타났다. NSR의 경제성을 추정한 운항구간은 중국의 상하이와 스웨덴의 고덴부르그(Gothenburg)로 운항선박은 컨테이너선(Sub-Panamax급)과 일반화물선(Handymax급)의 운항으로 추정하였다.

Pham의 분석에 따르면 NSR의 운항에는 쇄빙선 에스코트에 따르는 비용이 수에즈운하의 통행료보다 높게 발생하게 되나, 운항거리의 단축에 따른 연료비의 절감이 더욱 크게 나타나 NSR의 이용이 총운항비용에서 약 10% 이상 절감되는 것으로 나타났다. 이러한 분석은 향후 NSR의 이용 가능성을 더욱 높이게 될 것이다.

북극항로의 이용에는 일반적인 해상수송에서 사용되는 선박과는 다른 내빙기능을 갖고 있는 선박을 이용하여야 한다. 따라서 북극항로의 운항에는 내빙

선박의 건조비용이 추가적으로 요구되어 자본비용이 증가하게 된다. 따라서 북극항로의 운항에 따른 비용을 자본비용, 운영비용, 연료비로 구분하여 추계한 또 다른 경제성분석은 다음과 같이 분석되었다.

(1) 자본비용(CAPEX:Capital expenditures)과 운영비용(OPEX:Operating Expenditure)은 약 20% 증가.

북극항로 운항이 가능한 선박은 내빙기능을 갖춘 선박만이 운항 가능하다. 내빙선의 건조는 일반적인 선박의 건조보다 비용이 약 20%가 추가되는 것으로 나타나고 있어 북극항로를 이용하는 선사는 자본적 지출(Capital expenditures)이 증가하게 된다. 이외에도 극한 환경에서 운항하는 작업 과정에서 선원의 임금과 위험부담에 따른 보험료 등 운영비용(Operating Expenditure)도 증가하게 되며, 수에즈운하 항로를 운항하는 일반 선박보다 북극항로를 운항하는 선박은 20% 정도가 추가되는 것으로 나타나고 있다.

(2) 연료비용 추계 : 연료비용 약 50% 절약

연료비는 선박의 크기, 화물량, 항로의 거리, 운항속도에 따라 다르게 나타난다. 선행된 연구결과에 따르면 8,000TEU 컨테이너 선박의 평균 연료소모량이 1일 약 28.2톤으로 추계되었다. 따라서 북극항로를 이용할 경우 18일의 운항단축일수와 1일 연료소모량, 그리고 벙커C유 IFO 380cst 의 평균가격 598 달러[4]로 추계를 하면 약 30만 달러의 연료비용 절감효과가 나타난다. 운항일수가 약 1/2로 단축되어 연료비용이 크게 감소하게 된다.

---

4) Ship & Bunker에서 제공하는 2019년 8월에서 2020년 2월 평균가격을 적용. https://shipandbunker.com/prices/av/global/av-glb-global-average-bunker-price

<표 8> 수에즈 항로와 NSR 경제성 분석

Factors	Units	Vessel Y	Vessel X
Vessel type	-	General-Cargo Handymax	Container-ship Sub-Panamax
TEU	-	-	2808
Ice class	-	IA	IA Super
DWT	tons	37,130	40,882
Light ship	tons	12,082	17,669
Length Overall (LOA)	m	190	232
Length between Perpendiculars (Lpp)	m	186.4	230
Breadth (B)	m	28.5	32.2
Draft (T)	m	10.7	10.8
Displacement volume (▽)	m³	49,159	52,030
Design speed	knots	14.8	24
Main engine power	kW	10,470	25,426

	Cost components	Tian Hui				Vessel X			
		SCR	NSR			SCR	NSR		
			Sept	Oct	Nov		Sept	Oct	Nov
Time (days)		35.8	23.8	25.5	28.5	28.8	20.0	20.4	23.2
Capital cost	Capital cost	100,732	66,909	71,835	80,068	138,546	96,039	98,289	111,564
Operational cost	Repair & maintenance	33,625	22,335	28,775	32,073	45,012	31,202	38,319	43,495
	Insurance	20,462	18,009	19,335	21,551	17,268	16,530	16,917	19,202
	Crew	111,606	81,545	87,549	97,582	100,250	76,442	78,233	88,799
	Ice training	-	3,410	3,410	3,410	-	3,782	3,782	3,782
	Administration	20,000	20,000	20,000	20,000	20,000	20,000	20,000	20,000
	Other expenses	-	700	700	700	-	700	700	700
Voyage cost	Fuel cost	422,715	287,399	301,156	323,235	642,798	438,926	448,069	496,012
	Suez Canal toll	105,361	-	-	-	138,392	-	-	-
	Ice breaker fee	-	-	114,910	183,853	-	-	166,361	266,183
TOTAL COST		814,501	500,308	647,671	762,471	1,102,266	683,621	870,671	1,049,738

출처: Thi Bich Van Pham(2019), p.57

연료비 절감 : 18일 × 28.2 톤 × 598 달러 = 303,540 달러

(3) 통행료 및 쇄빙선 이용료

8,000TEU급 선박의 수에즈운하 통행료는 각종 부대비용 등을 모두 합쳐 약 55만 달러 수준인 것으로 파악되고 있다. 러시아 정부는 2005년 북극항로의 쇄빙선 사용에 따른 선박과 이용요율(On the change of rates for services of the icebreaker fleet on the Northern Sea Route)을 발표했다. 러시아 정부는 북극항로의 쇄빙선 이용에 수송화물의 톤수와 선박 자체의 적재 가능 톤수에 통행료를 부과하고 있다. 즉 품목의 톤수와 선박 자체의 적재 가능 톤수에 동시에 통행료가 부과되는 구조이다. 러시아 당국에서는 1TEU를 24톤으로 환산하여 쇄빙선 이용료를 부과하고 있다.[5] 러시아 정부의 규정을 적용하면 8,000TEU급 선박이 NSR구간을 통과할 때 쇄빙선 이용료는 750만 달러가 넘는 것으로 나타난다.

① 화물 통행료: 8,000TEU × 60%(소석률) × 24톤 × 34.4달러=3,960,576달러
② 선박 통행료: 110,000DWT × 32.8달러=3,609,100달러

북극항로를 운항한 선박들이 실제로 지불한 쇄빙선 사용료는 규정에서 정해진 사용료보다 적게 지불한 것으로 나타났다. Miaojia Liu(2009)의 연구보고서에서는 운항선박의 크기, 화물의 무게에 관계 없이 북극항로를 통과할 때 1회 통과 당 약 4백만 달러를 지불한 것으로 나타났다. KMI보고서에 따르면, 러시아 무르만스크 해운사(MSCo)는 쇄빙선 사용료로 5,300 TEU급 선박에는 약 22만 달러를, 10,000 TEU급 선박에 대해서는 약 42만 달러를 통행료를 청구하였다.[6] 이외 NSR을 시범 운항하는 선사들의 경우도 러시아와의 개별협상을 통해 요금의 특별 인하가 가능하다. 이외에도 러시아 연방정부의 예산이나 지방정부의 재정 지원으로 수송되는 물품 등에 대해서는 매우 저렴한 특별

---

5) Liu, Miaojia and Jacob Kronbak, "The Potential economic viabiltiy of using the Northern Sea Route(NSR) as an alternative router between Asia and Europe", *Journal of Transport Geography*, 2019.
6) 이성우·송주미·오연선, 『북극항로 개설에 따른 해운항만 여건 변화 및 물동량 전망』, 한국해양수산개발원. 2011. p.98.

통행료를 적용하고 있다.

　북극항로는 혹독한 환경 등으로 인하여 선박 운항 시 자본비용과 운영비용은 증가하나, 거리 절감이 가능하기 때문에 연료비용 절감효과를 기대할 수 있다. 자본 및 운영비용의 증가효과보다 연료비용의 절감효과가 더 크게 나타나기 때문에 북극항로 이용에 대한 경제적 유인이 있다고 할 수 있다. 그러나 러시아의 쇄빙선 이용료가 지금의 규정처럼 과다하게 부과되면 북극항로 운하에 따른 경제적 유인이 모두 사라지게 될 것이다. 현재 러시아는 개별적으로 선사 간 협상 등을 통하여 쇄빙선 이용료를 인하해 주고 있으며, 또한 쇄빙선 이용료 인하에 필요성을 인지하고 있다. 따라서 향후 쇄빙선 이용료는 인하될 가능성이 높으며, 북극항로를 이용한 물류수송은 더욱 증가할 것으로 예상된다.

　장기적으로 시베리아 지역의 석유, 천연가스, 원목, 광물자원 등 자원개발과 수송을 위해서는 내륙수운과 북극항로를 연계하는 효율적인 수송방법이 요구된다. 러시아는 NSR 및 자원개발을 적극적으로 추진하고 있다. 러시아 정부의 공세적 전략 추진의 성과로 NSR의 물동량은 2016년 748만 톤을 기록한 이후, 2017년 처음으로 1,000만 톤을 돌파하였고, 2018년 1,968만 톤, 2019년 약 3,150만 톤으로 4배 이상 증가하였다. 장기적으로는 북극항로를 이용하는 물동량을 2030년까지 1억 톤 이상으로 예측하고 있다.

　예측물동량의 실현을 위해 2019년 3월 러시아 정부는 2030년까지 북극의 광물자원 및 인프라 개발을 위한 118개의 사업에 약 181조 2,000억 원 예산 투입을 골자로 하는 '북극 광물자원기지 및 물류 개발 계획'안을 수립하였다. 또한 '북극 LNG-2' 사업에 대한 투자를 최종 승인했으며, 노바텍은 캄차카 반도에 연간 2,000만 톤의 LNG를 처리할 수 있는 환적터미널 건설을 추진하고

있으며, 동북아지역 LNG 공급망 구축에 적극 나서고 있다.[7]

〈표 9〉 북극항로 및 항만 예상 물동량 (단위: 백만톤)

	북극항로 물동량				항만 물동량	
	2016	2020	2025	2030	2020	2030
총 합계	12.4	47.7	75.0	104.4	38.7	67.5
석유	9.6	19.7	31.7	36.7	5.9	6.2
LNG	0.0	16.5	19.1	32.7	28	51.4
금속·철광석	0.7	1.0	1.0	1.0	0.5	0.5
석탄	1.0	8.0	20.0	30.0	1.8	5.4
기타	1.1	2.5	3.2	4	2.5	4

(자료: WWF, Prospects and opportunities for using LNG for bunkering in the arctic regions of russia, 2017.)

Ⅲ. 북극항로의 위험요인

1. 국제 해상운송 사고

주요 해상운송루트를 통한 해상 물류수송은 지속적으로 증가하고 있다. 이러한 해상운송에는 필연적으로 수 많은 운항위험 요인들에 의해서 매년 운항과정에서 발생하는 운항사고도 지속적으로 증가하고 있다. 2021년 전 세계적으로 약 3,000건의 해상사고가 발생했다. 해상사고에 따른 피해의 정도가 다소 큰 전손사고는 전체사고의 약 2% 정도인 54건이 발생하였다. 선박 전손사고는 2012년 이후 지속적인 감소세를 나타내고 있다. 전손사고의 발생 건수는 전년(65건)

---

[7] https://warsawinstitute.org/russias-novatek-signs-deal-japans-gas-company/

대비 11건 감소하였으며, 2012년의 127건에 비해 57% 감소하였다.

2012년 이후 10년 동안 전 세계 선박 전손사고는 총 892건을 기록했다. 지역별로는 남중국해(25%), 흑해 및 동지중해(15%), 일본, 한국 및 중국(9.8%), 영국제도 및 북해(6%), 아라비아만 일대(5%)에서 많이 발생했다.

〈표 10〉 최근 10년 원인별 전손사고 발생 추이 (2012~2021)

	'12	'13	'14	'15	'16	'17	'18	'19	'20	'21	Total
침몰	53	70	50	66	48	56	33	32	25	32	465
난파 및 좌초	29	21	18	19	22	15	18	9	12	1	164
화재 및 폭발	14	15	7	9	13	8	12	20	14	8	120
기관계 고장	15	1	5	2	10	9	3	3	4	6	58
충돌	5	2	2	7	2	1	3	3	3	3	31
선체파손	7	1	5	2	4	5	2	1	1	1	29
접촉	2			1			2	1			6
실종					2			1			3
기타	2	1	2		1			1	6	3	16
Total	127	111	90	105	102	94	73	71	65	54	892

해상사고의 원인으로는 침몰 465건(52%), 난파 및 좌초 164건(18%), 화재 및 폭발 120건(14%), 충돌 31건(6%), 그리고 선체파손 29건(3.5%) 순으로 나타났다.

2. 북극항로를 이용한 해상운항에서의 위험요인

북극항로의 운항에는 극한의 자연적인 환경에 의해 다른 주요 해상운송루트의 운항에서 나타나는 위험요인보다 더 많은 운항위험이 나타나게 된다. 북극항로를 경유하는 해상운송에서 나타나는 위험요인은 크게 안전운항을 저해하는 운항위험요인과 운항과정에서 발생할 수 있는 환경오염과 같은 환경위

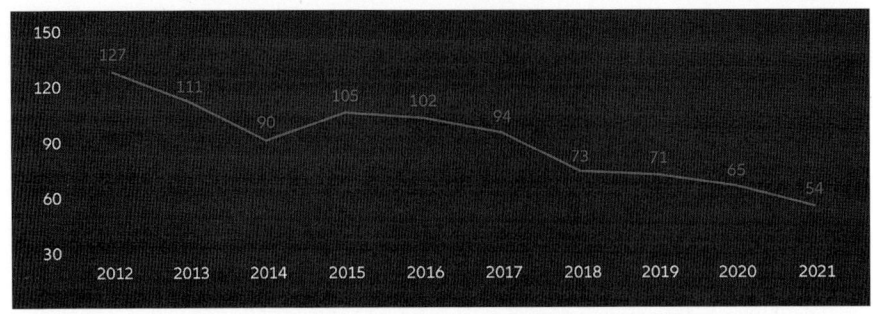

그림 11. 최근 10년 선박 전손사고 발생 추이 (2012~2021)

(자료: Allianz Global Corporate & Specialty, Safety and Shipping Review 2022.)

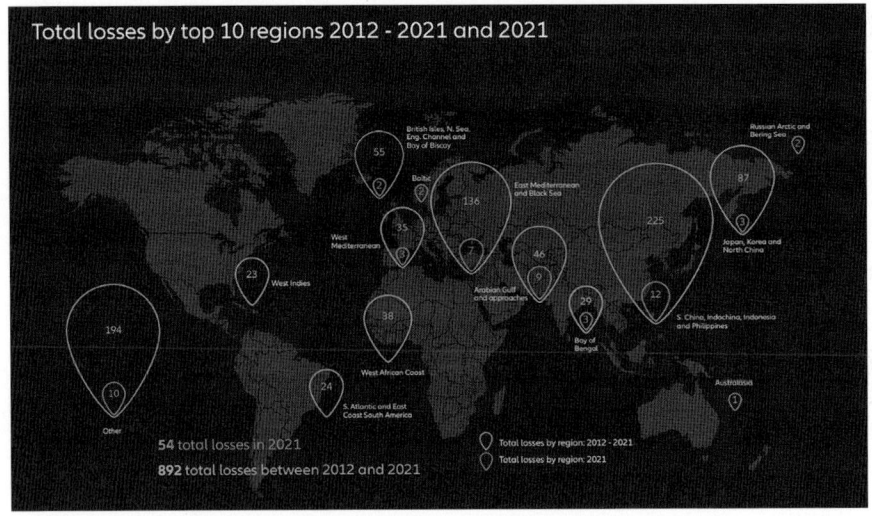

그림 12. 지역별 선박 전손사고 발생 현황(2012-2021)

험요인으로 구분할 수 있다.

 북극해의 극한 환경으로 인해 북극항로를 운항하는 선주와 해운회사들은 그들이 일반적으로 예상하는 것보다 더 많은 해상사고위험에 직면한다. 북극항로를 경유하는 선박의 운항에는 안전운항을 위한 각종 시설과 관련 인프라가 적고, 극한의 기후환경으로 인하여 일반적인 항로를 운항하는 선박들에 비해 사고의 위험 또한 증가하게 된다. 영국의 해상보험사들이 공동으로 설립한 JHC(Joint Hull Committee)에서 밝힌 북극해에서의 선박운항의 위험요인들은 다음과 같이 나타났다.[8]

- 해빙과의 접촉 (빙하 포함)
- 해빙에 의한 프로펠러, 방향타 및 기타 기계장치의 손상
- 해도에 표시되지 않은 암초에 의한 좌초
- 결빙 (11월~3월)
- 안개 (6~7월이 가장 극심)
- 충돌
- 멀리 떨어져 있음에서 발생하는 구조의 지연/부족
- 안전한 항구에 대한 정보 부족

이러한 운항위험들은 다음과 같은 이차적 요인에 의해서 더욱 악화될 수 있다.

- 좋지 못한 해도
- 부족한 수로도 및 기상 자료
- 부족한 위성항법 정보 및 통신 문제

북극항로를 운항하는 해운회사들이 직면한 가장 큰 사고위험은 안전한 항해를 위한 해도가 부족하다는 것이다. 북극이사회(Arctic Council)의 '2009

---

8) Joint Hull Committee, JH2012/004, JHC Navigation Limits Sub-Committee Northern Sea Route Nortes. file:///C:/Users/OWNER/Downloads/The+Northern+Sea+Route+Information+Paper.pdf

년 북극 해상운송 평가에 관한 보고서(Arctic Marine Shipping Assesment Report 2009)'에 따르면 주요 북극 해상운송로의 상당한 부분에 대한 해도가 부족하다는 것을 강조했다. 이는 캐나다 북극해 제도(Canadian Archipelago) 및 보퍼트해(Beaufort Sea)에서 가장 심한 것으로 나타났고, 러시아의 NSR상에 있는 카라해(Kara Sea), 랍테프해(Laptev Sea), 동시베리아해(East Siberian Sea)에서도 마찬가지로 부족한 것으로 나타났다. 해도의 부족으로 발생하는 문제들은 해당 지역에서의 부족한 통신 네트워크에 의해 더 악화된다.

2010년 8월 27일 캐나다 국적의 북극탐험 크루즈선박인 'Clipper Adventurer'호가 캐나다 북극지역에 위치한 '코러내이션만(Coronation Gulf)'에서 해도의 부족으로 인해 암초에 충돌하여 좌초하는 해상사고가 발행하였다.[9] 이 북극해에서 발생한 선박사고는 해빙과 관련된 문제가 아니었음에도 불구하고, 승객의 구조 및 사고선박의 인양 등, 북극해의 안전운항을 증대시키고자하는 명확한 도전이었다. 이 사고는 북극해에서 증가하는 다양한 사고 위험에 대응하기 위해 크루즈산업분야에서 안전운항을 위한 절차와 전략의 확립이 필요함을 보여준 사례였다. 북극해에서의 크루즈 선박들은 선주, 규제당국, 보험회사들에게 특히나 큰 도전으로 다가온다.

〈표 11〉 북극해 선박사고 현황 2011-2020 (14건의 전손사고 포함)

	2011	2012	2013	2014	2015	2016	2017	2018	2019	2020	Total
기관계 고장	12	13	20	27	44	32	46	23	14	18	249
난파 및 좌초	9	9	10	14	6	11	9	8	6	8	89
화재 및 폭발	6	2	4	2	4	1	3	6	8	8	44

9) Nunatsiaq Online (4 September 2010). "Clipper Adventurer ran into a charted hazard expert says".

	2011	2012	2013	2014	2015	2016	2017	2018	2019	2020	Total
충돌	4	4	2		3	2	4	2	3	6	30
접촉	1	3	6	4	5	1	1		1	1	23
침몰	3	1	1	2		1		1	1	2	12
선체파손	2	1	2	1	1	2	2				11
노동쟁의							1				1
기타	2	6	5	5	6	4	6	4	8	15	61
Total	39	38	50	55	69	55	71	44	41	58	520

자료출처: Allianz Global Corporate & Specialty, Safety and Shipping Review 2021 p. 55

국제 해상보험업체인 AGCS(Allianz Global Corporate & Specialty)의 '2021년 해운안전보고서(Safety and Shipping Review 2021'에 따르면 2011년부터 2020년까지 10년간 북극권 해상에서 발생한 해상사고는 선박의 전손사고 14건을 포함해 총 520건의 해상사고가 보고되었다. 사고의 원인으로는 기계파손 및 고장 건수(249건)가 절반 가까운 비중을 차지했으며, 그 다음으로 난파 및 좌초에 의한 사고가 89건으로 많았으며, 그 외 다른 사고요인으로는 화재 및 폭발, 충돌, 접촉사고, 그리고 침몰사고 등이 발생했다.

다음으로는 북극해의 선박운항과정에서 나나타는 위험요인으로는 선박의 운항으로 인해 발생할 수 있는 각종 환경위험요인이 있다. 해운사들은 북극항로를 이용한 운항과정에서 선박사고의 위험과 함께 생태계의 파괴와 같은 환경적 위험요인들이 나타나게 된다. 북극이사회는 북극 해양환경에 대한 가장 큰 위험은 우발적이거나 불법적인 방류를 통한 선박의 기름방출이며, 북극해 운항선박에 따라 발생할 수 있는 추가적인 잠재적 환경영향으로는 해양 포유류에 대한 선박 공격, 해양 포유류의 이주 패턴 파괴, 인공 소음 발생 등을 주요 환경적 위험요인으로 제시했다[10].

이런 해양 환경에 대한 영향은 1989년 알라스카의 북위 60° 부근에서 일어난 Exxon Valdez 사례를 통해 알 수 있다. 이 사고로 10.8백만 갤런(257,000배럴)의 기름이 유출되었으며, Prince William Sound 지역의 깨끗했던 자연이 파괴되었고, Exxon은 43억 달러의 복구 및 보상비용을 부담해야 했다.[11]

북극해에서의 높은 물리적 위험과 환경적 위험은 제3자의 사망 혹은 부상, 환경오염과 관련된 책임의 위험이 증가함을 의미하여, 자연스레 관련 비용도 높다는 것을 의미한다. 예를 들어 장거리 운행을 위해 보다 많은 기름을 적재하고, 오염이 심할 수 있는 강한 벙커유를 사용하는 것은 북극 자체의 극악한 환경과 더불어 벙커유 유출 사고시 제거를 어렵게 할 수 있는 요인이다. 또한 선원과 승객의 송환비용도 북극에서는 보다 높을 것이다.

Ⅳ. 북극항로 활성화를 위한 러시아의 안전운항지원과 향후 발전가능성

북극항로는 크게 북미와 유럽을 잇는 캐나다 해역의 북서항로(Northwest Passage)와 아시아와 유럽을 잇는 러시아 해역의 북동항로(Northern Sea

---

10) Arctic Council, Arctic Marine Shipping Assessment 2009 Report, p. 5.
file:///C:/Users/OWNER/Downloads/AMSA_2009_Report_2nd_print%20(1).pdf
11) ExxonMobil, The Valdez oil spill.
https://corporate.exxonmobil.com/Operations/energy-technologies/Risk-management-and-safety/The-Valdez-oil-spill#Overview

Route, NSR)로 나뉜다. 북동항로는 러시아 시베리아 연안과 극동지역을 따라 바렌츠해(Barents Sea), 카라해(Kara Sea), 랍쩨프해(Laptev Sea), 동시베리아해(East Siberian Sea), 축치해(Chukchi Sea) 등 5개의 북극해협을 가로지르는 대서양과 태평양 간의 해상수송로이며 북서항로보다 결빙으로 인한 운항제약이 보다 많은 항로이다.[12]

또한 북동항로의 이용에서는 북극지역 항만에서의 작업과정에서 선박들이 적합한 날씨를 기다리는 경우가 많고, 연평균 단지 10일만 정상하역이 이루어지는 등 선박 양·하역이 심각한 문제점으로 대두되고 있다. 사베타항의 보관 장소 및 부두면적 부족 등 주요 문제점에 기인한 선박의 항구대기시간이 40일까지 소요되고 있는 실정이다. 이러한 제약에도 불구하고 북동항로를 이용하는 물동량은 2014년도 398.2만톤에 달하며 이는 2013년도 대비 32% 증가하였으며, 이러한 증가추세를 감안하면 2030년에 북극 대륙붕 탄화수소 생산과 관련하여 연간 1억톤에 이를 것으로 추산하고 있다.

북서항로는 현재까지 7개의 항로가 개설되어 있다. 전문가들은 이 항로가 상업적으로 이용되더라도 좁은 해협의 폭과 군소 도서가 밀집되어 있어 교통이 매우 복잡할 것으로 전망하고 있다.[13]

---

12) 유럽연합우주국(ESA : European Space Agency)은 2007년 9월 "1978년 위성을 통해 해빙기록을 시작한 이후 북쪽 캐나다를 가로지르는 북서항로의 대부분이 완전히 열렸다"고 발표했다. 반면에 시베리아 연안을 따라가는 북동항로는 "부분적으로 막혀있는 상태"라고 발표했다. http://www.esa.int/Our_Activities/Observing_the_Earth/Envisat/Satellites_witness_lowest_Arctic_ice_coverage_in_history. (검색일 : 2015년 11월 20일)

13) 캐나다는 북서항로가 자국의 내수(Internal waters)이므로 이 항로를 이용하는 외국 선박은 자국의 법규와 통제에 따라야 한다고 주장하고 있으며, 미국은 북서항로는 국제해협으로 유엔해양법상의 통과통항권(Right of Transit Passage)이 보장되어야 한다는 입장이다. 두 나라가 북서항로를 두고 다른 입장을 보이는 것은 항로에 대해 연

그럼에도 불구하고 북극항로의 개발과 활성화는 당면한 과제로 대두되고 있다. 따라서 북극항로의 활성화를 저해하는 여러 환경을 알아보고, 북동항로의 활성화를 위한 러시아의 항해지원시설과 정책 그리고 북동항로 운항지원을 위한 쇄빙선의 현황을 살펴보고자 한다.

1. 러시아의 북동항로 항해지원시설 및 정책

북동항로의 특징은 항로에 얼음이 존재하고 기후변화로 인한 유빙으로 얼음의 움직임이 더욱 가변성을 띠고 있다는 점이다. 극한 기후는 선박 자체의 안전성과 선상에서 근무하는 선원의 작업환경을 악화시키는 요인이다. 또한 현재의 해빙상황으로는 연중 상시 항해가 어렵기 때문에 쇄빙선박이 본격적으로 운항되기까지는 쇄빙선을 활용해야 한다. 따라서 쇄빙 능력을 높이면서 보다 빠른 속도를 낼 수 있는 선박의 개발과 유빙과의 충돌에 대비해 선체의 견고성을 높이기 위한 선체의 문제, 그리고 극한 환경에 견디기 위한 선박 기자재 문제 등이 북동항로의 상업적 이용을 활성화하기 위한 주요 과제가 된다. 북극의 석유 및 가스자원에 대한 탐사 및 시추활동이 활발해지면서 LNG 선박과 해상 플랜트의 수요가 높아지고 있다. 선박의 안전성에 관한 문제는

안국이 가지는 권리와 의무 때문이다. 연안국은 내수에 대해서는 육지와 같은 주권을 가지고 있기 때문에 배타적 관할권을 행사하고, 외국 선박의 출입, 항행을 제한하거나 금지할 수 있다. 외국 선박이 내수를 항행하기 위해서는 연안국의 선박 출입항 및 해상교통 관련 규정을 준수해야 한다. 국제해협에서는 모든 국가의 선박(군함 포함)과 항공기(군용기 포함)가 계속적이며 신속하게 통과할권리가 있다. 해협 연안국은 통과통항을 방해할 수 없으며, 자국이 알고 있는 해협 안에 존재하는 위험을 적절히 공시하여야 하며 통과통항을 정지시킬 수 없다. 미국의 주장대로 이 항로가 국제해협으로 인정될 경우 외국 선박은 일정한 조건 하에 자유롭게 이 항로를 이용할 수 있다. 반면 캐나다의 주장처럼 내수로 인정되면 북서항로를 통행하는 선박들에게는 많은 제약요건이 주어지게 된다.

과학기술의 발전으로 조만간 해결될 가능성이 높다.

북극해 운항을 증진시키기 위한 항만인프라의 정비와 선원의 훈련 등 북동항로의 항해지원에 관한 문제는 러시아를 중심으로 많은 논의가 이루어지고 있다. 러시아는 1950년부터 제한적이지만 상업적으로 북동항로를 운항한 경험이 있기 때문에 많은 노하우를 축적하고 있다. 러시아는 최근 무르만스크를 중심으로 북극해 연안지역의 항만개발을 추진하고 있다. 발틱 해는 우스트 루가(UST LUGA), 프리모스크(PRIMORSK), 뷔소츠크(VYSOTSK) 등 3개 항만이 개발되고 있다. 우스트 루가 항만은 3개의 터미널이 완공됐고 11개 터미널이 건설 중에 있으며, 상트페테르부르크에 인접하고 있어 항만개발이 완성단계에 이르면 모스크바를 연결하는 물류환경의 개선에 크게 기여할 것으로 전망된다. 또한 러시아 정부는 무르만스크 항만개발도 추진하고 있다. 이 지역의 항만개발을 전담하기 위해 '무르만스크 항만관리회사(Murmansk Port Management Company)'를 설립하였으며 북동항로의 허브항구로 육성할 계획을 수립하였다.

또한 러시아 정부는 북극항로를 항해하는 선박들의 안전운항을 지원하기 위해 러시아 남북극연구소(AARI : Arctic and Antarctic Research Instititute)가 중심이 되어 항해정보를 지원하기 위한 항행정보시스템을 구축했다. 이 시스템은 미국의 해양대기청(NOAA : National Oceanic and Atmospheric Administration), 연구조사선, 관측지역으로부터 수집된 정보를 AARI에서 가공·분석하여 인공위성 및 인터넷을 통해 북극해 항로를 통과하는 선박들에게 제공하고 있다. 제공되는 정보는 기상정보, 인공위성 사진, 북극 빙하데이터, 북극 파도예측, 지도정보, 항해정보, 환경지리정보 등이다.

러시아는 북극항로 이용 활성화와 안전운항 지원을 위해 아래와 같이 다각적인 노력을 기울이고 있다.

첫째, 다양한 위성통신 시스템 구축이 진행되고 있다. 현재 북극에서 사용할 수 있는 위성통신 시스템으로는 항공기·선박에 통신 서비스를 제공하는 INMARSAT, 휴대전화 등 상용 통신 서비스를 제공하는 IRIDIUM, 그리고 선박의 안전을 위해 선박교통 및 해양운송 정보를 전송하는 VTMIS(Vessel Traffic Management and Information System) 등이 있다. 한편, 러시아는 응급 서비스 등을 제공할 수 있는 새로운 위성통신 시스템도 구축하고자 한다. 북극항로를 본격적으로 상용화하려면 북극의 열악하고 불안정한 환경을 관측하고 사고를 방지하며 선박 추적능력을 가진 내비게이션 시스템이 필요하기 때문이다. 이를 위해 러시아정부는 2007년부터 '아르크티카(Arktika)'위성 개발을 논의해 왔다. 2010년 4월 페르미노프(Anatoly Perminov) 러시아 우주청(Roscosmos) 국장은 230억 달러를 투입하여 북극 전담용 위성을 설치할 것이라고 언급하였다.[14] 이와 관련하여 최근 러시아 정부도 '아르크티카'위성 10대를 설치할 예정이며 이것이 실현된다면 향후 북극항로의 항행 안전성은 더욱 높아지게 될 것이다.

둘째, 북극항로의 안전성을 제고하기 위해 구조센터를 건설하고 있다. 2011년 9월 푸틴 당시 총리는 10억 루블(약 3억 달러)을 투입하여 2015년까지 북극지대에 연구 및 구조센터 10곳을 건설할 것이라고 발표한 바 있다.

셋째, 북극지역 항만 정비·건설이 진행되고 있다. 현재 이가르카(Igarka), 두딘카(Dudinka), 디크손(Dikson), 페베크(Pevek), 프로비데니야(Provideniya) 등이 개·보수를 기다리고 있는 상황이며, 최근에는 러시아 정부와 노바테크가 공동으로 야말 LNG 플랜트 인근에 사베타(Sabetta) 항을 건설하고 있다. 연방예산 472억 루블(약 16억 달러)과 민간투자 259억 루블(약

---

14) "Russia to Build Arctic Satellite Network," Russian Spaceweb (October 29, 2013).

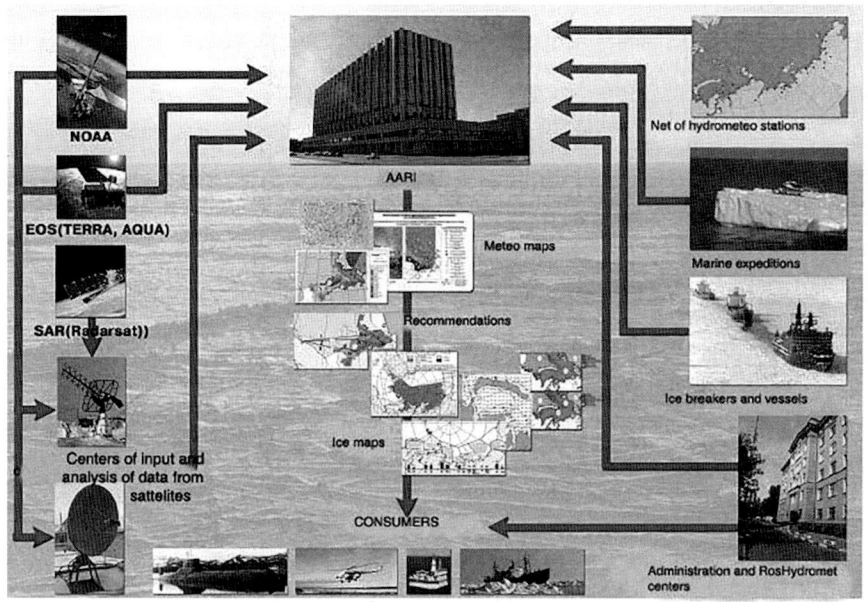

그림 13. 러시아 국립 남북극연구소 항행정보지원 시스템

10억 달러)이 투입되며, 연중 내내 운용 가능하고 연 3,000만 톤의 물동량을 처리할 수 있는 항구가 될 전망이다. 소콜로프(Maksim Sokolov) 교통부 장관은 사베타 항 건설이 새로운 러시아 북극해상운송 시대의 출발점이 될 것이라고 언급하였다.[15]

2. 북극해 안전운항을 위한 쇄빙선지원

많은 요인에 의해 북극지역의 기후변화는 다른 지역들 보다 더 강도 있고 빠르게 진행되고 있으며, 최근 10년간 북극지역의 해빙은 13.7%가 감소되었다. 북극 얼음이 녹으면서 한편으로는 북동항로를 이용하는 선박의 운항은 더

---

15) "In Russian Arctic, a New Major Sea Port," Barents Observer(August 06, 2012).

욱 빠른 속도로 증가하겠지만 다른 한편으로는 녹은 빙하와 깨진 부빙은 북극해항로를 운항하는 선박들의 안전운항을 위협하는 요소가 될 수도 있다.

북동항로 동부구간은 바렌츠해와 카라해를 구분하는 노바야 제믈랴 섬부터 추코트카 반도의 최북단 데쥬네프(Dezhnev) 곶까지 3,000 마일은 얼음으로 덮혀 있기 때문에 쇄빙선의 호위 없이 북극해 구간의 항행은 불가능하다. 두딘카항은 양호한 해상 조건에서는 쇄빙선 없이 운항이 가능하지만 도선서비스 없이는 전 구간 항행이 불가능하며, 에니세이 만에서는 흘수선이 낮은 원자력쇄빙선이 도선하고 있다. 디젤 쇄빙선은 항해속도를 유지하지 못하기 때문에 도선할 수 없고 원자력쇄빙선 없이는 북동항로의 운항은 불가능하다. 따라서 북동항로를 운항하는 외국선박은 좋은 기상조건에서는 자체 항행이 가능하지만의 동절기에는 러시아의 도선서비스가 안전운항에 매우 중요하며, 필요 시 도움을 요청할 쇄빙선의 존재는 북동항로의 안전운항과 활성화에 매우 중요하다.

북극해의 자원 개발, 과학기술탐사, 선박의 항행을 위해서는 북극해 항해조건에 맞는 선박에 대한 기술 개발이 선행되어야 한다. 일년생 얼음이 대부분인 남극해와 달리 북극해는 다년생 얼음으로 뒤덮여 있어 북극항해가 더욱 제약을 받는 것으로 알려져 있다. 이와 같이 얼음이 존재하는 해역을 항해할 목적으로 만든 선박을 통칭하여 빙해선박이라고 한다. 빙해선박은 얼음 속을 안전하고 효율적으로 항행하기 위해 일반 선박과 다른 특징을 가진 특수한 선박이어야 한다. 이중 쇄빙선(Ice Breaker Vessel)은 빙해역에서 타선의 지원·구원·조사 등의 목적을 위해 적극적으로 빙행을 할 수 있는 구조와 기능을 가지고 있는 선박으로 북극해와 같은 영하 40℃ 이하의 빙해 환경에 맞춰 설계된다. 쇄빙선은 용도에 따라 빙해역에 수로를 만들어 다른 선박의 항행을 유도하는 유도쇄빙선과 단독으로 개별적으로 활동을 추진하는 단독쇄빙선으로 구분되며, 북극해를 항행하는 선박은 이들 쇄빙선과 함께 수척의 빙해선박이 선단을 이루어 해상수송을 담당하고 있다.

내빙선박의 운행은 얼음과의 접촉을 통해 이루어지므로 일반 선박과는 다른 특징을 가지고 있다. 첫째, 얼음으로부터 선박을 보호하기 위해 얼음과 접촉하는 선체의 구조가 튼튼하여야 하며, 둘째, 연속적으로 쇄빙하면서 얼음과의 마찰저항을 이기고 일정한 속도로 항해하기 위해 출력이 큰 추진시스템을 구비하여 하며, 셋째, 빙하를 깨고 깨뜨린 빙판을 선체 좌우측으로 제거하도록 설계되어야 한다. 또한 이와 함께 극한 환경에 견딜 수 있도록 선박 도료와 기자재 등의 내구성이 확보되어야 한다.

1980년대 극지에 대한 관심이 높아지면서 경쟁적으로 쇄빙선이 건조되기 시작했다. 러시아는 1959년 세계 최초로 원자력을 추진력으로 사용하는 쇄빙선 '레닌'을 건조하였고, 이어 2007년에는 핵추진 쇄빙선 '승전 50주년 기념호(50 Let Pobedy)'를 건조했다. 이 쇄빙선은 2만 5,000톤급 규모의 북극해 크루즈선으로 선체길이가 159m, 선폭이 30m로 현재 세계에서 가장 규모가 큰 쇄빙선이다. 현재까지 전 세계적으로 총 200여 척의 쇄빙선이 건조 및 운항되었으며, 우리나라도 2009년 최초의 쇄빙선인 '아라온호(ARAON)'를 건조하여 운항 중이다. 아라온호는 6,950톤급 규모에 선체길이는 111m로 기존의 쇄빙선에 비해 큰 규모는 아니지만 첨단 연구 장비가 장착되어 연구 수행 능력은 세계 최고 수준으로 알려져 있다. 아라온호는 두께 1m 얼음을 깨며 전진할 수 있고, 최고속도는 16노트(시속 약 30km), 1회용품 보급으로 70일간 2만 해리(약 3.7만km)를 항해할 수 있는 능력을 갖추고 있다.

북극해를 경유하여 동북아시아와 유럽을 연결하는 북동항로는 1932년에 첫 번째 선박이 아르한겔스크부터 베링 해까지 항행한 이후 쇄빙선 함대의 덕택으로 러시아 북부지역의 화물운송 루트로 집약적으로 이용되어 왔다. 1980

년대 말 북동항로의 화물운송 규모는 670만 톤으로 사상 최고치를 기록한 후 거의 제로 상태로 감소했다. 그러나 2000년부터 북동항로의 통과물동량은 증가하고 있으며, 현재 연간 100만 톤을 상회하고 있다. 바렌츠 옵서버(Barents Observer)에 따르면 북동항로의 통과 선박은 2009년 2척, 2010년 4척, 2011년 34척, 2012년 46척으로 증가했다. 2011년 82만 789톤 대비 2012년 화물규모는 53%나 증가한 130만 톤을 기록하고 있다. 북극개발을 통해 북동항로의 경유 통과화물은 지속적으로 증가될 것으로 예견되고 있다. 러시아 국가안보위원회의장 니콜라이 파트루셰프는 북동항로의 화물규모는 2020년 6,400만 톤, 2030년 8,500만 톤을 예상하고 있다.[16]

3. 러시아의 쇄빙선 운항현황

무르만스크 소재 Rosatomflot는 현재 원자력 쇄빙선 5척을 보유하고 있으며, 2020년까지 3척이 단계적으로 추가 건조될 예정이다. 북극해항로상의 쇄빙지원 서비스에는 대부분 Arktika급인 '50 Let Povedy'호와 Yamal호가 투입되고 있으며, Sabetta, Dudinka항 입구 등 draft가 얕은 곳에는 'Taimyr', 'Vaygach'가 주로 작업에 투입되고 있다. 저흘수 원자력쇄빙선인 'Vaigach'는 두딘카항 방향 에니세이 연안에서 '노릴스크니켈'사 선박의 운항을 위해 서비스를 제공하고 있다. 2014년 Rosatomflot의 쇄빙서비스 작업량은 129척 1,659천톤에 달하며, 동절기엔 항만이 결빙되므로, Dudinka, Sabetta항 등의 통로유지를 위한 쇄빙작업을 수행하고 있다.

Norilsk Nickel사도 쇄빙가능한 Arc7급의 쇄빙선박(19,000dwt) 6척을 보유

---

16) Andrey Shalyov, "Arctic might help Russia to restore status of Great Power," Barents Observer, August 23, 2012.

하고 있으나, 동절기 항만 결빙 시에는 수로 통행을 위해 평균 130만톤의 쇄빙 지원 서비스를 Rosatomflot로부터 지원받고 있다. Rosatomflot는 향후 북극 탄화수소자원 개발 프로젝트로 인해 북동항로를 이용하는 화물수송량이 증대될 것이므로 쇄빙 업무도 급증할 것으로 예상하고 있다.

〈표 12〉 러시아 자원개발 계획과 북동항로 물동량

프로젝트 / 항만	연간프로젝트 규모	프로젝트 기한
Yamal LNG / Sabetta port	LNG 17.6백만톤	2018-2040
Novoport Oil Deposit(GazpromNeft) / Noviy Port	원유 5.0백만톤	2015-2030
Norilsk Nickel / Dudinka	비철금속 & 귀금속 1.3백만톤	매년 지속
Payaha Oil Deposit / 독립 석유가스회사	원유 3.0백만톤	2018-2030
카라해 지역(Rosneft 라이센스 보유)	대륙붕 매장지 탐사 업무 중	2023년까지

Rosatomflot사는 야말 프로젝트의 원활한 수행을 위해 슈퍼쇄빙선 'Arktika', 'Sibiri', 'Ural'호가 투입될 예정이라고 밝혔다. 향후 이들 쇄빙선은 Yamal 및 Gydan 반도, 카라해 대륙붕에서 대서양 및 태평양 시장으로 탄화수소 운송선박의 도선서비스를 제공하게 되고 향후 건조될 LK-60(프로젝트 22220) 쇄빙선은 Enisei 및 Ob만 지역 연안과 바렌츠해, 페초라해, 카라해에서 작업이 가능하도록 두 개의 흘수를 사용하며 거의 3m의 다년빙도 극복할 수 있도록 특수하게 설계되고 있다. 11억 달러를 들여 세계 최대 원자력 쇄빙선을 건조할 〈프로젝트 22220〉 또는 쇄빙선 LK-60 시리즈로 불리는 Arctica급 원자력 쇄빙선 건조 프로젝트는 러시아의 상트페테르부르크(St. Petersburg)에 위치한 발틱 조선소에서 진행 중에 있으며 2017년 까지 33,540톤급의 세계 최대 원자력 쇄빙선 3기를 건조하게 된다. 2016년 진수될 세계에서 가장 거대한 원자력 쇄빙선 '아르크티카(Arctic)'호의 건조가 마무리되면 2017년 12월 모든

시험을 마치고 인계될 예정이며, 최신식 러시아 원자력 쇄빙선은 3m 두께의 얼음을 쇄빙할 수 있는 능력과 함께 10만 톤까지 화물 적재가 가능하다.

〈표 13〉 러시아 원자력 쇄빙선 현황

구분	Type Arktika	Type Taimyr	Project 22220(IB60)*
추진력	54MW	35MW	60MW
배수	23,000t	21,000t	35,330 / 25,540t
흘수	11.0m	8.1m	10.5 / 8.5m
쇄빙력	2.25m	1.7m	2.9m
동종 쇄빙선	'Sovetskiy Soyuz' (1989.12.29.) 'Yamal'(1992.10.28.) '50 Let Povedy' (2007.3.23)	'Taimyr'(1989.6.30) 'Vaygach'(1990.7.25)	1# IB60(2017.12.31) 2# IB60(2019.12.31) 3# IB60(2020.12.31)

* Universal Atomic icebreaker ※ 출처. Rosatomflot, 2015

최근 북극지방의 자원 개발에 대한 수요 증대와 러시아의 북극해 자원수송의 증가로 내빙선(쇄빙상선)에 대한 기술 개발과 관심도 증가하고 있다. 1992년 이후 쇄빙선 3척, 내빙선 65척, 극지 드릴십 1척 등 총 68척의 극지운항선을 건조해 온 우리나라의 삼성중공업은 2007년 1월 세계 최초 쇄빙유조선인 '바실리 딘코프(Vasily Dinkov)'를 건조하여 러시아 소보콤플로트사에 인도했다. 이 선박은 7만 톤급의 쇄빙유조선으로 두께 1.57m의 얼음을 깨고 시속 3노트(약 5.5km)로 항해할 수 있는 능력을 갖추고 있으며, 전후 양방향 쇄빙이 가능하고 가장 까다로운 러시아 Rule을 세계 최초 적용한 사례로 알려져 있다.

향후 북동항로를 이용하는 선박의 증가와 함께 안전운항을 위한 쇄빙선의 운항도 크게 증가할 전망이며, 이는 우리나라의 조선업의 발전에 크게 기여할 것으로 보여 진다.

〈참고문헌〉

김선래, "북극해 개발과 북극항로: 러시아의 전략적 이익과 한국의 유라시아 이니셔티브," 『한국 시베리아연구』 제20권 1호(배재대학교 한국-시베리아센터, 2015).

류동근·남형식, "북극항로 시대에 대비한 부산지역의 미래성장 유망산업 및 정책 평가에 관한연구," 『한국항만경제학회지』 제30권 1호(한국항만경제학회, 2014).

박진희·이민규, "경쟁력분석에 따른 국내 북극항로 전진기지 구축방안에 관한 연구," 『한국항해항만학회지』 제39권 3호(한국항해항만학회, 2015).

이성우·송주미 외 1명, 「북극항로 개설에 따른 해운항만 여건 변화 및 물동량 전망」 (출판: 한국해양수산개발원, 2011).

이영호, 고용기, 나정호, "북극항로(NSR)을 이용한 컨테이너선박 운항비용에 대한 연구-광양항 컨테이너선박 운항을 중심으로-," 『국제상학』, 제30권 제2호, 한국국제상학회, 2015.

이재영·나희승, "북극권 개발을 위한 시베리아 북극회랑 연구," 『아시아문화연구』, 39(아시아문화연구소, 2015).

최경식, "북극해 항로의 전망과 기술적 과제", 『해양한국』, 2001년 2월호.

홍성원, "북극항로의 상업적 이용 가능성에 관한 연구," 『국제지역연구』 제13권 4호(국제지역연구센터, 2010).

한종만, "북극지역의 지정학적, 지경학적, 지문화적 역동성에 관한 연구," 한종만 외, 『북극의 눈물과 미소』 (서울: 학연문화사, 2016).

Allianz Global Corporate & Specialty, *Safety and Shipping Review 2015*.
_____, *Safety and Shipping Review 2021*.
_____, *Safety and Shipping Review 2022*.

ARCOP(Arctic Operational Platform), Working Paper D2.4.2, "Marine Insurance Coverage for the Sea Carriage of Oil and Other Energy Materials on the Northern Sea Route: Moving from Theory to Reality". By E. Gold and L. Wright, Fridtjof Nansen Institute. 2006.

Arctic Council, *Arctic Marine Shipping Assessment 2009 Report*, file:///C:/Users/OWNER/Downloads/AMSA_2009_Report_2nd_print%20(1).pdf

ExxonMobil, "The Valdez oil spill." https://corporate.exxonmobil.com/Operations/

energy-technologies/Risk-management-and-safety/The-Valdez-oil-spill#Overview

Gold, Edgar, "Economy and Commercial Viability". In Østreng, W. (ed.), *The Natural and Societal Challenges of the Northern Sea Route. A Reference Work*. Kluwer Academiv Publishers, Dordrecht, 1999

IUMI(International Union of Marine Insurance), News, "Things to ponder for insurers as Arctic routes open up", 29. October 2020.

Joint Hull Committee, JH2012/004, JHC Navigation Limits Sub-Committee Northern Sea Route Nortes. file:///C:/Users/OWNER/Downloads/The+Northern+Sea+Route+Information+Paper.pdf

Kiiski, Tuomas, *Feasibility of Commercial cargo shipping aling the Northern Sea Route*, University of Turku, Turku, Finland, 2017.

Mahony, Honor, "Arctic shipping routes unlikely to be 'Suez of the north'", *EUobserver*, July 6. 2011.

Marsh, "Arctic Shipping: Navigating the Risks and Opportunities", 2014. https://www.marsh.com/pr/en/industries/marine/insights/arctic-shipping-navigating-risks-opportunities.html

Monko, Nikolay, "Brief Results of the Navightions in the Water Area of the Northern Sea Route in 2021", The Northern Sea Route Administration.

Mooney, Chris, "Scientists came to explore the fabled waters of the Arctic — but their work could also change its future". *Washington Post*. 21 Deccmber 2017.

National Oceanic and Atmospheric Administration(NOAA), *National Centers for Environmental Information*, "Predicting the Future of Arctic Ice", FEBRUARY 28, 2020. https://www.ncei.noaa.gov/news/arctic-ice-study(검색일:2023년 2월 10일)

Nunatsiaq Online (4 September 2010). "Clipper Adventurer ran into a charted hazard expert says".

Otsuka, Natsuhiko, Ssasaki, Hideo, Kakizaki, Tomomi, Nakumuta, Eisaku & Moriki, Akira, "Summary of the Northern Sea Route trial shipping of containers", *The 35th International Symposium on the Okhotsk Sea & Polar Oceans 2020*. Mombetsu, Japan, 2020.2.16.-19. 2020.

Sarrabezoles, A., Lasserre, F., & Hagouagn'rin, Z., "Arctic shipping insurance: Towards a harmonisation of practices and costs?", *Polar Record*, Vol. 52(4), 2016.

Tamvakis, Michael, Granberg, Alexander, and Gold, Edgar, 'Economy and Commercial Viability', *The Natural and Societal Challenges of the Northern Sea Route*. Kluwer Academiv Publishers, Dordrecht, 1999.

Thi Bich Van Pham, Feasibility Study in Commercial Shipping in the Northern Sea Route, Technical report no. 2019:75, *Department of Mechanics and Maritime Sciences Chalmers University of Technology*, 2019.

Rosenkranz, Rolf, "The northern drift of the global economy: the Arctic as an economic area and major traffic route", *World Customs Journal*, No. 1, 2010,

VanderZwaag, David, *Governance of Arctic Marine Shipping*. Marine & Environmental Law Institute, Dalhousie University, Halifax, October 2008.

2020년 러시아 북극 정책 수립 이후 러시아 북극 주민의 사회경제적 상황과 한러 협력 접점 탐색

최우익*

Ⅰ. 머리말

러시아가 1990년대 시장개혁을 추진할 때 서방과의 관계는 대체로 우호적인 편이었다. 2000년대 푸틴 대통령 집권 초기에도 이러한 국제 분위기에 큰 변화는 없었다. 하지만 푸틴 대통령은 2007년 뮌헨 안보 회의에서 세계 일부 지역에 대한 서방의 군사 개입과 NATO 확장에 반대하며 러시아의 대외정책을 반서방 기조로 바꾸었다. 당시 푸틴은 단일 중심의 세계를 거부하고 다극적 세계 질서의 필요성을 강조했다. 이후 2014년 러시아의 우크라이나 크림반도 합병, 그리고 2022년부터 시작한 러시아-우크라이나 전쟁은 서방의 영향력을 견제하고 러시아의 국익을 보호하기 위한 일련의 조치로 시도되었다.

이에 더하여 러시아는 중동, 동남아, 남미에서도 다양한 형태로 서방 중심의 세계에 맞서는 힘의 균형자로 오늘날 자신의 위상을 점차 강화하고 있다. 브릭스(BRICS)의 주요 회원국으로 활동하고 있는 러시아는 2024년 10월 카잔에서 브릭스 정상회의를 개최했는데, 기존 5개국에 더해 2024~2025년 이집트, 에티오피아, 이란, 아랍에미리트, 인도네시아가 회원국으로 합류해 브릭

※ 이 글은 『한국 시베리아연구』 2025년 29권 1호에 실린 논문을 수정 및 보완한 글임.
* 한국외국어대학교 러시아연구소 교수

스 국가가 10개국이 된 것은 이러한 일례 중 하나이다. 이 외에도 수십 개국이 브릭스 가입을 희망한다고 알려져 있다.

최근에는 인류의 미래 영토라 부를 수 있는 북극에서 러시아는 계속 북극항로를 개발하며 새로운 군사 및 과학 시설을 건설하고 있다. 러시아는 세계의 북극에서 가장 큰 영토와 영해를 차지하고 있는데, 2008년과 2013년에 이어 2020년에도 새로운 북극 정책을 연이어 발표하며 북극이사회 국가와 주변국에 큰 영향을 미치고 있다. 더 나아가 북극 소수민족 및 주민의 사회경제적 발전을 촉진하며 러시아 북극 지역을 세계 주요 영토 중 하나로 부상시키고 있다.

한국은 2013년에 북극이사회 정식 옵서버 국가가 되었고, 이를 계기로 본격적으로 북극개발과 환경보호에 관심을 기울이기 시작했다. 2017년 출범한 문재인 정부는 신북방정책을 수립해 러시아 북극 관련 협력 사업을 다양하게 기획하였고, 2020년 한·러 수교 30주년을 맞이해 양국의 협력을 한층 확대하려고 했다. 당시 러시아는 2021~2023년 기간에 북극이사회 의장국을 맡을 예정이어서, 북극에서 위상이 더 강화한 러시아와의 관계에 한국은 더 관심을 기울일 수밖에 없었다.

그러나 2022년 2월 러시아-우크라이나 전쟁이 발발하면서 국제관계가 새로이 정렬되었고, 한국과 러시아 관계도 새 국제 질서의 물살에 휩쓸렸다. 게다가 2022년 5월 출범한 윤석열 정부는 한미 동맹을 더 중시했기 때문에 미국과 러시아 관계가 악화하자 그동안 진행하던 북극 관련 한러 협력을 중단하거나 보류했다. 따라서 현재까지 한러 양국의 협력과 교류는 전체적으로 정체 상태에 빠졌다. 하지만 이제는 그동안 쌓아왔던 북극 관련 한러 협력 상황을 차분히 되돌아보며 향후 활로를 찾을 필요가 있다.

사실 2020년대 초까지 북극 관련 한러 협력을 평가하고 고민하며 향후 협력 가능성을 전망하는 많은 연구 성과가 있었다. 또한 한러 양국 정부는 다양한 정책을 수립해 여러 기관을 통해 협력 사업을 추진하기도 했다. 하지만 북극을 둘러싼 강대국의 경쟁적인 국제관계 속에서 북극 관련 한러 협력은 기대만큼 성과를 이루지 못했다. 게다가 러시아-우크라이나 전쟁에 의한 국제관계의 양분화는 한러 북극 협력을 가로막는 큰 장애가 되었다. 따라서 본 연구는 한국과 러시아의 북극 정책과 현황을 검토하며 현재의 국제 정세 속에서 이제 양국이 어떻게 협력의 실마리를 찾을 수 있을지 모색하는 취지로 출발했다.

2020년 러시아가 발표한 2035년까지의 북극 정책의 기본 방향을 살펴보면 가장 중요한 목표가 러시아연방 북극 지역 주민 삶의 질을 향상하고 경제 발전을 가속하는 것이다. 이에 대해 Ⅱ장에서 자세히 살펴보겠지만, 러시아가 북극 주민 삶의 질 향상과 경제 발전 가속화를 중요한 목표로 여기고 있고 이에 대해 우리나라가 협력할 수 있다면 이것은 국제 정세로 가로막힌 한러 협력의 물꼬를 트는 계기가 될 수 있다. 현재 국제관계가 복잡해 국가나 대기업 차원의 대규모 경제 협력은 곤란하지만, 척박한 환경에 처한 북극 주민 삶의 질을 향상하고 사회경제적 여건을 개선하려는 노력은 인도주의적 차원에서 여러 나라가 협력할 수 있는 명분이 된다. 본 연구는 이러한 맥락에서 북극 주민 삶의 질에 초점을 두면서 이들의 사회경제적 상황과 변화를 분석하고자 한다. 삶의 질 향상을 위해서는 여러 요소를 고려해야 하지만, 특히 주민의 소득, 취업, 노동, 인구 상황과 같은 사회경제적 여건의 개선이 중요하다.

현재 러시아는 2020년부터 2035년까지의 북극 정책을 새로 수립해 추진하고 있는데, 이중 북극 주민 삶의 질 향상은 최우선 과제 중 하나이다. 본 연구는 2020년대 전반기 러시아 북극 주민의 사회경제적 상황을 분석하면서 이 영역에서 한국이 러시아와 협력할 수 있는 접점을 탐색하고자 한다. 이러한 협력은 국제 정세로 막힌 한러 협력의 계기를 찾을 수 있고 향후 새롭게 변화한 국제 정세 속에서 재개될 본격적인 협력의 발판이 될 수 있다.

본 연구는 한국과 러시아의 북극 협력 관련 다양한 연구 논문, 한국과 러시아 정부의 북극 정책 자료, 러시아 언론사 평가기관인 리아레이팅(РИА Рейтинг)의 '러시아연방 지역 삶의 질 순위' 보고서 원자료, 한국과 러시아 언론 기사 등을 자료로 삼아 이루어졌는데, 분석 방법에 대해서는 Ⅲ장 1절에 자세히 기술한다. Ⅱ장에서는 2020년대 한러 북극 정책과 한러 협력 연구 동향, 그리고 러시아 북극 정책과 사회경제적 과제를 정리하고, Ⅲ장에서는 분석 방법을 기술한 다음 2020년대 러시아 북극 주민의 사회경제적 상황을 분석하여 한국과 러시아가 협력할 수 있는 접점을 탐색한다. Ⅳ장에서는 연구 결과를 요약, 기술한다.

Ⅱ. 2020년대 한러 북극 정책과 북극 주민의 사회경제적 과제

1. 한국의 북극 정책과 한러 협력 동향

한국은 21세기에 들어와 북극에 많은 관심을 기울이게 되었다. 2002년 노르웨이 스발바르 제도 북극다산기지 설립, 2008년 북극이사회 임시 옵서버 국가 지위 획득, 2009년 국내 최초 쇄빙연구선 아라온호 진수 등의 계기를 통해 한국은 차츰 북극에 다가갔다. 결국 2013년 한국은 북극이사회 정식 옵서버 지위를 획득하고 본격적으로 북극 무대에 올랐다. 이후 점진적이지만 차근차근 북극에서의 한러 협력을 기획하고 진행했다. 하지만 2020년대 중반인 현재 이러한 협력은 정체되었다. 이러한 과정과 배경을 기술하면 다음과 같다.

2013년 한국이 북극이사회 옵서버 자격을 획득한 후 당시 박근혜 정부는

2013년 7월 '북극 종합정책 추진계획'을 수립했고,[1] 이 후속 조치로 2013년 12월에 해양수산부, 산업통상자원부, 국토교통부, 외교부 등 7개 부처·청과 한국해양과학기술원, 한국해양수산개발원 등 정부출연연구기관이 참여한 '북극정책 기본계획'을 발표했다.[2]

2017년 문재인 정부는 국정 과제로서 '신북방정책'을 수립하고 '북방경제협력위원회'를 신설했으며, 2017년 9월 러시아 블라디보스토크 동방경제포럼에서 러시아에 '9-Bridge' 협력 제안을 하며 북극에 관한 관심을 적극적으로 표명했다. 바로 그 이후 2017년 11월 '한-러시아 북극협의회'가 서울에서 열렸는데,[3] 이 협의회는 서울과 모스크바를 왕래하며 2020년까지 네 차례 열렸다. 또한 2018년 해양수산부는 '북극활동 진흥 기본계획'을 수립해 '북극의 미래와 기회를 여는 극지 선도국가'라는 비전을 설정하고 4대 전략과 13개 세부 추진 과제를 발표했다.[4]

이처럼 문재인 정부는 북극에서의 한러 협력에 관심이 많았는데, 2020년대 초반 이 협력은 한 걸음 더 나아갈 수 있는 새로운 전기를 맞이했다. 러시아는 2020년 전후 시점에 기존 정책을 개선한 다양한 북극 개발 정책들을 발표했고, 2021년에는 북극이사회 의장국이 될 예정이었다. 러시아는 2년 의장국 임기 동안 '지속 가능 개발'이라는 큰 목표를 내걸고 '북극 주민', '북극 환경', '지속 가

---

1) "8월 말 북극항로 시범운항⋯북극종합정책 수립," https://www.korea.kr/news/examPassView.do?newsId=148764988 (검색일: 2024. 4. 25).
2) "북극정책 기본계획," https://www.mof.go.kr/doc/ko/selectDoc.do?docSeq=4638&menuSeq=1009&bbsSeq=22 (검색일: 2024. 4. 25).
3) "'제1차 한-러시아 북극협의회' 개최 결과," https://www.mofa.go.kr/www/brd/m_4048/view.do?seq=367628 (검색일: 2024. 4. 25).
4) "향후 5년간 「북극활동 진흥 기본계획」 수립됐다," http://www.hdhy.co.kr/news/articleView.html?idxno=7380 (검색일: 2024. 4. 25).

능한 경제성장', '국제협력 강화' 등 4개의 세부 프로그램을 추진하려고 했다.[5] 또한 한국도 2020~2021년 두 해에 걸쳐 한·러 수교 30주년과 '한러 상호 교류의 해' 관련 다양한 행사를 추진하면서 러시아와의 협력을 더욱 확대하려 했다. 또한, 2021년 '극지활동진흥법' 제정, 2022년 '극지활동 진흥 기본계획' 수립을 통해 러시아와의 북극 협력을 강화할 제도적, 법적 기반을 마련했다.

북극에서의 한러 협력 분위기가 고조되면서 2020년대 초반에는 이에 대한 다양한 분석과 전망을 탐색하는 연구들이 발표되었다.[6] 이러한 연구들에 기초하여 그 시점의 한러 북극 협력을 평가하고 방향성을 모색하면 다음과 같았다. 그동안 신북방정책의 9-bridge 전략은 LNG 쇄빙선 건조 사업 외에는 러시아 극동에 초점이 맞추어져 있었는데, 한러 협력의 지역적 범위를 극동에서 북극으로 변경할 필요가 있다.[7] 또한 러시아의 북극이사회 의장국 수임 2년 동안 한국은 북극이사회 프로젝트에 적극 참여해 러시아와 협력을 늘릴 필요가 있다. 유망한 협력 사업으로는 북극항로 개척, 북극권 정보통신 및 인프라 정비, 가스 에너지 개발, 쇄빙선 건조 및 해양플랜트 산업 협력, 환경 및 과학 조사 공동연구, 대학·거점 기관 간 교류·연구 협력, 수소 기반 북극 기지 (Snowflake) 사업 참여 등이 있다.[8]

---

5) 김민수, "북극이사회 새 의장국, 러시아와의 북극협력," 『POLES & GLOBE』 APRIL Vol. 2 (극지연구소, 2021), p. 9.
6) 2020년대 초반 이전에도 북극 관련 한러 협력을 분석한 다수의 연구 성과가 있었다. 예를 들어 윤영미(2009), 홍성원(2012), 제성훈·민지영(2013), 김정기 외(2018), 예병환·박종관(2018), 이재혁(2020) 등이 있다. 이 연구들은 자원, 에너지, 해양, 과학기술 영역에서 협력을 광범위하게 분석하거나 구체적으로 천연가스, 조선업, 수산업, 관광업 등의 분야에서 한국과 러시아의 협력을 제안했다.
7) 김엄지·유지원·김민수, "점-선-면 전략 기반 러시아 북극개발전략 분석 및 한러협력 방향," 『중소연구』 제45권 제3호 (아태지역연구센터, 2021), pp. 215-269.
8) 변현섭, "러시아의 북극 개발 정책과 한-러 북극 협력의 시사점," 『슬라브연구』 제37권

한편, 한국은 여러 국가와의 다양한 협력 형태와 관계의 성격도 고려할 필요가 있었다. 즉, 북극이사회를 통한 다자간 협력이나 한·러·중·일 북극 개발 협력체를 구축할 필요가 있다.[9] 일본은 일관되고 지속적으로 러시아와 북극 관련 협력을 적극적으로 전개했고, 한국은 미국 중심 동북아 역학관계 때문에 러시아와 북극 관련 협력에 소극적이었는데 이를 검토할 필요가 있다.[10] 다른 한편 북극이사회 정식 소속 국가와 옵서버 국가 지위의 차이점을 고려하여 이에 대해서도 다양한 협력 방안을 찾을 필요가 있다. 한국이 옵서버 국가라는 점을 고려해 북극이사회 정식 국가와 갈등을 빚을 수 있는 민감한 문제에는 연루되지 않을 필요도 있지만,[11] 러시아의 북극이사회 의장국 프로그램 사업에 한국이 적극적으로 참여하여 북극이사회 국가와 대등하게 서로 이익이 되는 협력 콘텐츠를 많이 확보할 필요도 있다.[12] 이처럼 2020년대 초반 한국과 러시아는 북극 관련 다양한 협력을 우호적으로 구상하고 도모하였고, 이를 위한 다양한 전망과 대안이 제시되었다.[13]

하지만 2022년 2월 24일 러시아-우크라이나 전쟁이 시작되면서 한국과 러

    3호 (한국외국어대학교 러시아연구소, 2021), pp. 69-91.
9) 이상준, "러시아의 북극개발과 한국의 참여전략," 『러시아연구』 제31권 제1호 (서울대학교 러시아연구소, 2021), pp. 247-284.
10) 백영준, "한국의 러시아 북극개발 협력 가능성 모색: 일본과 한국의 대러시아 정책 비교분석을 중심으로," 『한국 시베리아연구』 제25권 3호 (배재대학교 한국-시베리아센터, 2021), pp. 79-110.
11) 제성훈, "북극이사회 25주년과 북극 정세 전망: 평가와 과제," 『2021 극지이슈리포트』 (극지연구소, 2021), p. 16.
12) 김민수(2021), op. cit., pp. 10-11.
13) 2020~2021년에 발표된 연구 성과들의 더 자세한 내용은 다음 논문에서 종합적으로 확인할 수 있다. 최우익, "러시아의 북극 정책과 한러 협력 - 북극 주민 삶의 질 개선과 관련하여 -," 『슬라브연구』 제40권 2호 (한국외국어대학교 러시아연구소, 2024), pp. 60-68.

시아의 북극 협력 전선에 빨간불이 켜졌고 러시아 진출 한국기업들은 비상이 걸렸다. 서방 중심의 국제사회는 대러 경제 제재를 결의했고, 당시 문재인 정부는 대러 수출 통제 및 국제금융결제망 배제에 동참했다.[14] 한편, 이에 맞선 대응 조치로 러시아는 2022년 3월 7일 우크라이나, 미국, 영국, 호주, 일본, 27개 EU 회원국을 포함하여 캐나다, 뉴질랜드, 노르웨이, 싱가포르, 대만, 한국까지도 비우호 국가로 지목하며 각종 제재를 가했다.[15]

문재인 정부가 러시아에 대한 서방의 제재에 수동적으로 동참한 것과 달리 2022년 5월 출범한 윤석열 정부는 미국과의 동맹을 중시하며 러시아에 강경한 태도를 적극적으로 보였다. 러시아는 우크라이나 전쟁이 일어난 주요 배경 중 하나로 나토의 동진을 꼽는다. 그런데 윤 대통령은 2022년 6월 29일 러시아가 적대시하는 나토 정상회의에 우리나라 정상으로는 처음 참석했다. 그다음 해 2023년 7월 12일에도 나토 정상회의에 참석했는데, 게다가 회의를 마치고 7월 15일 우크라이나를 전격 방문해 젤렌스키 대통령과 정상회담까지 했다.[16] 따라서 수교를 맺은 지 30년 이상 지속된 한국과 러시아의 돈독한 관계는 순식간에 냉랭해졌다.

그 후에도 한러 양국 간에 몇 번의 긴장감이 고조되곤 했다. 그런데 이러한 양상에 대해 한국과 러시아가 서로 민감한 사안들을 '말'로 건들며 긴장 수위를 끌어올리곤 하지만, 이는 상대에게 '우리가 행동으로 옮기지 않게 주의하라'라는 경고 정도로 해석하는 견해도 있었다. 북한 동향을 주시하는 한국 측

---

14) "한국도 본격적으로 러시아 제재⋯금융 제재, 수출 통제 강화," https://www.mbn.co.kr/news/economy/4708290 (검색일: 2024. 4. 25).
15) "러시아, 한국 비우호국가 지정⋯각종 제재 예상," https://www.yna.co.kr/view/AKR20220307172151080 (검색일: 2024. 4. 25).
16) "윤석열 우크라이나 방문, 외신은 어떻게 봤나," https://www.khan.co.kr/world/europe-russia/article/202307161356001 (검색일: 2024. 4. 25).

에서는 러시아와 관계를 일정 정도 유지할 필요가 있고, 러시아도 동북아에서 군사적 긴장감이 고조되지 않도록 한러 양국이 서로의 관계를 어느 정도 조절하며 유지할 것이라는 견해이다.[17] 이처럼 우크라이나 전쟁으로 조성된 국제 정세의 영향을 받아 한국과 러시아가 비우호적 관계가 되었지만, 양국은 그동안 쌓아온 관계를 심각하게 훼손하지 않으며 향후 언젠가 협력 관계가 회복되기를 서로 희망한다고 보인다.

따라서 현재는 긴장된 국제관계 속에서 대규모 협력은 곤란해도, 소규모의 가능한 수준에서 러시아와 협력의 끈을 유지하며 향후 국제 상황의 변화에 따라 협력을 확대, 강화할 수 있는 준비를 할 필요가 있다. 이러한 맥락에서 다음 절에서는 러시아 북극 정책 중 북극 주민 삶의 질 향상과 사회경제적 개선 부분에 초점을 두어 살펴보고, Ⅲ장에서는 러시아 북극 주민의 사회경제적 상황을 분석하면서 한러 협력의 가능한 접점이 어디에 있는지 탐색한다.

2. 러시아의 북극 정책과 사회경제적 과제

러시아는 2008년에 '2020년까지 및 그 이후 러시아연방 북극 정책 기본 원칙'[18]을 발표하고 북극 정책을 본격적으로 추진했다. 또한 2013년에는 '2020년까지 러시아연방 북극 지역 개발 및 국가 안보 보장 전략'[19]을 수립해 세부 추진 방안을 마련했다. 더 나아가 2019년에는 기존의 '극동개발부'를 '극동북

---

17) "한러 관계 '격랑 속으로'⋯레드라인 시험하며 '아슬아슬'," https://n.news.naver.com/mnews/article/001/0014761943?rc=N&ntype=RANKING (검색일: 2024.6.21).
18) Основы государственной политики Российской Федерации в Арктике на период до 2020 года и дальнейшую перспективу.
19) Стратегия развития Арктической зоны Российской Федерации и обеспечения национальной безопасности на период до 2020 года.

극개발부'[20]로 개편해 북극 정책을 맡아서 추진할 수 있는 주체와 동력을 강화하였다.

  2013년의 북극 정책이 완료된 2020년에는 새로 '2035년까지 러시아연방 북극 정책 기본 원칙(이하 '2035 북극 기본 원칙'으로 표기함)'[21]을 발표했는데, 이외에도 다양한 북극 관련 정책들을 이 시기 전후 마련했다. 2019년에 '2035년까지 북극항로 인프라 개발 계획'[22]을, 2020년에 '2035년까지 러시아연방 북극 지역 개발 및 국가 안보 보장 전략(이하 '2035 북극 개발 및 안보 전략'으로 표기함)'[23]을, 2021년에 '러시아연방 북극 지역의 사회경제적 발전'[24] 국가 프로그램을 수립했다. 현재 이 정책들은 2035년까지 진행되는 러시아 중장기 북극 정책의 중심이 되고 있다.

  이 중에서도 2020년에 발표한 '2035 북극 기본 원칙'[25]과 '2035 북극 개발 및 안보 전략'[26]은 러시아 북극 정책의 근간이 된다. '2035 북극 기본 원칙'은

---

20) Министерство Российской Федерации по развитию Дальнего Востока и Арктики.
21) Об Основах государственной политики Российской Федерации в Арктике на период до 2035 года.
22) Об утверждении прилагаемого плана развития инфраструктуры Северного морского пути на период до 2035 года.
23) О Стратегии развития Арктической зоны Российской Федерации и обеспечения национальной безопасности на период до 2035 года.
24) Социально-экономическое развитие Арктической зоны Российской Федерации.
25) "Указ Президента Российской Федерации от 05.03.2020 № 164 "Об Основах государственной политики Российской Федерации в Арктике на период до 2035 года"," http://publication.pravo.gov.ru/Document/View/0001202003050019?index=1&rangeSize=1 (검색일: 2024. 4. 26).
26) "Указ Президента Российской Федерации от 26.10.2020 № 645 "О Ст

러시아 북극 전략 마스터플랜의 주요 내용을 담고 있으며, 현재의 국제적 안보 이슈, 북극의 사회경제 및 북극항로 인프라에서 나타나는 문제점 등을 지적하며 북극 개발을 위한 10대 과제를 제시했다.[27] 특히 북극을 러시아가 경제적으로 성장하기 위한 전략적 자원으로 규정하고 이를 활용하기 위한 북극 및 북극항로 개발 추진을 제안하고 있다.[28] '2035 북극 개발 및 안보 전략'은 '2035 북극 기본 원칙'의 내용을 더 구체적으로 서술하고, 지역별 주요 과제와 과제 이행 평가 지표도 세밀하게 제시하고 있다.

러시아의 사회경제 발전과 국가 안보 보장에 있어 북극이 얼마나 중요한지는 '2035 북극 기본 원칙'에 명확히 나타난다. 이에 따르면 러시아 북극은 러시아 에너지 산업의 핵심 지역 및 지하자원 매장지일 뿐 아니라, 러시아 경제를 자극하고 추동하는 원동력이다. 또한, 북극항로는 세계적 운송 통로로서 중요성이 점점 커지고 있다. 게다가 북극은 세계가 함께 환경 문제를 해결하고 문화유산을 보존할 중요한 지역이며, 러시아와 동맹국 안보를 지키는 데에 있어 군사적 요충지이다.[29] 이처럼 북극의 중요성을 강조하며 러시아는 '2035 북극 기본 원칙'에서 다음과 같이 국가정책 목표를 밝혔다.

ратегии развития Арктической зоны Российской Федерации и обеспечениянациональной безопасности на период до 2035 года"," http://publication.pravo.gov.ru/Document/View/0001202010260033 (검색일: 2024. 4. 26).
27) 김엄지·유지원·김민수(2021), op. cit., pp. 224-225.
28) 변현섭(2021), op. cit., p. 72.
29) '2035 북극 개발 및 안보 전략' 중 'Ⅱ. 북극권 개발 현황 및 국가 안보 현황 평가'의 '5절. 러시아연방의 사회경제적 발전과 국가 안보 보장에 있어 북극 지역의 중요성'의 a~ж의 내용.

<표 1> 러시아 북극 정책 목표[30]

1	소수민족을 포함해 러시아연방 북극 지역 주민 삶의 질을 향상한다.
2	러시아연방 북극 지역 영토의 경제 발전을 가속화하고 국가 경제 성장에 대한 기여도를 높인다.
3	북극 환경을 보호하고, 전통적인 거주 환경 및 소수민족의 전통 생활 방식을 보호한다.
4	국제법에 기초해 북극에서 상호 이익의 협력을 도모하고 모든 분쟁을 평화롭게 해결한다.
5	경제 분야를 포함해 북극에서 러시아연방의 국익을 보호한다.

<표 1>에서 알 수 있듯 러시아 북극 정책 목표에서 가장 많이 언급되는 부분은 경제이다. 즉, 북극을 경제적으로 발전시켜 러시아 국가 경제 성장에 기여하고 국익을 보호하는 것이 북극 정책의 주요 목표이다. 또한 가장 서두에 북극 지역 주민 삶의 질 향상을 언급하면서 이 땅의 주인인 북극 거주민의 안녕을 최우선 목표로 삼고 있다. 한편, 자연환경과 소수민족 문화 보호도 글로벌 차원의 주요 목표이다. 그리고 이 모든 목표는 국제법에 기초해 세계가 협력해 평화롭게 진행할 것을 방법론적으로 강조한다.

러시아 북극 정책 목표의 앞부분 1, 2항에 북극 지역 주민 삶의 질 향상과 북극 지역 영토의 경제 발전을 언급하고 있는데, 이것이 최우선 목표로 설정되는 데에는 그만한 사정이 있다. '2035 북극 개발 및 안보 전략'에서는 북극 지역의 발전과 국가 안보 보장에 위험을 초래하는 주요 위험 요소들에 대해 다음과 같이 열거하고 있다. 우선 북극의 기후 온난화는 지구 전체보다 2~2.5배 빠르게 진행되고 있다. 또한 북극에서의 인구 감소와 유출, 낮은 기대 수명, 주택과 사회복지의 부족, 위험한 근무 여건과 보상 체제의 미비, 연료, 식량, 기타 필수 물품의 부족, 교통 및 운송 인프라 미개발, 열악한 교육 및 의료 환경, 북극항로 인프라 개발 지연 및 보호 시스템 미비, 정보통신 인프라 부족, 낮은 수준의

---

30) '2035 북극 기본 원칙' 중 'III. 북극에서 러시아연방 국가정책의 목표, 주요 방향 및 목표'의 '9절. 북극에서 러시아연방의 국가정책 목표'의 а~д의 내용.

연구 개발, 낮은 수준의 천연자원 보호 및 투자, 전염병 및 방사능물질의 노출, 공공 안전 시스템의 미확보, 미비한 군사력 확보 등 열악한 사회경제적 조건에 대해 상세하게 기술하고 있다.[31] 결국 이러한 맥락에서 '2035 북극 기본 원칙'의 목표 서두에 나오는 것처럼 북극 주민 삶의 질 향상과 사회경제적 발전은 러시아 북극에서 최우선 목표이자 시급히 해결할 과제인 셈이다.

본 연구는 러시아 북극 주민의 사회경제적 상황에서 한국과 러시아가 협력할 수 있는 접점을 찾는 데에 초점을 두고 있다. 이를 위해 러시아가 북극에서 어떠한 사회경제적 목표와 정책을 추구하는지 더 자세히 살펴볼 필요가 있다. '2035 북극 기본 원칙'에는 러시아 북극 지역 사회경제 발전 분야의 주요 과제를 다음과 같이 열거하고 있다.

<표 2> 러시아연방 북극 지역 경제 발전 분야 주요 과제[32]

1	민간 투자에 유리한 조건을 마련하고 그들의 경제적 효율성을 보장할 수 있도록 국가 차원의 중소기업을 포함한 기업 활동 지원
2	국가의 통제 속에서 북극 대륙붕 투자 프로젝트 중 민간 투자자의 참여를 확대하고, 북극항로와 연계된 물류 기반 광물자원 개발 센터의 인프라를 구축
3	국가 및 민간 투자를 통해 탄화수소 자원 및 고형 광물 매장지 탐사 작업을 확대하고, 추출이 어려운 탄화수소 자원의 매장량을 개발 촉진하며, 석유 및 가스의 회수율을 높이고 석유의 고도 정제, 액화 천연가스 및 가스 화학 제품의 생산, 동반 가스의 유용한 활용을 촉진
4	수산 생물 자원의 개발 및 어획을 위한 효율적 조건을 조성하고, 부가가치가 높은 수산물 생산과 양식업 발전을 촉진
5	산림 복원의 강화, 산림 인프라 개발과 산림 자원의 고도 가공을 촉진
6	지역 농산물과 식품 생산 촉진
7	유람선 여행, 민족, 환경 및 산업 관광 개발

---

31) 이에 대해 '2035 북극 개발 및 안보 전략'의 'II. 북극 지역 개발 현황 및 국가 안보 현황 평가'의 '7절. 북극 지역의 발전과 국가 안보 보장에 위험을 초래하는 주요 위험, 도전, 위협'의 a부터 т까지 19항목에 걸쳐 상세하게 기술하고 있다.
32) '2035 북극 기본 원칙' 중 'III. 북극에서 러시아연방 국가정책의 목표, 주요 방향 및 목표'의 '12절. 러시아연방 북극 지역 경제 발전 분야 주요 목표'의 a~м의 내용.

8	전통적인 산업, 민속 공예 및 수공업의 보존 및 발전, 소수민족의 고용 보장 및 자영업 발전 지원
9	소수민족이 전통적인 생활 방식과 경제 활동을 영위하는 데 필요한 자연 자원에 접근할 수 있도록 보장
10	소수민족과 그들의 위임된 대표들이 전통 거주지 및 전통 경제 활동 지역의 산업 활동에서 의사 결정에 참여할 수 있는 메커니즘 개발
11	러시아연방 북극 지역의 중등 직업 및 고등 교육 시스템을 숙련된 인력 수요 예측에 맞게 조정
12	노동 활동을 위해 러시아연방 북극 지역으로 이주할 준비가 된 경제 활동 인구에 대한 국가 지원 제공

<표 2>에 열거한 러시아 북극 지역 사회경제 발전 분야의 주요 과제를 요약하면, 북극의 에너지 산업, 수산업, 산림업, 농산업, 관광업의 발전, 그리고 이를 위해 국가뿐 아니라 민간 투자의 확대 방안 확보로 정리할 수 있다. 또한, 중소기업, 자영업, 소수민족의 경제 활동을 보장하고 지원하는 과제를 제시한다. 이 외에도 북극 대륙붕, 북극항로, 물류 및 광물자원 개발 인프라 건설을 목표로 한다. 더 나아가 북극에 필요한 노동 인력을 확보하기 위해 인력 수요에 맞춘 교육 제도 개선, 경제 활동 인구 지원을 도모한다. 본 연구는 이러한 과제들을 러시아가 얼마나 달성했는지 Ⅲ장에서 관련 사회경제 지표를 분석해 살펴보면서 한국과 러시아의 협력 가능한 접점을 탐색한다.

Ⅲ. 2020년대 러시아 북극 주민의 사회경제적 상황과 한러 협력 접점 탐색

1. 러시아 북극 주민의 사회경제적 상황

Ⅲ장에서는 최근 5년간 러시아 북극 주민의 사회경제적 상황을 분석하고, 이 분석 결과 한국과 러시아가 협력할 수 있는 접점이 어디에 있는지 탐색한다. 이를 위해 러시아 리아레이팅 보고서의 지역별 삶의 질 순위 보고서를 분석 자료로 활용했다. 러시아 언론사 리아노보스티(РИА Новости)의 전문

평가기관인 리아레이팅(РИА Рейтинг)은 2012년부터 러시아 각 지역의 삶의 질을 매년 측정해 종합 순위를 발표하고 있다. 리아레이팅 '러시아연방 지역 삶의 질 순위(Рейтинг регионов РФ по качеству жизни)' 보고서는 소득 수준, 취업과 노동 시장, 주택 여건, 거주 안전, 인구 상황, 생태와 기후, 건강과 교육, 사회 인프라, 경제 발전 수준, 중소기업 발전 수준, 영토 개발 등 11개 분야 지표를 분석, 종합하여 각 지역 삶의 질 순위를 산정한다. 삶의 질에 대한 지역 주민의 다양한 개인 지표뿐 아니라 해당 지역의 사회 및 자연환경 지표를 여러 측면에서 측정하고 있어 이 보고서는 러시아 지역 삶의 질 수준을 종합적이고 객관적으로 판단할 수 있는 자료이다.

본 연구는 러시아 북극 주민의 사회경제적 상황을 분석하기 위해 리아레이팅 보고서의 11개 분야 지표 중 사회경제 지표로서 '소득 수준', '취업과 노동 시장', '인구 상황', '경제 발전 수준', '중소기업 발전 수준' 등 5개 지표를 선택해 활용하고자 한다. 각 지표는 내부적으로 더 다양한 하위 세부 지표로 이루어져 있는데, 그 하위 세부 지표들의 순위들을 종합해서 5개 사회경제 지표 순위가 산정된다. 하위 세부 지표에 대한 자세한 설명은 <표 4>에 후술한다.

'순위'는 해당 지역에 대한 절대 평가치가 될 수 없지만, 다른 지역과의 상대적 비교를 통해 해당 지역이 다른 지역보다, 그리고 전년보다, 더 발전했는지 혹은 덜 발전했는지 판단할 수 있는 척도가 된다. 만약 러시아 정부가 북극 지역 주민의 사회경제적 발전을 중요한 목표로 설정하고 정책을 추진했을 때 해당 지역의 사회경제 지표 순위가 다른 지역보다 높아졌거나 전년보다 높아졌다면 그 목표는 달성되고 있다고 판단할 수 있다.

러시아 북극 지역은 모두 9개 주로 이루어져 있는데, 우선 리아레이팅 보고서에서 85개 러시아 지역 중 9개 북극 지역의 삶의 질 종합 순위(11개 분야 지표가 모두 종합된 순위)를 뽑아 2012년부터 2023년까지 변화 추이를 정리한

것이 <표 3>이다.[33)]

<표 3> 러시아 북극 지역 삶의 질 순위 추이(2012~2023년)[34)]

연도 → 지역 ↓	12	13	14	15	16	17	18	19	20	21	22	23
	1~83위 중						1~85위 중					
카렐리야	54	61	65	70	70	70	74	73	72	71	73	74
코미	46	50	53	60	59	65	64	69	71	65	69	71
아르한겔스크	63	64	67	74	71	74	75	74	75	72	76	78
네네츠	71	62	62	69	68	67	67	66	73	73	75	73
무르만스크	42	45	51	49	48	42	36	36	43	38	35	36
야말로네네츠	29	36	45	24	24	16	12	12	11	15	17	21
크라스노야르스크	33	47	47	43	43	38	45	38	46	44	37	40
사하	67	70	70	72	71	71	72	70	65	70	71	70
추콧카	72	71	77	79	77	78	70	68	61	59	70	75
평균	53	56	60	60	59	58	57	56	57	56	58	60

<표 3>에 따르면 러시아 9개 북극 지역 삶의 질 평균 순위는 2012년에 53

---

33) 북극 지역의 주 명칭은 지면 제약으로 행정 단위 명을 떼고 다음처럼 줄여서 기재함. 카렐리야 공화국 → 카렐리야, 코미 공화국 → 코미, 아르한겔스크주 → 아르한겔스크, 네네츠 자치구 → 네네츠, 무르만스크주 → 무르만스크, 야말로네네츠 자치구 → 야말로네네츠, 크라스노야르스크 변강주 → 크라스노야르스크, 사하 공화국 → 사하, 추콧카 자치구 → 추콧카.

34) 다음 자료들로부터 수치를 취합해 표로 재구성하였음. РИАРейтинг, Рейтинг регионов РФ по качеству жизни (Москва: Рейтинговое агентство РИА Рейтинг, 2013), с. 12-15; РИАРейтинг(2014), 20-23; РИАРейтинг(2016), 23-24; РИАРейтинг(2017), 24-25; РИАРейтинг(2018), 21-22; РИАРейтинг(2019), 24-25; РИАРейтинг(2020), 24-25; РИАРейтинг(2021), 22-23; РИАРейтинг(2022), 24-25; РИАРейтинг(2023), 22-23; РИАРейтинг(2024), 22-23.

위인데 2015년에는 60위까지 낮아졌다. 2020년경에는 평균 순위가 56~57위로 조금 높아졌는데 2023년에 60위로 다시 낮아졌다. 2015년경 순위가 낮아진 것은 크림합병에 대한 서방의 경제 제재, 그리고 2023년경 순위가 낮아진 것도 우크라이나 전쟁으로 인한 서방의 한층 강화한 경제 제재 때문으로 보인다. 이것은 북극 사회경제 구조가 러시아의 다른 지역보다 외부 충격에 더 취약해 나타난 현상으로 풀이된다.

    2012년에서 2023년까지 러시아 북극 지역별로 보았을 때 삶의 질 순위가 다소 오른 곳도 있고 내린 곳도 있으며, 일정 수준을 유지한 곳도 있지만, 대부분 전체적으로 순위가 하락했다. 게다가 2020년부터 새롭게 정비한 러시아 북극 정책에도 불구하고, 북극 지역 삶의 질 평균 순위는 2020년 57위에서 2023년 60위로 더 낮아져 북극 주민 삶의 질은 더 악화했다고 평가된다. 지역별로 최근 5년간 러시아 85개 지역 중 야말로네네츠는 20위 전후한 상위권, 무르만스크와 크라스노야르스크는 40위 전후한 중위권에 있지만, 나머지 카렐리야, 코미, 아르한겔스크, 네네츠, 사하, 추콧카 6개 지역의 순위는 대체로 70위를 전후한 최하위권에 있다. 따라서 러시아 북극 대부분 지역의 사회경제적 상황은 양호하지도 못하며 개선되지도 못했다고 평가할 수 있다.

    본 연구는 러시아 북극 주민의 사회경제적 상황을 분석하기 위해 리아레이팅 보고서의 11개 지표 중 '소득 수준', '취업과 노동 시장', '인구 상황', '경제 발전 수준', '중소기업 발전 수준' 등 5개 사회경제 지표를 뽑아 분석한다. 5개 사회경제 지표는 더 상세한 19개 하위 세부 지표로 이루어져 있는데, 그 내용을 〈표 4〉에 정리했다.

<표 4> 5개 사회경제 지표와 19개 하위 세부 지표

5개 사회경제 지표	19개 하위 세부 지표
소득 수준	A. 주민의 고정된 소비재 및 서비스 비용에 대한 현금 소득 비율 B. 1인당 개인 예금(은행 예치금) 규모 C. 최저생계비 이하 소득 인구 비율 D. 최저 소득 20% 집단의 고정된 소비재 및 서비스 비용에 대한 현금 소득 비율
취업과 노동 시장	A. 실업률 B. 평균 구직 기간 C. 노동력 대비 3개월 이상 구직 중인 인구 비율
인구 상황	A. 인구 자연 증가(감소) B. 인구 이주 증가(감소) C. 3년간 인구 변화
경제 발전 수준	A. 1인당 상품 및 서비스 생산량 B. 재화와 서비스의 절대 생산량 C. 1인당 고정 자본 투자 규모 D. 고정 자본 투자 절대량 E. 수익성 있는 기업 비율 F. 통합 예산 총수입 대비 자체 수입 비율
중소기업 발전 수준	A. 1인당 중소기업 매출액 B. 중소기업 총매출액 C. 전체 노동력 대비 중소기업 및 개인사업 종사자 비율

<표 4>에 있는 5개 사회경제 지표와 19개 하위 세부 지표는 해당 지역의 사회경제적 상황을 평가하는 데에 적절하다. 이러한 지표들은 전문 평가기관인 리아레이팅이 고안해 구성했으며, 이 지표들은 러시아 통계청, 러시아 보건부, 러시아 재무부, 러시아연방 중앙은행 등의 자료들을 반영해 작성되어서 신뢰성이 있다. 따라서 이 지표들을 활용해 러시아 북극 지역의 사회경제적 상황을 평가하고 분석하는 것은 객관성이 있다고 평가할 수 있다.

본 연구는 2019~2023년 5년을 분석 기간으로 삼았다. 2020년부터 러시아의 새로운 북극 정책이 시작되는데 이 시점과 그 전의 사회경제적 상황을 비교할 수 있도록 분석 기간 시작 시기를 2019년으로 했다. 그리고 본 연구가 진행되던 시점 기준 마지막 리아레이팅 보고서가 2023년 자료여서 분석 기간

끝 시기를 2023년으로 했다.35) '2035 북극 개발 및 안보 전략'의 1단계 기간은 2020~2024년인데,36) 본 연구의 분석 기간인 2019~2023년은 이와 유사한 시기여서 본 연구는 2020년 새로 시작된 러시아 북극 정책의 1단계 성과를 평가하는 의미를 지닌다.

본 연구는 리아레이팅 보고서 원자료를 바탕으로 5개 분야 사회경제 지표 순위 추이 표를 작성했다. 이 5개의 표는 본 연구만의 고유한 분석 자료로서 가공되었으며, 여기에는 2019~2023년 매년, 그리고 러시아 북극 9개 지역별 사회경제 지표 순위 정보가 포함되어 있다. 따라서 궁극적으로 이 5개의 표를 통해 2019~2023년 기간 러시아 북극의 지역별, 사회경제 분야별 변화 추이를 알 수 있다. 논문의 지면 제약으로 이 5개의 표에는 <표 4>에 제시된 19개 하위 세부 지표 정보까지 담을 수 없는데, 하위 세부 지표 정보 중에서 필요한 부분은 본문에서 부연 설명을 했다.37) 이러한 작업 과정을 거쳐 작성한 러시아 북극 주민 5개 분야 사회경제 지표 순위 추이 표가 다음의 <표 5>에서 <표 9>이다.

---

35) 2025년 2월 시점 2024년 러시아 지역 정보 개요는 발표되었지만, 지역별 상세 정보를 담은 보고서 원자료는 아직 공개되지 않아서 본 연구는 2023년 원자료까지만 활용하였다.
36) '2035 북극 개발 및 안보 전략'은 2020~2024년, 2025~2030년, 2031~2035년 등 모두 3단계로 나누어 이행된다('2035 북극 개발 및 안보 전략'의 'Ⅴ. 본 전략 이행의 단계 및 예상 결과'의 29~32절).
37) 19개 하위 세부 지표 정보를 종합하고 평균치를 작성하는 중간 과정에서 25개의 표를 만들어야 했는데, 이것은 지면 제약으로 본 논문에 담을 수 없었다. 따라서 최종 작성된 '5개 분야' 사회경제 지표 표들만 5개의 표로 최종적으로 본 논문에 제시했다. 하지만, 이 표들을 분석하는 과정에서 설명이 필요한 하위 세부 지표 정보에 대해서는 본문에 포함해 기술했다.

〈표 5〉 2019~2023년 북극 지역별 〈소득 수준〉 순위 추이

	2019	2020	2021	2022	2023	평균
카렐리야	42	38	37	37	29	37
코미	36	31	34	37	31	34
아르한겔스크	25	28	26	27	28	27
네네츠	8	8	7	7	7	7
무르만스크	16	12	12	11	9	12
야말로네네츠	2	2	2	2	2	2
크라스노야르스크	51	48	45	44	43	46
사하	39	40	38	39	40	39
추콧카	6	8	6	6	6	6
평균(반올림)	25	24	23	23	22	23

〈표 5〉에 따르면 2019~2023년 러시아 북극 지역의 '소득 수준' 매년 평균 순위는 22~25위로 중상위권에 있다. 2019년 25위에서 2023년에는 22위로 조금 상향되었다. 그런데 지역별로 차이가 있는데, 네네츠(평균 7위), 무르만스크(평균 12위), 야말로네네츠(평균 2위), 추콧카(평균 6위)는 최상위권에 있고, 카렐리야, 코미, 크라스노야르스크, 사하는 중위권(평균 34~46위)에 있다.

후자 지역의 순위가 낮은 이유는 하위 지표 중 특히 '최저생계비 이하 소득 인구 비율'이 높기 때문이다. 이들 지역의 해당 순위는 대체로 60~70위로 최하위권이다. 최저생계비 이하 소득 수준인지 아닌지에 대한 평가는 소득 수준을 평가하는 데에 있어서 아주 중요한 척도인데, 이 집단 비율이 높다는 것은 해당 지역 빈곤 문제가 심각하다는 것을 의미한다. 반면에 야말로네네츠(1위)와 추콧카(7~13위) 최저생계비 이하 소득 집단 비율은 아주 낮다. 따라서 러시아 북극 지역의 사회경제적 상황은 양극화되었다고 평가할 수 있다.

<표 6> 2019~2023년 북극 지역별 〈취업과 노동 시장〉 순위 추이

	2019	2020	2021	2022	2023	평균
카렐리야	58	48	57	58	60	56
코미	60	70	70	68	73	68
아르한겔스크	51	42	43	48	55	48
네네츠	66	72	53	67	68	65
무르만스크	45	53	44	41	50	47
야말로네네츠	2	3	5	5	1	3
크라스노야르스크	36	50	29	12	16	29
사하	62	51	68	56	58	59
추콧카	13	10	8	9	33	15
평균(반올림)	44	44	42	40	46	43

〈표 6〉에 따르면 2019~2023년 러시아 북극 지역의 '취업과 노동 시장' 매년 평균 순위는 40~46위로 중위권에 있다. 2019년 44위에서 2023년에는 46위로 조금 하향되었다. 하지만 지역별로 편차가 있는데, 야말로네네츠(평균 3위)와 추콧카(평균 15위)는 상위권이며, 코미(평균 68위)와 네네츠(평균 65위)는 하위권이다. 크라스노야르스크의 평균 순위는 29위로 중상위권인데, 나머지 지역의 평균 순위는 47~59위로 중하위권이다.

하위 지표 중 '실업률' 순위가 하위권이고, 그다음으로 '노동력 대비 3개월 이상 구직 중인 인구 비율' 순위가 하위권인 지역들이 꽤 있어서 이들 요인이 전체적으로 '취업과 노동 시장' 지표의 순위를 낮추었다. 즉, 러시아 북극 지역에서 실업률이 높고, 더 나아가 3개월 이상 구직 중인 인구 비율이 높은 지역들이 꽤 있어서 전체적으로 '취업과 노동 시장' 상황을 좋지 않게 만든 것이다. 이 하위 지표들 순위가 특히 최하위권인 지역이 코미와 네네츠이며(대체로 70위권), 카렐리야, 아르한겔스크, 사하 순위도 대체로 하위권이다(대체로 60위

권). 반면에 야말로네네츠와 추콧카는 '취업과 노동 시장' 상황이 상당히 양호하여 역시 이 상황도 '소득 수준'처럼 러시아 북극 지역에서 양극화되었다고 평가할 수 있다.

〈표 7〉 2019~2023년 북극 지역별 〈인구 상황〉 순위 추이

	2019	2020	2021	2022	2023	평균
카렐리야	55	51	54	53	58	54
코미	66	66	67	68	68	67
아르한겔스크	70	66	63	65	70	67
네네츠	22	21	21	20	17	20
무르만스크	57	58	63	62	61	60
야말로네네츠	23	23	21	22	22	22
크라스노야르스크	27	31	26	29	23	27
사하	30	15	13	12	12	16
추콧카	30	20	22	20	21	23
평균(반올림)	42	39	39	39	39	40

〈표 7〉에 따르면 2019~2023년 러시아 북극 지역의 '인구 상황' 매년 평균 순위는 39~42위로 중위권에 있다. 2019년 42위에서 2023년에는 39위로 조금 상향되었다. 대부분 지역이 평균적으로 중상위권에 있는데, 코미, 아르한겔스크, 무르만스크는 60위권으로 하위권에 있다.

하위 지표로 보았을 때 '인구 이주'와 '3년간 인구 변화'에서 순위가 하위권인 지역이 꽤 있다. '인구 이주' 측면에서 대체로 하위권인 지역은 코미, 아르한겔스크, 무르만스크이며(대체로 70~80위권), '3년간 인구 변화' 측면에서 하위권인 지역은 카렐리야, 코미, 아르한겔스크, 무르만스크이다(대체로 60~80위권). 이러한 이유로 코미, 아르한겔스크, 무르만스크의 '인구 상황' 평균 순

위가 하위권이다. 그동안 러시아 북극은 인구 유출이 심해 인구가 급감했는데, 여전히 다수 지역에서 그 현상이 지속하고 있음을 알 수 있다.

〈표 8〉 2019~2023년 북극 지역별 〈경제 발전 수준〉 순위 추이

	2019	2020	2021	2022	2023	평균
카렐리야	60	61	53	53	54	56
코미	31	34	33	34	32	33
아르한겔스크	52	50	45	51	47	49
네네츠	32	40	39	38	37	37
무르만스크	31	25	24	27	27	27
야말로네네츠	12	14	13	12	11	12
크라스노야르스크	15	12	13	13	14	13
사하	25	26	27	29	28	27
추콧카	60	45	49	51	51	51
평균(반올림)	35	34	33	34	33	34

〈표 8〉에 따르면 2019~2023년 러시아 북극 지역의 '경제 발전 수준' 매년 평균 순위는 33~35위로 중상위권에 있다. 2019년 35위에서 2023년에는 33위로 조금 상향되었다. 하지만 일부 지역에는 편차가 있는데, 야말로네네츠(12위)와 크라스노야르스크(13위)는 상위권, 카렐리야(56위)와 추콧카(51위)는 하위권이다.

하위 지표로 보았을 때 '수익성 있는 기업 비율' 순위가 낮은 지역이 꽤 있다. 카렐리야, 코미, 네네츠, 무르만스크, 추콧카의 이 순위는 최하위권이다(대체로 60~80위권). 이외에 '재화와 서비스의 절대 생산량' 순위도 낮은 지역이 카렐리야와 추콧카이다(대체로 60~70위권). 카렐리야와 추콧카의 '경제 발전 수준' 평균 순위가 하위권인 이유는 바로 이러한 요인 때문으로 평가할 수 있다.

〈표 9〉 2019~2023년 북극 지역별 〈중소기업 발전 수준〉 순위 추이

	2019	2020	2021	2022	2023	평균
카렐리야	45	50	48	50	43	47
코미	60	58	64	70	67	64
아르한겔스크	43	61	53	57	70	57
네네츠	69	79	60	61	50	64
무르만스크	66	68	62	65	62	65
야말로네네츠	60	61	60	65	66	62
크라스노야르스크	19	29	26	21	23	24
사하	49	45	62	62	64	56
추콧카	74	74	74	72	80	75
평균(반올림)	54	58	57	58	58	57

〈표 9〉에 따르면 2019~2023년 러시아 북극 지역의 '중소기업 발전 수준' 매년 평균 순위는 54~58위로 중하위권에 있다. 2019년 54위에서 2023년에는 58위로 조금 하향되었다. 이 순위는 본 연구에서 살펴보는 5개 사회경제 지표 순위 중 가장 낮은 것이다. 크라스노야르스크(24위)를 제외하고 대부분 지역의 순위는 중하위권으로 낮은 편이다. 특히 코미(64위), 네네츠(64위), 무르만스크(65위), 야말로네네츠(62위), 추콧카(75위)의 순위는 하위권이다.

'중소기업 발전 수준' 순위가 낮은 이유는 하위 지표에서 '중소기업 총매출액'과 '전체 노동력 대비 중소기업 및 개인사업 종사자 비율'의 순위가 대체로 낮아서이다. '중소기업 총매출액' 순위가 특히 최하위권인 지역은 네네츠와 추콧카로서 이들 순위는 84위와 85위를 번갈아 차지하고 있다. '전체 노동력 대비 중소기업 및 개인사업 종사자 비율'의 순위가 최하위권인 지역은 무르만스크, 야말로네네츠, 사하, 추콧카로서 거의 매년 순위가 70~80위권에 있다.

2. 러시아 북극에서의 한러 협력 접점 탐색

2020년 러시아 정부는 2035년까지의 러시아 북극 발전을 위한 장기 종합 계획을 수립했다. 하지만 Ⅲ장 1절에서 살펴본 것처럼 러시아 북극 주민의 사회경제적 상황에는 아직 큰 변화가 없다. 본 연구는 2019~2023년까지 5년 동안의 5개 사회경제 지표 순위 변화를 살펴보고 있는데, 이 기간에 순위가 상향한 지표도 있고 하향한 지표도 있지만, 모든 지표의 순위 변화는 2~6계단 사이에 불과해 대체로 큰 변화가 없음을 알 수 있다. 물론 이 기간에 코로나19와 러시아-우크라이나 전쟁 등 국내외적으로 큰 이슈가 있어 본래 계획을 제대로 추진하지 못했으리라 짐작되지만, 결과로 볼 때 2020년에 수립한 러시아 북극 정책에서 북극 주민의 사회경제적 개선과 발전 과제는 현재까지 별 성과를 거두지 못한 것으로 평가된다.

이 기간 5개 사회경제 지표 중 '소득 수준(25→22위)', '경제 발전 수준(35→33위)'은 중상위권, '취업과 노동 시장(44→46위)', '인구 상황(42→39위)'은 중위권, '중소기업 발전 수준(54→58위)'은 중하위권에 있다. 평균적으로 보았을 때 러시아 북극 지역의 사회경제적 상황은 지표별로 볼 때 러시아 전체 지역에서 대체로 중상에서 중하 수준에 걸쳐 있다. <표 3>에서 지역별 삶의 질 수준을 11개 지표 모두 종합적으로 고려할 때 러시아 북극 지역의 평균 순위는 2023년 시점 60위로 하위권에 있는데, 5개 사회경제 지표만 뽑아 봤을 때 이들 순위는 종합 순위보다는 양호하여 중상에서 중하위권 수준에 걸쳐 있다.

하지만 일부 세부 지표에서 심각한 양극화 현상이 발견된다. 네네츠, 야말로네네츠, 추콧카의 '소득 수준'은 최상위권이다. 또한 야말로네네츠와 추콧카의 '취업과 노동 시장' 상황도 최상위권에 속한다. 야말로네네츠와 크라스노야르스크의 '경제 발전 수준' 상황 역시 최상위권에 있다.

반면에 카렐리야, 코미, 크라스노야르스크, 사하에서는 극빈층 비율이 상당히 높다. 코미, 네네츠, 그리고 카렐리야, 아르한겔스크, 사하에서는 실업률과 3개월 이상 구직 중인 인구 비율이 상당히 높다. 카렐리야, 코미, 아르한겔스크, 무르만스크에서는 여전히 인구 유출이 심해 인구가 급감하고 있다. 카렐리야, 코미, 네네츠, 무르만스크, 추콧카에서는 수익성 있는 기업 비율이 상당히 낮으며, 카렐리야와 추콧카에서는 재화와 서비스 생산량도 매우 낮다. 네네츠와 추콧카에서는 중소기업 총매출액 순위가 러시아 전 지역에서 가장 낮다. 또한 무르만스크, 야말로네네츠, 사하, 추콧카의 중소기업 및 개인사업 종사자 비율이 매우 낮다.

따라서 러시아 북극 지역의 사회경제적 상황은 종합적으로 중상에서 중하 수준에 걸쳐 있지만, 일부 사회경제 지표들은 아주 낮은 수준에 있음을 발견할 수 있다. 러시아 북극 지역에서 열악하고 개선되지 않는 바로 이러한 사회경제적 영역이 한국과 러시아가 서로 협력이 필요하고 협력할 만한 가치가 있는 접점이 될 수 있다. 본 연구에 따르면 이러한 접점들은 사회적인 측면에서는 빈곤층, 실업, 인구 문제들이며, 경제적인 측면에서는 수익성 있는 기업 창출과 생산성 증대, 그리고 중소기업 생산성 증대와 종사자 확보 문제들이라고 요약할 수 있다. 그동안 한국과 러시아가 협력해 온 사례와 향후 필요한 협력을 전망한 연구들에 기초해 이러한 접점들에서 어떠한 협력이 가능할지 구상하면 다음과 같다.[38]

---

[38] 러시아 북극 지역 주민의 사회경제적 개선을 위해 한국과 러시아가 협력할 수 있는 접점을 탐색하는 것까지가 본 연구의 목표이다. 이러한 접점들에서 어떠한 양국 협력이 구체적으로 가능한지는 후속 연구로 남기고, 본 연구에서는 기존 연구 성과들에 기초해 양국이 협력할 수 있는 안을 시나리오 차원에서 작성했다. 협력안을 구상하는 데에 참고한 대표적인 기존 연구들은 다음과 같다. 김엄지·유지원·김민수(2021), 변현섭(2021), 이상준(2021), 백영준(2021), 제성훈(2021), 김민수(2021) 등.

▶ 저소득층 축소 방안

러시아 북극 지역의 저소득 문제 해결을 위해 한국과 러시아는 경제 투자, 사회복지, 에너지 협력, 관광 및 문화 교류 등 여러 방면에서 협력할 수 있다. 한국 기업이 러시아 북극 지역의 인프라, 에너지, 수산업 등 주요 산업 프로젝트에 투자하도록 정부 차원에서 지원하고, 러시아 정부는 한국 기업에 세금 감면 및 규제 완화를 제공하여 투자를 촉진한다. 예를 들어 한국 조선업체가 북극항로용 쇄빙선 건조 및 유지보수 관련 공장을 현지에 설립하여 일자리를 창출한다. 또한 한국과 러시아가 공동 농·수산업 프로젝트를 추진할 수 있다. 예를 들어 한국과 러시아가 북극 해역 수산자원 공동 개발 및 가공산업 투자를 하거나, 러시아 북극 지역에서 한국형 스마트 온실 기술 도입을 통해 농업 발전을 지원할 수 있다.

▶ 실업 해소

러시아 북극 지역의 실업 문제 해결을 위해 한국과 러시아는 경제·산업 협력, 교육·훈련 지원, 친환경 에너지 개발, 관광 및 문화 교류, 시민 단체 활동 강화 등을 통해 지속 가능한 일자리 창출을 가능하게 할 수 있다. 예를 들어 한국과 러시아가 협력하여 기술 교육 및 직업훈련 센터를 설립하고 한국 기업이 직업훈련 프로그램 운영 및 인턴십을 제공한다. 또한 한국과 러시아 대학이 기술·에너지·환경 분야에서 공동 연구 및 장학 프로그램을 운영하며, 러시아 북극 지역 청년을 대상으로 한국 기업 취업 연계 장학금을 지원할 수 있다.

▶ 인구 유입과 인구 증가

러시아 북극 지역의 인구 감소 문제를 해결하기 위해 한국과 러시아는 경제 활성화, 생활 인프라 개선, 친환경 개발, 관광·문화 산업 육성, 정부 및 시민단체 협력 등을 통해 청년 및 가족 단위 인구 유입을 유도하여 장기적인 정주 환경 조성이 가능하게 한다. 예를 들어 한국 건설사가 에너지 효율적인 스마트 주택 및 도시 인프라를 건설하고 난방, 도로, 의료시설 등 기본 인프라를 개선하여 거주 환경을 현대화한다. 한국 의료기관이 원격진료 기술을 지원하여 의료 접근성을 개선한다. 한·러 협력으로 체육 시설(빙상장, 실내 수영장) 및 커뮤니티 센터를 건설해 정주율을 증가한다.

▶ 수익성 있는 기업 양성과 생산성 증대

러시아 북극 지역의 수익성 있는 기업 부족과 재화·서비스 생산량 감소 문제 해결을 위해 한국과 러시아는 경제특구 조성, 산업 활성화, 신재생 에너지 개발, 물류 인프라 구축, 관광산업 육성, 기술 인력 양성, 사회적 기업 지원 등의 방안을 통해 생산성과 기업 수익성을 높일 수 있다. 예를 들어 한국 기업이 현지 자원(수산물, 광물, 목재 등)을 활용한 가공 공장이나 희귀금속 정제 공장을 설립한다. 또한 한국이 온라인 유통망 및 물류 인프라 구축을 지원하고 전자상거래 플랫폼을 통해 판매한다. 러시아 정부는 경제특구에서 법인세 감면, 토지 무상 제공, 인프라 지원 등의 혜택을 제공한다.

▶ 중소기업 매출액 증가 및 종사자 확대

러시아 북극 지역에서 중소기업 매출액 증가와 중소기업 및 개인사업 종사자 비율을 높이기 위해, 한국과 러시아는 창업 지원, 산업 다각화, 관광·서비스업 발전, 물류·유통 인프라 구축, 인력 및 교육 지원, 정부 및 시민 단체 협력 강화 등을 추진할 수 있다. 예를 들어 한국과 러시아 정부가 협력하여 북극 중소기업 및 스타트업을 위한 펀드를 조성하고, 한국 금융기관이 저금리 대출, 창업 지원금, 투자 유치 컨설팅을 제공한다. 또한 중소기업 및 개인사업 창업

인큐베이터를 설립하거나 온라인 창업 활성화 및 디지털 플랫폼을 지원한다. 이를 통해 북극 특화 중소기업을 육성할 수 있다. 예를 들어 북극 지역 특산품(해산물, 야생 베리, 약초, 목재 등) 가공업을 육성한다. 더 나아가 한·러 중소기업 간 협업을 확대한다. 이를 위해 한·러 중소기업 박람회 및 네트워킹 행사를 개최하여 협력 기회를 창출한다.

이러한 협력 구상이 실현되려면 여러 관문을 넘을 필요가 있다. 이를 위해 지자체, 기업, 연구기관, 시민단체 등 다양한 조직의 노력이 있어야 하며, 무엇보다도 한국과 러시아 정부의 제도적, 법적 대책과 지원이 필수적이다. 양국은 경제 투자, 사회복지, 에너지 협력, 지역 인프라, 관광 및 문화 교류 등 여러 영역에서 협력할 수 있다. 한국은 첨단 기술과 산업 경쟁력을 활용하여 현지 일자리 창출, 복지 및 지역 환경 개선에 기여할 수 있는 능력과 바탕이 있다.[39] 지금은 복잡한 국제 정세로 국가 차원의 대규모 협력은 곤란하지만, 소수민족과 북극 거주민을 위한 지방간 협력이나 중소기업 투자는 인도주의적 차원에서 가능하다. 이것은 향후 국제 환경이 변화했을 때 북극에서 한국과 러시아가 본격적으로 협력 사업을 벌일 수 있는 초석이 될 것이다.

---

39) 물론 양국 협력에는 여러 한계가 있다. 인구와 노동력 자원이 부족한 북극에서 원활한 교육과 훈련 체계를 갖추기도 힘들고, 중소기업과 스타트업을 지원해도 자체 소비시장이 작아서 발전에 한계가 있다. 또한 한러 양국 정부와 기업이 금전적 희생을 치르며 얼마나 많은 투자나 정책 지원을 할 수 있는지도 미지수다. 따라서 구체적인 실행 방안과 경제성을 고려한 한러 양국 협력 방안을 모색하는 것은 향후 연구과제로 남기고, 이에 대해 정치, 경제, 사회문화 영역에서 다각도의 연구를 진행할 필요가 있다.

Ⅳ. 맺음말

한국은 2013년 북극이사회 정식 옵서버 국가가 되면서 본격적으로 북극 무대에 올랐다. 2020년대 초반에는 한·러 수교 30주년을 맞이해 2021~2023년 북극이사회 의장국을 역임할 러시아와 북극을 둘러싼 여러 협력 사업 계획을 세우고 이를 위한 법적, 제도적 기반을 다졌다.

하지만 2022년 러시아-우크라이나 전쟁이 발발하면서 미국과 러시아를 중심으로 국제관계가 새롭게 정렬되고 양자 간 골이 깊어지면서 한미 동맹을 중시하는 한국은 러시아와의 북극 관련 협력을 중단하거나 보류하게 되었다. 하지만 이제는 다시 변화하는 국제 정세를 주시하면서 한러 북극 협력 상황을 돌아보고 향후 진로를 모색할 때가 되었다.

본 연구는 러시아가 추진하는 북극 정책의 목표와 방향을 분석하면서 현재의 국제 정세를 고려할 때 이 중 한국과 러시아가 협력할 수 있는 접점이 어디 있는지 탐색하는 취지로 이루어졌다. 2020년 러시아가 발표한 2035년까지의 북극 정책의 기본 방향을 살펴보면 가장 중요한 목표가 러시아연방 북극 지역 주민 삶의 질을 향상하고 북극 지역 영토의 경제 발전을 가속하는 것이다. 특히 북극 정책 목표의 가장 서두에 북극 지역 주민 삶의 질 향상을 언급하면서 이 땅의 주인인 북극 거주민의 안녕을 최우선 목표로 삼고 있다. 현재 국제 정세에서는 국제적인 대기업 차원의 대규모 경제 협력은 곤란하지만, 척박한 환경에 처한 북극 주민 삶의 질을 향상하고 사회경제적 여건을 개선하려는 노력은 인도주의적 차원에서 양국이 협력할 수 있다. 이 점에 주안점을 두면서 본 연구는 러시아 북극 지역 주민의 사회경제적 상황을 분석했고 양국의 협력 접점을 탐색했다.

연구 분석 결과 러시아 북극 지역의 사회경제적 상황을 다음과 같이 정리할 수 있다. 2019~2023년 최근 5년간 러시아 북극 사회경제적 상황에 큰 변화는 없다. 따라서 2020년부터 새로운 북극 정책 목표가 설정되고 추진되었지만, 별 성과를 거두지 못했다고 평가된다. 본 연구에서 살펴본 5개 사회경제 지표 측면에서 러시아 북극 지역의 사회경제적 상황은 러시아 전체 지역과 비교할 때 대체로 중상에서 중하 수준에 머문다.

하지만 북극 대다수 지역에서 다음과 같은 사회경제적 영역은 상당히 열악한 것으로 드러났다. 즉, 극빈층과 실업률 비율이 상당히 높고, 여전히 인구 유출이 심해 인구가 급감하고 있으며, 수익성 있는 기업 비율이 상당히 낮고 재화와 서비스 생산량도 매우 낮으며, 중소기업 총매출액이 적고, 중소기업 및 개인사업 종사자 비율이 매우 낮은 다수의 지역이 발견된다. 이것은 사회적인 측면에서는 빈곤층, 실업, 인구 문제들이며, 경제적인 측면에서는 수익성 있는 기업 창출과 생산성 증대, 그리고 중소기업 생산성 증대와 종사자 확보 문제들이라고 요약할 수 있다. 러시아가 가장 큰 목표로 두면서도 성과를 내지 못하는 이러한 영역에서 한국이 협력하여 그 상황을 개선할 수 있다면 그것이야말로 가장 협력의 효과를 극대화하는 방안이 될 수 있다.

물론 이러한 접점들에서 협력이 이루어지려면 큰 노력이 필요하다. 다양한 관련 지자체, 기업, 연구기관, 시민단체 등이 주체로 나서야 하며, 이를 위해 한국과 러시아 정부가 제도적, 법적 환경을 마련해야 한다. 이러한 협력은 경제 투자, 사회복지, 에너지 협력, 지역 인프라, 관광 및 문화 교류 등 여러 영역에서 이루어질 수 있다. 한국은 첨단 기술력과 기업 경쟁력을 활용하여 저소득, 실업, 인구 감소 문제를 해결하고, 수익성 있고 생산력 있는 기업을 현지에 설립해 러시아 북극 경제 발전에 기여할 수 있다. 지금은 복잡한 국제 정세로 국가 간, 대기업 간 협력은 곤란하지만, 소수민족과 북극 거주민을 위한 지방

간 협력이나 중소기업 차원의 투자는 가능하다. 이것은 향후 국제 환경이 변화했을 때 북극에서 한국과 러시아가 본격적으로 큰 규모의 협력 사업을 벌일 수 있는 초석이 될 것이다.

한·러 수교 30년이 지났는데, 기대만큼은 아니어도 양국 협력의 기반은 마련되었고, 북극을 둘러싼 한러 협력 분위기가 2020년대 초에 활발하게 조성되기도 했다. 하지만 러시아-우크라이나 전쟁으로 한국과 러시아가 비우호적 관계가 되었다. 그래도 양자 관계가 여전히 파국으로 치닫지는 않고 있다. 러시아는 북극을 전략적 중요 지역으로 여기고 있고, 우리나라 입장에서도 북극은 우리와 세계를 연결하는 주요 통로 중 하나이다. 러시아는 북극의 많은 영토와 영해를 차지하고 있어 우리가 북극으로 진출하는 데에 있어서 러시아와의 협력은 필수이다. 이것은 한 국가와 협력하는 것 이상의 국제적 실익과 비전을 우리에게 줄 수 있다. 따라서 북극을 둘러싼 한러 협력은 여전히 가치가 있다.

〈참고문헌〉

김민수, "북극이사회 새 의장국, 러시아와의 북극협력," 『POLES & GLOBE』 APRIL Vol. 2, 극지연구소, 2021.
김엄지·유지원·김민수, "점-선-면 전략 기반 러시아 북극개발전략 분석 및 한러협력 방향," 『중소연구』 제45권 제3호, 아태지역연구센터, 2021.
김정기·이상준·강명구, "러시아 에너지 전략과 한러 천연가스 협력의 가능성 및 제약요인," 『러시아연구』 Vol. 28(1), 서울대학교 러시아연구소, 2018.
백영준, "한국의 러시아 북극개발 협력 가능성 모색: 일본과 한국의 대러시아 정책 비교분석을 중심으로," 『한국 시베리아연구』 제25권 3호, 배재대학교 한국-시베리아센터, 2021.
변현섭, "러시아의 북극 개발 정책과 한-러 북극 협력의 시사점," 『슬라브연구』 제37권 3호, 한국외국어대학교 러시아연구소, 2021.
예병환·박종관, "러시아의 시베리아 북극권 에너지자원 개발전략과 한·러 에너지산업 협력 방안에 관한 연구," 『한국시베리아연구』 제22권 1호, 배재대학교 한국-시베리아센터, 2018.
윤영미, "러시아의 북극지역에 대한 해양안보 전략: 북극해 개발과 한-러 해양협력을 중심으로," 『동서연구』 Vol. 21 No. 2, 연세대학교 동서문제연구원, 2009.
이상준, "러시아의 북극개발과 한국의 참여전략," 『러시아연구』 제31권 제1호, 서울대학교 러시아연구소, 2021.
이재혁, "러시아 북극권의 생태관광 활성화를 위한 한·러 협력," 『한국 시베리아연구』 제24권 2호, 배재대학교 한국-시베리아센터, 2020.
제성훈·민지영, 『러시아의 북극개발전략과 한·러 협력의 새로운 가능성』, 서울: 대외경제정책연구원, 2013.
제성훈, "북극이사회 25주년과 북극 정세 전망: 평가와 과제," 『2021 극지이슈리포트』 극지연구소, 2021.
최우익, "러시아의 북극 정책과 한러 협력 - 북극 주민 삶의 질 개선과 관련하여 -," 『슬라브연구』 제40권 2호, 한국외국어대학교 러시아연구소, 2024.
홍성원, "북극해 항로와 북극해 자원개발: 한러 협력과 한국의 전략," 『국제지역연구』 제15권 제4호, 한국외국어대학교 국제지역연구센터, 2012.
РИАРейтинг. *Рейтинг регионов РФ по качеству жизни*, Москва: Рейти

нговое агентство РИА Рейтинг, 2013.

РИАРейтинг. *Рейтинг регионов РФ по качеству жизни*, Москва: Рейтинговое агентство РИА Рейтинг, 2014.

РИАРейтинг. *Рейтинг регионов РФ по качеству жизни*, Москва: Рейтинговое агентство РИА Рейтинг, 2016.

РИАРейтинг. *Рейтинг регионов РФ по качеству жизни*, Москва: Рейтинговое агентство РИА Рейтинг, 2017.

РИАРейтинг. *Рейтинг регионов РФ по качеству жизни*, Москва: Рейтинговое агентство РИА Рейтинг, 2018.

РИАРейтинг. *Рейтинг регионов РФ по качеству жизни*, Москва: Рейтинговое агентство РИА Рейтинг, 2019.

РИАРейтинг. *Рейтинг регионов РФ по качеству жизни*, Москва: Рейтинговое агентство РИА Рейтинг, 2020.

РИАРейтинг. *Рейтинг регионов РФ по качеству жизни*, Москва: Рейтинговое агентство РИА Рейтинг, 2021.

РИАРейтинг. *Рейтинг регионов РФ по качеству жизни*, Москва: Рейтинговое агентство РИА Рейтинг, 2022.

РИАРейтинг. *Рейтинг регионов РФ по качеству жизни*, Москва: Рейтинговое агентство РИА Рейтинг, 2023.

РИАРейтинг. *Рейтинг регионов РФ по качеству жизни*, Москва: Рейтинговое агентство РИА Рейтинг, 2024.

"8월 말 북극항로 시범운항…북극종합정책 수립," https://www.korea.kr/news/examPassView.do?newsId=148764988 (검색일: 2024. 4. 25).

"러시아, 한국 비우호국가 지정…각종 제재 예상," https://www.yna.co.kr/view/AKR20220307172151080 (검색일: 2024. 4. 25).

"북극정책 기본계획," https://www.mof.go.kr/doc/ko/selectDoc.do?docSeq=4638&menuSeq=1009&bbsSeq=22 (검색일: 2024. 4. 25).

"윤석열 우크라이나 방문, 외신은 어떻게 봤나," https://www.khan.co.kr/world/europe-russia/article/202307161356001 (검색일: 2024. 4. 25).

"'제1차 한-러시아 북극협의회' 개최 결과," https://www.mofa.go.kr/www/brd/m_4048/view.do?seq=367628 (검색일: 2024. 4. 25).

"한국도 본격적으로 러시아 제재…금융 제재, 수출 통제 강화," https://www.mbn.co.kr/

news/economy/4708290 (검색일: 2024. 4. 25).

"한러관계 '격랑 속으로'…레드라인 시험하며 '아슬아슬'." https://n.news.naver.com/mnews/article/001/0014761943?rc=N&ntype=RANKING (검색일: 2024. 6. 21).

"향후 5년간 「북극활동 진흥 기본계획」 수립됐다," http://www.hdhy.co.kr/news/articleView.html?idxno=7380 (검색일: 2024. 4. 25).

"Указ Президента Российской Федерации от 05.03.2020 № 164 "Об Основах государственной политики Российской Федерации в Арктике на период до 2035 года"," http://publication.pravo.gov.ru/Document/View/0001202003050019?index=1&rangeSize=1 (검색일: 2024. 4. 26).

"Указ Президента Российской Федерации от 26.10.2020 № 645 "О Стратегии развития Арктической зоны Российской Федерации и обеспечениянациональной безопасности на период до 2035 года"," http://publication.pravo.gov.ru/Document/View/0001202010260033 (검색일: 202. 4. 26).

북극의 미래:

변화 요인과 시나리오들

배규성[*]

"북극이 그 특징과 영혼을 잃어가고 있다. 그것은 바로 눈과 얼음이다."

- Mark Serreze

Ⅰ. 알 수 없는 북극의 미래 : "미래에 우리는 지금과는 전혀 다른 북극을 맞이하게 될 것이고, 어떻게 변할지는 알지 못한다."

북극 지역은 기후 변화로 인해 급격하고 극적인 변화를 겪고 있으며, 이는 지구 환경과 지정학적 지형에 중대한 영향을 미친다. 온실가스 배출량을 크게 감축하지 않으면 북극해는 2040년 여름, 그리고 10년 또는 20년 안에 얼음이 거의 없는 북극해를 경험하게 될 가능성이 높다. 이러한 온난화 추세는 습도 증가로 이어져 세기말에는 강수량이 증가하는 북극해를 만들 것이며, 그 외에도 다양한 생태적, 경제적 변화를 초래할 것이다. 잠재적인 미래의 변화 요인은 다음과 같다[1]:

---

[*] 배재대학교 한국-시베리아 센터 연구교수
[1] 1장은 본문의 내용을 요약하고, 문제를 제기한 것이다.

첫째, 바다 얼음의 해빙. 북극해는 2050년 이전, 그리고 아마도 향후 20년 안에 계절적으로 여름에 얼음이 없어질 것으로 예상된다. 이러한 해빙 손실은 온난화를 가속화하고 지구 대기 순환과 기상 패턴에 영향을 미칠 가능성이 있다. 북극에서 가장 오래되고 두꺼운 얼음은 이미 급격히 감소했다.

둘째, 기온 및 강수량의 변화. 북극은 세계 다른 지역보다 더 빠르게 온난화되고 있으며, 북극해의 상당한 온난화가 예상된다. 기온 상승은 빙상과 빙하의 녹는 속도를 증가시켜 해수면 상승시킬 것이다. 북극은 2100년까지 습도가 30%에서 60%까지 증가하여 상당히 습해질 것으로 예상된다. 이러한 습도 증가는 북극 지역의 강수량 증가로 이어질 가능성이 높다.

셋째, 지정학적 경제적 변화. 해빙이 녹으면서 러시아 북방항로(NSR)와 같은 새로운 해상 교통로가 생겨나고 있으며, 이는 이 지역의 경제 활동 증가로 이어진다. 그러나 이러한 활동 증가는 자원 개발, 환경 보호, 그리고 북극 국가들 간의 잠재적 갈등에 대한 우려를 불러일으킨다. 북극은 또한 재생 에너지 및 수소 생산의 잠재적 공급원이자 친환경 산업 공정의 플랫폼으로 여겨지고 있다.

넷째, 북극의 자원 채굴 및 운송 증가. 일부 북극 미래 시나리오는 북극을 자원 채굴 및 운송 증가의 현장으로 보고 있으며, 이는 잠재적으로 환경 파괴와 갈등으로 이어질 수 있다. 다른 시나리오는 북극을 재생 에너지 개발 및 지속 가능한 개발의 지역으로 보고 국제 협력과 환경 보호를 강조한다. 북극의 미래는 온실가스 배출량 감축을 위한 전 세계적인 노력과 북극 국가들의 자원 관리 및 국제 협력에 대한 선택에 달려 있다.

요약하면, 미래의 북극은 현재보다 더 따뜻하고, 습하며, 접근성이 높아질 가능성이 높다. 이러한 변화가 경제 활동 증가, 환경 파괴 또는 국제 협력으로 이어질 정도는 전 세계적인 기후 변화 대응과 북극 국가들의 선택을 포함한 다양한 요인에 따라 달라질 것이다.

Ⅱ. 북극 개발의 미래 : 『북극 2050: 북극의 미래 지도』(2020)[2]

노르웨이 노르드 대학교(Nord University)와 러시아 스콜코보 모스크바 경영대학(Skolkovo Moscow School of Management)이 공동으로 발간한 『북극 2050: 북극의 미래 지도 (Arctic 2050: Mapping the future of the Arctic)』 (2020)[3] 보고서는 2050년까지 북극 개발의 가능한 미래를 연구했다.

이 보고서는 정책 입안자, 기업 및 NGO 리더, 특히 북극권 국가들의 리더들이 북극의 지속가능한 미래를 위한 새로운 의제를 모색하는 데 영감을 주고, 지도하며, 지원하는 것을 목표로 했다.

이 보고서는 기후 위기, 인구 통계학적 도전 과제, 경제적 가치 창출, 그리고 북극 기술 및 혁신을 주요 동력으로 삼아 현재 우리가 알고 있는 북극의 모습을 상세히 설명했다.

이 보고서는 사회적, 생태적, 환경적 관점에서 북극 개발에 접근하여 주요 이해관계자들을 파악하고 지정학적 맥락을 확인했다.

---

2) Alexandra Middleton, "Commentary: Arctic 2050: A New Report Unveils Four Scenarios for the Future of the Arctic" *the High North News*, (Feb 25 2021)https://www.highnorthnews.com/en/arctic-2050-new-report-unveils-four-scenarios-future-arctic (검색일, 2025.6.19.)

3) https://ftp.skolkovo.ru/web_team/iems/arctic2050_FINAL_WEB.pdf (검색일, 2025.6.19.)

연구자들은 주요 역사적 시기(아래 그림 참조)에서 영감을 받아 북극 개발에 대한 네 가지 시나리오를 도출했다.

첫째, 대항해 시대 시나리오(Age of Discovery scenario)에서는 단편화된 환경 규제와 미흡한 재난 대응이 환경 훼손을 늦추지 못한다. 기후 위기가 가속화되면서 자연 서식지와 원주민의 생계가 악화된다.

둘째, 암흑 시대 시나리오(Dark Ages scenario)에서는 북극이 고갈된 화석 자원의 무자비한 착취로 인구가 감소하고 황폐화된 산업 지역으로 변한다.

AGE OF DISCOVERY

Economic benefit prioritised over environment and society

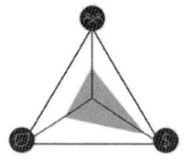

RENAISSANCE

Balanced approach to maximise societal, environmental and economic performance

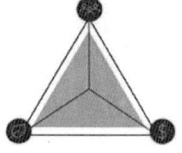

DARK AGES

The region is not on track to progress with either – economy, social development and environment protection

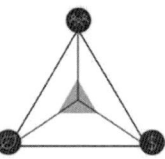

ROMANTICISM

Strong regulation benefits society and environment, while economy is struggling to keep pace

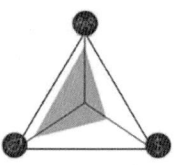

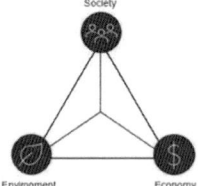

• Society - (social return, demographic and living standards, inclusion)
• Environment - (environmental return, ecosystem-based management, limitations)
• Economy - (pace, diversification, equity return, environmental impact)

The size of internal triangle reflects social, environment and economic performance of the region under each scenario.

*inspired by Energy Trilemma Index by the World Energy Council

셋째, 낭만주의 시나리오(Romanticism scenario)에서는 제도적 제약이 강화되면서 북극으로의 자금 흐름이 중단된다. 한때 전 세계적인 비즈니스 중심지였던 북극은 이제 내셔널 지오그래픽(the National Geographic)의 영화 촬영지와 같은 곳이 되었다.

마지막으로 르네상스 시나리오(Renaissance scenario)에서는 국가들이 북극 탐험을 우주 탐사만큼이나 국제 협력과 인류의 끊임없는 진보와 혁신을 향한 노력의 상징으로 삼는 데 동의한다. 각국 정부는 북극에서의 사업 운영 기준에 합의하고, 최고의 기술 활용을 장려하며, 탈동조화(decoupling)의 가능성을 입증하기 위한 혁신을 추진한다. 야심 찬 꿈은 재능 있는 인재를 끌어들이고, 북극은 "불가능"이라는 것이 가짜 뉴스에 불과하다는 것을 증명하고자 하는 사람들을 끌어들이는 자석이 된다.

Ⅲ. 경쟁/갈등 vs 발전/협력 : 북극의 미래 예측: 북극 전문가 설문조사를 통한 견해(2023)

마티유 랑드리오(Mathieu Landriault), 슈테판 키르히너(Stefan Kirchner), 라스무스 린더 닐슨(Rasmus Leander Nielsen), 폴 미나르(Paul Minard)는 공동으로 "북극의 미래 예측: 북극 전문가 설문조사를 통한 견해(Predicting the Future Arctic: Views from an Arctic Expert Survey)"[4]를 발표했다.

---

4) Mathieu Landriault, Stefan Kirchner, Rasmus Leander Nielsen and Paul Minard, "Predicting the Future Arctic: Views from an Arctic Expert Survey" the Arctic Circle Journal No.1, (31 May 2023)https://www.arcticcircle.org/journal/predicting-the-

이 조사보고서에 따르면, 북극의 미래는 여러 구조적 요인, 특히 기후 변화에 달려 있으며, 지정학적 역학 관계가 점차 부각되고 제도적 협력이 현재 저해되고 있다. 또한 이 지역의 미래는 매우 논쟁적이고 추측의 대상이 되고 있으며, 어떤 이들은 경쟁이나 갈등, 또는 이 두 가지 모두를 동시에 예측하는 반면, 어떤 이들은 더욱 질서 있고 안정적인 발전을 예측한다.

북극 전문가들에게 북극의 지정학적 발전 가능성에 대한 예측을 묻는 설문조사는 상당한 장점을 가지고 있다. 첫째, 지역의 '신의 계시(oracle)'를 읽는 전문가들의 단절된 평가에 의존하기보다는 지역적 전문성, 집단적 지혜, 그리고 합의를 도출하고자 했다. 둘째, 특정 발전이 바람직한지 여부에 대한 규범적 평가를 수집하는 대신, 전문가들이 가장 가능성이 높다고 생각하는 발전 상황을 포착할 수 있다. 따라서 이 연구의 목적은 합의 영역이 어디에서 형성되었는지, 그리고 주요 거버넌스 및 안보 문제에 대해 어떤 인식이 지배적인지를 평가하는 것이다. 또한, 북극 안보 및 거버넌스에 대한 인식의 잠재적 변화를 추적하기 위해 중요한 쟁점에 대한 시계열 자료를 구축하고자 했다.

이 전문가 설문조사의 첫 번째 조사는 2022년 6월에 진행되어 69명의 응답자를 모았고, 두 번째 조사는 2023년 1월에 진행되어 60명의 응답자를 모았다. 북극 전문가에 대한 정의는 학계, 정부 관계자, 시민사회 대표를 포괄하는 광범위한 범위를 채택했다. 전문가들에게 특정 북극 개발이 발생할 가능성을 0(발생 불가능)에서 100(발생 확실)까지 평가해 달라고 요청했다. 이 두 조사에서 몇 가지 관찰 결과가 도출되었다.

---

future-arctic-views-from-an-arctic-expert-survey (검색일, 2025.6.19.)

북극 지역의 미래, 특히 거버넌스(Governance)는 매우 논쟁적이며 많은 추측의 대상이 되었다.

첫째, 북극 국제 협력(International Cooperation in the Arctic). 2022년 2월 24일 이후 러시아의 우크라이나 침공이 격화되자, 서구 북극권 7개국(A7)은 2022년 3월 3일 북극 이사회(AC)에서 러시아 연방과의 모든 협력을 중단했다. 2022년 6월부터 A7은 일부 쟁점에 대해 다시 협력을 시작했지만, 러시아가 2021년 AC 의장국을 맡기 전에 AC가 승인했던 프로젝트에 국한되었다. 2023년은 2022년 대비 소폭 증가했지만, 몇 개월에서 반년 안에 AC 8개 회원국 전체의 완전한 협력이 재개될 가능성은 여전히 매우 낮은 것으로 평가되었다. 일부 활동이 부분적으로 재개되고 의장국이 교체되었음(러시아 → 노르웨이)에도 불구하고 전반적인 분위기는 여전히 비관적이었다. A7의 입장 변화를 가져올 만한 전반적인 상황 변화는 없었다. 그러나 이것이 응답자들이 북극 이사회(the Arctic Council)를 대체할 서방의 대체 포럼의 신속한 설립을 예상했다는 것을 의미하지는 않았다. 응답자들은 그러한 가능성이 몇 개월 안에 실현될 가능성은 낮다고 평가했다. 그들은 북극 해안경비대 위원회(the Arctic Coast Guard Council)에서의 협력이 단기간에 재개될 가능성이 다소 높다고 생각했지만, 이 역시 매우 낮은 것으로 평가되었다. 현재로서는 러시아 현 정부와의 협력이 불가능해졌다고 가정하는 것이 타당해 보인다.

둘째, 그린란드 독립. 그린란드 자치 정부에 적용되는 헌법 해석에 따라, 그린란드는 궁극적으로 덴마크로부터 독립할 수 있는 선택권을 가지고 있다. 여러 정치적, 특히 경제적 이유로 누크 정부는 아직 이 선택권을 행사하지 않았다. 2023년 4월 누크에서 헌법 초안이 발표되었지만, 구체적인 일정은 공개되지 않았다. 여론조사 결과 대다수가 독립을 지지하는 것으로 나타났지만, 독립 시기와 모델, 예를 들면, 자유연합(Free Association)은 종종 다소 추상적으로 논의된다. 이 북극 바로미터 여론조사는 응답자들에게 2025년 이전과 2030년 등 향후 독립 가능성을 각각 평가해 달라고 요청했다. 북극 바로미터 여론조사 결과는 분명한 메시지를 전달한다. 그린란드의 잠재적 독립 시점이 더 먼 미래일수록 독립 가능성이 더 높다고 생각하는 것으로 나타났다. 이는 그린란드 내부에서 벌어지고 있는 논쟁과 그곳의 정치·경제적 현실과 일치한다. 가까운 미래에 독립할 가능성은 매우 낮아 보이지만, 2030년과 같은 나중 시점에 대해서는 가능성이 훨씬 더 높다고 여겨졌다. 대다수의 응답자는 2030년 이전에는 독립 가능성이 낮다고 판단했다.

셋째, 안보(Security). 러시아가 포함된 북극 거버넌스 최전선에 대한 평가가 비관적이지만, 전문가들은 러시아의 우크라이나 침공이 북극에서의 군사적 분쟁으로 번질 가능성은 여전히 낮다고 보았다. 2022년 6월과 2023년 1월의 예측 모두 북극 군사 분쟁 발생 가능성은 낮다고 보았다. 그러나 공격적이거나 대립적인 움직임이 발생할 가능성을 완전히 배제한 것은 아니었다. 군사적 충돌은 북극에서 서구(나토)-러시아 간 대치의 정점이 될 것이다. 군사적 충돌 외에도 다른 결과들이 발생할 수 있다. 예를 들어, 북극권 국가의 배타적 경제수역(EEZ)에서 러시아의 군사훈련이 실시될 가능성이 높고, 마찬가지로, 북극 지역에서 발생할 가능성이 가장 높은 것으로 평가되는 것은 미국 국방부의 '항행의 자유 작전(FONOP)'이다.

마지막으로, 전문가 패널에 NATO가 차기 전략 개념 문서에서 북극 지역의 과제를 구체적으로 다룰 것인지 질의했다. 지난 몇 년간 전문가들은 NATO가 더욱 일관된 북극 전략을 수립하거나 이 지역에서 더욱 공식적인 역할을 시작할지, 또는 언제 시작할지에 대해 추측해 왔다. 아직은 실현되지 않았지만, NATO의 2022년 전략 개념에서 처음으로 '북극 지역'이 언급되었으며, 북대서양을 가로지르는 미국의 증원군과 '항행의 자유'를 방해할 수 있는 러시아의 역량이 동맹국들의 전략적 과제로 떠올랐다. 전문가 설문 조사 결과, 대다수는 북극 지역이 나토 동맹국이 제시한 우선순위에 포함될 가능성이 높다고 답했다. NATO의 전략 개념은 약 10년에 한 번 정도만 업데이트되지만, 이는 NATO가 앞으로 북극 지역에서 더욱 적극적으로 활동할 것으로 예상된다는 것을 보여준다.

결론적으로, 북극 거버넌스와 안보에는 많은 혼란이 관찰되고 있다. 정부와 학자들 모두 이러한 문제에 대한 해결책을 제시하기 위해 새로운 아이디어와 계획을 제시하고 있다. 전문가들의 예측을 살펴보면, 이처럼 불확실한 시기에도 놀라운 안정성을 확인할 수 있다. 2022년 한 해 동안 북극 지역에서 군사적 충돌 가능성은 낮고 다자간 협력은 완전히 재개되지 않을 것이라는 일반적인 합의는 변함이 없었다.

현재의 북극 거버넌스 인프라(북극이사회와 워킹그룹 및 원주민단체와 옵저버)를 대체할 방안 또한 가능성은 낮아 보인다. 노르웨이에서 덴마크왕국이 북극 이사회의 의장국을 맡게 되면서, 특히 북극 이사회에서 과학 협력이 부분적으로 재개될 수 있다면 이러한 평가를 수정하는 계기가 될 수 있다. 그러나 러시아가 2023년 봄에 개정된 '북극 정책 문서'[5]를 발표하기 전에 이러한 의견이 접수되었다는 점을 지적할 필요가 있다. 이 개정된 정책은 2020년 정책을 즉시 대체하며, 러시아가 추진해 온 방향을 확정짓는 것이었다. 과거와 달리, 새로운 정책 문서에서는 북극 이사회의 국제 협력에 대한 언급이 더 이상 없었다. 바렌츠-유로 북극 위원회(BEAC)도 더 이상 언급되지 않았다. 러시아 없이 북극 이사회가 얼마나 기능할 수 있을지, 또는 향후 A8 협력이 어떤

---

5) President of Russia (2023) Amendments have been made to the Fundamentals of State Policy in the Arctic for the period up to 2035. Moscow: The Kremlin. http://kremlin.ru/acts/news/70570. (검색일, 2025. 6. 19.)

형태로든 재개될지는 아직 미지수이다. 예를 들어, 북극 이사회나 북극해안경비대포럼 등의 실무 그룹에서. 주요 기관의 지속적인 기능 장애는 북극권 국가들로 하여금 북극 거버넌스 및 안보 조치에 대한 기존 가정을 수정하게 만들 수 있다.

IV. 북극의 새로운 기후 출현? : 북극의 불확실한 미래 (북미 북극권 연구 2024)

그레이스 반 딜렌(Grace van Deelen)은 2024년 "북극의 불확실한 미래(The Arctic's Uncertain Future)"[6]라는 연구결과를 발표했다. 그는 말했다. "앞으로 다가올 100년 동안 북극은 오늘날과는 크게 다른 모습으로 변할 것이다. 하지만 얼마나 달라질지는 아직 알 수 없다."

1980년대 콜로라도 대학교 볼더 캠피스(the University of Colorado Boulder)에서 박사 과정을 밟던 마크 세레즈(Mark Serreze)는 캐나다 북쪽 북극해의 해류인 보퍼트 환류의 해빙을 연구했다. 그는 표류 부표 네트워크를 사용하여 빙상의 움직임을 추적하여 여름 바람에 반응하여 해빙이 주기적으로 열린다는 사실을 발견했다. 또한 캐나다 누나부트 준주 엘즈미어 섬의 세인트 패트릭 만 빙모(ice caps)를 연구했다. 세레즈는 현재 콜로라도 대학교

---

6) Grace van Deelen, "The Arctic's Uncertain Future" Eos, (15 November 2024) https://eos.org/features/the-arctics-uncertain-future (검색일, 2025. 6. 19.)

볼더 캠퍼스의 국립빙설데이터센터 소장으로, 지구 온난화로 인한 얼음의 변화를 연구하고 있다. 하지만 그가 대학원 연구를 위해 방문했던 세인트 패트릭 만(the St. Patrick Bay) 빙모는 더 이상 존재하지 않는다. 그는 말했다. "북극이 그 특징과 영혼을 잃어가고 있으며, 그 영혼은 바로 눈과 얼음이다."

지난 수십 년 동안 북극 기후의 원동력인 해빙이 급격히 감소하여 1980년대 대비 해빙 면적이 약 50% 감소했다. 강수 패턴은 이제 북극에 더 많은 비와 더 적은 눈을 가져온다. 오랫동안 얼어붙었던 땅이 녹으면서 침식이 더 심해지고, 기온 상승에 따라 식물이 더 빨리, 더 북쪽으로 자라고 있다.

다음 세기의 북극은 오늘날의 북극보다 약간 더 따뜻한 모습을 보일 수도 있다. 아니면 알아볼 수 없을 정도로 변해 있을 수도 있다. 세기가 더 진행될 수록 북극의 미래는 더욱 불확실해진다.

북극의 변화가 얼마나 클지는 인류가 기후 변화를 멈추거나 심지어 되돌리기 위해 어떤 조치를 취하느냐에 달려 있다고 미국 국립대기연구센터(the National Center for Atmospheric Research)의 기후 과학자인 로라 랜드럼(Laura Landrum)은 말했다. "어제부터 시작했으면 좋았을 텐데"라고 그녀는 말했다.

2040년. 과학자들은 온실가스 배출량을 크게 감축하지 않으면, 현재 북극에서 목격하고 있는 변화는 2040년까지 크게 가속화될 것이라 주장한다. 단 15년 만에 영구 동토층 해빙과 강수량 증가로 인해 북극의 일부 강은 물로 가득 차 제방이 더 빠르게 침식될 것이다. 특히 해안가를 비롯한 일부 북극 마을의 지반에 있던 한때 단단했던 땅이 물에 잠길 수 있다. 침식과 해수면 상승으로 인해 매우 취약한 보초(모래톱) 섬에 위치한 알래스카 원주민 공동체인 시슈마레프(Shishmaref)와 같은 지역의 주민들은 이주해야 할 수도 있다. 실제로 시슈마레프를 비롯한 최소 12곳의 알래스카 원주민 마을 관계자들은 이미 이주 계획을 검토하고 있다. 온난화된 바닷물은 더욱 파괴적인 폭풍을 더욱 부추길 것이다. 2022년 알래스카 해안 지역에 광범위한 홍수를 일으켰던 태풍 메르복(Typhoon Merbok)과 같은 사건들이 더 빈번해질 것이다.

2040년까지 온난화로 인해 고위도 영구동토층의 약 10~40%가 해빙될 수 있다. 이 과정에서 오랫동안 얼어붙어 있던 동식물의 유해가 공기에 노출되어 부패하기 시작하면서 메탄과 이산화탄소(CO_2)를 포함한 온실가스가 배출된다. 세레즈는 과학자들이 영구동토층이 얼마나 해빙될지, 그리고 해빙이 북극 시스템에 어떤 영향을 미칠지 정확히 알 수는 없다고 말했다. 그 이유는 영구동토층에 얼마나 많은 이산화탄소와 메탄이 존재하는지 확실히 알지 못하기 때문이다.

일부 과학자들은 2040년까지 새로운 북극 기후가 출현할 것이라고 예상한다. 더 이상 얼음과 눈으로 뒤덮이지 않는 북극은 완전히 다른, 더 따뜻하고 습한 기후로 변할 것이다.

랜드럼은 이러한 새로운 기후 출현을 북극 기후가 지난 30년간의 데이터를 기반으로 한 예상 패턴에 더 이상 부합하지 않는 상태, 즉 "기후 정상(climate normal)이라는 개념이 더 이상 유효하지 않은 상태"로 정의했다. 새로운 기후의 출현 과정은 과학자들이 과거 시스템의 기록을 활용하여 미래의 구체적인 변화, 예를 들어 미래 폭염의 강도나 태풍의 발생 횟수를 정확히 예측하는 능력을 약화시킨다. 최근 논문에서 랜드럼과 동료는 북극의 새로운 기후 출현이 이미 시작되었다고 주장했다. 현재 북극의 최소 해빙 면적은 모델러들(modelers)이 지난 30년간의 데이터를 사용할 때 예상하는 범위를 크게 벗어났다. 랜드럼은 북극 주민들과의 대화를 통해 이 지역의 기온과 강수 패턴이 정상 기후(climate normals)에서 이미 벗어나지 않았더라도 비교적 빨리 벗어날 수 있다는 것을 알게 되었다.

이산화탄소는 대기 중에 수백 년 동안 머물러 있다. 지금 당장 배출량을 대폭 감축하더라도 2040년까지 북극의 변화를 막을 수는 없다. 온난화의 상당 부분이 시스템에 "내재되어" 있기 때문이다.

2060년. 지금부터 35년 후, 꾸준한 여름 해빙은 미국 북동부에 꾸준히 내린 눈이나 기록적인 폭염이 없었던 여름처럼 기억 속으로 사라질 것이다. 일부 여름 해빙은 여전히 북극 해안 가장자리에 붙어 있을 수도 있고, 가끔 북극 전역에 해빙이 남아 있을 수도 있다. 하지만 대부분의 기후 과학자들은 이번 세기 중반쯤이면 북극의 여름철 대부분 해빙이 사실상 사라질 것이라는 데 동의한다.

"현실적으로 실현 불가능할 정도로 극적인 탄소 감축이 이루어지지 않는 한" 여름철 해빙 손실은 불가피할 것이라고 미국 국립빙설데이터센터(National Snow and Ice Data Center)의 해빙 과학자 월터 마이어(Walter Meier)는 말한다. 그리고 이러한 손실은 북극에 광범위한 영향을 미칠 것이며, 그중 일부는 이미 목격되고 있다. 해빙이 없다면 북극의 기후 과정은 제대로 작동하지 않을 수 있다.

가변적인 북극의 운명. 과학자들이 해빙 예측에 확신을 갖는 것은 풍부한 데이터와 이미 수행된 연구, 그리고 시스템의 상대적인 단순성에서 비롯된다. 세레즈는 해빙이 대기와 해양의 온도 변화뿐만 아니라 바람 패턴에도 반응한다고 말했다. 그러나 해빙의 소멸이 북극과 전 지구 대기 순환 및 날씨에 어느 정도 영향을 미칠지는 아직 확실하지 않다. 프랜시스는 "북극은 복잡한 곳이고, 아직 완전히 이해하지 못하는 부분이 많다."라고 말했다.

컬럼비아 대학교 컬럼비아 기후대학원의 해양학자 로버트 뉴턴(Robert Newton)과 그의 동료들은 2016년 논문에서 해빙 감소를 허용하는 데 대한 여러 경제적 논거를 제시했는데, 여기에는 어업, 석유 및 천연가스 생산, 광업, 해운과 같은 상업 활동의 증가가 포함된다. 북극의 얼음이 없어지는 데 경제적 이해관계가 있는 사람들이 얼음 복원 노력을 막을 가능성도 있다. 그는 대기 중 이산화탄소 농도를 줄일 수 있는 수단과 기술이 있다면 "북극의 운명은 사회경제적 문제가 될 것"이라고 말했다.

2100년 이후, 탄소 배출량을 대폭 감축하지 않는다면, 북극은 세기말까지 더욱 변모할 것이다. 2100년까지 북극은 약 30~60% 더 습해질 것이며, 지형은 비의 영향을 지배적으로 받을 것이다. 대부분의 최첨단 기후 모델은 이 시점까지 북극의 기온이 약 13~15°C(23.4~27°F) 상승할 것으로 예측하는데, 이는 지구 평균 기온이 최대 5°C(9°F) 상승하는 것과 비교된다. 여름 해빙은 오래전에 사라지고, 겨울 해빙의 양과 두께가 감소할 수 있다. 다음 세기 안에 북극이 일 년 내내 얼음이 없는 상태가 될 가능성은 낮다. 많은 과학자들은 겨울 해빙이 항상 존재할 것이라고 믿는다. 하지만 뉴턴과 같은 다른 과학자들은 그러한 시나리오가 완전히 불가능한 것은 아니라고 말한다.

생태계 역시 불확실성을 야기한다. 생명체는 복잡한 생활사를 가지고 있으며, 서로 간의 상호작용은 여러 가지 결과를 초래할 수 있다. 예를 들어, 과학자들은 거의 전적으로 북극에 서식하는 소수의 고래 종 중 하나인 북극고래(bowhead whales)가 온난화에 어떻게 반응할지 확신하지 못한다. 알래스카 페어뱅크스 대학교의 정량 생태학자인 그렉 브리드(Greg Breed)는 "그들은 해빙(바다 얼음) 없이 잘 지낼 수 있고, 따뜻한 바닷물에서 잘 지낼 수도 있고, 어쩌면 급격하고 예상치 못하게 개체 수가 감소할 수도 있다."라고 말했다. 야생 동물의 경우, 불확실성이 존재하는 상황에서 그렇게 먼 미래를 내다보는 것은 무의미하다고 그는 말했다. 미지의 바다 속에서 한 가지 진실은 남는다. 북극의 엄청난 변화는 피할 수 없다는 것이다. 가능한 변화 중 일부는 정치적 의지가 있어야만 되돌릴 수 있는데, 브리드는 그럴 가능성이 매우 낮다고 말했다.

V. "러시아 없이는 북극 이사회가 살아남을 수 없다"「Arctic Frontiers 2024」

2022년 2월 24일 러시아가 우크라이나를 상대로 특별군사작전을 전개한 이래 북극 이사회의 미래는 국제 사회의 큰 주목을 받아 왔다. 또한 많은 질문들이 쏟아졌다. 북극 이사회가 러시아의 우크라이나 침략 전쟁에서 살아남을 수 있을까? 북극 이사회는 이 위기를 극복할 수 있을까? 그리고 서방이 러시아와 협력을 지속하는 것이 정치적, 도덕적으로 가능할까? 러시아가 북극 이사회를 탈퇴하기로 결정한다면 어떻게 될까?

이런 많은 질문들에 대한 대답을 정리하면 다음과 같다. "우리는 Arctic 7이 아니다. 우리는 Arctic 8이다." 북극 이사회 회원국 자격은 선거가 아닌 지리적 위치에 따라 결정된다. "러시아가 북극 이사회를 탈퇴하면 우리가 알고 있는 형태의 북극 이사회는 사라질 것이다." "북극의 절반은 러시아의 것이며, 북극 이사회는 냉전 종식의 산물이자 북극권 협력의 핵심이다. 러시아가 빠진다면, 북극 이사회는 완전히 무용지물이 될 것이다."

북극 이사회가 회원국 중 한 곳이 전쟁에 휘말리는 위기를 극복하지 못한다면, 치밀하게 구축된 네트워크가 무너질 수 있으며, 이는 하룻밤 사이에 재건

될 수 없다. 프리드쇼프 난센 연구소(the Fridtjof Nansen Institute)의 연구원 스베인 비겔란 로템(Svein Vigeland Rottem)은 노르웨이 북부 트롬쇠에서 열린 북극 프런티어 회의 패널 토론에서 말했다. "다른 방식으로 재건될 수 있다는 말을 들었지만, 조직이 신뢰를 쌓고 목소리를 내는 데 필요한 힘을 얻는 데 얼마나 오랜 시간이 걸릴지 상상조차 할 수 없다... 북극 이사회의 생존이 위태롭다고 주장하기는 쉽다. 하지만 부분적으로는 여전히 기능하고 있다."라고 말했다.[7]

북극 이사회는 8개 회원국과 원주민 기구 간의 협력이라는 점에서 여전히 특별하다. 북극권 원주민들은 국경을 넘어 국가와 다르게 분포되어 있으며, 북극 이사회에서 독보적인 지위를 차지하고 있다. 그러나 "북극 이사회가 없어지면, 원주민들에게는 큰 손실이 될 것이다."라고 노르웨이의 고위 북극 관료(SAO) 솔베이그 로세뵈(Solveig Rossebø)는 말했다.[8]

북극 지역에서 이미 '바렌츠 위원회(the Barents Council)'와 '발틱해 국가 위원회(the Council of the Baltic Sea States)'라는 두 개의 북방/북극 국제기구가 러시아가 탈퇴함으로서 형태를 바꾸었기 때문에 북극 이사회의 생존은 더욱 중요할 수 있다.

노르웨이 북극대학교(UiT)의 연구원인 말도르자타 스미셰크(Malgorzata Smieszek)는 위기 속에서 더 큰 투명성을 촉구했다. "전쟁 이후 대부분의 북극 이사회 옵저버들은 무슨 일이 일어나고 있는지 알지 못했다. 정기적인 소

---

7) Trine Jonassen, "Arctic Frontiers 2024: "Without Russia, the Arctic Council Will Not Survive" High North News, (Feb 01 2024) https://www.highnorthnews.com/en/without-russia-arctic-council-will-not-survive (검색일, 2025.6.20.)
8) Ibid.

통 채널이 막혔기 때문이다. 그리고 지금도 북극 이사회에서 무슨 일이 일어나고 있는지 알기 어려운 경우가 있다."9)

2023년 5월부터 러시아로부터 북극 이사회 의장국을 물려받은 노르웨이는 A8개국 모두를 북극 이사회에 유지하기 위해 열심히 노력했다. 로세뵈는 북극 이사회 의장국으로서 러시아를 포함한 모든 회원국과 논의했고, 러시아 동료들과도 정기적으로 논의하고 있다고 말했다. 그녀는 러시아가 "항상 그래왔듯이 북극 협력에 매우 건설적이었다… 러시아는 북극 이사회 회원국으로 남기를 원하며, 그렇기 때문에 협력하는 것이다."라고 말했다.

다음은 2025년 5월 북극 이사회 의장국을 노르웨이로부터 물려 받은 덴마크이다.

그러나 마지막 질문, "이 상황이 얼마나 오래 지속될 것으로 생각하나?"에 대한 대답은 누구도 할 수 없었다.

VI. 북극 경쟁 심화: 러시아와 중국의 야망과 미국과 나토의 대응 (2024)

시드니 머킨스(Sydney Murkins)는 북극의 미래와 관련하여, 러시아와 중국의 야망과 미국과 나토의 대응에 대해 말했다. 이것은 아마 미래 북극이 미국/나토와 러시아/중국의 갈등의 장으로 변할 수 있는 시나리오를 반영한다.

그의 "미래의 전장이 녹아내리고 있다: 미국이 더욱 적극적인 북극 전략을

---

9) Ibid.

채택해야 하는 이유"[10])에 따르면, 미국의 국제적 이해관계가 충돌하는 가운데 북극은 충분한 우선순위를 확보하지 못하고 있다. 러시아와 중화인민공화국의 파트너십이 북극에서의 전략적 경쟁을 부추기면서 미래의 전장이 녹아내리고 있으며, 미국의 관심을 요구하고 있다. 따라서 미국은 북극의 안정과 분쟁 방지를 위해 NATO 동맹국들과 협력하여 적극적인 북극 전략을 채택해야 한다. 미국의 2022년 국방전략(NDS, National Defense Strategy)은 미국이 "국제적으로 합의된 규칙과 규범을 준수하는 안정적인 북극 지역을 추구한다."고 명시하고 있다.[11] 안전한 북극을 달성하기 위해 미국 국방부가 수립한 2024년 북극전략(Arctic Strategy)은 "감시 및 대응(monitor-and-respond)" 방식을 따른다. 그러나 이러한 대응 전략은 부적절하다.[12]

러시아의 2022년 우크라이나 침공은 러시아가 현재의 세계 질서를 고수하지 않고 북극을 포함한 모든 곳에서 서방의 국제 규범에 계속해서 도전할 것임을 보여주는 증거이다. 유럽 국가들 사이에서 NATO의 영향력이 커짐에 따라 NATO 또한 북극 지역의 안정을 보장해야 할 필요성이 제기될 수 있다. 러

---

10) Sydney Murkins, "The Future Battlefield is Melting: An Argument for Why the U.S. Must Adopt a More Proactive Arctic Strategy" *The Arctic Institute* (December 3, 2024) https://www.thearcticinstitute.org/future-battlefield-melting-argument-us-must-adopt-more-proactive-arctic-strategy/ (검색일, 2025.6.19.)
11) U.S. Department of Defense (2022) *2022 National Defense Strategy of the United States* (2022). https://media.defense.gov/2022/Oct/27/2003103845/-1/-1/1/2022-NATIONAL-DEFENSE-STRATEGY-NPR-MDR.PDF. (검색일, 2025.6.19.)
12) U.S. Department of Defense (2024) 2024 Arctic Strategy. U.S. Department of Defense (2024) Arctic Strategy. https://media.defense.gov/2024/Jul/22/2003507411/-1/-1/0/DOD-ARCTIC-STRATEGY-2024.PDF. (검색일, 2025.6.19.)

시아의 우크라이나 침공은 유럽을 분열시키고 우크라이나를 고립시키며 영향력을 확대하는 대신, 미국과 북극 NATO 동맹국 간의 더욱 긴밀한 동맹을 구축하는 결과를 가져왔다. 더욱이 핀란드와 스웨덴의 가입으로 NATO는 더욱 확대되었고, 현재 북극 8개국 중 7개국이 NATO 회원국이다. 이 동맹은 미국이 북극 지역에서 단독으로 행동하지 않고도 입지를 강화할 수 있는 기회를 제공한다.

현재 미국의 북극 전략은 러시아와 중국의 전략적 북극 야망에 충분히 대응하지 못하고 있지만, 더욱 효과적인 북극 전략의 토대는 2024년 북극 전략에 이미 존재한다. 미국은 이러한 기반을 바탕으로 북극에 대한 관점을 전환해야 한다. 미국과 NATO 파트너국들이 북극 지역을 관할하는 규칙과 법률을 정하는 것을 두려워하지 않는 적극적인 북극 전략이 필요하다. 이러한 접근 방식에 대한 비판론자들은 북극에서 더욱 공격적인 입장을 취하는 것이 러시아의 반감을 더욱 부추기고 인도-태평양 지역과 중국으로부터 중요한 자원을 다른 곳으로 돌릴 것이라고 주장할 것이다. 하지만 이는 전혀 사실이 아니다. 러시아와 중국은 이미 북극을 영유하고 군사화하기 위한 조치를 취했다. 지금 행동한다면 미국과 NATO 동맹국들은 북극과 그 너머 지역에서 러시아와 중국의 위협에 더 효과적으로 대응할 수 있는 입지를 확보할 수 있을 것이다.

기후 변화는 북극권 국가와 중국과 같은 비북극권 국가들 간의 전략적 경쟁을 가속화했다. 지구 온난화로 해빙이 녹으면서 이 지역에 새로운 군사적, 경제적 기회가 창출되었다. 2022년 8월 네이처(Nature)에 발표된 과학 연구에 따르면, 1979년 이후 북극의 온난화 속도는 전 세계 다른 지역보다 4배나 빨랐다.[13] 북극의 얼음이 빠르게 녹으면서 백금, 구리, 리튬, 코발트, 니켈과 같

---

13) Rantanen, M (2022) The Arctic Has Warmed Nearly Four Times Faster than the

은 필수 희토류 원소의 접근성이 높아졌다. 더욱이, 얼음이 녹으면서 북극 해역을 더 쉽게 통과할 수 있게 되었고, 이로 인해 이 지역에서 군용 및 상업용 선박 활동이 급증했다. 이 두 가지 사건은 북극에서 분쟁의 가능성을 높였다.

이러한 재료, 희토류를 효과적으로 채굴, 가공, 정제할 수 있는 국가는 전략적 우위를 확보하게 될 것이다. 이러한 광물은 재생 에너지 시스템부터 국방용 전자 제품에 이르기까지 다양한 기술 개발에 필수적이다. 세계은행에 따르면, 청정 에너지 기술에 대한 수요 증가에 따라 북극에서 주로 발견되는 광물 생산 수요는 2050년까지 거의 500% 증가할 수 있다.[14] 중국은 이미 핵심 소재의 글로벌 공급망을 장악하고 있다. 미국은 경제 경쟁력과 국방력을 위해 이러한 소재에 의존하고 있다.[15]

빙하가 녹으면서 항해가 더욱 용이한 새로운 항로가 생겨나고 있다. 이로 인해 이 지역의 선박 운항이 증가했다. 예를 들어, 북극 해양 환경 보호 실무 그룹(Arctic Council Working Group on the Protection of the Arctic Marine Environment, PAME)은 지난 10년 동안 북극에서 선박 수와 항해 거리가 37% 증가했다고 보고했다.[16] 이러한 활동의 상당 부분은 상업적이지만, 러시아와 중국 또한 새로운 항로를 활용하여 해군력을 과시하고 있다. 그들은 수많은

Globe since 1979. *Communications Earth & Environment* 3(1): 1-10.
14) World Bank Group (2020) Climate-Smart Mining: Minerals for Climate Action. World Bank. https://www.worldbank.org/en/topic/extractiveindustries/brief/climate-smart-mining-minerals-for-climate-action. (검색일, 2025.6.19.)
15) Watson B (2023) Critical Minerals in the Arctic: Forging the Path Forward. Wilson Center, 10 July, https://www.wilsoncenter.org/article/critical-minerals-arctic-forging-path-forward. (검색일, 2025.6.19.)
16) The Arctic Council (2024) Arctic shipping update: 37% increase in ships in the Arctic over 10 years. The Arctic Council 31 January, https://arctic-council.org/news/increase-in-arctic-shipping/ (검색일, 2025.6.19.)

지역 배치와 순찰을 수행하며 혹독한 북극 기후 속에서도 군사 작전을 수행할 수 있는 능력을 입증했다.[17] 이 지역에서 러시아와 중국 선박의 존재감이 확대됨에 따라 NATO 회원국에 대한 위협이 커지고 있다. 2023년 10월, 핀란드 조사관들은 중국 선박 NewNew Polar Bear가 해저에 닻을 끌어내려 발트해 통신 케이블 3개와 파이프라인 1개를 절단한 것으로 의심했다. 국제사회는 중국의 책임만을 전적으로 인정하지는 않았지만, 중국은 2024년 발트해에서 핀란드와 에스토니아를 연결하는 중요한 가스 파이프라인을 실수로 파괴했다는 사실을 인정했다. 이러한 사례들은 이 지역에서 군사 활동이 증가함에 따라 이러한 사건이 발생할 가능성이 더 높아질 수 있음을 시사한다.[18]

러시아와 중국 간의 협력 관계 강화는 북극 지역이 향후 분쟁 지역이 될 수 있다는 조기 경고 신호를 보내고 있다. 2021년 러시아와 중국은 20년이 된 '중러 선린우호협력조약(Sino-Russian Treaty of Good Neighborliness and Friendly Cooperation)'을 갱신했는데, 이는 "미국에 대항하는 우호 행위"로 묘사되었다.[19] 더욱이 러시아와 중국은 북극과 깊은 역사적, 경제적 유대 관계를 맺고 있다. 핀란드와 스웨덴을 포함한 NATO의 확대는 이 지역의 긴장을 고조시켰고, 러시아와 중국은 모두 NATO의 북극 지역 주둔 확대에 반대 의사

---

17) Uryupova E, "Global interest in the Arctic region: Naval operations impacting scientific-commercial activities" Polar Record, 2023. Volume 59, e8. pp. 2-3.
18) Trevelyan M (2023) Russia Firm Says Baltic Telecoms Cable Was Severed as Chinese Ship Passed Over. Reuters, 7 November, https://www.reuters.com/world/europe/russia-says-telecoms-cable-damaged-last-month-just-before-nearby-baltic-gas-2023-11-07/. (검색일, 2025.6.19.)
19) Legarda H (2021) From Marriage of Convenience to Strategic Partnership: China-Russia Relations and the Fight for Global Influence. Merics, 24 August, https://merics.org/en/comment/marriage-convenience-strategic-partnership-china-russia-relations-and-fight-global. (검색일, 2025.6.19.)

를 표명했다.[20] 그러나 NATO의 조치에 적대감을 느끼고 있음에도 불구하고, 러시아와 중국은 단기적으로 북극 지역의 현재 국제 규칙 기반 질서를 재편할 경제적, 군사적 역량을 갖추지 못할 수도 있다.

중국의 북극 (진출) 역사는 러시아가 수 세기 동안 북극에서 주도권을 쥐었던 역사를 반영하지는 않지만, 지난 세기 동안 북극 패권을 향한 중국의 열망은 빠르게 변화해 왔다. 중국의 북극 진출은 1925년 스발바르 조약 체결과 함께 시작되었으며, 이는 중국이 북극에서 과학 탐사, 자원 채굴, 어업과 같은 비군사적 활동을 수행할 수 있는 법적 근거를 제공했다.[21] 그러나 중국이 이 지역에서 활동하는 이유는 과학 탐사에만 국한되지 않는다.

2018년 중국은 첫 '북극 백서(Arctic White Paper)'를 발표하며 중국을 "근북극 국가(Near-Arctic State)"라고 주장했다.[22] 중국은 북극에서의 전략 목표를 설명하기 위해 이중적인 서사를 사용한다. 대외적으로는 국제 이익 수호와 지속 가능한 북극 개발 촉진을 통해 외국에 호소한다. 그러나 이는 자원 경쟁과 중국의 "극지 강대국" 진입을 강조하는 국내 여론과 상충된다.[23] 스발바르 조약(Svalbard Treaty)은 현재 중국이 북극에서의 군사 활동과 영향력을 과학

---

20) Rehman M (2022) Changing Contours of Arctic Politics and the Prospects for Cooperation between Russia and China. The Arctic Institute, 23 August, https://www.thearcticinstitute.org/changing-contours-arctic-politics-prospects-cooperation-russia-china/. (검색일, 2025.6.19.)
21) Kopra S (2020) China and Its Arctic Trajectories: The Arctic Institute's China Series 2020. The Arctic Institute, 17 March, https://www.thearcticinstitute.org/china-arctic-trajectories-the-arctic-institute-china-series-2020/. (검색일, 2025.6.19.)
22) People's Republic of China (PRC) (2018) People's Republic of China (PRC), China's Arctic Policy. 26 Jan, https://english.www.gov.cn/archive/white_paper/2018/01/26/content_281476026660336.htm. (검색일, 2025.6.19.)
23) Kopra S (2020). op. cit.

탐사 및 국제 협력으로 위장할 수 있도록 했다. 그러나 러시아와의 파트너십 강화와 북극에서의 점점 더 공격적인 군사 행동을 통해 국제 체제를 재편하려는 중국의 의도가 인도-태평양 지역을 훨씬 넘어 확장되고 있음이 분명해지고 있다.

러시아와 중국의 역사적인 유대 관계와 북극에 대한 그들의 야망은 북극이 미래의 전략적 경쟁 무대가 될 가능성이 높음을 보여준다. 러시아의 2022년 우크라이나 침공은 이전에 중립을 유지했던 핀란드와 스웨덴이 NATO에 가입함에 따라 북극에서 서방의 입지를 일시적으로 강화했다. 핀란드의 NATO 가입은 NATO와 러시아의 국경을 650% 이상 확장하고 방위 동맹을 상트페테르부르크에서 불과 250마일(약 400km) 떨어진 곳으로 이동시켰을 뿐만 아니라, 거의 절반이 NATO에 속하고 나머지 절반은 러시아 영토인 북극 지역이 분열되는 데 기여했다.

NATO 지도자들은 러시아와의 분쟁에 대비할 수 있는 시간이 한정되어 있음을 인식하고 있다. 2024년 노르웨이 군 사령관은 NATO 회원국들이 러시아의 공격에 대비할 수 있는 시간이 2~3년밖에 남지 않았다고 경고했다. 노르웨이의 에이릭 크리스토퍼센(Eirik Kristoffersen) 장군은 러시아가 예상보다 빠르게 군비 증강을 진행하고 있는 반면, 서방 국가들은 우크라이나에 무기를 공급하면서 자체 무기를 고갈시켰다고 주장했다.[24] 다른 몇몇 유럽 지도자들도 이러한 우려에 공감하며, 러시아의 NATO 공격에 대비할 시간이 3년에서

---

24) Reyes R (2024) Norway Military Chief Warns Europe Has "two, maybe 3 years" to Prepare for War with Russia. NyPost, 23 January, https://nypost.com/2024/01/23/news/norway-military-chief-warns-europe-has-two-maybe-3-years-to-prepare-for-war-with-russia/. (검색일, 2025.6.19.)

8년 정도밖에 남지 않았다고 지적했다.[25] 러시아의 공격적인 수사에도 불구하고, 러시아는 우크라이나와의 전쟁으로 인해 가까운 미래에 NATO를 공격할 능력을 갖추지 못할 가능성이 높다는 것을 알고 있다. 예를 들어, 러시아는 2024년 6월 핀란드 국경에서 지상군을 거의 모두 철수해 우크라이나로 보냈다.[26] 러시아가 성공적인 공격을 개시할 수 있는 기간은 경제 상황뿐만 아니라 중국과의 파트너십에도 달려 있다.

미국이 발간한 2024 북극 전략(Arctic Strategy)은 북극에서의 긴장 고조 가능성을 줄이기 위한 투명한 접근 방식을 제시한다. 더욱이, 현재 전략은 러시아와 중국의 북극에 대한 야망을 인정하고 있으며, 러시아와 중국 간의 협력 확대가 "북극의 안정과 위협 양상을 변화시킬 잠재력"을 가지고 있음을 강조한다.[27] 이 전략은 미국이 나토 연합군의 북극 역량을 강화하고, 동맹국 및 파트너국과 협력하며, 국방군 전반에 걸쳐 협력할 수 있는 역량을 입증할 수 있는 구체적이고 현실적인 방안을 제시한다. 이 전략은 미국의 북극 개입 확대를 시사하지만, 여전히 대응적인 측면이 있다. 2024 북극 전략은 이미 미국이 이 지역에 에너지와 자원을 투입할 수 있는 구체적인 방안을 제시하고 있다. 의도적인 메시지 전환이 북극에서의 미국의 영향력을 변화시키지는 않겠지만, 이 지역에 대한 미국의 사고방식을 바꿀 것이다. 북극을 우선순위로 삼음으로써 미국은 러시아나 중국의 공격 시 동맹국을 지원하겠다는 의지를 보여준다.

---

25) Monaghan S et al. (2024) Is NATO Ready for War? 11 June, https://www.csis.org/analysis/nato-ready-war. (검색일: 2025.6.19.)

26) Fornusek M (2024) Russia Has Moved Almost All Ground Forces From Finland's Vicinity to Ukraine, Media Report. The Kyiv Independent, 19 June, https://kyivindependent.com/russia-has-moved-almost-all-forces-from-finlands-vicinity-to-ukraine-media-report/. (검색일: 2025.6.19.)

27) U.S. Department of Defense (2024) 2024 *Arctic Strategy*. op. cit.

Ⅶ. 결론 : "지금의 상황이 언제 끝날지, 북극이 어떻게 될지 누구도 알지 못한다."

북극 지역은 기후 변화, 지구온난화로 인해 얼음이 녹고 기후가 변화하는 급격하고 극적인 변화를 겪고 있다. 각국 정부가 의지를 갖고 온실가스 배출량을 크게 감축하지 않으면 북극해는 2040년 여름, 그리고 10년 또는 20년 안에 얼음이 거의 없는 북극해를 경험하게 될 수 있다. 이러한 온난화 추세는 습도 증가로 이어져 세기말에는 강수량이 증가하는 북극해를 만들 것이며, 그 외에도 다양한 생태적, 경제적 변화를 초래할 것이다.

게다가 우크라이나 전쟁으로 인한 북극 거버넌스에서의 러시아 배제는 절반의 북극만 협력하는 상황으로 만들었다. 이는 기후 변화 대응 과학 협력은 말할 것도 없고, 그동안 북극 이사회가 공들여 이루어 놓은 해양 환경보호와 오염방지 및 어업협정 등의 관리를 어렵게 하고 있다.

미국을 중심으로 하는 나토 회원국이 된 A7과 A1(러시아)의 갈등과 대결은 우크라이나 전쟁의 종전과 이후의 협력 대화에 달려 있다.

미국과 중국의 경제적 정치적 군사적 패권 경쟁은 북극에서의 새로운 지정학적 위기 요인으로 등장했고, 우크라이나에 이어 그린란드가 미-중 광물 전쟁, 희토류 전쟁의 최전선이 되었다. 해빙이 녹으면서 러시아 북방항로(NSR)와 같은 새로운 해상 교통로가 생겨나고 있으며, 이는 러시아와 중국에 협력에 대항한 미국의 적극적 공세를 부추긴다. 이것은 북극 국가들 간의 잠재적 갈등에 대한 우려를 불러일으킨다.

요약하면, 미래의 북극은 현재보다 더 따뜻하고, 습하며, 얼음이 녹음에 따라 접근성이 높아질 것이다. 또한 현재의 상황에서는 안정/협력보다 경쟁/갈등이 불가피하게 보인다.

앞에서 언급한 많은 변화들이 전 세계적인 기후 변화 대응과 북극 국가들의 지정학적 선택을 포함한 다양한 요인에 따라 달라질 것이다.

러시아·우크라이나 전쟁 이후 북극질서 전망:
러시아와 미국 간 게임이론 관점에서

박찬현*

I. 서론

 2025년 2월 24일을 기점으로 3주년에 접어든 러시아·우크라이나 전쟁은 국제경제질서의 중대한 변화를 초래했을 뿐만 아니라 전 세계적인 지정학적 구조에도 근본적인 변화를 가져왔다. 전쟁의 장기화와 경제제재는 세계경제의 블록화를 촉진해 '탈세계화'라는 단절의 흐름을 가속화시켰고, 국제질서는 지정학적 대립과 불확실성의 심화 속에서 빠르게 재편되고 있다. 이 전쟁은 좁게는 유럽의 안보질서를 둘러싼 러시아와 NATO 간의 충돌이자, 넓게는 권위주의 국가들과 자유민주주의를 기반으로 하는 서방 간의 국제질서 주도권 대결로 해석될 수 있다. 그 결과, 오늘날 국제질서는 진영대결의 형태로 분절되었고 세력 간 충돌로 인한 불안정성이 확산되면서 갈등과 분열이 심화되고 있다.
 북극 역시 예외가 아니다. 전쟁 발발 직후인 3월, 러시아를 제외한 북극이사회(AC: Arctic Council)의 7개 회원국은 공동성명을 통해 '러시아 보이콧'을

※ 이 글은 『한국 시베리아연구』 2025년 제29권 2호에 실린 논문을 수정 및 보완한 글임.
* 한양대학교 아태지역연구센터 HK연구조교수

선언했고 이에 대해 러시아는 강력히 반발하였다.[1] 이런 상황에서 오랜 기간 중립노선을 유지해 온 핀란드와 스웨덴이 NATO에 가입함에 따라 북극권에서의 갈등은 한층 고조되었다. 핀란드와 스웨덴의 NATO 가입은 북극지역에서 러시아와 NATO 간 대립 구도를 형성해 지역 안보구조의 상당한 변화를 가져왔으며 군사적 긴장을 더욱 고조시키는 요인으로 작용하였다. 한편, 기후변화로 인한 북극의 해빙으로 북극항로와 자원개발 등 북극의 경제적 가치가 재평가되면서 새로운 기회의 장을 둘러싼 각국의 주도권 경쟁도 치열히 진행되고 있다. 북극해 연안의 상당 부분을 차지하고 있는 러시아는 북극개발을 국가의 지정학적 과제로 삼고 군사적·경제적 영향력 확대를 통해 주도권 확보에 힘쓰고 있다. 미국 또한 북극에서 러시아와 중국을 견제하고, 역내 전략적 입지를 강화하기 위해 적극적인 영향력 확대를 꾀하고 있다. 이처럼 강대국들이 북극을 전략경쟁의 핵심지역으로 설정함에 따라 북극은 변화하는 지정학적 질서 속에서 새로운 갈등의 공간으로 부상하고 있다.

이런 상황에서 최근 국제질서에 또 다른 급격한 지각변동의 조짐이 나타나고 있다. 도널드 트럼프(Donald Trump) 대통령은 재집권과 함께 한층 강화된 '미국 우선주의' 기조를 내세우며 기존의 국제경제 및 안보질서를 뒤흔들고 있다. 특히 트럼프 행정부가 러·우 전쟁의 종식을 최우선 외교 과제로 삼고 추진함에 따라 전쟁은 중대한 변곡점을 맞이하고 있는 반면 전후 질서를 뒷받침해온 서방의 집단안보체제는 심각한 흔들림을 겪고 있다. 러시아와 미국이 종전 협상에 착수하며 연일 밀착된 외교 행보를 보이는 가운데 우크라이나는 물론 유럽 전반의 안보 우려도 증대되고 있다. 한편, 트럼프 대통령은 미국의 지

---

1) "Russian officials call Arctic Council boycott 'regrettable'," Reuters, Mar. 5, 2022. https://www.reuters.com/world/europe/russian-officials-call-arctic-council-boycott-regrettable-2022-03-04/ (검색일: 2025.03.05).

정학적·지경학적 이익을 극대화하기 위한 전략의 일환으로 북극권 내 영향력 확대를 목표로 그린란드 매입 의사를 재차 표명해 덴마크를 비롯한 역내 동맹국들의 반발과 우려를 사고 있다.[2] 미국의 이런 행보는 전략적 우선순위에 따라 자국의 이익을 극대화하기 위한 선택과 집중으로 해석된다.

이런 배경과 러·우 전쟁의 종전 가능성이 높아진 상황을 고려할 때, 만일 가까운 시일 내 휴전 또는 종전이 현실화된다면 국제질서의 변화 속에서 북극의 지정학적 중요성은 더욱 부각될 것으로 보인다. 이에 러시아와 미국을 비롯한 주요 강대국들은 북극에서의 영향력 확보를 위한 전략경쟁을 한층 강화할 가능성이 크다. 즉, 향후 국제질서의 재편 과정 속에서 북극은 그 자체로의 가치와 함께 신(新)질서의 핵심적인 축으로 자리매김할 수 있다. 이러한 인식을 바탕으로, 본 연구는 러·우 전쟁의 종전 이후 북극권에서 어떤 국제질서가 형성될 것인가에 대한 질문에서 출발하며 이를 통해 변화하는 정세 속에서 향후 북극질서의 전망을 분석하는 것을 주요 목적으로 삼는다.

북극권의 질서 변화는 북극 연구의 중요한 의제 중 하나로 그동안 이와 관련 다양한 연구들이 활발히 이루어져 왔다. 특히 최근에는 러·우 전쟁의 발발 이후, 국제관계 및 군사안보적 관점에서 북극질서의 변화를 분석하거나 전망하는 연구들이 주를 이루고 있다.[3] 본 연구는 이러한 기존 연구의 연장선상에

---

[2] "Why is Trump so obsessed with Greenland?," Foreign Policy, Jan. 9, 2025. https://foreignpolicy.com/2025/01/09/trump-greenland-denmark-united-states-security/ (검색일: 2025.03.05).

[3] 러시아·우크라이나 전쟁 이후 북극질서와 안보 상황의 변화를 다루고 있는 대표적인 국내 연구로는 이송·김정훈, "러시아·우크라이나 사태 전후의 북극권 상황 분석과 한국 역할 모색," 『중소연구』 제46권 3호 (한양대학교 아태지역연구센터, 2022), pp. 223-267; 한종만, "핀란드와 스웨덴의 나토 가입과 안보 레짐의 재편," 『한국해양안보논총』 제6권 1호 (한국해양안보포럼, 2023), pp. 119-163. 등이 있으며 살펴볼 만한 해외 연구로는 Andrey Goltsov, "The Contemporary Geopolitical Order in the Arctic

서 러·우 전쟁의 종전 이후 북극권의 질서 변화를 전망해 본다는 점에서 의의를 지닌다. 나아가 본 연구는 북극질서 변화의 분석을 위해 게임이론, 그중에서도 비협력게임의 대표적 모델인 죄수의 딜레마 게임을 분석 도구로 활용함으로써 기존 연구와의 차별성을 확보하고자 한다. 특히 러·우 전쟁의 종전 이후 북극권이 강대국 간 전략경쟁의 주요 무대로 부상할 가능성이 커짐에 따라 연구는 핵심 당사국인 러시아와 미국을 중심으로 북극질서의 변화를 분석한다. 이를 위해 우선 Ⅱ장에서는 연구의 분석 틀로 활용될 게임이론과 이론의 적용 가능성에 대해 검토한다. 다음으로 Ⅲ장에서는 러·우 전쟁이 북극질서에 미친 영향과 종전 이후 국제질서의 변화 가능성을 살펴본다. 이어 Ⅳ장에서는 러시아와 미국의 북극전략 위에서 게임이론의 틀을 바탕으로 양국의 전략적 선택이 향후 북극의 질서에 어떤 영향을 미칠지를 전망한 후 마지막 결론에서 연구 내용을 정리하고 향후 연구의 방향을 제시한다.

Ⅱ. 분석의 틀과 게임이론의 적용

게임이론(game theory)은 상호작용하는 합리적인 의사결정자들이 각자의 이익을 극대화하기 위해 선택하는 전략을 분석하는 이론적 틀이다. 이 이론의 핵심은 각 참가자가 자신에게 최대의 이익을 가져다주는 전략을 선택하는 과

Region," *Cogito: Multidisciplinary Research Journal* Vol. 16, No. 1(2024), pp. 61-80; R.G. Bertelsen, "Divided Arctic in a Divided World Order," *Strategic Analysis* (2025), Gry Thomasen, "After Ukraine: How Can We Ensure Stability in the Arctic," *International Journal* Vol. 78, Issue. 4 (2023), pp. 643-651. 등이 있다.

정을 체계적으로 연구하는 데 있다.[4] 여기서 '합리적 행위자'란 주어진 정보를 바탕으로 가능한 모든 선택지를 고려하고, 각 선택이 가져올 결과의 효용과 비용을 분석한 뒤 효용을 극대화하는 전략을 선택하는 주체를 의미한다. 이러한 행위자는 일관되고 논리적인 방식으로 목표 달성을 추구하며 다른 행위자들도 자신과 마찬가지로 합리적으로 행동할 것이라는 전제를 공유한다. 따라서 게임이론은 개별 행위자의 선택 분석에 그치지 않고, 여러 합리적 행위자들 간의 전략적 상호작용에 분석의 초점을 맞춘다.

이와 같은 특성으로 게임이론은 국가들의 전략적 관계를 분석하는 국제관계 연구에서도 널리 활용되고 있다. 국제관계에서 게임이론은 국가들을 상호의존적이며 목표를 추구하는 행위자로 인식하고 이들 간 전략적 선택과 상호작용을 분석하는 도구로 사용된다.[5] 게임이론은 국제관계 연구에서 국가 간 안보 및 경제관계 등 다양한 분야를 다루고 있지만 특히 안보와 방위 부문에서 국가 간 갈등과 협력의 역학관계, 국가안보와 전쟁 등의 상황을 분석하는 데 유용한 도구로 활용되어 왔다.[6] 이러한 점에서 게임이론은 국가 간의 상호작용을 이해하고 국제정세나 사건을 예측하는 데 효과적인 분석 틀을 제공한다고 할 수 있다.

---

4) Roger A. McCain, 이규억 옮김, 『게임이론: 쉽게 이해할 수 있는 전략분석』(서울: 시그마프레스, 2017), p.3.
5) D. Snidal, "The Game Theory of International Politics," *World Politics Vol. 38*, No. 1 (1985), pp. 25.
6) S.J. Majeski, S. Fricks, "Conflict and Cooperation in International Relations," The Journal of Conflict Resolution Vol. 39, No. 4 (1995), pp. 623; G.H. Snyder, "Prisoner's Dilemma and Chicken Models in International Politics," *International Studies Quarterly Vol. 15*, No. 1 (1971), pp. 66-103; H. Correa, "Game Theory as an Instrument for the Analysis of International Relations," *The Ritsumeikan journal of international studies*, Vol. 14 No. 2 (2001), pp. 187-208. 등 참고.

게임이론은 크게 협조적 게임이론과 비협조적 게임이론으로 구분되며 그 기준은 행위자들 간의 계약이 구속력(binding agreement)을 가지는지 여부에 따라 나뉜다. 협조적 게임이론은 주체들 간에 구속력 있는 합의를 통해 상호 협력이 이루어질 수 있는 상황을 다루는 반면, 비협조적 게임이론은 경쟁 상황에서 각 주체가 독립적으로 자신의 이익을 극대화하려는 상황을 분석한다. 특히 비협조적 게임에서는 계약의 구속력이 없기 때문에 참가자들은 자신의 이익에 따라 유리한 선택을 할 수밖에 없으며 설령 계약을 위반하더라도 이를 제재할 수 있는 수단이 존재하지 않는다. 이러한 특성을 가장 잘 보여주는 대표적 사례가 바로 '죄수의 딜레마(Prisoner's Dilemma)' 게임이다.

1. 죄수의 딜레마 게임

죄수의 딜레마 게임은 두 명의 죄수가 범죄에 대한 심문을 받는 상황을 가정한 게임으로, 협조가 서로에게 가장 이익이 되지만 상호 불신과 상대적 이득으로 인해서 결과적으로 서로에게 불리한 상황을 선택하게 되는 딜레마, 즉 서로에게 더 좋은 결과가 있음에도 불구하고 서로에게 더 나쁜 결과를 맞게 되는 상황이다.[7] 게임에서 각 주체는 협조와 비협조라는 두 가지 선택지를 가진다. 여기서 서로 협조할 때 얻는 이득을 R(reward), 자신만 배반하여 이득을 얻는 유혹을 T(temptation), 속아서 얻게 되는 낮은 이득을 S(sucker's payoff), 서로 비협조함으로써 받는 일종의 벌칙을 P(punishment)로 나타낸다.[8] 이 게임에서 행위자들은 상대의 전략적 선택과 관계없이 항상 자신에게 더 유리한 선택을 한다. 즉, 상대가 협조할 때 자신도 협조하면 R을 얻게 되지

---

7) 조인성, "죄수의 딜레마의 개념과 적용," 『전문경영인연구』 제20권 1호(한국전문경영인학회, 2017), pp. 130.
8) Ibid., pp. 131.

만, 협조하지 않으면 더 큰 이득인 T를 얻게 되기 때문에, 상대가 협조할 때 자신은 비협조하는 것이 합리적인 선택이다. 결국 죄수의 딜레마 게임은 행위자들이 상대의 선택과 관계없이 항상 비협조를 선택하는 것이 유리한 구조이며, 이때 서로 비협조의 태도를 보이는 (D)를 우월전략균형이자 유일한 내쉬균형(Nash Equilibrium)으로 가진다.[9]

[표1] 죄수의 딜레마 게임 표준모델

	협조	비협조
협조	(A) R,R	(B) S,T
비협조	(C) T,S	(D) P,P

(조건 1): $T > R > P > S$, (조건 2): $R > \dfrac{S+T}{2}$

2. 게임이론의 적용

본 연구는 북극에서 러시아와 미국의 각기 다른 이익을 바탕으로 하는 전략적 상호작용이 죄수의 딜레마와 유사한 구조로 나타날 수 있다는 점에 주목해, 북극에서의 양국 간 전략적 선택에 따른 향후 질서를 전망하는 것을 그 목표로 한다. 이러한 분석에 앞서, 본 연구는 북극의 질서 변화 양상을 러시아와 미국 간 관계를 중심으로 게임이론, 특히 죄수의 딜레마 모델을 통해 설명할

---

[9] 내쉬균형이란 게임이론에서 사용되는 균형의 개념으로 게임 참여자 모두 상대방의 전략에 대한 최선대응 전략을 선택하고 있어, 해당 균형에서 이탈하여 다른 전략을 택할 유인이 없는 상태를 의미한다. 여기서 최선대응 전략이란 상대 참여자의 전략에 대해서 자신에게 가장 유리한 결과를 발생시키는 전략 선택을 말한다.

수 있는지를 간략히 검토하고자 한다.

지금까지 북극 문제에 대해 다양한 게임이론적 접근이 시도되어 왔는데 대표적으로 쑨원총과 화완(Y. Sun & H. Wan)은 북극에서의 전략적 군사 경쟁을 안보딜레마와 죄수의 딜레마 구조를 통해 분석한 바 있다.[10] 그러나 해당 연구는 군비경쟁이라는 특정 국면에 한정되어 있고, 이론적 모델을 구조적으로 적용하는 데 초점을 두고 있어 국가 간 전략적인 상호작용을 설명하는 데는 한계가 있다. 따라서 북극질서의 변화 양상을 보다 구체적으로 분석하기 위해서는 다음과 같은 추가적 검토가 요구된다.

오늘날 북극질서는 북극권 국가뿐 아니라 비(非)북극권 국가를 포함한 다양한 행위자들의 복잡한 이해관계와 상호작용 속에서 형성되고 있다. 그럼에도 본 연구는 북극의 질서 변화를 분석함에 있어 러시아와 미국, 두 국가의 이해관계와 전략 선택에 따른 상호작용에 집중하고자 한다. 이는 두 국가가 북극의 정치와 경제, 안보 구조에서 가장 큰 영향력을 행사하는 핵심 행위자이며, 북극의 질서를 규정짓는 데 있어 이들 간의 전략적 상호작용이 가장 직접적이고 구조적인 영향을 미친다는 점 때문이다. 러시아와 미국은 국제질서 속 강대국이자 각 진영의 가치와 체제를 대표하는 지정학적 핵심 이해당사국으로 북극의 질서 형성과 변화에 주도적인 역할을 하는 중심축이라 할 수 있다. 즉, 이들의 전략 선택은 북극의 안보질서, 협력 및 경쟁 구도에 연쇄적 반응을 일으키고 여타 국가들의 상호작용에도 구조적 영향을 미치며, 이에 따라 북극 내 다양한 행위자들의 전략적 선택 또한 변화하게 된다는 것이다. 같은 맥락에서 베르텔슨(R. G Bertelsen)은 러·우 전쟁 이후 북극의 질서가 점차 양

---

10) Y. Sun, H. Wan, "Analysis on Potential Strategic Warfare in the Arctic from the View of Game Theory," *Advances in Economics, Business and Management Research Vol. 20* (2016), pp. 556-558.

극화되어 미국 주도의 NATO 북극과 러시아 중심의 BRICS+ 북극으로 분리되고 있다고 설명한다.[11] 또한 토믹(M. Tomic)과 라이코프(Y.A. Raikov)의 연구 역시 북극에서 중국의 영향력 확대에 주목하면서도, 강대국이자 북극의 핵심 당사국인 러시아와 미국을 중심으로 북극의 강대국 경쟁 상황을 분석하고 있다.[12] 이런 점에서 북극의 복잡한 다자구조를 단순화해 분석적 편의를 도모하고, 북극질서의 주요 결정자인 러시아와 미국의 이해관계 및 전략 선택을 분석함으로써 향후 질서 변화에 대한 유의미한 전망을 제시할 수 있을 것으로 보았다.

한편, 북극질서는 경제와 군사안보 등 여러 이해관계가 복합적으로 얽혀있으며 이로 인한 협력과 갈등이 공존하는 이중적 구조를 띠고 있다. 이런 특성으로 인해 북극의 질서는 완전한 제로섬 게임이 아닌 제한된 협력의 가능성을 내포한 준 제로섬 게임의 구조를 지닌 것으로 볼 수 있다. 예를 들어 경제, 과학기술, 기후변화 등의 분야에서는 일정한 수준의 협력이 가능하지만 군사안보적 사안에서는 협력보다는 경쟁적 유인이 강하게 작용한다. 이와 같은 구조는 북극의 행위자들에게 전략 선택의 복잡성을 증대시키며 협력과 갈등 속에서 구조적 딜레마를 초래한다. 특히 본 연구의 핵심 주체인 러시아와 미국은 지속적인 상호 소통에도 불구하고, 충분한 정보를 바탕으로 상대방의 의도를 사전에 파악해 서로 전략을 조율하거나 협력을 강제할 수 있는 메커니즘이 부재한 상황이다. 이러한 조건에서 양국은 자국의 이익을 극대화하기 위한 전략

---

11) R.G. Bertelsen(2025), op. cit.
12) M. Tomic, "Strategic Control of the Arctic and Possible Armed Conflict," *The Policy of National Security* Vol. 24, No. 1 (2023), pp. 133-152; Y.A. Raikov, "Russia and the United States in the Arctic: from Competition to Confrontation," *Herald of the Russian Academy of Sciences* Vol. 92, Issue. 2 (2022), pp. 148-154.

을 선택할 수밖에 없는 구조적 제약 하에 놓이게 된다. 이는 죄수의 딜레마 모델을 북극의 국제관계적 맥락에 적용할 수 있는 이론적 기반을 제공한다.

결과적으로, 북극은 다양한 행위자들의 존재에도 불구하고 가치와 체제를 대표하는 대립 구도 및 구조적 요인에 따른 협력과 경쟁이 공존하는 전략적 딜레마의 공간이라 할 수 있다. 이런 맥락에서 러시아와 미국 간 양자 관계를 중심으로 한 게임이론의 적용은 북극질서의 복잡한 변화를 전면적으로 설명하는 데 일정한 한계를 가지나, 핵심적 상호작용 양상을 이론적으로 압축해 이해할 수 있는 유용한 분석의 틀을 제공한다고 할 수 있다.

Ⅲ. 러·우 전쟁과 북극질서의 변화

1. 러·우 전쟁의 북극질서에의 영향

러시아·우크라이나 전쟁 이전까지 북극은 갈등과 협력이 공존하는 공간이었다. 냉전시기, 북극권은 지정학적 및 군사안보적 중요성을 바탕으로 미국과 소련 간의 전략적 이해관계가 첨예하게 대립하며 안보적 긴장과 군사적 경쟁이 지속되는 중심지였다. 그러나 이후 탈냉전 흐름 속에서 고르바초프의 '무르만스크 선언(Murmansk Initiative)'을 계기로 북극을 경쟁과 긴장의 공간을 넘어선 새로운 협력의 공간으로 인식하려는 노력이 시작됐다.

이런 정세 변화 속에서 안보, 기후, 환경 등 북극권의 다양한 분야에서 협력의 필요성이 높아지면서 북극권 8개국은 1996년 '북극이사회 설립 선언문(Declaration on The Establishment of The Arctic Council, Ottawa

Declaration)'을 발표하며 '북극이사회(Arctic Council)'를 창설하였다. 13) 북극이사회는 북극의 지속가능한 개발과 환경보호, 거주민과 원주민의 삶 등 다양한 의제를 다루며 북극권의 공통 과제에 대한 회원국 간 협력과 조정, 상호작용을 촉진하는 역할을 수행해 왔다. 여기서 주목할 점은 북극이사회에서는 군사안보 관련 논의가 제외되는 '북극 예외주의(Arctic Exceptionalism)' 원칙이 적용된다는 것이다. 14) 이와 같은 예외주의는 북극 내 긴장 완화와 협력의 제도화에 중요한 기반으로 작용해 왔다.

그러나 북극이사회를 중심으로 하는 협력체계가 발전해 왔음에도 북극은 여전히 지정학적 중요성에서 비롯된 경쟁 구도를 지속해 왔다. 북극의 전략적 가치에 주목한 러시아는 북극권에서 가장 적극적으로 영향력 확대에 나서며 북극전략을 구체화하고, 북극을 자국의 최우선 중요 지역 중 하나로 설정했다. 중국은 북극이사회의 옵서버 자격 취득과 함께 '북극정책 백서'를 발표해 자국을 '근(近)북극국가(near-Arctic state)'로 규정하였고, 러시아와의 협력을 기반으로 북극 문제에서 중요 행위자가 되고자 하는 분명한 전략적 의도를 드러내고 있다. 이에 대응해 미국은 러시아와 중국 간의 협력 확대를 자국 안보에 대한 위협으로 인식하고, 기존의 소극적 태도에서 벗어나 동맹 및 파트너 국가와의 공조 강화를 통해서 북극에서의 전략적 입지 확보에 나서고 있다.

---

13) 북극권 8개국(러시아, 캐나다, 미국, 노르웨이, 덴마크, 스웨덴, 핀란드, 아이슬란드)은 북극의 환경보호를 목표로 1991년 '북극환경보호전략(AEPS: Arctic Environment Protection Strategy)을 설립하였다. 북극이사회는 북극 문제에 대한 협력 증진을 위해 AEPS를 승계, 발전시킨 기구이다.

14) 오타와선언에는 '북극이사회는 군사안보와 관련된 문제를 다루어서는 안된다(The Arctic Council should not deal with matters related to military security).'라는 점을 명시적으로 밝히고 있다. (Arctic Council, "Declaration on The Establishment of The Arctic Council," Sep. 19, 1996 참고)

이처럼 북극질서는 강대국 간 협력과 영향력 경쟁이 공존하는 가운데 복잡한 국제질서가 반영되고 있는 양상을 보여주었다.

이러한 북극 정세 속에서 발발한 러·우 전쟁은 북극권의 긴장과 대립 구도를 더욱 심화시키며 질서 변화를 가져왔다. 전쟁 발발 직후, 북극이사회 7개국은 러시아의 우크라이나 침공을 규탄하며 러시아 보이콧을 발표했고, 이에 대해 러시아는 즉각 반발했다. 같은 해 6월, 북극이사회는 러시아가 참여하지 않는 프로젝트에 한해 제한적으로 활동을 재개하겠다고 발표했으나 러시아는 이에 강력히 반발하며 '바렌츠 유럽·북극이사회(BEAC: Barents Euro-Arctic Council)'의 탈퇴를 선언했다.[15] 이후 러시아는 북극이사회 탈퇴 가능성을 거론하며 연간 분담금의 지급도 중단했다.[16] 비록 현재까지 러시아의 공식적인 탈퇴 선언은 없었지만 사실상 북극 내 국가 간 협력은 단절된 상태이다.

더욱이 핀란드와 스웨덴이 오랜 중립 정책을 포기하고 NATO에 가입함에 따라 북극권의 안보 지형에 중대한 변화가 일어났으며 군사적 긴장도 크게 높아졌다. 그동안 중립노선을 고수하며 NATO와의 협력관계만을 유지해 왔던 두 나라는 러·우 전쟁을 계기로 안보 불안이 증폭되면서 NATO라는 집단안보 체제의 일원이 되는 결정을 내렸다. 이로 인해 북극권 내 러시아와 NATO 간 대립 구도가 명확히 형성되었으며 역내 세력균형에도 변동이 일어났다. 특히 러시아를 제외한 모든 북극 국가가 NATO 회원국이 되면서 NATO는 유럽 북부로 지리적 경계를 확장하게 되었고, 이를 통해 러시아에 대한 억제력과 감시

---

15) "Russia withdraws from the Barents Cooperation," HIGH NORTH NEWS, Sep. 19, 2023. https://www.highnorthnews.com/en/russia-withdraws-barents-cooperation (검색일: 2025.03.10).

16) "Russia suspends annual payment to Arctic Council, RIA agency reports," Reuters, Feb. 14, 2024. https://www.reuters.com/world/russia-suspends-annual-payments-arctic-council-ria-agency-reports-2024-02-14/ (검색일: 2025.03.10).

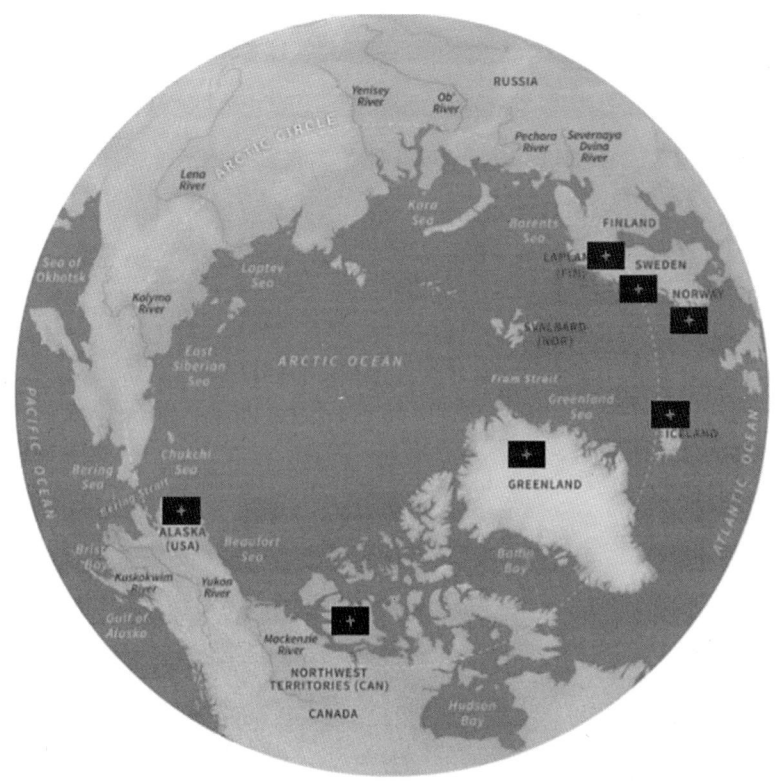

그림1. 북극에서의 러시아와 NATO 동맹

출처: https://www.thearcticinstitute.org/evolution-arctic-collective-defense

능력을 한층 강화하며 북극에서의 전략적 입지를 강화할 수 있게 되었다.[17]

핀란드와 스웨덴의 NATO 가입 추진에 대해 러시아는 발트해 지역의 군사적 균형 유지를 명분으로 군사력의 강화를 선언하고, 핵무기 배치 가능성까지 언급하며 민감하게 반응했다.[18] 그럼에도 결국 북유럽 두 나라의 NATO 가입

---

17) Karen van Loon, Dick Zandee, "Shifts in Arctic security: Ripples of Russia's war against Ukraine," Clingendael Policy Brief (2024), pp.3.
18) "Medvedev issues warning over plans by Sweden and Finland to join NATO,"

이 현실화되자, 러시아는 북극 지역의 군사력을 대폭 증강하고 대규모 군사훈련을 실시하는 방식으로 대응했다. 전통적으로 러시아는 북극에서 상당한 군사적 존재감을 유지해왔는데, 한 분석에 따르면 러시아가 북극에서 운영 중인 군사기지의 수는 미국과 NATO의 기지를 합친 것보다 많고 서방의 군사적 입지는 러시아에 비해 약 10년 정도 뒤처져 있다고 평가된다.[19] 이러한 환경에서 최근 러시아는 북극 전역에 걸쳐 주요 군사시설, 비행장, 레이더 등 군사 인프라를 대대적으로 현대화하고 확장하는 한편 새로운 군사기지 건설도 병행하고 있다. 아울러 북방함대를 중심으로 다양한 형태의 군사훈련을 지속적으로 실시하며 북극에서의 군사적 준비 태세를 강화하고 있다.

러·우 전쟁 이후 북극은 새로운 지정학적 구도 속에서 러시아와 NATO 간의 군사훈련과 전력 증강이 본격화되며 군사적 경쟁의 장으로 변모했다. 동시에 북극에서 러시아와 중국 간 전략적 협력이 강화되면서 양국과 미국 간의 긴장도 한층 고조되고 있다. 러시아와 중국은 북극항로 개발 및 에너지 프로젝트 협력을 본격화하는 한편, 최근에는 공동순찰과 합동훈련을 통해 군사 활동의 범위를 북극 해역과 그 인접 해역까지 확장하고 있다. 특히 2023년 8월에는 양국의 대규모 연합함대가 공동훈련 중 알래스카 인근 해역을 항해하며 미 해군과 직접 대치하는 초유의 상황이 발생했다.[20] 이런 긴장 고조 속에서

Tass, Apr. 14, 2022. https://tass.com/politics/1437715 (검색일: 2025.03.15).
19) "Russia ramps up its military presence in the Arctic nearly 2 years into the Ukraine war," CBS News, Dec. 18, 2023. https://www.cbsnews.com/news/russia-arctic-military-presence-ukraine-war-nears-two-year-mark/ (검색일: 2025.03.15).
20) "U.S. Navy sends 4 destroyers to Alaska coast after 11 Chinese, Russian warships spotted in nearby waters," CBS NEWS, Aug. 7, 2023. https://www.cbsnews.com/news/us-navy-destroyers-alaska-coast-11-chinese-russian-warships/ (검색일: 2025.03.15).

미국 국방부는 러시아와 중국 간 협력 심화에 대한 우려를 표명하며 북극에서 동맹국과의 협력 강화 및 군자산 배치 등을 통해 전략적으로 대응해 나갈 것임을 밝혔다.[21]

이렇듯 러·우 전쟁 발발 이후 북극권에서는 러시아와 NATO, 러시아와 중국 그리고 미국 간 복합적인 갈등이 본격화되며 군사적 긴장이 급격히 고조되고 이에 따른 안보 위기도 심화되고 있다. 전쟁의 여파로 서방과 러시아 간 관계는 극도로 악화되었으며 북극권 내 군사적 긴장과 대립의 수준도 크게 증가했다. 이와 동시에 기존 북극 국가 간의 협력 체계에도 심각한 차질이 발생하고 있다. 북극이사회를 비롯한 러시아와 서방 간의 주요 정부 간 포럼과 공식 회의가 모두 중단되면서 북극 거버넌스의 기능은 크게 약화되었다. 그 결과 북극이사회의 존속 가능성에 대한 불확실성이 증대되고 있으며, 수십 년간 유지되어 온 북극 예외주의, 즉 국제정치적 갈등과 별개로 협력과 평화가 유지되던 상황도 더 이상 지속되지 않을 가능성이 커지고 있다.

이러한 상황은 오랫동안 지속되어 온 북극 예외주의가 더 이상 현실적이지 않으며 오히려 일시적인 환상에 그칠 수도 있음을 보여준다. 북극 예외주의의 '거품'이 꺼짐에 따라 북극 국가 간의 신뢰가 심각히 훼손되었고, 이에 따라 북극이사회가 본연의 역할인 평화유지와 건설적 대화 촉진을 계속 수행할 수 있을지에 대한 의문도 제기되고 있다.[22] 러·우 전쟁은 북극이 더 이상 국제정치와 갈등의 복잡성에서 고립된 공간이자 주변부(periphery)가 아닌, 국제정치

---

21) "Pentagon concerned at growing Arctic cooperation between China and Russia," Reuters. Jul. 23, 2024. https://www.reuters.com/world/us/growing-cooperation-between-russia-china-arctic-pentagon-says-2024-07-23/ (검색일: 2025.03.18).

22) Carol Dyck, "On thin ice: The Arctic Council's uncertain future," Marine Policy Vol.163, Article. 106060 (2024), pp.7.

에서 점점 더 중요한 중심으로 자리하고 있음을 보여주었다. 이런 변화는 북극권 국가들이 원하든 원치 않던 전례 없는 상황 속에서 북극의 질서 변화가 불가피하며 새로운 안보 질서의 반영을 요구받고 있다는 것을 명확히 드러낸다.

2. 러·우 전쟁의 종전과 국제질서의 재편

러·우 전쟁 발발 3년이 지난 현재, 전쟁은 국제질서의 또 다른 지각변동을 예고하는 전환점을 맞이하고 있다. 트럼프 행정부는 출범과 동시에 '미국 우선주의' 기조를 중심으로 외교정책을 추진하며, 러·우 전쟁의 종전을 최우선 과제로 설정했다. 이에 따라 3년간 이어진 전쟁의 종전 논의가 탄력을 받으며 진전되었고 국제사회는 그 결과가 가져올 변화에 주목하고 있다. 2025년 2월 12일, 푸틴 대통령과 트럼프 대통령 간의 정상 통화 이후 종전 협상 개시 합의가 발표되었고, 이어 2월 18일에는 사우디아라비아 리야드에서 러시아와 미국 간 종전 협상과 양자 관계에 대한 논의가 진행되었다.[23] 러시아와 미국 주도로 신속히 이루어지고 있는 종전 협상 논의와 그 과정에서의 밀착 행보는 양국 관계의 재설정 가능성을 예고하고 있다. 반면, 러·우 전쟁 이후 대서양 동맹을 중심으로 지속적 단결을 강조해 온 미국의 일방적인 행보에 대해 서방, 특히 유럽 국가들은 당혹감과 함께 강한 불만을 표출하고 있다. 미국이 NATO 동맹국들에게 방위비 증액과 유럽의 자력 방위를 요구하며 전통적 군사동맹에 압박을 가하는 가운데 유럽 측은 유럽의 안보 우려를 충분히 고려하지 않은 채 전쟁의 빠른 종전에만 몰두하는 미국의 태도가 러시아에 유리한

---

23) "U.S.-Russia Talks Begin in Saudi Arabia," The Moscow Times, Feb. 18, 2025. https://www.themoscowtimes.com/2025/02/18/us-russia-talks-begin-in-saudi-arabia-a88055 (검색일: 2025.03.20).

협상 결과를 가져올 수 있다는 우려를 강하게 나타내고 있다.[24] 이처럼 미국과 유럽 간의 전략적 이해관계 불일치와 갈등의 표면화는 전후 질서의 근간을 이루는 NATO라는 집단안보체제에 대한 신뢰가 흔들리고 있음을 단적으로 보여준다.

이와 같은 모습들은 러·우 전쟁의 종전과 맞물려 전개되고 있는 국제질서 재편 움직임의 한 단면으로 볼 수 있다. 종전 협상 과정에서 드러나는 러시아와 미국의 밀착, 우크라이나의 상대적 배제 그리고 NATO 내부의 이견과 갈등은 2차 대전 이후 지속되어 온 미국 중심의 자유주의 패권질서의 종말과 새로운 국제질서의 도래를 시사한다. 그동안 미국은 자유주의 질서의 수호자이자 유일한 패권국으로서 역할을 수행해왔으나, 트럼프 행정부의 출범 이후에는 이러한 역할을 대신해 자국의 국익을 최우선으로 고려하는 국가로 변모하고 있다. 이에 따라 미국 주도의 유일 패권 질서가 러시아와 중국 등 강대국들의 다양한 이해관계가 적극 반영되는 새로운 국제질서로의 변화가 불가피해지고 있다. 이러한 질서에서 중요한 점은 강대국 간의 세력권 문제인데 이는 강대국 간의 합의와 존중이 국제질서의 안정을 도모하는 최소한의 전제 조건이라는 점 때문이다.[25] 러시아와 미국 간 종전 협상 역시 이러한 세력권 문제와 밀접히 연관되어 있으며, 강대국 간 이해관계가 적극 반영되는 협상 과정 자체가 국제질서 재편의 중요한 요소로 작용하고 있다고 할 수 있다.

마코 루비오(Marco Rubio) 미국 국무장관은 지난 1월 30일 폭스뉴스 인터

---

[24] "5 signs that a U.S.-Europe split is widening," NPR, Feb. 25, 2025. https://www.npr.org/2025/02/25/nx-s1-5307012/europe-nato-us-ukraine-russia-eu (검색일: 2025.03.20).

[25] 김정섭, "자유주의 패권의 종말: 미-러 종전 협상의 전망과 함의," 국가미래연구원 ifs POST, https://www.ifs.or.kr/bbs/board.php?bo_table=News&wr_id=54817&sfl=wr_subject&stx=%EB%B0%95&sop=and (검색일: 2025.03.20).

뷰에서 "세계가 단순히 단일한 강대국만을 가지는 것은 정상적인 일이 아니다. 그것은 냉전의 종식으로 나타난 현상이지만, 결국 세계는 여러 강대국이 존재하는 상태 즉, 다극체제로 돌아갈 수밖에 없다."라고 말하며 중국과 러시아 등을 다극체제의 주요 대상으로 언급했다.[26] 해당 발언은 국제질서의 변화와 다극체제의 도래가 불가피함을 강조하며 앞으로의 국제질서가 일극 패권 구조에서 여러 강대국이 공존하는 다극 구조로 전환되어 갈 것임을 암시하는 것으로 볼 수 있다. 이런 인식은 러시아와 미국 간의 종전 협상과도 궤를 같이한다. 특히 미국 국무부의 리야드 회담에 대한 공식 논평을 보면 러시아와의 회담을 "우크라이나 갈등의 성공적 종식을 통해 '상호 지정학적 이익(mutual geopolitical interest)'과 미래 경제협력을 위한 토대를 마련하는데 동의하였다."라고 적시하고 있다.[27] 이는 양국이 그동안의 직접적 대립을 넘어, 서로의 지정학적 이익이 투영되는 영향권(sphere of influence)을 인정하고 필요에 따라서 전략적 조정을 통해 협력해 나갈 수 있음을 시사한다.[28] 즉, 우크라이나와 일부 유럽 지역을 둘러싼 러시아와 미국의 이해관계를 중심으로 각자의 영향권을 분할하고, 상호 국익이 부합하는 범위 내에서 협력을 모색해 간다는

---

26) U.S. Department of State, "Secretary Marco Rubio with Megyn Kelly of The Megyn Kelly Show," https://www.state.gov/secretary-marco-rubio-with-megyn-kelly-of-the-megyn-kelly-show/ (검색일: 2025.03.20).

27) U.S. Department of State, "Secretary Rubio's Meeting with Russian Foreign Minister Lavrov," https://www.state.gov/secretary-rubios-meeting-with-russian-foreign-minister-lavrov/ (검색일: 2025.03.20).

28) "A New Trend in Geopolitics? Great Power Coordination in the Expansion of Spheres of Influence," Australian Institute of International Affairs, https://www.internationalaffairs.org.au/australianoutlook/a-new-trend-in-geopolitics-great-power-coordination-in-the-expansion-of-spheres-of-influence/ (검색일: 2025.03.20).

접근으로 강대국 간 지정학적 협력과 조정에 의해 국제질서가 결정되는 현실주의적 국제관계의 부활을 의미한다. 이런 맥락에서 러·우 전쟁의 종전과 그 이후 새롭게 형성될 국제질서는 강대국 간 이해관계를 바탕으로 재편될 가능성을 내포하고 있다는 점에서 신(新)얄타체제(Yalta regime)의 도래로 비유되곤 한다.[29]

오늘날 강대국 간 전략경쟁의 핵심지역으로 부상한 북극 역시 국제질서의 변화 흐름에서 온전히 자유로울 수는 없다. 앞서 살펴본 바와 같이, 북극은 그 지정학적 중요성과 경제적 가치로 인해 강대국 간 영향력 확대를 둘러싼 본격적인 경쟁이 전개되고 있는 지역이다. 이러한 배경 속에서 만일 종전 협상 과정에서 드러난 새로운 국제질서가 실제로 형성된다면, 향후 북극의 질서 역시 러시아와 미국을 비롯한 주요 강대국들의 이해관계에 따라 재편될 가능성이 높다. 다시 말해, 북극에서는 강대국 간의 경쟁과 협력이 복합적으로 얽힌 양상으로 전개될 수 있는 것이다. 이런 점에서 북극의 질서와 세력 구도의 변화를 예측하기 위해서는 관련 국가들의 정책 방향이나 전략적 접근에 대한 면밀한 분석이 선행되어야 한다.

IV. 러시아와 미국의 북극전략과 북극질서 전망

1. 러시아의 북극전략

2000년대 이후, 러시아의 북극전략은 경제적 이익과 군사안보적 이익이라

---

29) Anthony Halpin, "A World Order According to Trump, Putin and Xi," Bloomberg, Feb. 12, 2025. bloomberg.com/news/newsletters/2025-02-12/a-world-order-according-to-trump-putin-and-xi (검색일: 2025.03.22).

는 두 핵심 축을 중심으로 발전해 왔다.30) 이러한 전략 기조는 러시아의 주요 북극정책 문서에서도 명확히 드러난다. 2008년에 발표된 '북극정책 기본원칙 2020(the Foundations of the State Policy of the Russian Federation in the Arctic to 2020 and Beyond)'은 북극을 국가이익의 핵심 축으로 삼고, 그 정책 목표로서 경제적, 안보적 측면을 강조하고 있다.31) 이 문서에서는 북극에서의 국가이익을 ▲국가의 사회·경제적 발전을 위한 전략적 자원기지 ▲북극의 평화와 협력지대 유지 ▲북극 생태계 보존 ▲국가의 주요 교통로로서 북극항로 이용으로 규정하고 있다. 여기서 주목할 점은, 북극을 국가 경제성장을 위한 전략적 자원기지로 명시하며 북극 자원에 대한 개발과 접근을 통한 경제적 이익 확보를 강조한다는 점이다. 동시에 이 문서는 북극에서의 군사안보 및 방위 강화를 또 다른 최우선 과제로 설정하고 있다. 이는 북극에서 경제적 이익을 추구하는 동시에, 러시아의 유리한 입지를 적극 활용해 여러 위협과 도전들에 대응할 수 있는 군사적 안보를 확보하여 북극에서의 통제권을 최적화하려는 전략적 의도를 반영한다.

러시아의 북극전략은 단계적인 북극개발을 통해 선도적 강국으로서의 위상을 강화하고, 경제적 우위를 확보하는 데 중점을 두고 있다. 해당 문서에서는 북극 자원의 효율적 활용을 통해 사회·경제적 발전을 촉진하는 동시에, 군사안보적 역량 강화의 중요성도 함께 명시하고 있다. 그러나 문서 전반에서 경제적 이익에 대한 우선순위가 더욱 뚜렷하게 드러나고 있다는 점에서 러시아

---

30) Jørgen Staun, "Russia's strategy in the Arctic: cooperation, not confrontation," Polar Record Vol. 53, Issue. 3 (2017), pp. 319.
31) Правительство Российской Федерации, "Об Основах государственной политики России в Арктике на период до 2020 года и дальнейшую перспективу," http://government.ru/info/18359/ (검색일: 2025. 03. 25).

북극전략의 핵심적 목표가 경제적 이익의 극대화에 있음을 확인할 수 있다. 특히 러시아는 북극의 에너지 자원을 자국 경제성장의 핵심 동력으로 인식하고 있으며, 이를 실현하기 위한 방안으로 국제협력을 통한 장기적 투자와 안정적 재원 확보의 중요성을 지속적으로 강조해 왔다.

2020년, 러시아는 기존 전략의 시한이 종료됨에 따라서 새로운 북극전략인 '북극정책 기본원칙 2035(Basic Principles of Russian Federation State Policy in the Arctic to 2035)'를 발표했다.[32] 이 새로운 전략은 전반적으로 이전보다 군사안보적 차원을 더욱 강조하는 특징을 보이고 있다. 문서에서는 북극에서 러시아의 국가이익을 ▲국가의 주권과 영토보전 보장 ▲북극의 평화와 안정, 상호호혜적 협력관계 유지 ▲북극 주민의 복지와 삶의 질 제고 ▲국가 경제성장 가속화를 위한 전략적 자원기지 개발과 활용 ▲국제적 경쟁력을 갖춘 국가적 운송 항로로의 북극항로 개발 ▲북극의 환경보호와 원주민의 삶 및 생활 보존으로 정의하고 있다. 해당 문서 역시 북극에서의 경제적 이익과 군사안보적 이익의 동시 추구가 전략의 핵심임을 명확히 하고 있으며, 특히 자원개발과 북극항로의 국제화 및 상용화를 북극개발의 핵심으로 강조하고 있다는 점이 두드러진다.

북극항로의 개발은 러시아에게 있어 중요한 전략적 의미를 지닌다. 내부적으로 러시아의 북극개발 잠재력을 극대화함으로써 국가 경제성장을 촉진하는 중요한 동력으로 기능하며, 외부적으로는 러시아와 세계 시장 간의 연결성을 강화하는 중요한 통로 역할을 한다.[33] 러시아는 북극항로의 개발과 상용화

---

[32] Правительство Российской Федерации, "Об Основах государственной политики России в Арктике на период до 2035 года," http://government.ru/info/18359/ (검색일: 2025.03.25).

[33] J.R. Meade, "Russia's New Arctic Policy 2035: Implications for Great Power

를 통해 북극 자원의 수출과 무역을 활성화하는 동시에 전략적 위치를 활용해 북극에 대한 통제권 확보와 주도권 장악이라는 경제적, 정치적 영향력을 확대하고자 한다. 이러한 점에서 북극항로는 단순한 경제적 이익을 넘어 북극에서 러시아의 국가적 우위를 공고히 하는 핵심 전략 자산으로 평가될 수 있다.

'북극정책 기본원칙 2035'는 러시아의 주권과 영토보전을 경제적 이익보다 우선시하며 국가안보 차원에서의 도전에 대한 국가이익 보호와 군사안보 보장의 중요성을 강조하고 있다. 특히 이 문서는 북극 공간에서의 국제협약 수정 시도, 외국 군사력의 강화, 러시아의 경제활동에 대한 외부 간섭 등을 북극 안보에 대한 주요 위협으로 규정하고, 이에 대응하기 위한 방안으로 군사안보 시설과 군대의 강화, 모니터링 시스템 구축의 필요성을 제시하고 있다. 이를 통해 러시아는 북극에서의 군사적 안보 능력을 체계적으로 강화하고, 외부 도전에 효과적으로 대응할 수 있는 역량을 확립하려는 분명한 의도를 드러내고 있다. 비록 '북극정책 기본원칙 2035'가 북극 자원개발과 북극항로 상용화 등 경제적 이익 추구에 상당한 비중을 두고 있지만, 문서 전반에서는 군사안보와 주권 보호가 보다 우선적인 전략적 과제로 다루어지고 있다. 이는 최근 서방의 제재 지속과 국가 간 경쟁 심화로 인한 북극 내 갈등의 가능성이 높아진 상황을 반영한 러시아의 전략적 대응으로 해석할 수 있다. 북극의 전략적 중요성이 점차 부각되는 가운데, 군사안보 강화와 주권 확보는 러시아 국가이익의 핵심 요소로 자리매김하고 있다.

러시아의 북극정책을 포괄하는 두 기본원칙은 대내외 환경 변화에 따라 우선순위가 조정되는 모습을 보이지만, 그 핵심에는 북극에서 러시아의 국익을 극대화하고 영향력을 지속 및 확대하려는 일관된 전략적 목표가 자리하고 있

Tension Over the Northern Sea Route," *NIU Research Short* (2020), p. 5.

다. 특히 북극의 자원개발과 북극항로에서의 선도적 역할을 통해 경제적 이익을 극대화하고 이를 국가 경제성장에 적극 활용하는 것이 핵심적 국익임을 명확히 하고 있다. 동시에, 북극에서의 영토 및 해역에 대한 주권 강화와 군사안보 확충을 통해 국가안보를 보장하는 것 역시 최우선 국익으로 삼고 있다. 러시아는 NATO를 비롯한 주변국들의 북극 군사력 증강과 활동 확대를 자국 안보에 대한 중대한 위협으로 간주하고 있으며, 이에 대한 대응으로 군사적 영향력 확대를 적극 추진하고 있다. 이러한 점들을 종합해보면, 최근 러시아의 북극전략은 급변하는 지정학적 환경 속에서 자국의 전략적 목표를 체계적으로 실현해 가는 과정으로 평가할 수 있다. 즉, 북극개발을 국가 발전의 주요 축으로 삼아 그 경제적 잠재력을 적극 활용하는 한편, 이를 보호하고 증진하기 위한 경제안보 중심의 대응 전략을 병행함으로써 역내 전략적 우위 확보와 영향력 선점을 도모하고 있는 것이다.

2. 미국의 북극전략

미국은 북극권에서 중요한 이해관계를 가진 핵심 당사국으로 자국의 이익을 반영한 체계적 북극정책을 수립해 시행해 오고 있다. 미국의 북극전략은 역사적으로 '안보', '국제협력 강화', '환경과 개발의 조화'라는 세 축을 중심으로 발전해 왔다.[34] 2009년 미국은 '북극지역 정책 지침(Directive on Arctic Region Policy)'을 통해서 자국을 북극 지역에 대한 다양하고 강력한 이익을 가지는 북극 국가로 규정하며 북극정책의 근간을 마련했다.[35] 이후 2013

---

34) 서현교, "미국의 북극정책 역사 고찰과 한국의 북극정책 방향,"『한국 시베리아연구』제20권 1호(배재대학교 한국-시베리아센터, 2016), p.159.
35) Administration of George W. Bush, "National Security Presidential Directive(NSPD) 66/Homeland Security Presidential Directive(HSPD) 25," (2009).

년, 미국은 첫 공식 북극전략인 '북극지역 국가전략(National Strategy for the Arctic Region 2013)'을 발표하면서 북극에서의 전략적 우선순위를 명확히 하고 북극정책의 원칙과 목표, 우선순위를 설정하였다.[36] 이 문서는 미국의 북극정책을 ▲안보 이익 증진 ▲책임 있는 북극지역 관리 ▲국제협력 강화라는 세 가지 전략으로 구분하여 설명하고 있으며 각 전략의 실행 및 세부 계획을 체계적으로 제시하고 있다. 우선, 안보 이익 증진은 미국 북극전략의 최우선 순위로 다뤄지며 북극에서의 여러 도전과 기회 속에서 미국과 동맹국의 안보 이익을 보호하는 데 중점을 두고 있다. 이를 위해 북극 인프라 및 전략적 역량의 발전, 항해의 자유 보장, 에너지 안보 확보 등을 주요 과제로 추진하고 있다. 다음으로, 책임 있는 북극지역 관리는 북극 국가로서 책임을 실현하기 위한 것으로 북극의 환경보호, 천연자원 보존 그리고 북극에 대한 이해 증진을 포함한 지속가능한 관리와 보호를 목표로 하고 있다. 마지막, 국제협력의 강화는 북극권의 공동 번영과 환경보호 그리고 안보 강화를 목표로 북극이사회를 통한 미국의 이익 증진과 타 북극 이해당사국과의 협력을 통해 북극의 다양한 현안을 해결해 나가는 데 중점을 두고 있다.

약 10년 주기로 개정되어 온 미국의 북극전략은 2022년 새롭게 발표됐다. '북극지역 국가전략 2022(National Strategy for the Arctic Region 2022)'는 북극의 환경 변화와 여러 도전 속에서 향후 10년간 미국의 북극정책 방향을 구체적으로 제시하고 있다.[37] 이 전략은 기후변화의 가속화, 북극의 전략적 중

---

[36] The White House, "National Strategy for The Arctic Region," (2013). https://obamawhitehouse.archives.gov/sites/default/files/docs/nat_arctic_strategy.pdf (검색일: 2025.03.28).

[37] The White House, "National Strategy for The Arctic Region," (2022). https://bidenwhitehouse.archives.gov/wp-content/uploads/2022/10/National-Strategy-for-the-Arctic-Region.pdf (검색일: 2025.03.28).

요성 증대 속 경쟁 심화 그리고 러시아와의 지정학적 긴장 고조 등 다양한 복합적 배경 속에서 미국의 국익을 증진하기 위한 네 가지의 핵심 목표로 ▲안보 강화 ▲기후변화와 환경보호 ▲지속가능한 경제개발 ▲국제협력과 거버넌스 강화를 명시하고 있다. 이번 전략 역시 이전의 전략과 마찬가지로 북극에서의 안보 강화와 국가방위를 최우선적 목표로 설정하고 있다. 안보 강화 측면에서 미국은 자국의 전략적 이익을 확보하기 위해 북극에서의 활동을 확대하고, 이를 지원하기 위한 역량 개발과 동맹국 및 파트너국과의 협력 강화를 강조하고 있다. 이는 미군의 북극 주둔과 훈련을 지원함으로써 러시아와의 지정학적 긴장을 관리하고, 의도치 않은 갈등과 위험을 예방하기 위함이다. 기후변화와 환경보호는 북극의 경제적 기회를 환경 보전과 조화롭게 실현하는 방향으로 제시되며, 이를 위해 지속가능성을 확보하는 동시에 북극 내 전략적 투자와 경제개발을 지원할 필요성이 강조되고 있다. 마지막으로 국제협력 및 거버넌스의 강화는 북극 내 전략경쟁 속에서 미국의 리더십을 유지하는 데 중점을 두고 있는데 북극 거버넌스 체계를 발전시키는 한편, 항해의 자유와 대륙붕 주권 보호 등 미국의 핵심 이익을 확보하기 위한 협력관계 구축을 중시하고 있다.

 미국의 북극전략은 '북극지역 국가전략' 외에도 국방부의 '북극 전략서(DoD Arctic Strategy)'를 통해서도 확인할 수 있다.[38] 이 전략서는 북극의 전략적 중요성을 재확인하며, 점차 불확실해지는 북극의 안보 환경 속에서 미국의 안보 이익을 보호하기 위한 전략을 제시하고 있다. 가장 최근에 발표된 2024년판 '북극 전략서'는 지정학적 환경 변화에 대응하기 위해 새로운 접근 방식을

---

38) 미국 국방부의 북극전략서(Department of Defense Arctic Strategy)는 북극지역에 대한 국방부의 접근방식과 북극에서 미군이 직면하고 있는 위협과 이에 대한 대응 등을 담고 있는 보고서이다.

제시하며 북극에서의 군사적 역량 강화를 강조하고 있다. 이전 판과는 달리, 해당 전략서는 북극에서 미국이 직면한 안보 위협에 대한 우려를 더욱 강하게 역설하고 있다. 특히 북극권에서의 러시아와 중국 간 군사훈련 및 안보 협력의 확대를 미국의 가장 큰 전략적 도전으로 간주하고 이에 대응하기 위해 북극에서의 군사적 역량을 강화하여 억제력을 높이는 동시에, 동맹국 및 파트너국과의 협력체계 강화를 강조하고 있다. 이러한 접근은 북극 지역에서의 군사적 준비 태세를 제고하고, 동맹국들과의 협력적 대응을 강화함으로써 급변하는 지정학적 환경에 효과적으로 대응하는 한편 미국의 안보 이익을 적극적으로 보호하고자 하는 의지를 반영한 것으로 볼 수 있다.

이처럼 미국의 북극정책은 국익 보호를 위한 안보 이익 증진을 최우선적 목표로 설정하고 있다. 그동안 미국은 북극의 전략적 중요성을 인식하면서도 북극정책이나 진출에 있어 다소 소극적인 자세를 취해왔다. 그러나 최근 러시아와 중국의 북극 진출이 가속화됨에 따라서 미국은 북극의 중요성을 새롭게 인식하고 있다. 특히 러시아와 중국의 협력을 북극에서의 명백한 안보 위협으로 규정하고, 이에 대응하기 위해 북극에 대한 전략적 개입 강화와 동맹국과의 긴밀한 협력의 필요성을 강조하고 있다. 더불어 러·우 전쟁 이후 변화한 북극의 안보 환경 속에서 미국은 군사적 역량 강화와 동맹국과의 협력을 통한 대러시아 및 대중국 억제력을 한층 강화하는 데 한층 적극적인 자세를 취할 것으로 예상된다.

이러한 전략적 기조는 트럼프 대통령의 재집권과 함께 더욱 강화될 가능성이 높다. 트럼프 행정부는 북극지역에서 미국의 전략적 거점을 더욱 확대하고 경제적, 군사적 투자를 적극적으로 확대하는 정책을 추진할 것으로 보인다. 북극의 지정학적 중요성이 지속적으로 확대되는 가운데, '미국 우선주의' 기조를 바탕으로 그린란드 매입을 적극적으로 추진하고 있는 등 앞으로도 북극에 대한 군사적, 경제적 관여를 확대해 북극에서의 전략적 우위를 확보하려는 보다 적극적 행보를 보일 가능성이 크다.39) 다만, 이 과정에서 기존 미국 북극전략의 핵심 중 하나였던 '국제협력'의 강조보다는 미국의 국익이 최우선시되고, 미국의 단독 영향력이 더욱 강화되는 방향으로 전개될 것이다. 또한 지금까지의 전략에서 표방해 온 '환경과 개발의 조화'라는 원칙에서 벗어나 알래스카 및 북극에서 자원개발을 확대하여 경제적 이익을 극대화하는 방향으로 나아갈 것으로 보인다.40) 이러한 점들을 종합해 볼 때, 향후 미국의 북극전략은 그간의 비교적 소극적인 접근에서 벗어나 '미국 우선주의' 기조 아래 북극에서 지정학적, 군사적, 경제적 이익의 확대를 위한 적극적 태도를 보일 것으로 예상된다.

3. 러시아와 미국의 전략적 선택과 북극질서 전망

러시아와 미국의 북극전략을 토대로 이들이 취할 수 있는 전략적 선택을 죄수의 딜레마 게임이론으로 구조화하면 다음의 네 가지 조합으로 설명할 수 있다. ([표2] 참고) 조합 (A)는 러시아와 미국이 모두 협력을 선택하는 경우로, 이 상황에서 양국은 북극에서 상호 전략적 이익과 영향권을 인정하며 공동의 목표를 추구하는 협력적 관계를 모색함으로 북극에서의 긴장과 갈등을 점진적으로 완화해 갈 수 있다. 조합 (B)는 러시아가 협력적 접근을 택하는 반면 미국은 북극에서의 영향력 확대를 추구하는 경우이다. 이때 미국은 북극에서의

---

39) 오일석, 조은정, "트럼프와 그린란드: 북극 미중경쟁 심화," 국가안보전략연구원 (INSS) 이슈브리프 647호 (2025).
40) "Trump Signs Order to Maximize Resource Development in Alaska," HIGH NORTH NEWS, Jan. 22, 2025. https://www.highnorthnews.com/en/trump-signs-order-maximize-resource-development-alaska (검색일: 2025.03.30).

전략적 입지를 강화하고 군사적, 경제적 이익을 확보할 수 있다. 조합 (C)는 그 반대로, 미국이 협력을 선택하는 반면 러시아가 북극에서의 주도권 강화를 시도하는 상황으로 이 경우, 미국의 북극 내 입지는 상대적으로 약화되는 반면, 러시아는 북극정책을 주도하며 역내 영향력을 공고히 할 수 있게 된다. 마지막으로 조합 (D)는 러시아와 미국 양국이 모두 북극에서의 영향력 확대를 추구하는 경우로, 이런 상황은 양국 간 국익 극대화를 위한 경쟁이 심화되어 역내 긴장과 대립이 고조되어 군사적 충돌 가능성 또한 배제할 수 없는 결과로 이어질 수 있다. 이러한 전략적 선택의 조합들은 향후 북극질서의 전망과 관련하여 러시아와 미국 간 상호작용을 이해하고 예측하는 데 중요한 분석의 기반으로 작용한다.

　게임이론의 관점에서 볼 때, 러시아와 미국의 전략적 선택은 각국이 자국의 이익을 극대화하려는 경쟁적 상황을 반영한다. 양국 모두 북극에서의 군사적 및 경제적 영향력 확대를 핵심 목표로 설정하고 있기 때문에, 상호 대립적 전략을 선택할 가능성이 높다. 예를 들어, 만약 러시아가 북극에서의 긴장 완화를 목적으로 미국과의 협력을 선택할 경우, 이는 북극 내 미국의 영향력 확대를 초래하지만 자원개발, 북극항로 등에서 추가적인 경제적 이익을 가져다 줄 수 있다. 이는 미국에게 북극에서의 영향력 확대라는 전략적으로 긍정적인 결과이지만, 러시아에게는 주도권 상실과 전략적 입지의 약화라는 부정적 결과를 초래할 수 있다. 따라서 러시아는 북극에서의 주도권을 확보하고 경제적 이익을 극대화하기 위해 조합 (C)와 같은 전략적 선택을 하게 될 것이다. 나아가, 조합 (D)와 같이 북극에서의 긴장과 갈등이 고조되고 군사적 충돌의 가능성까지 존재하더라도, 러시아가 북극에서의 분명한 전략적 우위를 지속할 수 있다고 판단할 경우, 일정 수준의 위험을 감수하고서라도 군사적, 경제적 영향력의 확대를 추구하는 경향을 보일 수도 있다.

미국 역시 자국의 국익을 최우선으로 고려하여 조합 (B)와 같은 전략을 선택할 가능성이 크다. 이는 러시아가 협력적 태도를 보이더라도, 미국 입장에서는 북극에서의 공세적 영향력 확대와 적극적 자원개발을 통해 경제적 이익을 증대시키는 것이 자국의 국익과 전략적 이익에 더 부합하기 때문이다. 동시에, 조합 (D)와 같이 북극에서의 군사적 충돌 가능성이 존재하더라도, 미국은 북극의 지정학적 가치와 전략적 중요성을 고려해 안보적 우위 확보와 경제적 이익 추구를 적극적으로 도모해 갈 수 있다. 북극에서의 영향력 강화를 통해 미국은 군사, 경제 등 다양한 부문에서 전략적 이점을 확보할 수 있기 때문에 협력보다는 경쟁적 전략을 선택할 유인이 커지게 된다.

[표2] 북극에서의 러시아·미국 간 죄수의 딜레마 게임 적용

		미국	
		협력	영향력 확대

러시아	협력	(A) 강대국 간 협력적 관계
		
		[러시아]
		· 북극의 군사적 긴장 완화
		  (북극에서의 미국 세력권 인정)
		· 미국과의 북극 경제협력
		[미국]
		· 북극의 군사적 긴장 완화
		  (북극에서의 러시아 세력권 인정)
		· 북극에서의 경제적 기회 확보
			(B) 미국의 북극 영향력 확대
			
			[러시아]
			· 북극에서의 전략적 입지 약화
			· 북극에서의 경제적 이익 축소
			[미국]
			· 공세적 영향력 확대와 러시아 견제 강화
			· 북극에서의 경제적 이익 확대

	영향력 확대	(C) 러시아의 북극 주도권 강화 [러시아] · 북극에서의 전략적 입지 강화 · 북극정책 주도(자원개발과 북극항로) [미국] · 북극의 군사적 긴장 완화, 전략적 입지 약화 · 북극에서의 제한된 경제적 기회 모색	(D) 강대국 간 대립과 충돌 [러시아] · 북극에서의 영향력 유지와 미국 견제 강화 · 독자적 자원개발과 북극항로 통제 [미국] · 북극에서의 영향력 확대, 러시아 견제 · 북극에서의 경제적 이익 확대

결국 러시아와 미국은 자국의 국익을 극대화하기 위한 선택을 함으로써, 양국 관계는 협력보다는 갈등과 대립의 구도로 전개될 가능성이 크다. 이러한

전략적 상호작용은 죄수의 딜레마 게임이론이 지닌 구조적 특성과 상호 불신에 따라 협력적 관계를 통해 더 큰 공동의 이익을 도모할 수 있음에도 불구하고, 각자의 이익을 우선시하는 선택을 함으로써 결국 대립과 충돌 가능성을 내포한 불안정한 균형 상태에 도달하는 딜레마로 나타난다.

이처럼 죄수의 딜레마 게임이론은 구조적으로 비협력적 결론에 도달할 가능성이 높지만, 그렇다고 해서 러시아와 미국 간의 협력적 관계가 전혀 불가능한 것은 아니다. 실제로 특정 조건이 충족되면 양국 간 협력의 여지는 충분히 존재할 수 있다. 본래 죄수의 딜레마 게임은 일회성 게임을 상정하지만 게임이 반복적으로 이루어질 경우 팃포탯(TFT: tit-for-tat) 전략을 통한 상호협력의 가능성을 가질 수 있다.[41] 따라서 상호 간 협력에 대한 기대감과 신뢰가 형성된다면, 이는 양국 간 협력적 관계 구축의 중요한 기반이 될 수 있다. 그러나 현실적인 국제정치 환경, 특히 러시아와 미국 간의 경쟁적이고 대립적인 관계를 고려할 때, 협력 기반을 조성하는 일은 결코 쉽지 않다. 더욱이 양국 간 상호 불신과 협력을 통한 '절대적 이득(absolute gains)'보다 '상대적 이득(relative gains)'에 더 민감히 반응하는 경향은 협력을 통한 상대의 이익 증대를 우려해 결과적으로 협력관계의 구축을 어렵게 만드는 요인으로 작용한다.

그러나 국제질서가 변화하는 과정에서 국가들이 상대적 이득에 대한 민감성을 일시적으로 완화한다면, 협력의 가능성은 과거보다 높아질 수 있다. 특히 양국이 대화와 협력을 통해 부수적인 이득을 기대할 수 있는 환경이 조성되면, 그만큼 협력의 효용은 증대되며 협력 구조의 기반 마련에 기여할 수 있다. 이러한 점은 러시아와 미국의 관계에도 중요한 시사점을 제공한다. 실제

---

41) 팃포탯(TFT: tit-for-tat) 전략은 상대방의 이전 행동에 따라 다른 참가자가 자신의 행동을 결정하는 전략으로 상대가 협력하면 자신도 협력하고, 상대가 비협력하면 자신도 비협력하는 방식이다.

러시아와 미국 간 종전 협상 과정에서 북극에서의 경제협력이 논의되었다는 사실은 양국 간 협력 가능성을 시사하는 긍정적 신호로 해석될 수 있다. 키릴 드미트리예프(Kirill Dmitriev) 러시아직접투자기금(RDIF) 대표는 종전 협상 회담에서 북극 지역의 공동 프로젝트에 대해 논의했다고 밝힌 바 있는데[42] 이는 종전 이후 양국이 북극에서 경제협력을 통해 공동의 경제적 이익을 추구할 수 있다는 의지를 드러낸 것으로 평가할 수 있다.

전쟁의 종전과 북극에서의 협력 가능성은 러시아와 미국 양국 모두에게 전략적 목표 달성과 경제적 이익 실현을 위한 중요한 기회를 제공할 수 있다. 러시아 입장에서는 장기화된 전쟁으로 인해 소모된 군사적, 경제적 자원을 회복하는 한편, 경제성장의 전략적 거점으로 평가받는 북극에서의 협력을 통한 전략적 이점을 확보할 수 있다. 특히 전쟁의 여파로 북극 자원개발에 심각한 차질을 겪고 있는 상황에서[43] 미국과의 협력을 통한 북극개발의 추진은 경제적 효용의 극대화라는 러시아의 전략적 목표에 부합한다. 미국 역시 러·우 전쟁의 종전이 우크라이나에 대한 군사적, 재정적 지원의 부담을 완화하고, '미국 우선주의' 기조 아래 국내 문제 해결에 집중할 수 있는 여건을 마련한다는 점에서 긍정적이라 할 수 있다. 동시에 북극의 지정학적 가치가 재조명되는 현 시점에서 러시아와의 협력을 통해 그간의 소극적 태도를 탈피하고 북극에서의 영향력과 전략적 입지를 강화할 중요한 기반을 마련할 수 있다. 이러한 요인들은 양국이 협력할 수 있는 현실적 동기를 제공하며 결과적으로 북극에서

---

42) "Cooperation between Russia, US in Arctic may be maximum effective-expert," Tass, Feb. 20, 2025. https://tass.com/economy/1916461 (검색일: 2025.04.01).
43) "Sanctions are about to wreck Moscow's grand Arctic projects," The Barents Observer, Apr. 8, 2024. https://www.thebarentsobserver.com/news/sanctions-are-about-to-wreck-moscows-grand-arctic-projects/110944 (검색일: 2025.04.01).

의 일시적인 협력 가능성을 열어줄 수 있다. 다시 말해, 러시아와 미국의 중장기적 북극전략 하에서 양국의 전략적 목표가 접점을 이루게 되면 상호협력의 효용이 증대되는 환경이 조성될 수 있는 것이다.

이 경우, 죄수의 딜레마 게임모델은 기존의 구조에서 변화해 [표3]과 같은 새로운 구조를 갖게 된다. 이 새로운 구조에서는 기존의 각 주체가 협조를 선택함으로 얻게 되는 이득 R에서 α라는 추가적인 효용이 발생하면서 참가자들이 협력적 자세를 취할 가능성을 높이게 된다. 하지만 이 구조에서 게임의 내쉬균형은 (A)와 (D)의 두 결과를 가지면서 상호협력을 반드시 보장하지 않는 한계를 가진다. 또 주목할 점은, 상호 협조 선택 시 발생하는 추가적 효용이 일시적 성격을 띤다는 것이다. 시간이 경과함에 따라 협력을 통해 얻는 이점은 점차 줄어들고, 비협력으로 돌아가려는 유인이 커져 각 주체는 다시 자신의 이익을 극대화하려는 경향을 보이게 된다. 결국 게임의 구조는 다시 기존 죄수의 딜레마 형태로 회귀하게 되고 따라서 협력은 지속되기보다는 일시적 국면에 그칠 가능성이 크다.

[표3] 죄수의 딜레마 게임에서의 부수적 효용의 일시적 발생 구조

	협조	비협조
협조	(A) $R+\alpha,$ $R+\alpha$	(B) S, T
비협조	(C) T, S	(D) P, P

(조건 1): $R + \alpha > T \geq P > S$

이런 점에서 현재 종전 협상 과정에서 논의되고 있는 북극에서의 러시아와 미국 간 경제협력이 실질적으로 추진된다 하더라도, 이는 일시적인 긴장 완화와 제한적 범위의 협력관계에 그칠 가능성이 크다. 앞서 살펴본 바와 같이 양국은 모두 북극에서의 전략적 입지 확보와 영향력 강화를 통한 군사적, 경제적 이익의 극대화를 추구하고 있는데 이는 장기적으로 협력을 제약하는 구조적 한계로 작용한다. 북극에서의 경제협력은 분명 단기적으로 양국 모두에게 일정 수준 이상의 이득을 제공할 수 있다. 그러나 이러한 협력은 제한적인 이익에 기반하고 있으며 양국은 자국의 전략적 우선순위와 국익을 최우선으로 고려할 수밖에 없다. 이로 인해 실질적인 협력은 제한된 범위 내에서만 가능하며 장기적인 협력체계로 발전하기에는 구조적인 어려움이 존재한다. 또한 러시아와 미국 간 협력은 국제정세의 변화와 각국의 전략 목표 변화에 따라 언제든지 방향이 달라질 수도 있다. 이러한 불확실성은 북극에서의 협력이 지속가능한 체계로 정착하기보다는 일시적인 긴장 완화와 전략적 필요에 따라 형성되는 제한적 협력에 머물게 될 가능성을 높인다. 결국, 양국 간 전략적 이해가 충돌하는 경우, 협력관계는 다시금 경쟁과 대립의 구도로 회귀할 위험이 크다.

지금까지 살펴본 러시아와 미국의 전략적 선택을 종합적으로 고려할 때, 향후 북극지역의 질서는 중장기적으로 긴장과 대립이 심화되는 방향으로 전개될 가능성이 크다. 북극의 군사적, 경제적 가치가 점차 부각됨에 따라 북극개발을 국가의 핵심 우선 과제로 설정한 러시아는 현재 이 지역에서 가장 큰 영향력을 행사하고 있다. 러시아는 북극의 전략적 가치를 최대한 활용해 이 지역에서 주도권을 선점하려는 강한 의지를 보이고 있으며, 향후에도 북극개발 정책을 바탕으로 북극권 내 지속적인 영향력 확대를 도모할 것으로 전망된다.[44] 이를 통해 러시아는 북극질서를 주도하는 핵심 국가로서의 지위를 공고히 하려 할 것이다. 미국 역시 트럼프 행정부의 재집권을 계기로 그동안의 소극적 태도에서 벗어나 북극에서의 영향력 확대에 본격적으로 나설 가능성이 크다. '미국 우선주의' 기조 아래 북극에서의 안보 역량 확보를 최우선 과제로 삼고 경제적 관여를 확대함으로써 국익을 극대화하려는 전략을 펼칠 것으로 보인다. 미국은 북극의 전략적 이점을 강화하여 러시아와의 경쟁에서 뒤처지지 않기 위한 지속적인 노력을 기울일 것이다.

이러한 상황에서 북극은 러시아와 미국 간 주도권 확보를 위한 경제적 경쟁과 군사적 긴장이 지속되는 지역으로 변화할 가능성이 크다. 양국은 북극 자원개발과 북극항로 통제 등을 둘러싸고 상호 영향력 확대 경쟁을 본격화할 것으로 예상되며, 이는 북극을 강대국 간 세력 경쟁의 핵심 무대로 전환시킬 수 있다. 이러한 경쟁 구도는 북극의 안정적인 질서를 저해할 뿐만 아니라, 북극이사회와 같은 지역 거버넌스 구조의 약화를 초래할 위험도 내포한다. 물론 단기적으로 러시아와 미국 간 영향력 차이를 바탕으로 상호 영향권을 인정하며 긴장을 완화할 가능성도 존재한다. 그러나 중장기적으로는 북극이 전략적 요충지로서 지니는 지정학적 중요성으로 인해 협력보다는 대립 구도가 형성될 가능성이 더욱 높아 보인다.

---

44) "Путин: проекты северного вектора развития РФ надо осуществлять на века вперед," Тасс, 28 Марта 2025. https://tass.ru/ekonomika/23530027 (검색일: 2025.04.05).

V. 결론

　러시아·우크라이나 전쟁은 북극의 질서에 중대한 전환을 가져오고 있다. 국제질서의 재편 속에서 북극의 지정학적 중요성이 재조명되며 '북극 예외주의'의 시대는 점차 종말을 맞이하고 있는 모습이다. 전쟁 발발 직후, 러시아에 대한 보이콧 속에서 북극 거버넌스 체제는 사실상 마비되었고, 역내 주요 현안에 대한 협력도 심각한 차질을 빚고 있다. 더불어 중립적 안보 정책을 유지해 오던 핀란드와 스웨덴이 안보 불안을 이유로 NATO에 가입함으로써 북극권 내 러시아와 서방 간 명확한 대립 구도가 형성되었고, 역내 긴장과 갈등의 수준이 크게 고조되었다. 이와 같은 배경 속에서 최근 러·우 전쟁의 종전 논의와 함께 북극에서는 또 다른 질서 변화의 조짐이 나타나고 있다. 러시아와 미국을 중심으로 진행되는 휴전 및 종전 협상은 강대국 간 이해관계와 협상을 통해 국제문제가 해결되는 '강대국 중심 국제질서'의 회귀 가능성을 시사한다. 이러한 국제관계의 구조적 재편은 북극에서도 유사한 질서가 가능성을 암시한다.

　이에 본 연구는 강대국 간 전략경쟁의 핵심지역으로 부상한 북극의 질서 변화를 전망하기 위해 대표적인 비협력 게임모델인 죄수의 딜레마를 분석 틀로 활용하였다. 특히, 러시아와 미국의 북극전략을 바탕으로 게임이론 모델을 적용하여 양국 간 협력과 갈등의 가능성을 검토하였으며, 이를 통해 향후 북극질서의 전개 양상을 분석하고자 하였다.

　러·우 전쟁의 종전 이후 북극 질서를 죄수의 딜레마 모델을 통해 분석한 결과, 게임이론적 관점에서 러시아와 미국은 각자 자국의 국익을 극대화하고 북극에서의 영향력 확대를 추구하는 전략적 선택을 할 것으로 예측된다. 이러한 선택 구조는 협력보다는 경쟁 구도의 지속가능성을 높이며 이는 곧 북극의 장기적 불안정성을 시사한다. 러시아는 현재의 북극 내 영향력 우위를 바탕으로 역내 주도권 강화를 지속해 갈 것으로 보인다. 특히 북극항로와 자원개발을 통해 경제적 이익을 극대화하는 한편, 이를 뒷받침하기 위한 군사안보적 영향력의 공고화에도 집중할 것으로 예상된다. 한편 미국 역시 북극에서의 안보역량 강화를 전략적 최우선 순위로 삼고 경제적 관여를 확대함으로써 본격적으로 북극 내 입지 강화를 모색할 가능성이 크다. 점차 부각되는 북극의 지정학적 중요성 속에서 미국은 군사적 존재감을 확대하는 동시에 자원 확보를 통한 경제적 이익의 추구를 병행할 것으로 전망된다. 이런 전략적 선택의 조합은 북극에서의 긴장과 갈등을 더욱 심화시키며, 중장기적으로 북극을 강대국 간 지정학적 경쟁의 중심 무대로 만들 가능성을 높인다.

다만, 러·우 전쟁의 종전 회담에서 북극 내 양자 간 경제협력이 주요 의제로 논의됨에 따라, 북극에서 양국 간 협력이 현실화될 수 있는 계기가 마련될 가능성도 있다. 이러한 협력은 일시적으로 양국 간 협력의 효용을 증대시켜 단기적으로 북극의 긴장 완화와 협력적 관계 형성을 촉진할 수 있다. 그러나 중장기적으로는 각국의 전략적 이해관계와 국익이 다시 최우선시 되면서 협력의 지속성 확보에 구조적 한계를 드러낼 가능성이 크다. 결국, 러시아와 미국의 전략적 선택이 일시적으로 협력을 가능케 하더라도, 이는 곧 다시 긴장과 갈등이라는 비협력적 결과로 귀결되는 '죄수의 딜레마' 게임 구조의 반복 양상을 띠게 될 것이다.

마지막으로 본 연구의 한계점에 대해 간략히 언급하면 다음과 같다. 본 연구는 러시아와 미국의 전략적 선택을 중심으로 양국 간 관계를 분석하고, 이를 바탕으로 러·우 전쟁의 종전 이후 북극질서의 변화를 전망하고자 하였다. 그러나 북극은 중국, NATO 등 다양한 행위자들의 전략적 이해관계가 복합적으로 작용하는 공간이다. 이와 관련 본 연구는 이러한 다양한 행위자들의 전략적 상호작용을 충분히 반영하지 못했다는 한계를 지닌다. 또한 분석 방법의 측면에서도 본 연구는 게임이론, 그중에서도 죄수의 딜레마라는 단일 모델에 초점을 맞추어 분석을 전개하였기 때문에 북극질서가 지니는 다층적이고 복합적인 변화 양상을 포괄적으로 설명하는 데에는 일정한 제약을 가진다. 따라서 향후 연구에서는 다양한 모델을 보완적으로 활용해 북극의 복합적이고 유동적인 질서 변화를 보다 정밀하게 분석할 필요가 있다. 이러한 점에서 본 연구의 한계를 보완하고, 보다 심화된 분석을 가능하게 하는 후속 연구의 필요성이 강조된다.

〈참고문헌〉

Roger A. McCain, 이규억 옮김, 『게임이론: 쉽게 이해할 수 있는 전략분석』, 서울: 시그마프레스, 2017.
서현교, "미국의 북극정책 역사 고찰과 한국의 북극정책 방향," 『한국 시베리아연구』 제20권 1호, 배재대학교 한국-시베리아센터, 2016.
이송·김정훈, "러시아·우크라이나 사태 전후의 북극권 상황 분석과 한국 역할 모색," 『중소연구』 제46권 3호, 한양대학교 아태지역연구센터, 2022.
조인성, "죄수의 딜레마의 개념과 적용," 『전문경영인연구』 제20권 1호, 한국전문경영인학회, 2017.
한종만, "핀란드와 스웨덴의 나토 가입과 안보 레짐의 재편," 『한국해양안보논총』 제6권 1호, 한국해양안보포럼, 2023.
오일석, 조은정, "트럼프와 그린란드: 북극 미중경쟁 심화," 국가안보전략연구원(INSS) 이슈브리프 647호, 2025.
김정섭, "자유주의 패권의 종말: 미-러 종전 협상의 전망과 함의," 국가미래연구원 ifs POST, https://www.ifs.or.kr/bbs/board.php?bo_table=News&wr_id=54817&sfl=wr_subject&stx=%EB%B0%95&sop=and (검색일: 2025.03.20).

Bertelsen, Rasmus Gjedssø. "Divided Arctic in a Divided World Order," *Strategic Analysis*, 2025.
Correa, Hector. "Game Theory as an Instrument for the Analysis of International Relations," *The Ritsumeikan journal of international studies*, Vol. 14 No. 2, 2001.
Dyck, Carol. "On thin ice: The Arctic Council's uncertain future," *Marine Policy* Vol. 163, Article. 106060, 2024.
Goltsov, Andrey. "The Contemporary Geopolitical Order in the Arctic Region," *Cogito: Multidisciplinary Research Journal* Vol 16, No. 1, 2024.
Majeski, Stepehn J., Fricks, Shane. "Conflict and Cooperation in International Relations," *The Journal of Conflict Resolution* Vol. 39, No. 4, 1995.
Raikov, Yuri Andreevich. "Russia and the United States in the Arctic: from Competition to Confrontation." *Herald of the Russian Academy of Sciences* Vol. 92, Issue. 2, 2022.

Snidal, Duncan. "The Game Theory of International Politics," *World Politics Vol. 38*, No. 1, 1985.

Snyder, Glenn Herald. "Prisoner's Dilemma and Chicken Models in International Politics," *International Studies Quarterly Vol. 15*, No. 1, 1971.

Staun, Jørgen. "Russia's strategy in the Arctic: cooperation, not confrontation," *Polar Record Vol. 53*, Issue. 3, 2017.

Sun Yuncong, Wan Hua. "Analysis on Potential Strategic Warfare in the Arctic from the View of Game Theory," *Advances in Economics, Business and Management Research Vol. 20*, 2016.

Thomasen, Gry. "After Ukraine: How Can We Ensure Stability in the Arctic," *International Journal Vol. 78*, Issue. 4, 2023.

Tomic, Milos. "Strategic Control of the Arctic and Possible Armed Conflict," *The Policy of National Security Vol. 24*, No. 1, 2023.

Administration of George W. Bush, "National Security Presidential Directive(NSPD) 66/ Homeland Security Presidential Directive(HSPD) 25," (2009).

Arctic Council, "Declaration on The Establishment of The Arctic Council," (1996).

Karen van Loon, Zandee, Dick. "Shifts in Arctic security: Ripples of Russia's war against Ukraine," *Clingendael Policy Brief* (2024).

Meade, Julian R. "Russia's New Arctic Policy 2035: Implications for Great Power Tension Over the Northern Sea Route," NIU Research Short (2020).

The White House, "National Strategy for The Arctic Region," (2013). https://obamawhitehouse.archives.gov/sites/default/files/docs/nat_arctic_strategy.pdf (검색일: 2025.03.28).

_____, "National Strategy for The Arctic Region," (2022). https://bidenwhitehouse.archives.gov/wp-content/uploads/2022/10/National-Strategy-for-the-Arctic-Region.pdf (검색일: 2025.03.28).

"5 signs that a U.S.-Europe split is widening," NPR, Feb. 25, 2025. https://www.npr.org/2025/02/25/nx-s1-5307012/europe-nato-us-ukraine-russia-eu (검색일: 2025.03.20).

"A New Trend in Geopolitics? Great Power Coordination in the Expansion of Spheres of Influence," Australian Institute of International Affairs, https://www.internationalaffairs.org.au/australianoutlook/a-new-trend-in-geopolitics-great-power-coordination-in-the-expansion-of-spheres-of-influence/ (검색일: 2025.03.20).

"Cooperation between Russia, US in Arctic may be maximum effective-expert," Tass, Feb. 20, 2025. https://tass.com/economy/1916461 (검색일: 2025.04.01).

"Medvedev issues warning over plans by Sweden and Finland to join NATO," Tass, Apr. 14, 2022. https://tass.com/politics/1437715 (검색일: 2025.03.15).

"Pentagon concerned at growing Arctic cooperation between China and Russia." Reuters. Jul. 23, 2024. https://www.reuters.com/world/us/growing-cooperation-between-russia-china-arctic-pentagon-says-2024-07-23/ (검색일: 2025.03.18).

"Russia ramps up its military presence in the Arctic nearly 2 years into the Ukraine war," CBS News, Dec. 18, 2023. https://www.cbsnews.com/news/russia-arctic-military-presence-ukraine-war-nears-two-year-mark/ (검색일: 2025.03.15).

"Russia suspends annual payment to Arctic Council, RIA agency reports," Reuters, Feb. 14, 2024. https://www.reuters.com/world/russia-suspends-annual-payments-arctic-council-ria-agency-reports-2024-02-14/ (검색일: 2025.03.10).

"Russia withdraws from the Barents Cooperation," HIGH NORTH NEWS, Sep. 19, 2023. https://www.highnorthnews.com/en/russia-withdraws-barents-cooperation (검색일: 2025.03.10).

"Russian officials call Arctic Council boycott 'regrettable'," Reuters, Mar. 5, 2022. https://www.reuters.com/world/europe/russian-officials-call-arctic-council-boycott-regrettable-2022-03-04/ (검색일: 2025.03.05).

"Sanctions are about to wreck Moscow's grand Arctic projects," The Barents Observer, Apr. 8, 2024. https://www.thebarentsobserver.com/news/sanctions-are-about-to-wreck-moscows-grand-arctic-projects/110944 (검색일: 2025.04.01).

"Trump Signs Order to Maximize Resource Development in Alaska," HIGH NORTH NEWS, Jan. 22, 2025. https://www.highnorthnews.com/en/trump-signs-order-maximize-resource-development-alaska (검색일: 2025.03.30).

"U.S. Navy sends 4 destroyers to Alaska coast after 11 Chinese, Russian warships spotted in nearby waters," CBS NEWS, Aug. 7, 2023. https://www.cbsnews.com/news/us-navy-destroyers-alaska-coast-11-chinese-russian-warships/ (검색일: 2025.03.15).

"U.S.-Russia Talks Begin in Saudi Arabia," The Moscow Times, Feb.18, 2025. https://

www.themoscowtimes.com/2025/02/18/us-russia-talks-begin-in-saudi-arabia-a88055 (검색일: 2025.03.20).

"Why is Trump so obsessed with Greenland?," Foreign Policy, Jan. 9, 2025. https://foreignpolicy.com/2025/01/09/trump-greenland-denmark-united-states-security/ (검색일: 2025.03.05).

Halpin, Anthony. "A World Order According to Trump, Putin and Xi," Bloomberg, Feb. 12, 2025. bloomberg.com/news/newsletters/2025-02-12/a-world-order-according-to-trump-putin-and-xi (검색일: 2025.03.22).

Palmer, David, Gosnell, Rachael. "An Evolution in Arctic Collective Defense," The Arctic Institute, Nov. 7, 2024. https://www.thearcticinstitute.org/evolution-arctic-collective-defense/ (검색일: 2025.06.15).

U.S. Department of State, "Secretary Marco Rubio with Megyn Kelly of The Megyn Kelly Show," https://www.state.gov/secretary-marco-rubio-with-megyn-kelly-of-the-megyn-kelly-show/ (검색일: 2025.03.20).

U.S. Department of State, "Secretary Rubio's Meeting with Russian Foreign Minister Lavrov," https://www.state.gov/secretary-rubios-meeting-with-russian-foreign-minister-lavrov/ (검색일: 2025.03.20).

Правительство Российской Федерации, "Об Основах государственной политики России в Арктике на период до 2020 года и дальнейшую перспективу," http://government.ru/info/18359/ (검색일: 2025.03.25).

Правительство Российской Федерации, "Об Основах государственной политики России в Арктике на период до 2035 года," http://government.ru/info/18359/ (검색일: 2025.03.25).

"Путин: проекты северного вектора развития РФ надо осуществлять на века вперед," Тасс, 28 Марта 2025. https://tass.ru/ekonomika/23530027 (검색일: 2025.04.05).

그린란드의 독립 가능성과 미래 모델 예측 연구

한종만* · 곽성웅**

Ⅰ. 왜 그린란드인가?

그린란드가 실제로는 대부분 얼음으로 덮인 지역임에도 불구하고 그린란드로 명명된 이유는 10세기 말 바이킹족 아이슬란드 비행 청소년 에릭 더 레드(Eric the Red)가 처음 발견하면서 행한 홍보와 선전 목적에서 비롯됐다. 역설적으로 아이슬란드가 그린란드 그리고 그린란드가 아이슬란드로 명명되는 것이 타당하다. 바이킹족의 첫 번째 아메리카 대륙 상륙은 콜럼버스보다 약 500년이나 빨랐다.

5000년 전부터 그린란드에는 토착 원주민 이누이트족이 거주해왔다. 10세기 말부터 거주해 온 북유럽 바이킹족은 자체적이고 고유의 문화생활을 영위하다 15세기에 멸종했지만, 이누이트 인은 지속해서 생존하고 있다. 이는 서방 세계에서 동양을 깔보고 무시하는 오리엔탈리즘을 이긴 결과라고 생각한다. 지리적으로 아메리카 대륙의 일부지만 지난 1000년 동안 유럽과 정치, 경제, 사회적으로 밀접한 관련을 맺고 있다. 1721년 그린란드는 덴마크 식민지

※ 『한국시베리아연구』 2024년 제28권 4호에 실린 논문을 수정 및 보완한 글임
* 배재대학교 명예교수
** 배재대학교 한국-시베리아센터 학술연구교수

로, 그리고 1953년 통합 이후에는 거의 폐쇄된 지역으로 세계의 시선을 끌지 못했다.

그린란드가 주목받는 이유는 기후변화, 크기와 위치, 지정학적, 지경학적, 지문화적 가치에 기반하고 있다. 또한 1979년 제한된 자치시대, 2009년 확대된 자치 시대를 통해 자율권의 확대는 물론 주권/독립으로 가는 여정에서 그린란드는 세계의 핫 스팟(hot spot) 지역으로 변모하고 있다.

1990년대 기후변화와 지구온난화의 가속화 그리고 과학기술의 발전으로 인해 북극에 대한 접근성이 쉬워지면서 자원 개발과 항로 가능성이 증대했다. 실제로 그린란드는 지구 평균기온보다 4배나 빠르게 상승하고 있다. 기후변화와 북극 해빙 손실의 영향을 측정하는 사람들에게 그린란드는 영원한 '탄광 속의 카나리아'와 같이 글로벌 관심의 중심이 되고 있다.

그린란드 면적보다 큰 지역은 보통 대륙이라고 불린다. 메르카토르 지도에서는 호주 대륙보다 더 큰 섬처럼 보인다. 그린란드 덕택으로 덴마크는 육상 국경을 가진 국가로 변모했다. 1721년부터 그린란드를 소유하고 있는 덴마크왕국은 유럽 제2의 영토 대국이다. 2022년 6월 그린란드 북부와 캐나다 엘스미어(Ellesmere/타르투팔루크)섬 사이의 '위스키 전쟁'에 휘말렸던 한스섬(1.2㎢)의 영유권 분쟁이 평화적으로 해결되면서 캐나다와 육상 국경을 이루고 있다.[1] 또한 러시아 로모노소프 해령과 중첩되지만 89만 5,000㎢에 이르는 북극 대륙붕 확장 가능성도 있다. 해안선의 길이는 지구 둘레 길이와 맞먹는 4만 4,087㎞다.

그린란드의 지경학적 가치는 그 크기에 걸맞게 세계 담수 자원의 7% 빙상,

---

1) "Whisky Wars: Denmark and Canada strike deal to end 50-year row over Arctic island," *BBC News*, Jun. 15, 2022.

연료(석탄, 석유, 천연가스)와 희토류, 우라늄, 금, 알루미늄 등 원료자원 매장량을 갖고 있다. 또한 모든 북극항로(특히 북서항로)의 허브이며, 항공과 해저 케이블 잠재력을 보유하고 있다.

그린란드의 지정학적 가치는 전략적으로 중요한 GIUK gap(그린란드/아이슬란드/영국)의 북서쪽에 있어 과거 냉전 시대뿐만 아니라 2022년 2월 러시아와 우크라이나 전쟁 이후 세계는 신냉전 시대의 초입이나 권위주의 진영과 자유민주 진영 간 경쟁과 갈등을 예방하는 데 있다. 지금까지 평화 공간이었던 북극의 '예외주의'도 사라지고 있다. 특히 중립국이었던 핀란드와 스웨덴의 NATO 가입으로 북극 8개국 중 러시아만 홀로서는 북극 국가가 되면서 북극에서 경쟁, 긴장, 갈등, 분규가 확대될 것으로 예상되며 전쟁도 배제할 수 없는 상황이다. 향후 그린란드의 독립과정에서 덴마크는 물론 미국과 유럽연합, 러시아와 중국은 독자적 혹은 진영 안팎으로 각축의 장이 될 것이라 예상된다.

마지막으로 그린란드 연구의 필요성으로 이 지역의 지정/지경학적 잠재력이 무한대임에도 불구하고 지금까지 한국의 북극 연구에서 거의 이루어지지 않았다는 점을 강조하고 싶다. 한국과 그린란드의 정치, 경제, 문화 관계도 매우 미미한 편이다.[2] 러시아-우크라이나 전쟁 이후 북극의 반을 차지하는 러시아의 대서방 제재로 한국에서 북극은 정책의 우선순위에 밀리고 있고, 그 결과 북극 연구도 상당히 위축된 것이 현실이며, 전문가는 물론 후속세대 연구자들도 연구를 피하는 경향이 나타나고 있다. 그러나 위기와 도전은 항상 기회를 동반한다는 점을 명심해야 한다. 새로운 성장동력을 찾고 있는 한국은 그린란

---

2) 2012년 9월 9일 이명박 전 대통령은 그린란드 누크와 일루리사트를 방문(당시 프레데릭 10세 왕세자 현 국왕, 덴마크 환경부장관 동행)했으며, 당시 총리 클라이스트(Kleist)와 회담했다. "한-그린란드, 녹색성장/자원개발 등 협력," 「대한민국 정책브리핑」, 2012년 9월 10일.

드를 제2의 시베리아 대체재는 아니지만, 보완재라고 생각해야만 한다.

특히 2009년 확대된 자치정부 법에 따라 그린란드는 공식적으로 독립할 여건을 가지게 됐다. 그린란드인 90%는 이누이트 인 주권과 독립은 그린란드 자치정부와 국민의 의지와 결정에 달려 있다는 것도 사실이다. 이러한 맥락에서 본 논문은 제2장 그린란드의 덴마크화와 그린란드화, 3장 그린란드의 독립 가능성과 한계성, 제4장 미래 그린란드 모델: 자유연합 모델, 제5장 결론: 최초의 이누이트 국가 건설은 가능한가로 구성한다.

본 연구의 방법론은 그린란드 독립의 여정과 관련하여 '역사적 제도주의'를 중심으로 분석하며 독립의 가능성과 한계는 SWOT 분석으로 정리한다.

II. 그린란드의 덴마크화 과정과 독립을 위한 그린란드의 여정

1. 그린란드의 덴마크화(Danfication)

그린란드와 이누이트족은 취약한 것으로 여겨졌기 때문에 외부의 적대적인 공격으로부터 보호받아야 했다. 따라서 이 나라는 소수의 외부인만이 접근할 수 있었고 나머지 세계와 거의 접촉하지 않은 채 고립되어 있었다. 그리고 모든 무역은 덴마크왕국이 소유한 한 회사(KGH: Kongelig Grønlandske Handel; Royal Greenland Trading Company)가 독점했다. 2차 세계 대전 중 미 공군 기지의 개발로 생활 수준이 향상되었고 1951년 무역 독점이 깨졌다. 전쟁 중 미국 정부와 미국 주재 덴마크 대사 간의 1941년 협정에 따라 북미에 대한 공격 위협이 없을 때만 공군 기지를 폐쇄할 수 있다고 규정했다. 게다가 2차 세계 대전 이후 미국 정부는 공군 기지의 존재를 보장하기 위한 법안을 통과시켰다. 그 후 몇 년 동안 덴마크군이 그린란드 주권을 유지할 수 없었다,

1721년에 시작된 그린란드의 덴마크 식민지 지위는 1953년 6월 5일 덴마크 헌법 개정과 함께 공식적으로 끝났다. 헌법을 통해 그린란드는 덴마크 왕국 공동체(덴마크어로 rigsfællesskab) 내 카운티로 통합됨으로써 탈식민지화되었다. 이는 그린란드인이 경제적, 법적, 공식적으로 덴마크인과 동일시되어야 함을 의미했다. 이 헌법은 덴마크왕국의 모든 지역에 적용된다(덴마크 헌법 1953: §1). 여기서 '모든 지역'은 덴마크, 페로 제도 및 그린란드를 의미한다. 헌법에 따라 그린란드는 덴마크 의회(Follketing)에 2명의 대표를 파견한다.

　전후 식민지화 담론으로 유엔은 그린란드와 같은 식민지는 ① 독립, ② '자유연합', ③ 옛 식민지국과 통합되어야 한다고 규정했다. 덴마크는 그린란드를 식민지로 통치했지만, 덴마크 공무원과 정치인들은 그린란드를 다른 식민지 영토와 동등하게 보기를 꺼렸다. 그들은 다른 유럽 강대국들이 아프리카나 아시아에서처럼 덴마크가 그린란드를 착취한 적이 없어서 UN 헌장이 그린란드에 적용되지 않는다고 주장했다. 1945년에서 1954년 사이에 그린란드는 유엔 헌장 제11장에 따라 비자치 영토 목록에 포함되었지만, 덴마크는 상황에 대한 정기 보고서를 관련 유엔 식민지화 기구에 제출해야 했다. 1954년 유엔은 그린란드의 새로운 지위를 수용할지 여부를 투표했다. 이 투표는 덴마크가 자애로운 식민지 강국이라는 평판 덕분에 통과되었다. 그린란드를 근대화하려는 덴마크의 의지, 의회에서 적절한 그린란드 대표권을 보장하는 개정 헌법의 덕택이었다. 세계에서 식민지화 의제가 절정에 달했던 시기에 덴마크가 그린란드에 대한 영향력과 권력을 잃게 될 수도 있었지만, 새로운 조건에 대한 합의가 이루어지면서 덴마크는 그린란드를 새로운 덴마크왕국에 통합하는 데 성공했다.[3]

---

3) "The Danish decolonisation of Greenland, 1945-54," *Nordics info*, Aug. 19, 2019.

덴마크 정부는 그린란드 현대화와 덴마크화를 위해 1950년 그린란드 위원회와 1960년 그린란드 위원회, 즉 G50 및 G60 정책으로 알려진 두 가지 거대한 프로그램을 실행했다. 그린란드 사회, 국가는 덴마크와 동일시되었고 사회와 인구의 현대화와 덴마크화가 시작되었다.

1950년 그린란드 위원회가 그린란드 현대화 청사진을 제시했을 때, 민간 주도로 표시된 사업을 개방하라는 권고안도 동시에 제시되었다. 무역에 대한 독점은 그린란드인을 자유롭고 세계 시장으로부터 보호하기 위해 공식적으로 유지되었지만, 이는 부분적으로 '왕립 그린란드무역회사(KGH)'의 수익성을 보장하기 위해서였다. 1950년 그린란드와의 무역에 대한 덴마크의 독점인 KGH는 마침내 종식되었고, 그린란드 위원회 계획의 이름인 'G-50'과 함께 표시된 사업은 민간 투자자에게 개방되었다. 덴마크 법 제도의 도입과 경제시스템은 금융 인프라 및 통화에 대한 공유 프레임워크와 함께 그린란드에 반영되었다. 동시에 그린란드는 그린란드인에게 다른 덴마크인과 동일한 시민권과 생활 수준을 제공하고 소득을 얻으며 동일 수준으로 산업화할 수 있는 수단을 제공하기 위해 현대화 정책을 감행했다. 1950년대 초 유엔이 식민지 시스템에 가하는 압력이 점차 커지면서 덴마크는 그린란드와 페로 제도를 새로운 덴마크왕국의 동등한 구성원으로 포함하기 위한 개헌을 준비하고 있었다. 그린란드의 높은 생활 수준과 번영하는 민간 부문의 수준높은 약속을 실현하기 위한 과감한 조치가 시행되었고, 덴마크 정부는 인구를 새로운 주요 도시로 집중시키기 위해 노력했으며 해안 전역에서 도시화가 이루어졌다.

1950년에 출판된 G50 보고서에는 신질서 정책에 대한 실행 계획이 포함되어 있다. G50 보고서의 실천 방안을 단계별로 설명하면 다음과 같다[4]: ①

---

4) "Grønlandskommissionen - G50," https://multikult.weebly.com/groslashnlandsk

KGH(Kongelig Grønlandske Handel - 현재 KNI)를 대체하기 위한 민간 무역 회사 설립 예정, ② 덴마크 어업 회사와 상업 기업에 접근 권한 부여, ③ 그린란드 하층토의 활용 가능성과 향후 수력발전 활용 가능성을 파악하기 위한 과학적 연구 수행, ④ 그린란드인과 덴마크인 간의 접촉은 무엇보다도 덴마크 의회의 그린란드인 대표를 통해 확대 및 강화될 뿐만 아니라 덴마크어 초등학교 교육을 최종 목표로 하는 덴마크어 교육 강화, ⑤ 그린란드의 의료 시스템과 행정의 확장 및 개선, ⑥ 비즈니스 부문과 문화 영역에 대한 그린란드인의 지식과 사기를 높이기 위한 광범위한 정보 캠페인.

G50의 목적은 민간 기업 공동체를 기반으로 그린란드 경제를 발전시키는 것이었다. 이러한 배경에서 국가 활동은 가장 필요하다고 간주하는 인프라 시설만 포함하도록 제한됐다. 결국 덴마크 자본은 이 지역에 정착하도록 강력하게 권장되었다.

어업도 그린란드 사람들의 주요 직업이어야 했다. 실무, 기획, 연구 차원에서 건설 작업에 참여하기 위한 노동 자격은 필요하지 않았다. 그린란드인도 임금근로자로 포함돼야 한다는 생각이었으나, 정착지가 분산되어 있어서 그린란드 서해안의 개방된 수역마을에 인구를 모아야 한다는 결론이 내려졌다. 그 결과 국가의 활동이 생산 시설, 산업, 트롤 어선, 의료, 행정, 건물, 주택, 학교, 의료, 교통 등을 포함하도록 확장되었다. 모든 것이 빠른 속도로 발전했고 모든 것이 성장했다. 의료와 보건이 개선되고 사망률이 매우 감소했을 뿐만 아니라 점점 더 많은 자녀가 태어났다. 동시에 알코올 소비가 증가하고 범죄도 증가했다. 이 과정은 불안감을 불러일으켰다. 이 때문에 건설업에 그린란드인 노동력을 사용하는 것은 안전하지 않다고 여겨졌고, 이것이 바로 그린란

---

ommissionen-af-1950--g50.html (검색일: 2024. 11. 10).

드인들이 자국 발전의 구경꾼이 된 이유가 됐다.

새로운 정치적, 문화적, 경제적 현실은 그린란드 사람들의 삶의 방식에 급진적인 변화를 가져다 주었고, 이누이트족은 이제 모두 일자리, 교육 및 사적 재정 노력을 통해 시민이 되었다. 새로운 국가(지방) 의회는 1953년에 덴마크 그린란드 내각을 통해 덴마크 정부와 긴밀한 관계를 조성했다. 1951년에 그린란드에서 주류 판매를 허용할지에 대한 문제는 처음에는 거부되었다. 그전에는 이 나라에서 대량으로 알코올을 구할 수 없었기 때문이다. 1954년에야 그린란드에 대한 전적인 책임을 맡게 된 국가 의회가 검토 후 주류 판매를 개시할 것을 권고했는데, 이는 논쟁의 여지가 있지만 아마도 불가피한 결정이었을 것이다. 정체성, 문화적 자기 이해, 교육 자본의 빠른 변화와 결합한 대량 이주가 나중에 새로운 성장 도시에서 일부 심각한 알코올 남용에 대한 불만과 황폐함을 초래했다고 여겨졌다. 의료 시스템의 현대화로 인해 대부분 사람이 그린란드에서 다양한 질병에 대해 진단받고 치료받을 수 있었고 전반적인 건강 복지가 크게 향상되었다. 동시에 도시의 새로운 건물에는 해안 전역에서 온 100명 이상의 사람들이 거주하기 시작했다. 세대 간 생활이 귀중한 표준이었던 곳에서 개인 주택이 갑자기 자금 지원을 받았고 사람들은 이제 정부가 주도한 지원으로 자기 집을 지을 수 있었다. 도시에는 도로가 건설되었고 자동차가 일상적인 도시 생활의 일부가 되기 시작했다. 대다수 사냥꾼, 어부 사회에서 산업 문명으로의 변화는 거의 순식간에 일어났고, 외곽 마을과 거주 지역의 재정적, 산업적 폐쇄로 인해 부주의하게 도시로 강제 이주시킨 많은 지역 주민들은 새로운 집에서 참여자라기보다는 구경꾼이라는 생각이 점점 더 커졌다. G-50 정책은 간단했다. 그린란드 사업 공동체를 확장하여 그 수익이 덴마크와 비교할 수 있는 생활 조건을 만들어내는 것이었다. 경제적 추구는 새로운 덴마크 시민들의 일상생활에서 지배적인 요소가 되었다. 1953년에 국가 위원회에서 처음으로 아동 보호 복지가 입법되었다. 간단히 말해, 그린란드는 아동의 감독과 위탁 가정에 아동을 배치하는 일을 맡게 되었다. G-50 정책은 그린란드 사람들을 덴마크 출신 동료들과 동등하게 만드는 것을 목표로 했지만, 고급 및 숙련 노동력에서 그린란드 사람들의 비중은 감소했다. 1930년부터 1958년까지 고위 직책은 그린란드인이 49%에서 25%로, 중간 직원은 그린란드인이 95%에서 76%로, 숙련 노동자는 그린란드인이 92%에서 28%로 변모했다.[5] 노동력의 새로운 상황과 덴마크와 그린란드 임금의 불평등이 결합된 그린란드의 정치 사회경제적 방향은 다시 고민을 시작해야만 하는 몇 가지 이유가 나타났다. 지역 노동력에 대한 더 나은 평등과 인센티브를 창출하기 위한 새로운 계획이 수립되었다.

그린란드의 임금은 덴마크와 같아야 하며, 이전처럼 그린란드 생산으로 결정되어서는 안 된다고 여겨졌다. 세금이 부과되는 더 높은 임금은 교육 및 기타 지방 자치 단체 문제를 해결하는 데 사용되었다. G-50에 따라 그린란드의 많은 숙련 노동자가 더 나은 임금을 받고 일하기 위해 덴마크로 이주했고, 그린란드의 덴마크 노동력은 그린란드 동료들보다 더 높은 임금을 받고 있었기 때문에, 이와 같은 방안은 지역 노동력 손실이라는 부정적인 추세에 대처하는 가장 좋은 규정으로 여겨졌다. G-60에서는 그린란드의 임금을 균등화하고 인상시키기로 합의했다. 더 높은 임금이 요구되면서 민간 투자자들은 그린란드 사업 분야에 정착하기가 더욱 어려워졌다. 그 이유는 민간 주도의 사업이 거의 이루어지지 않았기 때문이다. 1960년대의 전반적인 경제 계획은 지역 노동력을 효율적으로 활용하여 천연자원을 탐사하는 경제 부문을 확대하는 것

---

5) Malik Peter Koch Hansen, *The Socioeconomic Development of Greenland in the Pursuit of Economic and Political Independence* (Ilisimatusarfik: Bachelor Project, Maj 2021), pp. 18-19.

이었다. 1950년대에 집중 정책이 강했던 곳에서 외곽 거주 지역은 경제적, 산업적으로 많은 성장을 달성하지 못했고, 이런 문제는 G-60 정책에서 신중하게 제기되었다. G-60을 시행하면서 위원회는 외곽 거주 지역, 특히 북부 마을의 어업을 확대했고, 특히 대구와 같은 연중 어업이 가장 잘 실행될 수 있는 수출자원으로 집중되었다. G-60을 통해 남부에서는 자급자족에 더 중점을 두었고, 양 사육도 지원했다. 남부 마을인 쿨리사트(Qullissat)의 석탄 채굴은 저렴한 연료로 그린란드의 인프라를 지원했다. 역사적으로 생산 수입 과정에서 KGH를 통해 보조되었던 식료품은 이제 개발 중인 인구를 유지하기 위해 국가가 보조금을 직접 지급하며 규제되었다. KGH의 독점은 공식적으로 깨졌지만, 동시에 저렴한 가격과 높은 소득을 통해 새로운 경제적 현실을 맞이하기 위한 실용주의적 개발에 대한 요구에 부응할 저렴한 제품에 대한 필요성이 나타났다. 따라서 G-60의 초기 몇 년 동안 KGH는 그린란드 사람들을 수용하기 위해 여전히 소매가에 비해 싼 가격으로 제품을 판매했다. 현대화는 북유럽 전체에서 가장 큰 아파트 건물인 '블록 P'의 건설로 정점을 찍었고, 1966년 누크 중심부에 건설되어 2012년 철거될 때까지 수년 동안 그린란드 전체 인구의 1% 이상이 거주했다.[6]

처음으로 그린란드인이 포함된 조사위원회 보고서(잘 알려진 'G60')는 1960년대에 효율성 측면에서 도시화와 중앙집권화 의제를 강화했다. 이 전략은 산업을 간소화하기 위해 몇몇 마을에서 인구를 교육하고 집중시키는 것이었다. 그린란드 시민들은 해안 지역의 마을로 이주하도록 설득되거나 강요당했다. G60 보고서는 덴마크 본토보다 그린란드의 생활 조건이 심각한 상황임을 지적했다. 주로 의료, 학교, 주택 공급뿐만 아니라 경제(수산물 가공 및

---

6) ibid, pp. 19-20.

1970년대부터 게 가공 확장) 및 기반 시설(부두 및 헬리콥터 착륙장 건설)에 투자가 이루어졌다. 당시 덴마크는 총 20억 DKR(덴마크 크로네)에 달하는 막대한 금액을 투자했다. 더 나은 의료 서비스와 건강에 해로운 이탄 주택의 폐지로 인해 광범위하게 만연된 결핵이 급속히 감소했다. 그 결과 평균 수명은 1945년 남성 32세, 여성 38세에서 1970년대 각각 63세, 68세로 늘어났다.[7]

덴마크의 그린란드 산업정책은 개발도상국에 만연되는 1차 산업(일부 제품 혹은 단일 제품) 중심으로 이루어졌다. 1997년 그린란드 수출의 91.4%는 어패류로 구성되었으며, 그중 게가 65%로 대다수를 차지했다. 게의 중요한 구매자는 일본으로, 1993년 그린란드 수출의 13.1%를 차지했지만 1997년에 3.4%로 떨어졌다. 이는 단일 제품에 의존하는 경제가 노출될 위험을 보여줬다. 덴마크의 개발 정책에 크게 의존했던 대구(9개의 대형 수산 공장과 60개의 소형 공장 건설)는 그린란드 해역에서 거의 완전히 사라졌다. 1960년대 40만 톤이 넘던 것이 1994년에는 무려 9,300톤으로 감소했다. 그리고 1968년 덴마크 의회와 그린란드 지방 의회는 탄광이 비경제적이라 판단하여 디스코 섬의 퀼리사트 탄광과 마을을 폐쇄했다. 덴마크 당국에 의한 광산과 마을 전체의 폐쇄는 덴마크화 과정의 일부로 생각됐다. 그런데도 덴마크는 광산업은 육성했기에 1983년 비정제된 광산제품의 수출 비중이 27.9%를 차지했다. 그 후 덴마크는 100년 넘게 운영된 자원 고갈로 인해 이비투트(Ivittuut) 빙정석 광산을 포함해 전국의 모든 광산을 폐쇄했다.[8]

덴마크인들은 소규모 정착지를 위한 재화와 서비스의 적절한 배분이 적당하지 않다고 생각했다. 그 결과 주택, 학교, 의료/보건 서비스시설의 확충은

---

[7] Rolf Lindemann, "Grönland - Perspektiven eines Entwicklungslandes in der Arktis," (TERRA-Online Lehrerservice, 1999) (klett.de), p.5.
[8] ibid, pp.5-6.

그린란드인의 강력한 도시화 물결을 가속화시켰다. 1960년 정착지 수는 149개에서 1975년 122개로 감소했다. 같은 기간 3대 도시인 누크(Nuuk)의 인구는 162%, 시시미우트(Sisimiut)는 114%, 일루리사트(Ilulissat)는 157% 증가했다. 도시에서는 1960년대 유럽의 도시 계획 아이디어에 따라 다층 아파트 블록이 건설되었다. 동시에 이러한 도시 집중은 수렵 동물의 특성에 따라 위치를 자주 바꾸는 수렵문화의 근간을 박탈했다.

그린란드의 주요 기반 건설과 확장에는 노동력이 필요했다. 이들 노동자들은 그린란드인만이 아니라 종종 여름 동안만 덴마크에서 왔다. 덴마크인들은 일반적으로 그린란드에 짧은 기간만 머물며 그 체류를 고국에서의 경력을 위한 발판으로 여기기 때문에 그린란드의 특정 조건에 특별히 익숙해지려는 의지가 없는 경우가 많다. 그린란드의 교육받은 엘리트는 지방(예: 세 번째로 큰 도시인 Ilulissat)의 행정 업무를 맡는 데는 거의 관심이 없고 대신 수도인 누크(Nuuk) 근무를 선호했다.

1950년대 초반, 22명의 이누이트 어린이들이 집에서 끌려 나와 덴마크로 이송되어 덴마크인으로 양육되면서, 토착민들에 대한 끔찍한 사회 실험 사례가 발생했다. 목표는 그린란드를 빈곤과 저개발에서 벗어나게 할 새로운 지식인을 양성하는 것이었다. 일 년 반 후에 그들은 그린란드로 송환되어 적십자 시설에 수용되었고 모국어로 말할 기회도 박탈당하였다. 성인이 된 후 그들 중 일부는 덴마크로 돌아갔고, 대부분은 정신 건강 문제를 겪고 약물 남용의 희생자가 되었다. 2020년 12월, 덴마크 정부는 서면 사과문을 발표했지만, 금전적 보상은 거부했다. 2023년 생존자 6명으로부터 소송을 당한 정부는 분쟁을 해결하고 각 원고에게 약 37,000달러의 배상금을 지급하기로 합의했다.[9]

---

9) "Остров Гренландия - на грани ≪независимости≫, поощряемой а

덴마크 영토로의 통합은 그린란드의 생활 수준이 덴마크만큼 향상되어야 한다는 것을 목표로 하는 '덴마크화(Danification)' 과정을 수반했다. 이 과정은 주요 도시로의 인구 집중, 상업적 어업에 대한 집중, 그린란드에서 덴마크어의 역할 강화를 통해 이루어져야 했다. 덴마크인들이 공공 행정과 교육 기관으로 크게 유입되었다. G60 위원회 보고서에서 특히 논란이 되었던 부분은 학교 언어로서 그린란드어를 폐지하거나 적어도 축소하자는 제안이었다. 이미 1931년에 덴마크 의회의 최초 그린란드 의원이었던 아우고 린게(Augo Lynge)는 유토피아 소설에서 완전히 덴마크화된 그린란드를 묘사했다. 그러나 이 제안은 특히 그린란드인 대다수의 격렬한 저항에 부딪혔다. 이는 그린란드 정치 집단과 관련 정당 형성으로 이어졌고 이후 '국가 건설'의 성장 핵심으로 발전할 수 있었다.[10]

    덴마크 정착민들은 지역 주민들을 2등 시민으로 취급하는 신식민지 통치자로 자리 잡았다. 1999년 1월 1일 기준으로 56,083명의 그린란드인 중 11.2%는 그린란드에서 태어나지 않았다(대부분 덴마크인). 이 비율은 1989년 17.3%에 비해 많이 감소했다. 1964년에 출생지 기준(덴마크 또는 그린란드)이 도입된 후 출생지로 급여가 결정되었다. 덴마크에서 태어났다면 동일 직업의 급여가 그린란드에서 태어났을 때보다 높았다.

    1940년에서 1975년 사이에 그린란드 인구는 급격히 증가했다. 이는 주로 출산율이 매우 높았기 때문이었다. 1960년대의 합계출산율은 7명이었다. 즉, 모든 그린란드 여성은 평균 7명의 자녀를 낳았다(<그림 1> 참조).[11] 이러한 그린란드인의 빠른 인구 성장에 두려움을 느낀 덴마크 정부는 산아제한과 그

нглосаксами," (vpoanalytics.com), 20.05.2023.
10) Rolf Lindemann (1999), op.cit., p.3.
11) ibid, p.4.

린란드인의 덴마크 이주를 목표로 했다. 덴마크에 거주하는 그린란드인(대부분 청장년)이 약 1만 명이며, 1966-75년에 덴마크 의사들이 산아제한을 위해 그린란드 여성의 피임 캠페인을 조성했다. 13세 이하 그린란드 여성 약 4,500명이 이러한 조치의 혜택(?)을 받은 것으로 추산된다.[12] 그러나 최근 약 150명의 그린란드 여성들이 자신들의 동의나 지식 없이 피임 코일을 장착했다고 주장하며 덴마크 정부를 상대로 소송을 제기했다. 일부 여성들은 그린란드의 인구를 줄이기 위해 덴마크 의사들이 자궁 내 장치(IUD: Intrauterine device)를 장착했을 때 12살밖에 되지 않았다고 말했다. 덴마크 소피 뢰데(Sophie Løhde) 내무부 장관은 "이는 비극적인 일이며, 우리는 무슨 일이 일어났는지 진상을 규명해야 하며", "현재 조사단이 독립적이고 공정한 조사를 진행하고 있다"고 말했다.[13]

산모가 20세 미만으로 (계획되지 않은)출산을 하는 비율도 크게 늘었다. 20세 미만의 출산은 1990년 299명에서 1996년 588명으로 증가했다. 합법적인 낙태 건수도 놀라울 정도로 높다. 그린란드에서는 출생 1,000명당 낙태 건수가 약 800건으로, 이는 덴마크보다 약 4배 높다. 특히 걱정되는 점은 20세 미만의 경우 691건이라는 점이다.

유럽인의 눈으로 본 전통적인 그린란드 사회는 성적인 문제에 있어서 매우 관대했다. 이에 따라 많은 그린란드 사람들이 15-18세기 바스크, 네덜란드, 독일 포경 선원과의 성관계 그리고 덴마크인과 혼혈로 유럽인을 피를 나눈 조상으로 여기게 되었다. 그러나 이러한 태도는 1960년 이후 호황기에는 엄청나게

---

12) Никита Белухин, "Конституция Гренландии - шаг к независимости и примирению?," (imemo.ru, 28.06.2023).
13) "Greenlandic women sue Danish state for contraceptive 'violation'," *The Guardian*, Mar 4, 2024.

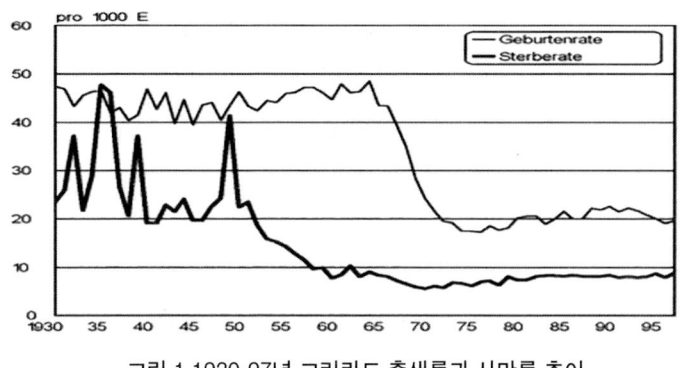

그림 1. 1930-97년 그린란드 출생률과 사망률 추이

* 출처 자료: Rolf Lindemann (1999), ibid, p.5.

많은 수의 성병을 초래했다. 1983년에는 12,538명의 임질 사례가 등록되었다 (당시 인구 49,773명 중). 이 수치는 오늘날에 급격하게 감소했지만 최근에는 에이즈가 그 존재감을 보이고 있다. 에이즈 질환 사례는 1990년부터 1996년까지 47건에서 190건으로 증가했다.

2023년 6월 초, 덴마크, 그린란드, 페로제도 접촉위원회 누크 회의에서 덴마크 메테 프레데릭센(Mette Frederiksen) 총리와 라스 뢰케 라스무센(Lars Løkke Rasmussen) 외무장관은 20세기 후반 그린란드 여성의 불법 피임과 덴마크 당국이 1911-74년 아버지에 대한 정보 제공을 거부한 불법 '그린란드 고아' 사건에 대한 그린란드인들의 항의에 직면했다. 2016년 그린란드에는 서류에 아버지에 관한 정보가 없는 사람을 약 5,000명으로 추정되고 있다.[14]

그린란드 사회가 현대화 과정에 적응하는 데 문제가 있다는 더욱 명확한 증거는 자살률에서 찾을 수 있다. 그린란드 전체 사망자의 약 30%는 통계적 의

---

14) Никита Белухин, "Дания и Гренландия по-прежнему в поисках общей арктической стратегии," (russiancouncil.ru, 01.11.2023).

미에서 '부자연스러운 사망', 즉 살인, 자살, 사고로 인한 사망이다. 그린란드의 1인당 GDP는 덴마크 평균의 약 3분의 2이지만 자살률은 7배 이상 높다. 이러한 높은 비율은 그린란드의 평균 기대 수명이 여전히 덴마크보다 10년 낮은 이유를 설명한다. 자살률은 10-19세 사이에서 특히 높으며, 1992년에는 여성의 자살률이 394명, 남성의 경우 4,169명에 이르렀다. 그리고 자살하는 사람은 주로 젊은 남자들이다. 현재의 높은 자살률은 그린란드 원주민 특유의 특징이며 항상 존재해 왔다고 생각할 수 있다. 이는 사실이 아니다. 1971년 그린란드의 자살률은 17명이었다.

그린란드 개발 과정에서 효율성과 구조조정의 중시, 예를 들면 바다 포유류 사냥 종사자가 그린란드 노동력의 8%이지만 GNP의 0.7%만 생산한다는 점을 고려해서 이러한 사냥을 금지하고, 소규모 정착촌을 버리는 정책을 유도했다. 구조조정 차원에서 그들이 영어와 덴마크어(덴마크어도 경제적으로 비합리적임)를 교육받아 관광업으로 전환하면 그린란드의 GNP가 몇 퍼센트나 증가할 것으로 예상했다.[15]

그린란드의 덴마크화는 그린란드의 현대화와 생활 여건의 향상을 가져왔지만 많은 부작용도 도출됐다. 최근에 덴마크화의 부정적 요인으로 실험 아동 사건, 강제 피임과 스캔들, 강제 이주, 출생지 기준 등의 사례를 포함한 의사결정 과정에 관한 관심이 높아지고 있다. 그린란드의 과거 식민지 시대와 1950년대부터 1970년대까지의 가속화된 현대화 시기와 관련된 공식 사과와 소송 요구는 1950년대 덴마크 교육제도에서 이누이트 아이들을 양육하는 '그린란드 실험'의 생존 참여자들에 대한 사과를 시작으로 지난 3년 동안 덴마크-그린란드 관계에서 눈덩이처럼 불어났다 2022년 6월에는 1945년 이후 논란이 되

---

15) Rolf Lindemann (1999), op. cit.

었던 덴마크-그린란드 관계를 다루기 위한 역사위원회가 설립됐다. 이 사례에서 그린란드 경험의 특이성은 식민주의와 신식민주의의 경제적 불의가 전면에 주목받는 것이 아니라, 그린란드 가정에서 아동을 강제로 추방하거나, 산아제한을 목적으로 한 불법 피임을 시술하거나, 그린란드인에게 부모에 대한 정보를 제공하지 않는 사례에서 분명하게 드러나듯이, 토착민의 가정과 사생활에 대한 모국의 간섭과 연관된 부정적인 윤리적 측면이라는 점이다.

1960년대 후반부터 그린란드에서는 그린란드의 '덴마크화'가 증가함에 따라 그린란드와 그린란드인들이 덴마크나 덴마크인들과의 문화적 차이를 인정할 필요가 있다는 인식이 커졌다. 강제 동화와 문화적 대량 학살이 일어났지만, 모든 것을 복원하고 이누이트족을 위한 더 나은 미래의 건설과 더불어 전 세계적인 민권운동의 출현과 같은 중요한 맥락 속에서 '그린란드화'에 대한 요구가 분출하기 시작했다.[16]

지속적인 경제적 유대로 인해 덴마크와 그린란드, 페로 제도 사이의 관계는 신식민주의적인 특징을 보인다. 일부 덴마크 학자들은 덴마크가 그린란드 이누이트인에게 군사력을 사용한 적이 없으며, 노예무역과 연결된 아프리카 혹은 아시아 식민지보다 비교할 수 없을 정도로 온화했다고 말한다. 일부 덴마크인이 제시하는 것처럼 덴마크의 그린란드 식민지화를 인도적이고 자비롭게 묘사하는 것은 진실과 거리가 멀다. 그린란드 이누이트인은 자발적으로 덴마크의 일부가 되는 것을 선택한 적이 없었다.[17]

---

16) "Sustainable and traditional, or global? Greenland's Inuit claim the right to choose their future," *The Lead*, Feb. 1, 2024.
17) Adam Koči and Vladimír Baar, "Greenland and the Faroe Islands: Denmark's autonomous territories from postcolonial perspectives," *Norsk Geografisk Tidsskrift-Norwegian Journal of Geography*, Vol. 75, No. 4, 2021, p. 199.

2. 그린란드의 그린란드화(Greenlandfication):

1) 1979년 자치 I 시대

1972년 10월 2일 덴마크에서는 유럽경제공동체(EEC) 가입에 대한 국민투표가 63.3%로 가결됐다. 그러나 그린란드의 국민투표에서 70.8%의 유권자는 EEC 가입을 명확히 거부했다. 그린란드 유권자들이 가입을 강하게 거부한 것은 EEC에 대한 명확한 반대 의사일 뿐만 아니라, 어떤 외국 세력의 지배도 강력히 거부하는 것으로 해석되었다. 그러나 그린란드의 명확한 거부의사에도, 이 섬은 1973년 1월 1일 덴마크 일부로서 유럽 공동체에 가입했다. 이 점에서 그린란드 사례는 페로 제도와 달랐다. 페로 제도는 덴마크왕국에 속해 있었지만 1948년부터 이미 대부분 자치권을 가지고 있었고 EEC, EC 또는 EU에 가입하지 않았다.

그린란드는 덴마크가 EEC에 속해 있었기 때문에 유럽(당시에는 주로 독일) 어선들이 그린란드 해역에서 고기를 잡을 수 있었다. 페로인과 마찬가지로 그린란드인들도 무엇보다도 브뤼셀이 어업에 개입할 것을 두려워했다. 이 작은 어촌 나라의 시민운동은 곧 이에 반대하는 방향으로 향했다. 브뤼셀의 어업정책에 대한 그린란드인들의 반대는 또한 덴마크로부터의 더 많은 자치권에 대한 요구가 증가하는 결정적인 동기가 되었다.

1982년 2월 23일 국민투표에서 53% 이상 찬성으로 '그린엑시트(Greenxit: Greenland + Exit)' 지지자들이 승리했다. 1985년 1월 1일 EC에 처음으로 탈퇴하는 모멘텀이 조성됐다. 2016년 브렉시트 국민투표 직전, 그린란드 의원 마이클 로싱(Michael Rosing)은 어업 기업가 헨리크 레스(Henrik Leth)의 지원을 받아 유럽연합(EU)으로의 재가입 요구를 제기했다. 그는 유럽구조기금(European Structural Funds)의 투자가 어업을 포함한 국내 경제의 너무나도 느린 다각화를 촉진하는 데 사용될 수 있다고 말했다. 브뤼셀은 매년 어업용

으로 약 1,600만 유로, 교육 목적으로 3,100만 유로를 지원하고 있다.[18]

그린란드 자치 지위 변경의 배경은 덴마크 정부가 1973년 1월 자치 문제를 논의하기 위해 그린란드 대표만으로 위원회 구성을 용인한 것과 함께 그린란드 정치인들 사이에서 페로 제도가 이미 1948년에 구현한 것과 유사한 모델을 모색하는 논의 전개와 관련이 있다.

EEC 가입에 관한 국민투표 이후 그린란드의 정치적 발전은 1979년 그린란드 자치정부 수립을 위한 계기를 조성하는 데 일익을 담당했다. 그린란드 지방정부는 새로운 국민투표에서 EEC 유지/탈퇴 건에 관한 국민투표를 할 수 있도록 더 많은 정치적 자치권을 요구했다. 그린란드 지방 의회는 그린란드 정치인들로 구성된 자치위원회를 구성했다. 이 위원회는 1975년 2월에 덴마크 당국에 제출한 보고서를 작성하여, 장래의 자치 협정 수립에 관한 양국 당국 간 협상이 제기됐다. 덴마크 정부는 7명의 그린란드인과 7명의 덴마크 정치인으로 구성된 그린란드-덴마크 자치위원회를 설립했다. 이 자치위원회의 보고서는 1978년 발표됐고, 그린란드 자치에 관한 후속 법안은 같은 해 말 덴마크 의회에서 거의 만장일치로 채택됐다. 4년 간의 협상 끝에 그린란드는 1979년 '덴마크왕국 내 국가'로서 자체 의회와 정부를 통해 내부 자치권을 획득했다. 이 법안은 1979년 1월 그린란드 국민투표[19]에서 70.1% 찬성

---

[18] 그린란드는 회원국의 다른 해외 영토와 마찬가지로 '유럽연합 해외 국가'로서의 지위를 유지했다. 프랑스령 알제리와는 대조적으로, 이 특권은 일시적인 것이 아니라 오늘날에도 여전히 적용되고 있다. 그린란드는 더 이상 유럽연합의 관세 영토에 속하지 않지만, 무관세 혜택을 누리고 있으며 브뤼셀의 어업 할당량에 대해 걱정할 필요가 없다. "Der Mann, der den Brexit aushandelt," *Wirtschaftswoche*, Jun. 17, 2017.

[19] 그린란드의 국민투표는 지금까지 5번 이루어졌으며 1978년 음주운전 금지, 1972년 유럽경제공동체 가입 반대건, 1982년 EEC 탈퇴건, 1979년과 2008년 자치 및 자치 확대에 관한 국민투표였다.

(반대 26%, 무효 4%, 당시 악천후로 투표율(63%)은 높지 않았음)으로 가결됐다. 그린란드 자치법은 1979년 5월 1일에 발효되었다. 거대 정당인 아타수트(Atassut)와 시우무트(Siumut)는 모두 자치에 찬성했지만, 당시 군소 정당으로 독립을 지지하는 이누이트 아타카티지이트(IA: Inuit Ataqatigiit)는 반대했다. IA는 독립을 지지했고 자치만으로는 충분하지 않다고 생각했다. 자치법에 따라 그린란드는 덴마크왕국 내의 특별한 공동체로 간주됐다.

1979년 자치법으로 입법의회가 설립됐고 최초로 다양한 정당을 대표하는 후보자들로 선거가 치러졌다. 자치법에 따라 몇 가지 권한이 그린란드에 새로 설립된 입법 및 행정 기관으로 이관됐다. 노르딕 국가가 채택한 의원내각제를 도입한 그린란드인들은 이제 그린란드 의회의 대표자를 선출했다. 후보 자격은 만 18세 이상 그린란드인으로 선거 전 6개월 동안 그린란드에 거주한 덴마크 시민도 가능했다. 그린란드 자치 시대는 덴마크화(Danification)를 폐지하고 자치 과정에서 그린란드화(Greenlandfication)로 이전되는 것을 의미했다.

그린란드 자치정부는 그린란드의 정체성과 국기, 문장을 제정했다(<그림 2> 참조). 1985년 6월 21일 제정된 그린란드 국기는 그린란드어로 '에르팔라소르푸트(Erfalasorput: 우리네 기)'는 빨간색과 흰색을 띠며 반으로 나뉜 원을 묘사한다. 하얀색 줄무늬는 그린란드의 80%를 둘러싼 만년설과 빙하를, 빨간색 줄무늬는 바다를, 빨간색 반원은 태양을, 하얀색 반원은 빙산을 의미한다. 그린란드 출신 투에 크리스트얀센이 디자인하였다. 그린란드 국기는 노르딕 국가(핀란드 포함)와 속령의 국기 중 유일하게 노르딕 십자가가 없다. 문장은 파란색 방패 안에 흰색 북극곰이 그려진 모습으로 지난 1989년에 제정됐다.

1979년 자치법에 따라 그린란드는 일부 법적 책임이 있는 행정 구역을 담당하고, 덴마크는 외교 및 안보 문제, 경찰, 법원, 통화뿐 아니라 사회 보건 분야의 많은 업무를 담당했다. 천연자원 분야는 50/50 체제에 따라 덴마크와 그린

그린란드 국기와 문장

* 자료 출처: "Greenland Coat Arms royalty-free images," https://www.shutterstock.com/search/greenland-coat-arms (검색일: 2024.11.09).

란드가 공동으로 관리했다. 1979년부터 1990년대 후반까지 자치법에 등재된 17개 주요 부문/영역 거의 모두가 그린란드로 인수됐다. 이러한 영역 중에는 교육, 의료, 사회 문제, 주택, 기반 시설, 경제, 조세, 어업, 수렵, 농업, 노동 시장, 상업, 산업, 환경, 지방자치단체, 문화, 교회 등이 포함되어 있다. 자치제도는 그린란드 내부 문제에 대한 자체 역량과 권위를 공식화하는 중요한 과정을 의미했다. 경제적으로 그린란드는 덴마크 블록 보조금에 의존해 왔으며 이는 지금도 여전하다. 보조금은 전반적인 행정 및 법적 권한을 포괄하는 자치 운영을 위한 경제적 지원이라 할 수 있다.

1999년 자치정부는 더 높은 수준의 독립을 달성할 가능성을 조사하기 위해 자치위원회를 설립했다. 이 자치위원회는 시우무트(Siumut)와 이누이트 아타카티지트(IA) 간의 정치적 연합을 기반으로 했다. 2003년 3월 자치위원회 보고서에 따르면 유엔 총회에서 이미 식민지 해방을 위한 세 가지 가능한 선택 사항(독립, 자유연합, 통합)을 확인했으므로, 이에 영감을 받은 위원회는 정치적으로 더 나아갈 수 있는 여섯 가지 가능성을 제시했다: ① 독립(모든 내부 및 외부 문제에 대해 전적으로 책임을 지는 독립된 정부를 갖춘 국가의 독립을 의미), ② 다른 국가와의 연합(타국의 정부 수반을 공유하는 것을 의미,

1918-44년 덴마크와 아이슬란드 연합이 사례로 제시), ③ 자유연합(그린란드의 국민과 영토가 타국에 귀속되어 나중에 외부 통치를 행사할 권리가 있음을 의미, ④ 연방(그린란드가 연방에 가입하여 중앙정부에서 일부 대표권을 얻고, 일부 내부 주권을 유지하지만, 대부분의 외부 역할을 포기한다는 것을 의미), ⑤ 원주민을 위한 확대된 자치정부 제안, ⑥ 완전한 통합(영구적으로 타국과 타국인들의 일부가 되어 현재와 미래 세대의 모든 자결권을 포기한다는 것을 의미). 이 위원회가 분석한 내용의 결과는 미래에 자결 요소를 갖춘 강화된 자치정부의 구축이었다.

〈표 1〉 2008년 11월 25일 그린란드 자치법 확대에 관한 국민투표 결과

투표 내용	총(명)	백분율 (%)
찬성	21,355	75.54%
반대	6,663	23.57%
무효표, 공백	250	0.89%
유권자 투표자 수	28,268	71.96%

자료 출처: K. Göcke, "The Referendum on Greenland's Autonomy and What It Means for Greenland's Future," *Heidelberg Journal of International Law*, Vol.69, No.1 (2009), p.103.

2004년 초 그린란드 자치정부 대표들은 덴마크 총리와 만나 그린란드의 미래에 대한 견해를 교환했다. 그 후 덴마크 정부와 그린란드 자치정부 간의 협상에 따라 그린란드-덴마크 위원회가 설치됐다. 이 위원회의 그린란드 확대 자치안을 위해 2008년 4월 덴마크 의회의 지지 속에 국민투표 실시가 결정됐다. 그린란드의 새로운 자치정부는 2008년 11월 25일의 국민투표에서 그린란드인의 76%가 지지했다(〈표 1〉 참조). 국민투표에 앞서 당시 그린란드 총리였던 한스 에녹센(Hans Enoksen)은 이번 국민투표가 덴마크 영토에서 탈퇴

하는 것을 의미하지는 않는다는 점을 분명히 했다.[20]

2) 2009년 자치 확대(자치 II) 시대

그린란드는 처음에 독립, 자유연합, 통합 중 중간 경로를 원했지만 2009년에는 확대된 자치정부를 선택했다. 2009년 그린란드가 자치정부를 출범했을 당시 정부 확장의 권리와 속도는 그린란드의 손에 맡겨졌고, 완전한 독립은 아니지만, 독립을 향한 중요한 단계가 이수됐다. 덴마크 정부와의 협정에서 그린란드는 통치할 추가 33개 영역 주체에 대한 책임을 주장할 수 있었다(부록 I 참조). 자치정부 법 이전에 정책 책임은 그린란드 자치정부로 이관되었고, 연간 블록 보조금에 계산된 금전적 보상이 첨부되었다. 그러나 새로운 협정에 따라 그린란드 정부는 자체 수단을 통한 통치 시스템의 추가 확장을 위해 자금을 소요해야 했다.

2009년 기준 '그린란드 자치정부 법(AGSG: Act on Greenland Self-Government)'은 전문을 제외하고 29개 조항으로 구성됐다. 부록에는 그린란드가 준비되었다고 느낄 때마다 덴마크 정부로부터 그린란드가 하나씩 인수할 수 있는 33개 책임 분야를 포함한 두 개의 목록이 있다: 목록 I에는 그린란드 당국이 즉시 인수할 수 있는 5개 영역(예: 산업 재해 보상, 의료 서비스 영역, 도로 교통, 재산 및 의무 법률, 상업 다이빙 영역)이 언급되어 있으며 목록 II에는 덴마크와의 추가 협상이 필요한 내용이 언급되어 있다.[21] AGSG[부록

---

20) K. Göcke, "The Referendum on Greenland's Autonomy and What It Means for Greenland's Future," *Heidelberg Journal of International Law*, Vol. 69, No. 1 (2009), p. 104.
21) 2009년 자치법 전문은 다음 문헌 참조: "Act on Greenland Self-Government," Act no. 473 of 12 June 2009. https://naalakkersuisut.gl//~/media/Nanoq/Files/Attached%20Files/Engelske-tekster/Act%20on%20Greenland.pdf (검색일:

I]에 나열된 세 가지 정책 그룹은 주권을 향한 세 단계를 보여준다. 첫 번째 목록은 자치정부가 도입되면서 그린란드의 손에 이관될 것으로 예상되는 정책 분야이다. 두 번째 목록은 완전한 자치권을 달성할 때까지 덴마크가 담당하는 분야이다. 세 번째 목록은 헌법적 합의에 따라 덴마크 정부의 독자적 권한 영역이며, 이에 접근하려면 주권 혹은 독립을 주장해야 한다.

이와 같은 영역이 인수되면 해당 분야에 대한 입법 및 행정 권한과 재정은 그린란드가 책임을 담당한다. 확대된 자치정부 법은 그린란드의 내부 문제에 대한 자체 역량과 권위를 공식화하는 중요한 과정이다. 그린란드의 힘을 확장하는 새로운 권한 영역이 포함되었기 때문이다. 특히 중요한 부분은 국민투표 이전에 그린란드와 덴마크 간에 공동으로 관리되었던 천연자원의 이전이었다. 자치정부로 32개 정부 영역의 이양 가능성을 암시했지만, 거의 15년이 지난 지금까지도 별다른 진전은 없다.

2009년 자치법에 따라 덴마크는 헌법, 시민권, 대법원, 외교, 국방 및 통화 및 통화 정책에 대한 통제권을 유지했다. 그러나 덴마크는 그린란드에 영향을 미치거나 그린란드에 매우 중요한 외교 및 안보 문제에 그린란드를 개입시킬 것으로 예상됐다.

1979년 제한된 자치법과 2009년 확대된 자치정부 법 사이의 가장 큰 변화 중 하나는 경제 문제와 관련이 있었다. 블록 보조금은 2009년 기준으로 현재 약 34억 DKK(약 4억 5,600만 유로)로 고정(인플레이션에 따라 매년 조정 연간 2-3%, 2023년 5억 4,000만 유로)됐다. 또한 천연자원 분야에 관한 법적 메커니즘도 있는데, 여기서 블록 보조금 수준은 광물 및 에너지 추출 수익의 50%에 해당하는 금액만큼 감소하며, 7,500만 DKK(약 1,000만 유로)를 초과하는 경우. 최종 석유 및 광물 추출로 인한 향후 수익은 그린란드와 덴마크

2024.09.30).

간에 분배될 것이며, 블록 보조금은 더욱 감소하다 결국 단계적으로 폐지된다.[22] 그린란드 자치법에 따라 덴마크 정부의 보조금은 덴마크 임금 및 가격 동향에 맞춰 조정되며, 그린란드의 가격과 임금 증가율이 덴마크보다 평균적으로 높아서 GDP 대비 보조금은 천천히 감소된다. 1990년대 중반에 블록 보조금은 그린란드 GDP의 35%를 차지했지만, 이 비율은 2023년에 약 20%로 떨어졌고 앞으로도 더 감소할 것으로 예상된다. 그린란드 경제위원회에 따르면, 증가하는 비용과 수입에 대한 압박으로 인해 장기적으로 정부 재정을 지속할 수 있게 하려면 연간 13억 크로나(2021년 기준)의 추가 자금이 필요할 예정이다.[23]

언어 문제와 관련하여, 그린란드어는 현재 2009년 자치법에서 공식 언어로 지정됐다. 1979년 자치법은 그린란드어를 학교에서 덴마크어에 대해 가르쳐야 하는 주요 언어로 간주하였다. 이제 정치인들은 초등학교에서 가르쳐야 할 첫 번째 외국어로서 덴마크어를 영어로 대체하는 것에 대해 논의하고 있다. 이는 새 정부의 목표 중 하나이다. 언급할 또 다른 문제는 법안이 좀 더 그린란드식으로 변했다는 신호를 주기 위해 그린란드 의회를 이나시사르투트(Inatsisartut), 그린란드 정부를 날라케르수이수트(Naalakkersuisut)라는 그린란드어로 변경하는 법이 제정됐다.[24]

덴마크 의회에서 그린란드어로 연설한 그린란드 대표 덴마크 의원 아키-마

---

[22] M. Nuttall, "Self-Rule in Greenland - Towards the World's First Independent Inuit State?," *Indigenous Affairs*, No. 3-4 (2008), p.65.
[23] Søren Bjerregaard, "Labour shortages increase the need for tight economic policy in Greenland," *Danmarks Nationalbank*, Nov. 1 (2023).
[24] M. Kleist, "Greenland's Self-Government" in N. Loukacheva(ed.), Polar Law Textbook, *Tema Nord 2010* (Copenhagen: Nordic Council of Ministers, 2010), p.191.

틸다 회그-담(Aki-Matilda Høegh-Dam)은 "그린란드에는 약 55,000명의 그린란드인이 있으며 인구의 약 90%가 그린란드어를 사용한다고 한다. 덴마크에는 약 14,000명의 그린란드인이 있지만, 얼마나 많은 사람이 그린란드어를 사용하는지는 알 수 없다. 그러나 덴마크어가 여전히 그린란드에서 강력한 존재감을 가지고 있음은 분명하다. 나는 우리의 문화유산을 보존하는데 필수적인 부분인 우리의 언어를 보호하기 위해 큰 노력을 기울여야 한다고 생각한다. 우리는 의회와 같은 공공장소부터 시작하여 그린란드어 사용을 촉진해야 한다. 그것이 우리가 언어를 잃지 않기 위해 앞으로 나아갈 수 있는 유일한 길이다."라고 말했다.[25]

자치 시대에도 '덴마크화' 기간이 있었다. 그러나 자치 과정은 분명한 '그린란드화' 기간이었다. 그린란드 화해위원회는 2014년부터 2017년까지 운영되었다. 한 번에 약 5명의 위원이 있었지만 운영 기간 동안 구성원이 바뀌었다. 33회의 공청회를 열었고 약 850명이 참여했다. 2017년 최종 보고서에는 7가지 권장 사항이 포함되었다. 그러나 조직적인 후속 조치는 없었고 권장 사항은 체계적으로 이행되지 않았다. 위원회는 독립을 향해 한 걸음 더 나아가기 위해 그린란드인이 '정신적으로 식민지에서 벗어나도록' 돕는 것을 목표로 했다. 정신적 식민지에서 벗어나는 것은 식민지 지배하에서 살았던 사람들이 식민지 권력과 식민지 문화의 우월성에 기반한 아이디어를 제거하기 위해 사고방식을 바꾸는 과정이다. 이를 통해 사람들은 자신의 문화와 전통적인 행

---

25) "Aki-Matilda Høegh-Dam: We will hold an independence referendum in Greenland no matter what", *vilaweb.cat*, May 17, 2023. 알라디네 아주지(Alaaddine Azzouzi) 의원은 1996년생으로 중도 좌파 정당인 시우무트 당 소속으로 덴마크 의회의 최연소 의원이고, 그린란드에서 최연소로 선출된 의원으로 아동 권리와 토착민을 지지하는 활동가로 유명하다. 그녀는 그린란드인과 덴마크인의 혼혈 혈통을 가지고 있지만 자신을 그린란드인이라고 말한다.

동 방식에 대한 자신감을 회복할 수 있다. 이는 너무 이론적인 개념이었고 많은 그린란드인에게 충분히 설명되지 않았을 수도 있다. 반면 캐나다의 진실과 화해 위원회는 원주민과 캐나다 정착민 모두가 이해하기 훨씬 쉬운 기숙 학교 시스템에 초점을 맞추었다. 화해는 식민지화로부터 치유를 추구하는 사람들에게 중요한 단계다. 그러나 그린란드 위원회는 이렇게 확인된 문제 때문에 제한적인 결과만 제공했지만, 그린란드인의 정체성과 독립 열망을 불러일으킨 계기를 조성했다.[26]

그린란드가 더 많은 권력을 얻은 또 다른 중요한 분야는 외교정책이다. 이제 그린란드는 다른 국가들과 양자 협정을 체결하고 그린란드 문제에 있어 북극이사회 및 북유럽이사회(회원국)와 같이 비국가행위자가 허용되는 매우 중요한 국제기구의 정회원이 되는 것이 가능하다. 또한 그린란드 정부 대표는 자치 당국과 관련된 특정 문제를 위해 덴마크왕국의 외교 사절단에 임명될 수도 있다. 그린란드는 코펜하겐, 브뤼셀, 워싱턴 D.C.에 자체 외교 사절단을 개설하고, 가까운 시일 내에 레이캬비크(2018년 10월)와 베이징에서 외교 대표단 개설을 할 수 있게 됐다.[27] 그린란드는 유럽연합(EU) 외에도 미국과 캐나다를 포함한 유럽-대서양 공동체에 속한 여러 주요 국가들과 수익성 있는 관계를 독립적으로 구축하고자 한다. 2023년 11월, EU는 여전히 미국보다 그린란드 프로젝트에 대한 관여가 부족하지만, 핵심 원자재 및 기타 자원 분야에서의 협력을 발전시키기 위해 EU와 그린란드 간 양해각서(MOU)가 체결되었

---

26) Rachael Lorna Johnstone, "The Greenland Reconciliation Commission: one more step towards independence?," *Fieldwork Report*, Vol. 17, No. 2 (2022).
27) M. Ackrén, "Diplomacy and Paradiplomacyin the North Atlantic and the Arctic - A Comparative Approach" in M. Finger and L. Heininen(eds.), *The Global Arctic Handbook* (Switzerland: Springer, 2018), p. 241.

다.28) 그린란드는 현재 유럽연합 집행위원회(European Commission)가 지정한 34개의 중요 자원 중 25개의 근거지이다. EU는 이미 캐나다, 우크라이나, 카자흐스탄, 나미비아, 잠비아 및 기타 국가와 유사한 전략적 자원 파트너십을 체결했지만, 그린란드는 관련 협정을 체결한 최초의 자치 지역이다. 또한 2021-27년 기간 동안 EU의 해외 국가 및 영토와의 협력 프로그램 예산의 약 절반이 그린란드와의 협력에 할당될 예정이다.29) EU의 산업에 대한 엄격한 환경 규제는 환경 파괴 가능성에 매우 민감한 그린란드 여론의 입맛에 더 부합할 수 있다. 그러나 일반적으로 EU는 그린란드 문제에 있어 다른 주요 국가들에 비해 여전히 뒤처져 있으며, 북극 협력의 위기와 북극에 대한 강대국들의 관심 증가라는 맥락 속에서 덴마크 자치정부와의 상호 작용에 대한 접근 방식을 여전히 개발 중이다.

2020년 10월 미국, 덴마크, 그린란드는 3자 합의에 도달했고, 이에 따라 3국의 안보와 번영은 앞으로도 강력한 대서양 횡단 협력에 계속 의존할 것이다. 이를 위해서 미국의 그린란드 기지 기반은 매우 중요하다. 그린란드로서는 두 가지 측면에서 이 협정이 성공적이다. 다른 한편으로는 경제적 이점도 있는데, 2024년부터 그린란드 현지 기업들이 이 기시 구축에 참여할 예정이기 때문이다. 그리고 이 협정은 미국과 그린란드가 직접 협상하고 서명했다. 그린란드가 외교정책 자체에 독자적으로 등장한 것은 이번이 처음이었다. 그린란드는 또한 앞으로 북극이사회에서 더 큰 역할을 할 것이다. 2021년 레이캬비크에서 열린 이사회 회의에서, 왕국에 속한 3개의 덴마크 왕국공동체

---

28) "Why world powers are wooing resource-rich Greenland," *The Korea Times*, Mar. 20, 2024.
29) "EU and Greenland sign strategic partnership on sustainable raw materials value chains," Press release, Nov. 30, 2023.

(Rigsfællesskab)는 그린란드가 북극이사회에서 가장 먼저 발언권을 갖고, 페로 제도와 덴마크가 그다음으로 발언권을 갖는다는 데 동의했다. 메테 프레데릭센(Mette Frederiksen) 덴마크 총리는 "세상은 변하고 있고, 왕국공동체 '릭스펠레스카브'도 변하고 있다" 말하며 이를 공식화했다.[30]

그린란드는 독자적인 외교, 국방, 안보 전략을 제시해왔다. 2024년 2월 20일 그린란드 정부는 "우리 없이는 아무것도 아니다"라는 제목으로 국방전략을 발표했다.[31] 이 전략을 통해 세계에서 가장 큰 섬은 외교정책에 더 많은 책임을 부여받고자 했다. 그러나 이 전략에서는 언제, 어떻게 국방을 담당할 수 있는지 구체적 대안을 제시하지 않았고, 내용도 불분명하다. 목표가 정해진 예도 있지만, 목표를 어떻게 달성해야 하는지는 불명확했다. 예를 들어, 이 전략은 주권 집행에 그린란드인의 참여를 확대하는 것을 목표로 설정하고, 시리우스 순찰대와 징병제 도입에 관한 필요한 논의를 강조했으며, 민간 비상 대비 활동의 확립과 장기적으로는 실질적인 해안 경비대의 창설을 언급했다. 그러나 이러한 야망의 공통점은 목표에 어떻게 도달할 것인지, 비용이 얼마나 들지, 어떤 단점이 수반되는지에 대한 설명이 부족했다. 이 전략은 그린란드가 서방과 보조를 맞춰야 한다는 점을 분명히 시사한다. 특히 2022년 러시아의 우크라이나 침공 이후 서방과의 안보교류라는 명백한 방향성을 갖고 있지만, 동시에 평화주의적 이상과 데탕트 아이디어를 전략 전반에 걸쳐 강조하고 있다. 이 전략은 부분적으로 모순되는 두 가지 목표가 어떻게 동시에 달성될 지에 대한 명확한 설명을 제공하지 않고 두 가지 요구 사항을 모두 강조함으로써 이러한 긴장의 균형을 맞추려고 한다. 이 전략은 그린란드가 EU의 대러 제

---

30) "Grönlands geopolitische Bedeutung wächst Aufrüstung in der Arktis," *Jungle World*, Jan. 3, 2023.
31) "Grönland stellt eigene Sicherheitsstrategie vor," *dpa*, Feb. 21, 2024.

재에 동참했다는 점과 함께 핵심 인프라가 외국 행위자에 의해 소유되지 않도록 노력할 것이고, 사이버 공격의 대응이 기본 과제라고 강조하고 있다.[32]

정치적으로는 2017년에 설립된 헌법위원회를 두고 논란이 발생했다. 위원이 교체됐고, 미래 그린란드 헌법의 틀을 어떻게 조성할지 등에 관해서였다. 기본 아이디어는 그린란드 헌법을 마련하는 것이었지만, 이것이 '자유연합 모델'로서 덴마크 헌법을 준수해야 하는지 아니면 헌법이 덴마크로부터 완전히 벗어나야 하는지에 대한 문제였다. 일부 정치인은 자유연합 모델이 첫 번째 단계이고 완전한 독립이 뒤따르는 2단계 해결책을 선호했던 반면, 다른 이들은 그린란드 헌법의 직접 제정을 선호했다. 그리고 또 다른 정치인은 노동조합주의를 선호하면서 현상 유지를 주장했다.[33]

2023년 4월 그린란드 헌법위원회는 그린란드어로 작성된 49개 항으로 구성된 헌법 초안을 4년에 걸쳐 비밀리에 작성했고, 그린란드 의회 이나트시사르투트(Inatsisartut)에 제출했다. 아직 초안 단계에 있는 이 문안이 그린란드 여권으로의 접근과 여전히 덴마크 본토가 관리하는 지역에서의 사법행정을 포함한 몇 가지 핵심 문제에 대해 확고하게 결론을 내리지 않았다고 현지 언론은 보도했다. 그리고 군주제에 대한 언급도 없었고, 덴마크 여왕 또는 왕이 국가원수로 남을 것인지에 대한 문제도 해결하지 못했다. 당분간 헌법 초안은 전적으로 그린란드 문제다. 또한 헌법 초안은 그린란드인이 독립에 찬성하는 결정을 내리면 누크와 코펜하겐이 협상을 개시한다는 조항을 포함하고 있다.

---

32) "Greenland stakes a Course within Defense and Diplomacy," The Arctic Institute, Feb. 27, 2024; "Greenland with New Arctic Strategy: Defense, Diplomacy and Peace," *High North News*, Feb. 27, 2024.

33) "'Greenland', Online Compendium Autonomy Arrangements in the World," https://worldautonomiesinfo.z6.web.core.windows.net/tas/Greenland (검색일: 2024.11.10).

덴마크 의회와 그린란드 의회의 동의를 얻어 도출된 이 합의안은 그린란드에서 국민투표를 통해 승인되야 했다. 덴마크 국제문제연구소의 연구원이자 덴마크-그린란드 관계 전문가인 울리크 프람 가드는 "내일 혁명이 일어나지는 않겠지만 이 문건은 논쟁을 계몽할 것"이고 "그린란드가 덴마크와의 관계에서 새롭고 느슨한 단계로 나아가기를 원하는 것"이라고 지적했다. 아키-마틸다 회그-담(Aki-Matilda Høegh-Dam)은 이 헌법 초안이 그린란드 주권 국가 창설을 향한 '발걸음'을 의미한다고 말했다. 덴마크와의 미래 관계에 관해서는, 과거에 숙고했던 잠재적인 '자유연합 모델'이 헌법 초안의 부속서에 언급되어 있다.[34] 현재 차기 그린란드 의회 선거는 2025년으로 예정되어 있는데, 2019년 여론 조사에 따르면 그린란드 성인 인구의 3분의 2 이상이 독립운동을 지지하고 있다. 그러나 2023년 헌법 초안의 많은 조항은 여전히 불분명하다.[35]

Ⅲ. SWOT를 통해 분석한 그린란드의 독립 가능성과 한계성

그린란드의 독립 가능성 및 기회와 약점, 위협 요인은 서로 중첩되는 면이 있다. 그린란드의 지리적 위치, 크기, 지정/지경/지문화적 가치의 잠재력이 한편으로는 독립의 기회와 강점을 제공하지만, 다른 한편으로는 독립의 약점과 위협이라는 양면의 칼을 가지고 있기 때문이다(지면상의 제약으로 이 장에서

---

34) "Greenland unveils draft constitution for potential independence from Denmark," *AFP*, May 1, 2023.
35) "What Would Greenland's Independence Mean for the Arctic?," *Council on Foreign Relations*, Aug. 10, 2023.

언급하지 못한 내용은 간략하게 SWOT <표 3>과 <표 4>로 대신한다).

1. 그린란드의 독립 가능성

현재 지구온난화는 세계 평균기온보다 3-4배나 빠른 속도로 진행하고 있으며, 향후 가속화가 진전되어 항로의 이용은 물론 농업과 연료/원료자원 채굴이 쉬워졌다. 기후변화와 거대 영토, 지리적 위치, 지정/지경/지문화적 가치의 구체화 차원에서 그린란드의 독립 가능성은 글로벌 차원에서 주목받고 있다.

1721년부터 그린란드를 소유하고 있는 덴마크왕국은 러시아 다음으로 유럽의 제2 영토 대국(대륙붕 확장 가능성 면적 89만 5,000㎢)이다. 그린란드는 세계에서 가장 큰 섬으로, 그린란드(217만 5,600㎢)보다 큰 면적은 대륙이라고 불린다. 또한 메르카토르 투영법에 의거한 세계지도를 보면 그린란드는 대륙(호주)보다 큰 섬처럼 보인다. 실제로 초등학교 시절 교실에 걸린 세계지도에서 그려진 그린란드의 크기에 매우 놀랍다는 인상을 한 번쯤 경험했을 것으로 판단된다. 필자도 유라시아에 넓게 펼쳐진 소련의 크기에 대해 부러움과 함께 어린 시절 그린란드가 아프리카보다 더 크다고 생각한 기억이 있다. 그러나 실제 면적은 호주 대륙(769만 2,000㎢)이 그린란드보다 3배 이상이나 크다. 시각적으로 볼 때 캐나다와 러시아는 지구 육지의 약 25%를 차지하는 것처럼 보이지만 실제로는 불과 5%에 불과하다. 남극대륙을 제외하면 캐나다와 러시아의 시각적 육지 점유율은 약 40%를 차지한다.[36] 또한 북극권 국가와 지역이 실제 면적보다 크게 보인다. 닉 로틀리(Nick Routley)는 이러한 시각적 현상을 '지리적 인플레이션(Geographic Inflation)'이라고 지적했다.[37]

---

36) 한종만, "그린란드 면적의 실상과 허상," 『북극연구』제37호 (북극학회: Aug. 2024), pp. 17-28.
37) "Mercator Misconceptions: Clever Map Shows the True Size of Countries," *Visual*

그린란드의 지경학적 가치는 모든 북극항로의 허브(북동항로, 북서항로, 북극점 경유 항로, 랜드 브릿지 항로 등)적 위치와 물류 중심지로, 해운로와 항공 그리고 민간과 군 해저 케이블의 복합물류(complexed logistics) 잠재력뿐만 아니라 자원의 보고인 지역이다: ① 수산자원과 생물자원. ② 수자원, ③ 수력발전 잠재력: 그린란드의 남서쪽 해안, Kangerlussuaq와 Nuuk 사이, ④ 풍력/지열 발전 잠재력, ⑤ 연료(석유, 가스, 석탄) 자원, ⑥ 원료(희토류, 금, 알루미늄, 우라늄 등 비철금속) 자원, ⑦ 생태관광 자원.

결론적으로 그린란드는 마지막 남은 처녀지, 자원의 보고, 청색 경제(blue economy)[38]의 가능성을 제공하는 지역이다. 시베리아와 비교할 때 농업, 목축업, 임업의 발전잠재력과 인적자원은 부족한 편이다. 유럽 위원회가 2016년에 언급했듯이 북극 기후는 북극 전체를 혁신적인 기술과 서비스를 위한 이상적인 위치가 될 수 있다. 혹독한 기후 조건과 취약한 환경은 높은 환경 기준을 충족하기 위한 전문적인 기술과 노하우가 필요하다. 브뤼셀에 따르면 지속가능한 다중 에너지 시스템, 생태관광 및 저배출 식품 생산과 같은 '녹색 경제'의 기회가 더욱 발전할 수 있다. 위원회는 양식업, 어업, 해상 재생 에너지, 해양 관광

Capitalist, Aug. 21, 2021.

[38] 이 개념은 2010sus 벨기에 환경운동가 군터 파울리(Gunter Pauli)의 저서 '청색경제(The Blue Economy: 10 Years, 100 Innovations, 100 Million Jobs)'에서 비롯한 내용으로 자원을 고갈하는 '적색경제(red economy)'의 대안으로 오염이 발생하지 않은 경제를 의미한다. 파울리는 청색경제가 미래의 대안이라고 주장했다. 지금까지 미개척 분야이며 무한한 잠재력을 지닌 우주(blue sky), 해양(blue ocean), 극지(blue polar region)에서 청색경제는 생명체의 기본구조와 원리, 생태계의 시스템을 모방하고 에너지와 자원을 순환하여 친환경적이며 지속 가능한 발전을 달성하는 경제를 의미한다. 생태계에 기반을 둔 지속 가능하며 환경친화적 청색혁명을 통해 79억 인류의 지난한 과제인 자원·에너지·식량문제의 해결을 기대해 볼 수 있다. "Blue Economy," https://en.wikipedia.org/wiki/Blue_economy (검색일: 2023.11.10).

및 해양 생명 공학과 같은 '청색 경제' 부문을 명시적으로 명명하여 지속가능한 경제적 대안에 대한 탐색을 지원하고자 한다. 아이슬란드와 마찬가지로 에너지도 성장 부문이 될 수 있다. 지열과 수력발전의 가용성이 그 기대를 뒷받침한다. 그린란드와 아이슬란드는 무역, 보건, 어업, 인프라, 광물, 에너지, 항공 교통 및 관광에 대해 큰 상호 이익을 가지고 있다. 보고서 '새로운 북극의 그린란드와 아이슬란드'에는 10가지 구체적인 권장 사항이 포함되어 있다.[39]

2008년 미국지질조사국(USGS)은 북극권에서 미발견된 석유 매장량이 글로벌 석유 자원의 15%이고 그 중 그린란드에 18%가 매장된 것으로 추정했다. 그린란드 동부 해역(EGR)에 89억 200만 배럴, 서부 그린란드-동부 캐나다 해역(WGEC) 72억 7,440만 배럴이다. 북극권 미발견 천연가스 매장량은 글로벌 가스 자원의 30% 중 그린란드에 8%, 액체천연가스(NGL: Natural Gas Liquids)는 그린란드 동부 해역(EGR)에 18% 매장된 것으로 추정했다.[40]

그린란드가 세계의 자원 창고라고 할 수는 없지만, 그곳에는 상당한 양의 귀중한 원자재가 매장되어 있다. 그린란드는 크기에 걸맞게 광대한 광물, 예를 들면 우라늄, 금, 은, 백금, 아연, 니켈, 납, 철광석 외에도 희토류 원소(주기율표에 17개 원소: 스칸듐, 이트륨, 란탄늄, 세륨, 네오디뮴, 사마륨, 가돌리늄, 테르븀, 디스프로슘, 홀륨, 에르븀, 이테르븀, 루테튬 등)가 전세계 자원의 25%나 되는 잠재력을 가지고 있다. 전자산업과 첨단산업에 중요한 희토류 매장량만으로도 150년간 전세계 수요를 감당할 수 있다.[41] 그린란드의 희

---

39) "Greenland and Iceland in the New Arctic," Government of Iceland Ministry for Foreign Affairs, Dec. 2020.
40) Lars Lindholt and Solveig Glomsrød, "The role of the Arctic in future, global petroleum supply," *Statistics Norway, Research Department, Discussion Paper*, No. 645 (Feb. 2011), p. 8.
41) Adam Kočí and Vladimír Baar (2021), op. cit., pp. 189-202.

토류 금속 매장량은 3,850만 톤으로, 나머지 지역은 1억 2,000만 톤으로 추산된다. 2019년 6월 덴마크가 광범위한 자치권을 부여한 그린란드는 미국과 희토류 금속을 포함한 광물 추출 협력에 관한 양해각서에 서명했다.[42] 그린란드의 주요 부(富)는 란타늄과 무거운 란탄족, 세륨과 네오디뮴이며, 이들은 많은 양의 화성암을 함유하고 있다. 또한 크바네펠드(Kvanefeld) 우라늄 매장지를 포함한 주요 일리마우사크(Ilimaussak) 단지가 섬의 남서쪽 끝에 있다. 그린란드는 200,000톤 이상의 우라늄 매장량을 갖고 있는데, 1970년대 후반 일부 채굴이 이루어졌지만, 광산은 폐쇄됐다. 그린란드가 이 사업에 복귀하면 14만 톤의 우즈베키스탄을 제치고 세계 10위권에 진입한다. 2013년에는 소량의 금 채굴도 중단됐다. 그린란드 남서부의 케케르타르수아트(Qeqertarsuatsiaat) 마을 근처에서는 약 30명이 루비와 핑크 사파이어를 채굴하여 공예품을 만들고 있다.[43] 빙하가 녹고 기술이 개발되면서 채굴이 가능해졌다.

〈표 2〉 USGS의 북극 광구(그린란드)의 석유, 천연가스, 액체천연가스 매장량 분포도

코드	광구지역	석유 (NMBO)	가스 (BCFG)	NGL (MNBNGL)	BOE (NMBOE)
EGR	East Greenland rift Basin	8,902.13	86,180.06	8,121.57	31,387.04
WGEC	West Greenland-East Canad	7,274.40	51,818.16	1,152.29	17,063.35

주: MMBO(Million Barrels of Oil): 100만 배럴(석유), BCFG(Billion Cubic Feet of Natural Gas): 10억 입방피트 천연가스, NMBNGL(Million Barrels of Natural Gas Liquids): 100만 배럴 액체천연가스. 석유와 천연가스를 석유 환산(BOE: barrels of oil-equivalent) 기준

출처: United States Geological Survey, "Circum-Arctic Resource Appraisal. Estimates of Undiscovered Oil and Gas North of the Arctic Circle," Factsheet 2008-3049, (Reston: U.S. Department of the Interior, 2008), p.4.

---

42) "Чем Гренландия привлекла США," Ведомости (vedomosti.ru), 20 августа 2019.
43) "Почему Гренландия так интересует США и другие мировые державы," profile.ru, 06.05.2021.

그린란드 광산업은 20세기 여러 시기에 빙정석, 납, 아연 및 석탄 매장지에서 채굴이 이루어졌으며, 섬 최초의 금광은 2004년에 채굴이 시작됐다. 탐사를 통해 철, 우라늄, 구리, 몰리브덴, 다이아몬드 및 기타 광물 매장지도 발견됐다.

그린란드 주변 북극해에서의 석유 시추는 2010년 중반에 시작됐지만, 멕시코만에서 발생한 BP의 딥워터 호라이즌(Deepwater Horizon) 기름 유출 사고로 인해 환경 문제가 커지면서 라이선스 계약이 지연됐다. 스코틀랜드에 본사를 둔 카이른 에너지(Cairn Energy)는 2010년에 시추 작업을 시작했지만, 아직 그린란드에서 상업적으로 채굴 가능한 석유나 천연가스 공급원을 발견하지 못했다.

그린란드는 소규모 혼합경제를 갖고 있고 덴마크의 지원과 수산물 수출에 의존하고 있다. 그린란드의 공공 기관이 가장 큰 고용주이며, 두 번째는 어업이다. 덴마크 정부는 그린란드 정부 수입의 거의 절반을 재정 지원한다.

그린란드 경제 구조를 고려할 때, 광업은 어업과 관광을 다른 두 축으로 하여 경제적 자립을 달성할 수 있는 가장 유망한 산업이다. 그린란드 최대 기업인 로얄 그린란드(Royal Greenland)는 그린란드 정부 소유이며 그린란드 수산업의 대부분을 관리한다. 그린란드 경제는 오랫동안 어업에 기반을 두어 왔다. 한때 경제의 중심이었던 물개 사냥은 20세기 초에 급격히 감소했고, 낚시, 통조림, 대구, 새우 및 기타 해양 생물의 냉동으로 대체됐다. 광범위한 그린란드 수산업은 덴마크 지원으로 건설됐고, 그 이후로 '그린란드 경제의 중추' 역할을 담당하면서 국내 수요 공급 외에도 생선(주로 넙치)과 갑각류(주로 새우)가 주요 수출품으로 현재 수출의 90%를 차지한다. 2017년 기준으로 그린란드는 어업 부문(수렵 및 농업 포함)에 월평균 23,217명의 직원을 고용하여 북극 8개국 중 어업 부문에서 가장 큰 고용을 담당하고 있다.[44] 그러나 남획과 가격 변동 문제에 취약한 수산업 의존도의 문제점은 경제 다각화 관점에서 큰 관심사로 부상하고 있다. 다각화의 일환으로 관광 산업에 많은 중점을 두면서 1990년대 이후 관광 수입이 증대됐지만, 인프라 부족으로 한계에 직면하고 있다.

관광 산업이 그린란드 자립 경제의 주요 기반이 될 수는 없지만, 재정 자립에 중요한 기여자가 될 가능성은 충분하다. 채굴 활동으로 인한 위험을 우려하는 그린란드인은 관광 산업 발전을 자립 경제 달성을 위한 환영받는 대안으로 생각하고 있다. 그린란드 주민들은 육상 관광객과 크루즈 관광객 모두에 대해 상당히 긍정적인 견해를 가지고 있다. 2019년 11월 비지트 그린란드(Visit Greenland)가 실시한 설문조사에 따르면, 조사에 참여한 사람 중 92.4%가 관광객에 대해 긍정적이었다. 2011~2016년 아이슬란드를 방문한 중국인 관광객 수는 660% 증가해 2016년 방문객 수는 66,781명이었지만, 같은 기간 그린란드를 찾은 중국인 관광객은 고작 1,300명에 불과했다. 2018년에는 그린란드 외국인 호텔 투숙객이 44,137명이었으며 이는 전체 GDP의 3%에 해당했고, 코로나 발생 이후 관광객이 급감하기도 했으나, 2022년 103,562명으로 다시 급성장했다(<그림 3> 참조). 2025년까지 방문자 수는 현재 부족한 기반 시설과 서비스에 대한 적절한 투자를 통해 두 배 증가할 가능성이 예측된다.[45]

남쪽의 수도 누크와 북쪽의 일루리사트(Ilulissat)는 그린란드의 주요 관광지이고 최근 몇 년 동안 광범위한 건설 활동과 현재 소형항공기만 수용하고 있는 공항의 지속적인 확장으로 추가 성장이 이어지면서 관광 산업 발전을 촉진할

---

[44] Sebastian Leskien, *Das Wirtschaftspotential der Arktis im Überblick*, Fact Sheets des (Deutschen Arktisbüros, January 2020).

[45] ibid.

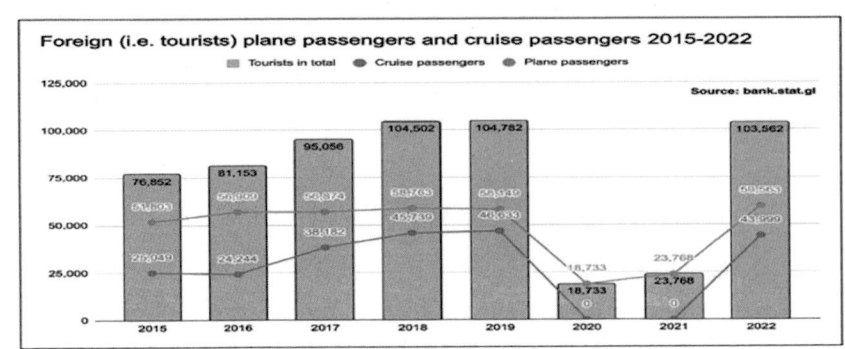

그림 3. 2015-22년 그린란드 항공 및 크루즈 관광객 추이

* 자료 출처: Visit Greenland, "Tourism Statistics Report 2022," (May 2023), p.38.

것으로 예상된다. 2024년 말 누크(Nuuk)와 2025년 일루리사트(Ilulissat)의 공항 확대가 이루어지면 확장된 활주로는 대형 여객기의 이착륙이 가능해지고, 각각의 공항은 시간당 800명과 600명의 승객도 수용할 수 있다. 그린란드 남해안도 또한 관광객들과 유람선의 인기있는 목적지인데, 그 지역의 중심도시인 카코르토크(Qaqortoq)에 있는 새로운 공항도 2025년에 문을 열 예정이다.

그린란드는 전체 면적의 약 1%에 해당하는 남부와 서부의 얼음 없는 지역에서 농업이 가능하며 주로 건초와 채소를 재배하면서 축산업 외에도 관상용 식물과 유용 식물이 재배된다. 공식적으로 50개의 국가 농장이 있으며 축산업이 주요 수입원이다. 상업적인 양 사육은 20세기 초에 시작했고, 순록도 고기를 얻기 위해 사육되며 때로는 고기와 털가죽을 얻기 위해 북극곰을 사냥한다. 그러나 물개, 바다코끼리, 고래 등 바다 포유류는 여전히 가장 중요한 고기 공급원이다. 현재 농업은 그린란드 GDP의 1%만 기여하고 있지만 기후변화는 새로운 기회로 간주되고 있다. 일부 지역에서는 2019년 안정적이고 건조한 날씨 덕분에 감자 수확(예: 네키(Neqi) 마을의 농장은 전년 대비 54% 증가한 105톤의 매출을 기록)이 기록적이었다. 그린란드 정부는 농업 자급자족을

더욱 확대하기 위해 노력 중이다.[46]

그린란드는 세계 대부분의 다른 지역보다 3-4배나 빠르게 온난화되고 있다. 위성 관측에 따르면 전 세계 담수 매장량의 거의 7%를 포함하고 있는 이 섬의 빙상은 매년 약 200㎢ 씩 줄어들고 있다. 기온이 높아지면 50여 개 농장의 재배 기간이 길어지고 식량 수입에 대한 의존도가 줄어들 가능성이 있다. 그린란드의 남쪽과 서쪽에 있는 보호 구역인 피요르드에서는 과거 양과 몇 마리의 소가 사육됐는데, 농부들은 오늘날에도 정확히 같은 피요르드를 따라 이 일을 하고 있다.[47] 그럼에도 그린란드 농업은 지리적인 한계에도 불구하고 전력 생산이 가능하다면 노동 절약적 스마트 팜(smart farm) 구축을 통해 농산물 수입의 일부를 대체할 수 있을 것으로 생각된다. 그린란드는 만년설에서 녹은 물을 활용하여 현재 5개의 수력 발전소를 운영 중이다. 2020년 수력발전은 전체 전력 용량의 84.2%로 추정된다. 수력 발전잠재력은 연간 약 800,000GW로 그 규모는 영국과 프랑스를 합친 전력이다.[48]

그린란드는 세계 담수 자원의 7%를 보유하고 있는데 최근 빙상의 녹는 물은 각테일 등 고급 음료수로 탈바꿈하고 있다. 9개의 소규모 프로젝트 기업들이 이미 식수 수출을 허가받았다. 2022년 출범한 스타트업 회사인 아틱 아이스(Arctic Ice)는 2024년 약 22톤의 그린란드 얼음을 담은 첫 번째 컨테이너를 아랍에미리트 두바이로 운송하여 고급 바와 레스토랑에 판매했다.[49] 이 얼음은 매우 투명하기에 더 깨끗하고 물속에서 발견하기 어려우므로 현지에서

---

46) Ibid.
47) "Warum Grönland auf den Klimawandel hofft," *National Geographic Deutschland*, Heft 7, 2010.
48) Sebastian Leskien (January 2020), op. cit.
49) "A new company is shipping Arctic ice from Greenland to chill posh drinks in Dubai," *CNN*, Mar. 1, 2024.

는 '블랙아이스'로 알려져 있다. 이 기업의 공동 설립자인 말릭 라스무센(Malik Rasmussen)은 수천 년 동안 눌러서 붙어 온 그린란드의 얼음은 거품이 전혀 없고 일반 얼음보다 더 천천히 녹는다고 지적했다. 또한 "이 얼음은 10만년 이상 얼어붙은 북극의 자연 빙하에서 직접 추출한 것으로 이 얼음 덮개 지역은 토양과 접촉하지 않았고 인간 활동으로 생성된 오염 물질의 영향을 받지 않았기에 그린란드의 얼음은 지구상에서 H2O 구성 면에서 가장 깨끗하다"라고 말했다. 희귀하고 친환경적인 제품들은 그린란드가 녹색 경제로 전환하고 덴마크로부터 독립을 이루는 데 역할을 할 것으로 기대되고 있다. 이 회사의 주요 목표는 덴마크가 제공하는 연간 보조금이 예산의 55%를 차지하며 재정적으로 크게 의존하는 그린란드에서 새로운 수익원을 창출하는 것이다.[50] 그리고 녹는 빙상은 집약 컴퓨팅 센터를 위한 청정에너지, 특히 전력을 생산할 수 있다.

지문화적으로 15세기 초 노르딕인의 멸종에도 불구하고 그린란드는 5000년 동안 이누이트인의 강한 생존/적응력을 유지해왔으며, 이누이트 정체성과 문화 전통 기술을 보존하고 있다. 현재 그린란드인의 90%가 이누이트인이고, 국어도 그린란드어이다. 대부분의 주민과 정당들은 독립 의지가 강하다. 1979년 자치법, 2009년 확대된 자치정부 법 시행으로 행정의 숙련화가 이루어지고 있고, 삼권 분립과 북유럽 의회제도 등 노르딕 모델의 경험 전수와 역시 지속적으로 경로 의존적, 단계론적 주권/독립으로 나아가고 있다. 자치정부는 끊임없이 '덴마크화' 제거와 '그린란드화'에 노력 중이다. 논리적으로 그린란드가 더 이상 덴마크의 연간 보조금에 의존하지 않고 경제가 안정되고 다각화가 된다면 다음 단계는 주권/독립이다.

---

50) "Лед айсбергов Гренландии начали поставлять в неожиданные места: в чем эксклюзивность," MKRU, 1 октября 2024.

그린란드는 북극이사회(AC)에서 그 역할과 지위를 강화하고 있고, ICC(Inuit Circumpolar Council) 등 원주민 단체와도 협력을 경험하고 있다. 그린란드는 헌법 초안과 안보 전략을 제시하고 있지만, 그 실현 가능성은 아직 불분명하다. 그리고 국방은 나토 창설 회원국의 지위를 유지하면서, 아이슬란드처럼 덴마크 혹은 나토에 '아웃소싱' 할 수 있다. 공식적으로 그린란드는 독립/주권 국가로 갈 수 있는 계기를 조성하면서 세계 최초의 토착민이 다수인 이누이트 국가 출현, 혹은 독립 시 9번째 AC 정회원국의 지위 획득도 가능하다. 덴마크는 북극 강대국(Arctic 5)의 지위는 잃을 수 있지만, 페로 제도를 통해 AC 회원국 지위는 유지할 수 있을 것이다.

2. 그린란드의 독립 한계성

대법원, 시민권, 통화, 국방과 외교정책은 덴마크가 담당하고 있지만, 그럼에도 정치적 권한이 이전보다 확대된 그린란드 자치정부는 경로 의존성에 따라 주권/독립을 선언할 수 있다. 그린란드 주권/독립에는 문제가 없지만, 그린란드 전체 수출의 90%를 차지하는 수산업 의존도, 덴마크의 블록 보조금이 그린란드 GDP의 약 30%를 차지하면서 경제 독립은 한계가 있다. 그린란드가 주권/독립국이 된다면 블록 보조금은 중단된다. 그래서 경제 자립이 안 된 상황에서 주권을 선언한다면 재정 위기는 물론 정치, 경제, 사회적 대재앙 가능성도 농후하다. 현재 그린란드 정당의 다수는 실제로도 독립을 목표로 하긴 하지만 여전히 노동조합주의자와 분리주의자 사이의 분열이 존재한다. 그리고 젊은이들 사이에서는 독립보다는 사회복지 선호 현상이 뚜렷하다. 그래서 젊은층의 자치정부에 대한 지지율은 현저히 낮다.

주권/독립의 전제조건으로 경제적 자립이 중요하지만, 그린란드 농업과 어업, 관광업으로는 재정 자립에 한계가 있다. 기대에 부풀었던 광산업도 환경

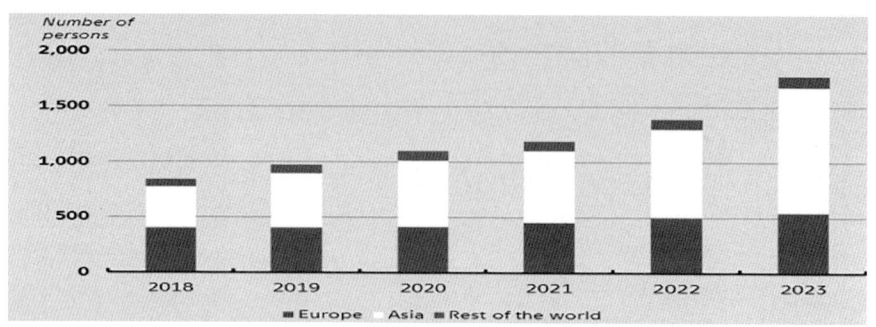

그림 4. 2018-23년 그린란드 외국인 취업 추이

* 자료 출처: Søren Bjerregaard (2023), op.cit.

오염과 외국자본 의존도 심화, 외국인 노동력 유입 등 여러 요인으로 2021년 총선 결과에서 나타난 것처럼 장기적 차원에서만 가능하다. 특히 광산개발은 기타 주요 경제 부문, 특히 관광업과 대체(trade-off) 관계다. 자원은 여전히 접근이 어려우며, 효율적인 채굴을 가능하게 하는 적절한 기술도 부족한 상황이다. 더욱이 그린란드 주민의 54%가 기초 교육을 받고 있으나 고등교육을 이수한 사람은 5%에 불과하므로 첨단 채굴 산업에서 일할 수 있는 인력은 부족하다. 또 다른 이유로는 근로자의 40% 이상이 행정 부문(상당 부분은 덴마크인에 의존)에 일하는 고용 구조가 있다. 지원을 추출, 지장, 배분할 수 있는 충분한 물류 인프라도 부족하다.[51]

그린란드는 경제 다각(다양)화 노력에도 불구하고 인프라(유·무형적 사회간접자본)와 산업 기반 시설이 미약하다. 그린란드는 철도와 도시 혹은 정착지 간 도로도 없으며, 여객과 화물 운송은 스노모빌과 개 썰매, 소형항공기, 헬기나 보트를 이용하고 있다. 그린란드의 화물 운송에 있어 해상과 항공을 통

---

51) "Greenland - world's most desirable island?," *Institute of New Europe* (ine.org. pl), Jan. 11, 2011.

한 인프라도 빈약하고, 약 22개의 항구가 있지만 모든 항구가 일년내내 사용 가능한 것도 아니다.[52]

그린란드 주권/독립의 한계 요인으로는 재정 자립 외에도 적은 인구수가 있다. 2024년 기준으로 인구는 5만 5,840명으로 1㎢당 인구 밀도가 0.136으로 세계 최저수준이다. 2100년 미래 인구는 2024년보다 60% 수준인 3만 7,230명, 인구 밀도도 0.0907로 감소할 것으로 추정하고 있다.[53] 적은 국민 수는 인재와 인력 등 인적자본의 부족을 유발한다. 알코올 남용,[54] 높은 자살률, 여전히 열악한 보건 위생 등으로 인구는 지속적으로 감소하고 있으며, 인구 순유출 현상도 현저하게 나타나고 있다. 덴마크에 거주하는 그린란드인이 만 4천 명으로 추정되고 있어 북극 디아스포라 현상도 가시화하고 있다. 그 결과 해외인력 유입이 점차 증가하고 있다. 2018년부터 2023년까지 주로 아시아 국가에서 온 취업 외국인(17-64세) 약 1,000명이 그린란드로 이주했다. 2018년부터 해외 취업자 수는 지속해서 증가하여 2023년 약 1,750명을 기록했다(<그림 4> 참조).

그린란드의 지정/지경학 가치는 독립의 기회를 제공하지만 다른 한편으로 지정학적 긴장 유발에 따른 위협 요인으로도 작용한다. 러시아는 공격적인 북극개발과 항로 등 지경학적 가치의 구체화 및 북극에서의 군기지 재구축(그린

---

52) "Growing frustration in Greenland after Denmark revokes Nuuk airport's international flight authorization," *The Copenhagen Post* (cphpost.dk), Sep. 10, 2024.
53) "Population of Greenland 1950-2024 & Future Projections," https://database.earth/population/greenland (검색일: 2024. 11. 10).
54) 1990년 그린란드 알코올 소비량은 덴마크보다 1.34배나 높으며, 덴마크인은 소득의 3.3%를 술에 지출하는 반면 그린란드인의 비율은 10%로 높다. Rolf Lindemann (1999), op. cit.

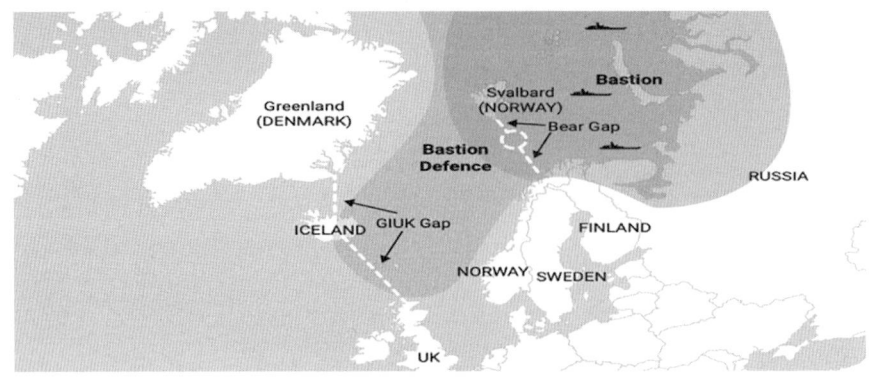

그림 5. GIUK Gap과 Bear Gap 전도

* 자료 출처: "American flags in the Barents Sea the 'new normal'. a defense analyst says," *The Independent Barents Observer*, May 12, 2020.

란드와 가까운 북극 섬인 프란츠이오시파제믈랴, 노바야 제믈랴 등) 및 무기 현대화 작업을 진행 중이다. 그리고 러시아는 그린란드와의 양호한 관계 유지를 위해 러시아 바렌츠해에서 어업 쿼터를 제공하고 그린란드 수산물 수입도 늘려왔다. 반면 미국은 2차 대전 중인 1941년부터 그린란드 북서부에 설치한 툴레 군기지를 현재까지도 운영하고 있다. 그린란드는 냉전 시절 구소련 견제를 위한 1,700㎞ 이르는 '기욱 갭'(GIUK Gap, 그린란드/아이슬란드/영국)에서 초크 포인트로 미국과 NATO의 북부 해상 방어 요충지 역할을 담당해왔다 (<그림 5> 참조). 해군 전쟁 대학(Naval War College)의 월터 버브릭(Walter Berbrick)은 2019년에 "그린란드를 보유한 사람은 북극을 보유할 것이다. 이곳은 북극과 세계에서 가장 중요한 전략적 위치"라고 강조했다.[55]

그린란드는 자체 군대가 없기에 덴마크왕국이 국방을 전담하고 있다. 2023

---

55) "Trump's Greenland gambit finds allies inside government," *Politico*, Aug. 24, 2019.

년 덴마크 왕립 해군은 3척의 쇄빙선을 보유하고 있으며 그린란드의 해안 경비대 역할을 하고 있다. 그린란드 주둔 병력은 전설적인 시리우스 개 썰매 순찰대도 포함하여 현재 항공기 1대, 헬리콥터 4대, 선박 7척(Thetis급 순찰선 4척, Knud Rasmussen급 순찰선 3척)[56]을 운용하여 4만 km 이상의 해안선을 가진 세계에서 가장 큰 섬을 지키고 있다. 이러한 인력과 자원을 통해 덴마크군 합동 북극사령부와 그린란드 경찰은 왕국의 주권을 수호하고, 어업을 모니터링하며, 해양 서비스를 제공하고, 환자를 이송하며, 기타 사회 서비스를 지원하고, 수색 및 구조(SAR) 임무를 수행해야 한다. 물론 덴마크도 자력으로만 그린란드 방위를 할 수 없어 아이슬란드처럼 나토의 미국이 국방을 담당하고 있다. 이는 미군과 덴마크군이 지역적으로 협력하고 그린란드에서 합동 훈련을 시작하려는 계획에서 잘 드러나는데, 그 중 첫 번째 훈련은 2025년으로 예정되어 있으며, 주로 재난 시 무력 대응 및 작전에 중점을 두고 있다.[57] 그리고 2024년 5월부터 그린란드 젊은이들은 덴마크군이 그린란드 정부와 협력하여 개발한 훈련에 신청하고 참여할 수 있는데, 이 훈련은 극한 상황에서 지역사회의 준비 태세와 회복력을 강화하는 것을 목표로 하고 있다.[58]

중국과 러시아의 북극 개입 가속화를 저지하기 위해 미국은 북극 정책을 개선하기 시작했다. 그 일환으로써 2019년 트럼프 전 대통령의 그린란드 구매 제안은 이와 무관하지 않다. 서방 국가들은 그린란드의 독립이 러시아와 중국에게 이 섬의 광물자원 개발 기회를 제공할 것이라고 우려한다. 1953년 덴

---

56) "Military of Greenland," https://en.wikipedia.org/wiki/Military_of_Greenland#:~:text=The%20defence%20of%20Greenland%20is,Greenlandic%20people%20and%20its%20land. (검색일: 2024.10.20).
57) "Danish Military Plan Joint Training," *National Guard*, Dec. 22, 2023.
58) "The Danish Armed Forces Launches New ArcticEducation Program in Greenland." *High North News*, Dec. 17, 2023.

마크 당국이 툴레 미국 공군 기지를 확장하기 위해 섬 북쪽 끝에 있는 조상의 땅에서 이누이트 사냥꾼들을 추방하고, 1968년 1월 21일 핵무기 4개를 탑재한 미국의 B-52 폭격기가 툴레 인근에 추락, 1기의 수소폭탄이 추락 현장에서 회수되지 않았다는 우려(방사능 오염) 등은 그린란드에 여전한 반미 감정으로 남아 있다. 미국 내에서는 잠재된 반미 감정이 나토에서 그린란드의 중요한 역할을 위태롭게 할 것이라는 우려도 있다. 우크라이나 전쟁으로 반미 감정은 누그러졌지만, 과거의 강제 이주에 대한 기억은 여전히 남아 시위로 이어질 수 있다는 것이다.[59] 오늘날 그린란드 북서쪽 피투피크(Pituffik) 미군 우주 기지는 조기 탐지 레이더 방어 시스템 역할을 하며, 부분적으로는 공격 기지 역할도 한다. 다행히도 오늘날 그린란드는 전쟁을 치른 적이 없고, 동부 해안의 외딴 기상 관측소에서 독일군과 미군 사이에 벌어진 2차 대전의 전투를 제외하고는 지상에서 사소한 갈등만 겪었다. 그린란드에서는 항상 평화가 지속되었기에 이 나라가 전쟁을 치르리라고는 상상하기 어렵다. 그러나 국가 방위 군사 조직을 가질 것인지에 관한 문제는 헌법 제정 시 적용될 것이다.

2009년 확대된 자치정부 법으로 주권/독립과정에서 북극의 중요성을 인식한 중국은 아이슬란드 투자뿐만 아니라 그린란드 인프라, 연구 기시, 광물 부문과 어업, 관광 등 전 분야에서 협력을 강화해왔다. 중국은 2018년 북극 백서에서 '근북극국가(Near Arctic State)'로 자칭하면서 일대일로의 북극해상 실크로드를 채택하고 북극 전 지역에서 공격적인 투자를 하고 있다. 그린란드는

---

59) 2023년 4월 Thule 공군 기지가 피투피크(Pituffik) 우주 기지로 이름이 바뀐 것은 이러한 징후다. '피투픽'은 그린란드어로 '개들이 묶여 있는 곳'을 의미한다. 그것은 지역 주민들이 기지를 위한 공간을 만들기 위해 강제적으로 비워야 했던 넓은 평원의 오두막 군락의 추억을 회상한다. "Greenland moves slowly toward independence," GIS Reports Online, Aug. 10, 2023.

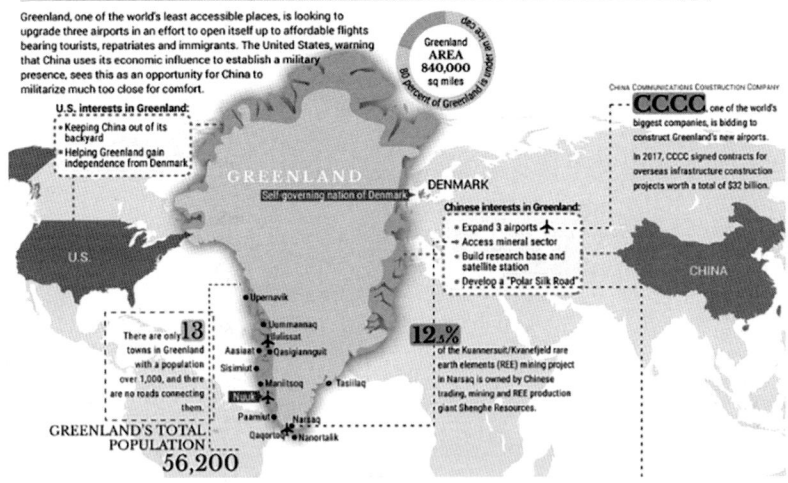

그림 6. 중국과 미국의 그린란드 관심 영역

* 자료 출처: "Chinas Einfluss in Grönland -Infografik," *Swiss Institut for Global Affairs* (2019).

중국의 북극 활동에서 우선순위를 두고 있는 지역이 아니다. 러시아 북부(야말/기단반도 LNG 투자, 가스 수입)와 이웃 아이슬란드(자유무역협정)가 더 중요한 역할을 담당한다. 그런데도 그린란드는 빙상 실크로드의 교두보로서 그린란드의 항공 및 항구에 대한 투자 시도는 중국이 그린란드를 잠재적인 지역 물류 및 운송 허브로 인식하고 있음을 시사한다. 중국은 자국의 식량 안보(어류 및 해산물 수입)와 원자재 수요(희토류와 우라늄을 포함한 광물)를 위해 그린란드의 중요성을 인식하고 있다.[60] 중국은 경제적, 전략적 이유로 그린란드에 관심을 두고 있으며, 이 섬을 실크로드의 잠재적 기지로 간주한다. 중국의 북극 연구자들 논문에서는 그린란드를 '작고 약한 그린란드 국가', 미래

---

60) "Wrestling in Greenland, Denmark, the United States and China in the land of ice," OSW COMMENTARY, Mar. 2, 2021.

에 '극지 실크로드의 성공적인 구현을 위한 가장 중요한 연결 고리'가 될 수 있다고 지적한다. 이런 맥락에서 폼페이오 전 미 국무장관은 라스무센 덴마크 총리와 마찬가지로 과도한 부채를 통해 소규모 국가들을 의존하게 만드는 중국의 인도·태평양 지역 접근 방식이라고 비판했다.[61]

그린란드 자치정부의 전 재무부 장관 비투스 쿠야우키초크(Vittus Qujaukitsoq)는 중국, 미국, 캐나다 어디에서 나오는 자금이든 투자와 관광이 그린란드의 개발을 촉진하기 바랐다. 그는 중요한 것은 더 나은 교육과 더 많은 일자리라고도 말했다. 그는 궁극적으로 독립 그린란드가 아프리카의 지부티(Djibouti)처럼 중국과 같은 경쟁국을 위해 군사 기지를 제공하지는 않을 것이라고 언급했다. 그동안 미국은 경제적 투자를 소홀히 하면서 그린란드에서 중국의 영향력을 억제하는 데 지나치게 집중한 것일 수도 있다.[62]

나르사크의 쿠안네르수이트/크반네필드(Kuannersuit/Kvanefjeld) 희토류 원소(REE) 광산 프로젝트의 12.5%는 중국의 무역, 광업 및 REE 생산 거대 기업인 '성해 리소스'(Shenghe Resources)가 소유하고 있다. 2018년 덴마크는 그린란드에 있는 공항의 절반에 자금을 지원하는 대신 중국통신건설회사(China Communications Construction Company)의 건설 입찰을 허락했다.[63] 독립한 그린란드가 중국 투자의 유혹적인 대상이 될 것으로 예상하면서

---

[61] Michael Paul, "Greenland's Project Independence: Ambitions and Prospects after 300 Years with the Kingdom of Denmark," SWP Comment, 2021/C 10 (28.01.2021), p.3.

[62] Michael Paul, "Plans, Problems and Perspectives for Greenland's Project Independence," (Arctic Yearbook, 2021), p.5.

[63] "Growing frustration in Greenland after Denmark revokes Nuuk airport's international flight authorization," The Copenhagen Post (cphpost.dk), Sep 10, 2024.

북극의 야심 찬 플레이어로서 중국은 항구와 비행장에 대한 접근은 말할 것도 없고 재생 가능 에너지에서 위성 통신을 위한 지상 기지국에 이르기까지 다양한 문제에서 거래를 모색할 것으로 예상된다. 일부 전문가들은 그린란드가 중국이나 러시아의 영향력 확대에 대한 우려를 이용해 서방 강대국들로부터 더 큰 지지를 유인할 가능성도 기대하고 있다.[64] 그러나 중국의 투자와 인프라 건설 프로젝트 등 많은 사업은 덴마크와 미국의 반대 및 그린란드 환경 문제로 인해 유보되거나 폐지됐다.

2015년 그린란드 의회는 길이 2,200m의 활주로 3개를 건설하기로 했다. 수도 누크 외에도 빙산으로 유명하고 유네스코 세계문화유산으로 지정된 디스코만의 관광도시 일루리사트에도 공항이 들어설 예정이다. 세 번째 활주로는 섬 남쪽의 카코르토크(Qaqortoq)에 건설될 것이고, 2025년 폐쇄되는 옛 나르사르수아크(Narsarsuaq) 비행장을 대체하게 된다. 비용을 낮추기 위해 그린란드 정부는 소위 극지 실크로드를 통해 영향력 범위를 확장하려는 중국으로 눈길을 돌렸다. 2016년 초 중국은 칸길린구이트(Kangilinnguit 또는 Grønnedal)에 있는 이전 미해군 기지를 구매하고자 했다. 이 기지는 전쟁 중 이곳의 빙정석 광산을 보호하기 위해 건설되었으며 1951년부터 2012년 폐쇄될 때까지 덴마크인이 관리했다. 워싱턴은 당시 덴마크에 어떤 상황에서도 기지의 중국 판매를 허용할 수 없다는 점을 알렸다. 그리고 공항도 마찬가지였다. 2018년 9월, 덴마크가 3개의 새로운 활주로 총비용의 3분의 1, 즉 6억 3천만 유로에 달하는 금액을 직접 투자하기로 합의했으며, 총 6천만 유로에 달하

---

64) "Greenland moves slowly toward independence," GIS Reports Online, Aug. 10, 2023; "What Would Greenland's Independence Mean for the Arctic?," Council on Foreign Relations, Aug. 10, 2023.

는 대출과 함께 동일 금액의 대출 보증도 했다.[65]

도널드 트럼프 전 대통령은 그린란드를 매입하려는 그의 욕망에 대한 싸늘한 반응[66]에도 불구하고 그린란드 주재 미국 영사관을 다시 열고 1,200만 달러 이상의 원조를 제공하기로 약속했다. 조 바이든 대통령도 군기지에 병력을 주둔시키기 위해 그린란드 자치정부와 12년간 39억 5,000만 달러 규모의 계약을 체결(그린란드 기업 참여)했고, 미국의 북극 대사를 처음으로 임명했다. 2021년 여론 조사에 따르면 그린란드 국민은 중국(38.7%)보다는 미국(69.1%) 및 덴마크(68.2%)와의 협력 확대에 찬성했다.[67] 2019년 트럼프 대통령이 그린란드를 구매하겠다고 제안하자 시우무트와 날레라크의 일부 그린란드 정치인들이 경로 의존성에 이의를 제기하는 반응을 보였지만. 그들은 이 제안을 단호하게 거절하기보다는, 그린란드에 대한 미국의 관심이 그린란드의 경제를 활성화하고 덴마크에 대한 경제적 의존도를 줄이는 방법이라고 생각했다.[68] 오늘날 덴마크가 지급하는 블록 보조금은 자급자족을 위한 도구가 아니라 오히려 덴마크가 국가 안보를 보장하는 지역 공동체의 발전을 위한 도구로 사용되고 있다. 그린란드와 페로 제도를 소유함으로써 덴마크는 NATO

---

[65] "Nuuk wartet ab: Grönlands schwieriger Weg in die politische Emanzipation," *Le Monde diplomatique*, März 2023.
[66] 당시 그린란드 총리였던 킴 킬슨(Kim Kilsen)은 그 섬이 매각용이 아니라는 점을 분명히 하면서, 설령 그렇다 하더라도 그 제안은 덴마크가 아니라 그린란드로 보내져야 한다고 덧붙였다. 코펜하겐의 메테 프레데릭센 총리도 같은 말을 하면서 "그린란드는 덴마크가 아니다. 그린란드는 그린란드 것이다. "Why President Trump's idea to buy Greenland is not a joke in Denmark and Greenland," Arctic Today, Aug. 23, 2019.
[67] "Wrestling in Greenland, Denmark, the United States and China in the land of ice," OSW COMMENTARY, Mar. 2, 2021.
[68] "Greenland in Arctic Security - independence, climate change and nuclear missiles," DIIS, Feb. 14, 2024.

와 국제기구에서 입지를 강화하는 특별한 지정학적 이점을 가지고 있다.

그린란드는 특히 국제적 형태의 신식민주의를 경계해야 한다. 이는 중국의 최근 관심과 미국의 장기적인 관심과도 연관이 있는데, 2019년 트럼프 전 대통령 구매 제안이 대표적이다. 그린란드와 덴마크의 경제적 유대는 더욱 강력하고 북극의 중요한 전략적 위치와 풍부한 광물 매장량을 고려한다면 그린란드인은 신식민지주의 경향을 더욱 경계해야만 한다.[69]

현재 그린란드에서 덴마크로부터 완전한, 재정적 독립을 이루기 위해 그린란드의 광물을 적극적으로 활용해야 한다고 생각하는 사람은 소수에 불과하다. 지구는 더욱 빠르게 온난화되고 있고, 더 많은 얼음이 녹고 있다. 현재 그린란드만은 더 이상 일년내내 얼지 않는다. 얼음이 없으면 개 썰매도 줄어든다.[70] 파리 기후 협약은 그린란드에서 수년 동안 의제에 있었지만, 그린란드가 2023년 가을에 협정에 가입하면서야 행동이 실행에 옮겨졌다. 여러 연구에 따르면 빙하가 녹는 속도가 세기 초부터 가속화되어 왔고 앞으로도 더 빠른 속도로 진행된다고 한다. 최근 연구에서는 1980년대와 1990년대에 빙하가 연간 최대 5미터의 속도로 녹았지만 지난 20년 동안 이 속도는 연간 25미터로 거의 5배로 증가한 것이다.[71]

2022년 2월 우크라이나 전쟁 이후 세계는 신냉전 시대의 초입에 들어섰고, 권위주의 진영과 자유민주 진영 간 경쟁은 가속화되고 있다. 지금까지 평화 공간이었던 '북극 예외주의'도 사라지고 있다. 그린란드도 우크라이나 전쟁 이후 러시아 경제제재에 참여하고 있어 서방과의 협력 중요성을 인식하고 있다.

---

69) Adam Kočí and Vladimír Baar (2021), op. cit., p. 199.
70) "Grönlands Zukunft: Weniger Eis, viele Rohstoffe," *Deutschlandfunkkultur.de*, Dec. 28, 2021.
71) "Current Climate: Greenland's Glaciers AreMelting Faster," Forbes, Dec. 11, 2023.

특히 중립국이었던 핀란드와 스웨덴의 NATO 가입으로 북극 8개국 중 러시아만 홀로서는 북극 국가가 되면서 북극에서의 경쟁, 긴장, 갈등, 분규가 확대될 것으로 예상되며 전쟁도 배제할 수 없다. 특히 2009년 그린란드 자치법의 확대로 그린란드는 공식적으로 독립할 여건을 가지게 됐다. 향후 그린란드의 독립과정에서 덴마크는 물론 미국과 유럽연합, 러시아와 중국은 독자적 혹은 진영 간 각축의 장을 만들 것으로 예상된다. 따라서 유럽연합의 전략적 자율성 또는 미국의 북극 전략에서 그린란드의 역할이 커질수록 덴마크와의 관계는 더욱 복잡해질 수 있고, 덴마크가 그린란드 자율성의 증가하는 지정/지경학적 중요성에 따른 모든 혜택을 단독으로 점유할 수는 없을 것이다. 역설적으로, 덴마크가 그린란드를 유럽연합의 전략적 자율성 보장과 미국의 북극 전략 보완을 위한 외교정책 자원으로 적극 활용한다면, 이는 동시에 덴마크 자치권보다 독립을 지지하는 이들에게 더 많은 논거를 제공하고 오히려 덴마크에 역으로 압력을 가하는 지렛대를 제공하게 될 것이다.[72]

그린란드인과 자치정부는 SWOT 분석에서 나타난 강점과 기회를 극대화하고 약점과 위협을 극소화하는 정책 방향과 지혜를 모아야 할 것이다. 그러나 그린란드의 주권/독립에 있어 재정 자립과 인구 부족 및 자체 방위가 불가능한 점을 고려할 때 가장 유력한 미래 모델은 '자유연합'이라 생각된다.

---

[72] Н. Е. Белухин, "Борьба за 'ледяную Африку'? Гренландия между колониальным прошлым, интересами США и стратегической автономией ЕС," Анализ и прогноз. Журнал ИМЭМО РАН, № 1 (2024), С. 39-51.

<표 3> 그린란드 독립 가능성과 한계성에 대한 SWOT 분석: 강점과 기회

S	O
- 영토대국: 세계에서 가장 큰 섬(독립하면 사우디아라비아 다음으로 세계 12위, 유럽에서 러시아에 이어 2위); 덴마크의 50배, EU의 1/2 - 대륙붕 확장 가능성: 89만 5,000㎢ - 지구온난화 세계 평균기온보다 3-4배나 빠른 속도로 진행; 향후 가속화 가능성: 농업과 연료/원료자원 채굴 용이성 - 지리적 위치: 모든 북극항로(북동항로, 북서항로, 북극점 경유 항로, 랜드브릿지)와 통신 케이블의 허브 지역 - 지정학적 잠재력(GIUK의 최북단), 북극 방어의 최적화 군사기지(NIMBY 현상 없음) - 지경학적 잠재력(물류와 자원의 보고): 수산자원과 생물자원, 수자원(세계 담수 매장량의 약 10%), 재생에너지(수력, 풍력, 등), 연료자원(석유, 가스, 석탄 등), 원료자원(우라늄, 희토류, 철, 아연, 구리, 금 등 비철금속), 생태관광자원, 저온 집약적 산업의 보고지역: 해외투자를 통한 자립 가능성; 독특한 자연경관과 관광 잠재력 등 - 국제 과학연구 허브: 기후 변화와 그 영향을 모니터링하는 중요한 연구 장소 - 15세기 초 노르딕 인의 멸종에도 불구하고 5000년 동안 이누이트 인의 강한 생존/적응력 - 이누이트 인의 비율이 거의 90%; 이누이트 정체성과 문화 전통 기술 경험; 국어로서 그린란드어 사용 - 대부분 주민과 정당 대부분이 독립 의지가 강함 - 1979년 자치법, 2009년 확대된 자치정부 법 시행으로 행정 경험; 삼권 분립과 북유럽 의회제도 등 노르딕 모델 경험 전수: 덴마크 혹은 AC(북극이사회)와 외교, 국방 협력 경험 - 지속적인 경로 의존적 단계론 적 주권/독립 움직임 - 북극이사회에서 역할과 지위 강화; ICC(Inuit Circumpolar Council) 등 원주민 단체와 협력 경험 - 아이슬란드처럼 국방은 나토 창설 회원국의 지위 유지	- 지구온난화 세계 평균기온보다 3-4배나 빠른 속도로 진행되면서 진입 용이성 증대 - 북극항로의 이용 가능성 증대; 그린란드 항구, 공항 등 인프라 시설 확충 가능성, 해운업 발전 등 - 저온 집약적 산업 시설 확충((예: 비트코인 채굴과 대형 데이터 센터 시설 등)과 담수 수출 가능성 - RE 100, ESG에 부합하는 재생가능 에너지원(풍력, 수력, 지열, 태양광 등) 전력 시설 증가 가능성 - 스마트 팜 구축을 통해 자급자족 기여 가능성 - 생태관광자원의 보고 현실화: 호텔, 콘도 등 관광 인프라 구축과 증대 가능성 - 중장기적으로 연료/원료 채굴 산업 확대 가능성 - 수산업의 현대화 가능성(양식, 통조림 등) - 물류/관광/광산업의 해외투자를 통해 재정 자립과 그린란드인의 복지 향상 가능성 증대 - 지정/지경학적 가치 증가로 덴마크 외 미국과 EU, 중국의 투자유치 가능성 확대 혹은 지렛대 역할 기회 - '덴마크화' 제거와 지속적인 '그린란드화' 노력 - 단계적으로 경로 의존성에 의거한 주권 및 독립 절차 집행 - 1979년 자치법과 2009년 자치정부 법 확대: 국민투표를 통해 완전한 독립 혹은 주권 달성 - 헌법 초안과 안보 전략 제시 등; AC와 북유럽이사회에서 권한 확대와 정회원 가능성 증대; 캐나다, 미국, 러시아 이누이트 인과 협력과 교류 - 북극 또는 AC에서 중요한 역할 가능성 증대 - 세계 최초의 토착민 이누이트 독립/주권 국가 출현 가능성

⟨표 4⟩ 그린란드 독립 가능성과 한계성 대한 SWOT 분석: 약점과 위협

W	T
- 재정 자립의 미성숙: 덴마크로부터 블록 보조금(그린란드 예산의 절반 이상, GDP의 20%: 40억 크로네, 5억 4천만 유로), 미국과 EU 보조금 의존 - 대법원, 시민권, 통화, 국방과 외교정책은 덴마크에 의존 - 작은 경제 규모; 노동 인력 2-3만 명 수준; 고등교육 기관 부족과 전문인력 육성 한계: 근로자의 54% 정도 기초 교육, 고등교육 이수자 5%, 행정 공무원 근로자 40% 종사하는 고용 구조 - 적은 국민 수: 인적자본(인재와 인력)의 부족 - 인구가 적은 북부와 동부(예: 타실릭크 2천 명) 정착지에서 600km 떨어진 곳으로 자체 발전소, 물 공급, 항구, 비행장 구축 필요 - 알코올 남용, 자살률 등 보건 위생 문제 - 인프라 부재와 부족(도로, 철도, 항만, 공항, 교육 기관 등) - 경제 mono-culture: 수산업 의존도 심화(수출의 90%), 주로 덴마크로 수출 - 경제 다각(다양)화 부족 심화: 인프라(유형 및 무형적 사회간접자본)와 산업 기반 미약: 북미행 민간 직항편 부재 - 지구온난화로 극한 기후 발생과 전통적 생활과 생존 위기 증가 - 행정 서비스가 상당 부분이 덴마크인에 의존함 - 그린란드어뿐만 아니라 덴마크어 혹은 영어 습득 - 이누이트인 6명당 1명은 덴마크 거주(북극 디아스포라); 인구 순유출로 인구 점진적 감소 경향 - 독립보다 복지 선호 현상이 현저하게 나타남 - 완전 독립보다 '자유연합 모델'의 증대 경향 - 자체 방어 능력 부족: 자체 군대는 없음; 덴마크, 나토, 미국에 국방 아웃 소싱, 그린란드인들은 역사적으로 중립적 입장 - 탈 덴마크화(Danefikation)는 진전이 있지만 그린란드화(Greenlandfikation)의 더딘 진전	- 북극 긴장 고조: 러시아의 북극에 대한 군기지 확대와 훈련 강화: 2011년 러시아 잠수함 3대 동시 부상 등 - 북극 8개국 중 러시아와 나토 7국 간 경쟁, 갈등, 분규, 전쟁 가능성 - 미국의 군기지 확충과 그린란드 구매 가능성 - 덴마크, 미국, EU, 중국의 신식민지주의 가능성 - 덴마크로의 그린란드인 유출(Arctic diaspora) - 인구 유출 현상과 고령화 현상 가시화로 사회복지 비용 증가 - 노동력 부족으로 해외인력(Gastarbeiter) 필요성 증대; 해외인력과 그린란드인과의 문화 갈등 요인 - 수산업, 광업, 관광업은 외부 환경에 민감(가격 등); 식량, 에너지, 생필품의 자급자족 부재와 부족 - 알코올 남용, 자살률 증가로 인구 감소 현상; 2024년 5만 5,840명에서 2100년 3만 7,230명으로 감소(60.41%)로 추정 - 향후 적은 인구수로 국가 존립 위협; 세계에서 가장 낮은 인구밀도 - 중국의 인프라/광산 투자 증가에 대한 우려: 3,000여 명의 중국인 노동자가 '취약한 북극 침입' 우려, 사회적 투기에 대한 두려움, 그린란드인의 사회, 문화적 전통 및 삶에 대한 부정적 영향 - 광산 투자로 인한 환경 오염과 파괴 가능성 증가 - 기후변회와 지구온난화로 빙하가 녹으면서 그린란드 삶의 원천 파괴뿐만 아니라 세계 해수면 증대 - 자원개발 과정에서 Dutch Disease(자원의 저주) 가능성 - 현재 그린란드 정당의 다수는 실제로 독립을 목표로 하지만 여전히 노동조합주의자와 분리주의자 사이에 분열 존재; 특히 젊은이들은 독립보다 현상 유지 경향 증대 - 독립하면 덴마크 보조금 철폐로 재정 위기: 소련 붕괴 이후 나타난 정치/경제/사회적 대재앙 가능성

Ⅳ. 미래 그린란드 모델: 자유연합

이 장에서는 주권/독립과정에서 그린란드의 자유연합 모델에 관한 국내외, 그린란드 정당과 덴마크왕국의 입장을 분석한다.

오늘날의 그린란드는 정치적 스펙트럼에 있어 우파에서 좌파까지 비교적 고르게 분포된 8개의 정당이 있다. 이는 정치적 지향 및 독립에 대한 선호와 상관관계가 있다. 역사, 정체성, 재정 정책은 각 정당의 독립/주권에 관한 입장을 결정하는 이념적 요인 중 일부일 수 있다. 정당의 목표는 수십 년 동안 다소 변화했지만, 현재 그린란드 정당의 대다수는 실제로 독립을 목표로 하고 있다. 그러나 여전히 노동조합주의자와 분리주의자 사이에 분열이 존재한다. 일부 정당은 연방에 머무르는 것을 목표로 하지만 다른 정당은 탈퇴를 위해 노력하면서 정국에 긴장을 유발할 수 있다. 2009년 창설된 두 정당은 중도파로 강력한 주권을 지지하는 누나타 퀴토르나이(Nunatta Qitornai)와 우파 연

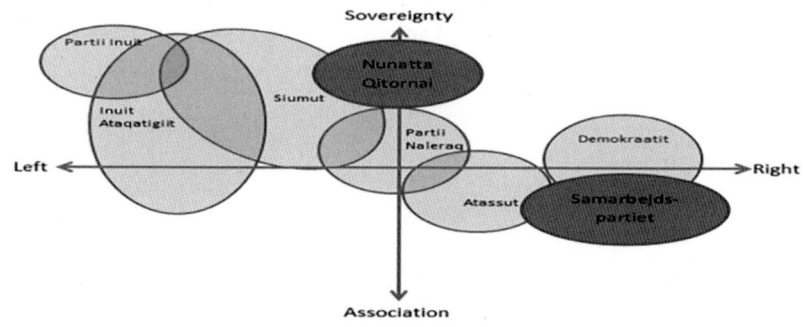

그림 7. 그린란드 정당명과 정치 성향

* 자료 출처: Maria Ackrén, "Referendums in Greenland - From Home Rule to Self-Government", *Fédéralisme Régionalisme*, Vol.19 (2019).

합당 사마르베이드스파르티에트(Samarbejdspartiet)인데, <그림 7>에 포함되어 있다. 2021년 총선에서 이누이트 당과 사마르베이드스파르티에트 당은 참여하지 않았다.

분명한 것은 8개 정당 중 6개 정당이 독립이나 주권을 선호하는 반면, 단 2개 정당(Demokraatit와 Atassut)만이 노동조합주의자 혹은 '자유연합' 지지로 간주된다는 점이다.

<표 5> 2021년 4월 6일 그린란드 총선 결과

그린란드 의회 이나티시스아르투트(Inatsisartut) 총 31석 (연정 가능 의석수 16석)

정당	대표	투표수	백분율(%)	증감	의석수	증감
Inuit Ataqatigiit	Múte Bourup Edge	9,933	37.44	+11.66	12	+4
Siumut	Erik Jensen	7,986	30.10	+2.66	10	+1
Partii Naleraq	Hans Enoksen	3,232	12.26	-1.29	4	0
Democrats	Jens Federik Nielsen	2,454	9.25	-10.44	3	-3
Atassut	Aqqalu Jerimiassen	1,878	7.08	+1.12	2	0
Munatta Qitornai	-	639	2.41	-1.04	0	-1
Cooperation	-	376	1.42	-2.69	0	-1
Independents	-	10	0.04	new	0	new
총	-	26,528	100.00	-	31	0

자료 출처: "2021 Greenlandic general election," https://en.wikipedia.org/wiki/2021_Greenlandic_general_election (검색일: 2024.10.04).

2021년 4월 6일 그린란드 총선에 '협력'(Cooperation)당과 '독립'(Independents)당도 참여했지만, 의석 확보는 못했다. 이 총선 결과는 <표 5>와 같다. IA가 다수 의석을 얻어 친 독립당인 날레라크와 연정에 합의하고 아타수트 당이 후원하면서, IA의 당 대표 무테 에드게가 총리가 됐다. 가장 크고 영향력 있는 두 정당인 시우무트(Siumut)와 이누이트 아타카티기이트

(Inuit Atakatigiit)는 경제 발전에 대해 좌파적 입장을 취하고 있으며, 사회적 평등과 사회 보장 문제에 큰 관심을 기울이고 있다. 2022년 4월 시우무트 당과 IA 당이 결성한 연립정부는 일종의 중도 노선을 추구하고 있다. 〈그림 7〉에서 보듯이 중도 우파 아타수트 당은 연방 혹은 자유연합 모델을 지지하고 있고, 좌파 IA와 중도 성향의 날레라크 당도 부분적으로는 자유연합 모델을 지지한다. 독립을 향한 움직임의 지속이 가장 유력한 시나리오임은 분명하지만, 그린란드가 이 길을 얼마나 멀리, 얼마나 빨리 걸어갈지는 불분명하다. 그린란드의 무테 에게데(Múte Bourup Egede) 총리는 독립을 지지하면서도 점진적인 접근을 강조한다. 그린란드에서 가장 강력하고 목소리가 큰 독립 찬성 정당인 날레라크(Naleraq)의 당원들조차도 덴마크와의 지속적인 협력을 원하고 있다. 일부 그린란드의 정치 행위자들에게는 GSGA에 제시된 독립의 길에 대한 대안으로서 덴마크와의 '자유연합'을 통해 자체 헌법을 가진 독립 그린란드가 더 큰 국가와의 적절한 협정으로 필요한 경제적 지원을 획득한다는 것이 중요하다.[73] 2017년 설립된 헌법위원회는 그린란드 헌법에서 '자유연합 모델'로서 덴마크 헌법을 준수해야 하는지 아니면 헌법이 덴마크로부터 완전히 벗어나야 하는지에 대한 문제가 논의됐다. 일부 정치인은 자유연합이 첫 번째 단계이고 완전한 독립이 뒤따르는 2단계 해결책을 선호하는 반면, 다른 이들은 자체적인 국가 헌법을 선호했다.[74] 2023년 헌법 초안에는 자유연합 모델이 포함되어 있으며, 이는 본질적으로 독립적인 그린란드가 처음에는 일부 외부

---

73) "Greenland in Arctic Security - independence, climate change and nuclear missiles," DIIS, Feb. 14, 2024.; "What Would Greenland's Independence Mean for the Arctic?," *Council on Foreign Relations*, Aug. 10, 2023.
74) J. Erkand and L. Anderson, "The Paradox of Federalism: Does Self-Rule Accommodate or Exacerbate Ethnic Divisions?," *Regional & Federal Studies*, Vol. 19, No. 2 (2009), pp. 191-202.

행위자에 어느 정도 의존할 수 있음을 시사한다.

그린란드에서 지속가능한 경제를 구축하는 것은 그리 쉬운 일이 아니다. 예전에는 석유 발견에 대한 희망이 있었지만, 이 프로젝트들은 폐지 혹은 유보된 상황이다. 최근 희토류와 우라늄 같은 전략 원자재의 유망한 매장지가 주목받고 있다. 그러나 광업도 단기적으로 부를 가져올 가능성이 없으며, 장기적으로 가능하다. 그리고 많은 그린란드 정치인들은 비록 독립이 바람직한 목표이기는 하지만 먼저 독립을 감당할 수 있어야 한다는 사실을 고통스럽게 인식하고 있다.[75] 그린란드가 코펜하겐이 여전히 다루고 있는 정책 분야에 대한 전적인 책임을 지면서 연간 5-6억 달러 이상의 보조금과 유럽연합(EU)으로부터 연간 2,000만 유로 상당의 보조금을 포기하기란 부담스러운 일이다. 가장 가능성이 큰 결과는 그린란드인들의 불만이 커지고 외부 세계의 우려가 커지면서 지속적인 협상의 회색지대가 장기화하는 것이다. 그러나 그린란드는 국가 정책 측면에서 주권이 없지만 가장 독립적으로 자율성을 가지고 있다. 그리고 복지를 중시하는 노르딕 모델에 대한 오랜 경험이 있다. 또한 그린란드는 견고한 경제를 가진 덴마크가 있는 한 경제적으로 안정될 것이다. 자치법에 따라 정부 확장은 그린란드가 시급해야 하지만, 동시에 덴마크는 그린란드가 독립을 선언할 때까지 무기한으로 블록 보조금을 지급하기로 동의했다. 대부분의 국가도 공동 의존 관계에서 다른 국가에 의존하고 있으며, 이는 세계화의 결과다. 2021년 4월 총선 후 독립 날짜에 관한 질문에 시우무트 당 대표 올레 아고 마르쿠센(Ole Aggo Markussen)은 다음과 같은 반대 질문으로 대답했다. "세상에서 진정한 독립이 있는 곳은 어디입니까? 탈식민지 시대에 출

---

75) "Grönland macht einen Schritt in Richtung Unabhängigkeit von Dänemark," nzz. ch, Mai 1, 2023.

현한 민족 국가론은 오늘날 말도 안 되는 이론입니다. 프랑스조차 유럽연합에 의존하고 있습니다"라고 말했다.[76] 여러 정치인은 두 주권 국가가 특정 분야에서 긴밀히 협력하기로 합의하는 자유연합 모델을 거론하고 있다. 예를 들어 마셜 군도와 미국의 관계처럼 그린란드의 경우 국방 정책을 덴마크 혹은 미국에 아웃소싱할 수도 있다.[77]

1960년 유엔 총회는 탈식민지화를 위한 세 가지 선택 옵션, 즉 주권 독립 국가로서 독립, 다른 독립 국가와의 통합, 독립 국가와의 자유연합을 권고했다. 자유연합은 비자치 영토에서 주권 국가로의 전환을 장려하기 위해 유엔이

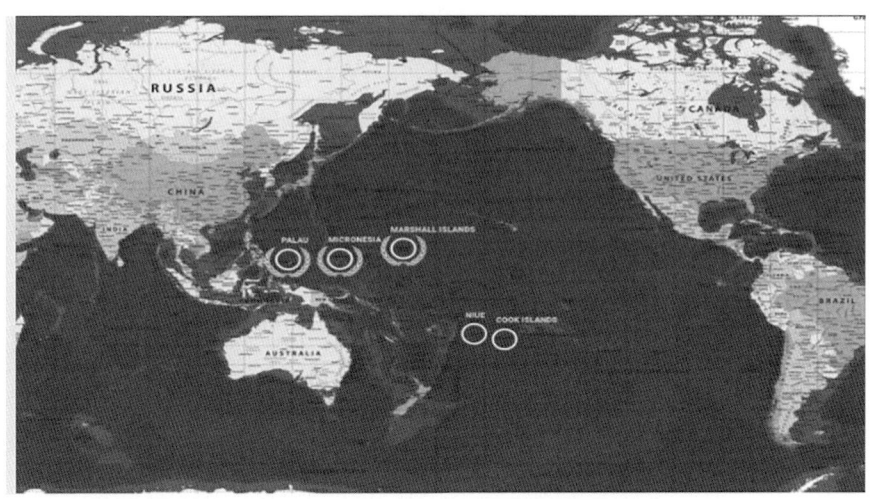

그림 8. 자유연합 5개국의 지도

* 자료 출처: "Free Association and the United Nations," *DIIS Policy Brief*, May 2, 2023.

---

76) "Nuuk wartet ab: Grönlands schwieriger Weg in die politische Emanzipation," Le Monde diplomatique, März 2023.
77) "Grönland macht einen Schritt in Richtung Unabhängigkeit von Dänemark," nzz.ch, Mai 1, 2023.

행한 일련의 노력에서 비롯된 정치적, 법적 지위다. 자유연합 국가는 자치권을 가진 주권 정치 실체지만, 외교 및 국방 영역에서의 권위는 다양한 수준으로 이전 식민지 또는 행정 정부의 특권으로 남아 있다. 5개의 이전 식민지만이 자유연합을 선택했으며 각 국가는 이전 식민지 강대국과 맞춤형 관계를 맺고 있다(<그림 8> 참조). 1986년 마셜 제도(Marshall Islands), 1986년 미크로네시아(Micronesia), 1994년 팔라우(Palau)는 미국, 그리고 1965년 쿡 제도(Cook Islands)와 1974년 니우에(Niue)는 뉴질랜드와 자유연합 협정을 체결했고, 5개 자유연합 국가 중 미국과 자유연합을 체결한 3개국만 UN에 가입했는데, 이들은 미국 시민이 아니다. 반면 쿡 제도와 니우에는 UN 가입국은 아니지만, 뉴질랜드 시민권을 보유하고 있다.

최근 수십 년 동안, 그린란드에서 미래의 주권을 어떻게 조직할 것인가에 대한 논의는 점점 더 자유연합 개념으로 회귀하고 있다. 2023년 5월 24일 누크에서 개최된 자유연합 세미나의 주요 내용은 태평양 섬 국가들의 자유연합에 대한 경험, 북대서양을 포함한 다른 곳에서는 존재하지 않는 이유, 그린란드의 딜레마를 지적하는 국제법적 측면 등이었다.[78]

덴마크 정치가와 학자들은 왕국공동체의 붕괴를 회피하는 방법으로 그린란드의 자유연합 모델을 선호하고 있다. 코펜하겐 대학 공법 미리암 쿨렌 여교수에 따르면 그린란드는 쿡 제도와 많은 공통점을 가지고 있다. 쿡 제도는 그린란드가 덴마크와 맺은 관계보다 1965년까지 식민지로 통치했던 뉴질랜드와 더 독립적 관계를 맺고 있기에 이 주제는 흥미롭다. 쿡 제도와 그린란드는 완전히 다른 지리적 요인을 가지고 있으며 지구의 반대편에 있다. 그런데도

---

78) "Next on Greenland's path to greater independence: 'Free Association'?," *Ilisimatusarfik* (uni.gl), May 24, 2023.

두 나라는 인구가 수만 명에 이르고 대다수가 토착민이고, 자연환경과 밀접한 관계를 맺고 있으며, 식민지화의 역사를 인내했다. 식민 통치자들 사이에도 유사점이 있다. 뉴질랜드와 덴마크 모두 자신을 훌륭한 세계 시민이자 인권 협약을 준수하는 국가로 간주한다. 이 때문에 미국, 프랑스에 속한 식민지보다 이 두 국가의 식민지를 비교하는 것이 더 합리적이다. 비슷한 또 다른 면은 식민지 역사다. 두 곳 모두에서 주민들은 학교에서 새로운 언어(각각 덴마크어와 영어)를 배우도록 장려받았고, 이를 통해 원래 문화에 대한 감각을 잃어버렸다. 게다가, 둘 다 그들의 식민 통치자로부터 교육제도, 형사 사법제도 등을 결정하는 완전한 법률제도를 물려받았다. "그들의 법률체계는 그들의 문화적 규범과 일치하지 않는 서구 전통에 따라 설계되었다. 따라서 자살률 증가와 두 곳 모두에서 볼 수 있는 사회적, 정신적 건강 문제에도 영향을 미쳤다. 기후변화에 대한 양국의 취약성에도 유사점을 찾을 수 있다. 그린란드의 해수면이 상승하는 동안 쿡 제도에서 해수면이 낮아지고 있어 두 나라 주변 환경에 크게 의존하고 있다"라고 쿨렌 교수는 지적했다.[79] 쿡 제도는 UN 가입도 추구하지 않았고, 뉴질랜드 시민권 상실을 두려워한다. 자유연합 협정에 따라 뉴질랜드 정부는 쿡 제도에서의 법률 제개정 권한이 없다. 뉴질랜드가 국방 및 외교 문제에 대한 특정 책임을 부담한다고 해서 뉴질랜드가 쿡 제도의 해당 문제를 통제할 수 있는 권리를 보유하는 것은 아니다.[80]

푸에르토리코도 자유연합 모델을 추구하고 있다. 그러나 400년 동안 스페인의 식민 통치를 받은 푸에르토리코는 1898년 스페인-미국 전쟁의 여파로

---

79) "Independence Lessons: What the Cook Islands Can Teach Greenland," *Polar Journal*, Jun. 22, 2023.
80) "Climate resilience and Cook Islands' relationship of Free Association with Aotearoa / New Zealand," *DIIS Policy Brief*, May 9, 2023.

미국 영토가 되었으며, 미국 시민권을 가지지만 투표권을 행사하지 못하는 특수관계다. 또한 그린란드처럼 연방 보조금에 의존하지만, 그린란드와 달리 국제협정 체결 권한은 없다.[81)]

그린란드 최고 전문가 프람 가드는 덴마크왕국 공동체의 미래 운명을 현상 유지와 덴마크로부터의 완전한 디커플링, 혹은 일종의 중도적 방식, 즉 자유연합에 대한 합의 가능성으로 예견하고 있다. 현재까지 태평양에 있는 섬나라 중 미국이나 뉴질랜드와 같은 자유연합 모델을 채택한 나라는 5개국에 불과하다. 그들은 모두 자립(보조금 혜택)하고 있지만, 이전의 식민지 권력과 관계를 유지해 왔다. 그린란드는 덴마크 또는 다른 국가들과 그러한 협정을 협상할 수 있다. "가장 가능성 큰 시나리오는 그린란드가 덴마크를 설득하여 5년에서 10년 내 그러한 자유연합 협정을 체결하게 하는 것"이라고 프람 가드는 말한다. 덴마크가 재정의 일부를 부담할 수 있고, 미국도 방위에 동참할 수 있다. 프람 가드는 5년에서 10년 안에 그린란드의 독립이 이루어질 수 있으며, 덴마크나 다른 나라가 허락한다면 그 직후에 바로 자유연합 협정이 체결될 수 있다고 말한다.[82)] 2023년 헌법 초안 발표 이후 그린란드 주권/독립 운동의 움직임과 미래의 향방은 2025년 예정된 총선이 중요한 변곡점이 될 것이다.

---

81) "Greenland in the Mirror of Puerto Rico," DIIS Policy Brief, Apr. 13, 2023.
82) "Dänemark, Grönland und die Unabhängigkeit," DPA, Jun. 2, 2023.

V. 결론: 이누이트 국가 건설은 가능한가?

그린란드에서 최초의 토착민으로 구성된 이누이트 국가 건설은 가능한가? 이누이트인들은 지난 5000년 동안 러시아 추코트카 지역, 미국과 캐나다 북극의 열악한 자연환경에서 살아왔고, 1996년 북극이사회의 영구 참여자로 원주민 연합단체(ICC: Inuit Circumpolar Conference)를 구성하고 있다.[83] 러시아, 북미 이누이트 공동체와는 달리 그린란드는 섬이기에 이누이트 국가 건설의 가능성이 큰 것은 사실이다. 그린란드의 자치, 독립 여정은 전 세계 원주민들에게 희망의 등불 역할을 하며, 확립된 제도적 틀 내에서 자결권의 가능성을 보여준다. 특히 북극의 다른 이누이트 공동체에 자치 확대의 영감을 줄 수도 있다. 그린란드의 자결권, 주권, 독립을 향한 여정은 다면적으로 진화하고 있다. 광물자원에 대한 권리, 국제적 인정, 독립 추구는 그린란드 이누이트의 핵심 열망을 구성한다. 특히 경제 발전과 문화 보존의 균형을 맞추는 데 있어 많은 도전 과제가 존재한다.[84]

그린란드는 덴마크왕국 통합국가에서 1979년 제한된 자치시대, 2009년 확대된 자치정부 법에 따라 점진적이고 단계적으로 경로 의존적으로 주권/독립의 길을 모색하고 있다. 현재 자치정부는 천연자원, 광물자원 및 수력발전 에너지를 자체적으로 관리한다. 앞으로는 예상 수입에 비례하여 덴마크 블록 보

---

83) ICC에 대해서는 다음의 글 참조: 한종만, "북극이사회의 회원국/단체명과 조직 현황," 배재대학교 북극연구단, 『북극의 눈물과 미소: 지정, 지경, 지문화 및 환경생태 연구』 (서울: 학연문화사, 2016), pp. 464-466.

84) "Greenlandic Inuit: A Journey Towards Sovereignty and Independence," https://www.northernpublicaffairs.ca/greenlandic-inuit-sovereignty-independence/ (검색일: 2024.11.05).

조금이 줄어들 것이다. 덴마크 사람들은 경제적으로 자립하는 즉시 완전한 분리를 약속했다. 지금까지 그린란드는 돈으로 바꿀 수 있는 것이 거의 없었으며, 이 섬의 수입은 주로 어업과 관광업에서 나왔다. 그린란드 사람들의 교육 수준은 낮고, 외국어는 거의 사용되지 않으며, 숙련된 노동자는 절대적으로 부족하다.

독립은 경제 자립이 필수조건이기에 덴마크로부터 독립하는 과정에서 그린란드는 광물자원에서 나오는 수익을 기대하고 있다. 따라서 독립 문제는 그린란드가 완전한 자치와 토착 문화 유산을 근절할 가능성 중에서 선택해야 함을 의미한다. 게다가 앞서 언급했듯이 그린란드의 독립은 이 지역에서 중국과 러시아의 영향력 증가를 의미할 수 있으며, 이는 잠재적인 안보 문제로 이어질 수 있다.

중국의 출현은 북아메리카와 유럽의 이웃 지역뿐만 아니라 그린란드 자체에서도 불안을 야기하고 있다. 이수아(Isua) 철광석 노천 광산과 같은 대규모 프로젝트는 불충분한 공공 협의, 환경 영향, 외국인 노동자 수입에 대한 우려를 불러 일으켰다. 만약 2,000명의 중국인 노동자들이 한꺼번에 이 섬으로 이주한다면, 사회에 두려움을 불러일으킬 민한 큰 변화가 있을 것으로 예상된다. 게다가 중국은 원자재 착취에 관한 한 공정한 파트너로 간주되지 않으며, 아프리카에서 중국인들의 행동은 과거 식민지 열강들의 잔인함과 탐욕에 절대로 뒤지지 않는다. 사회민주주의 계열 시우무트 전 당수 알레카 해먼드(Aleqa Hammond)도 '두 번째 두바이'는 없다는 견해에 동의한다.[85]

간단히 말해서 그린란드의 독립은 다양한 경로를 따라갈 수 있으며, 따라서

---

85) "Arktisches Dubai oder arme Fischernation? Grönland träumt vom Wohlstand," n-tv.de, Mar. 12, 2013.

북극 지역에서 다양한 시나리오와 권력 투쟁을 만들어낼 수 있다. 한편으로 서방 강대국은 그린란드를 중국과 러시아의 영향력에서 멀어지게 하려는 시도로 그린란드의 독립을 촉진할 수 있다. 다른 한편으로 중국 자체가 그린란드의 독립 달성을 도울 수 있으며, 이는 서방 강대국과의 관계를 악화시킬 수 있다. 마지막으로 그린란드도 독립과 관련하여 내부 갈등이 있음을 명심해야 한다. 왜냐하면 이 지역의 토착 공동체를 위험에 빠뜨릴 수 있기 때문이다.[86]

그린란드 사람들은 급속한 발전 속도와 그로 인해 자신들의 생활 방식에 미칠 수 있는 잠재적 영향에 씨름하고 있다. 그린란드의 자원 개발과 경제 성장, 그린란드의 문화와 환경 보존 사이의 균형을 찾는 것이다. 현재로서는 대규모 프로젝트보다는 자립을 위한 소규모 프로젝트를 모색하는 것이 바람직하다. 그 방향은 청색경제를 바탕으로 생태계에 기반을 둔 친환경 성장전략이 필요하다. 이 과정에서 북미와 EU 등 서방 세계의 도움과 투자가 절실하다고 생각된다.

그리고 덴마크 포함 많은 국가가 그린란드의 자체 방어는 실제로 불가능하다고 판단하며, 아이슬란드처럼 국방을 NATO에 아우소싱할 것으로 예상되기에 완전 주권을 가진 독립 국가는 한계가 있다. 그 전 단계로 더욱 확대된 자치정부 혹은 자유연합 모델 등이 예상된다.

결론적으로 그린란드 주권/독립의 향방은 그린란드인의 결정, 특히 2025년 의회 선거에서 그 윤곽이 드러날 것이다.

---

86) "The independence of Greenland and the competition for the Arctic," *The European Institute for International Relations* (eiir.eu), Sep. 19, 2023.

⟨참고문헌⟩

1. 국문
한종만, "북극이사회의 회원국/단체명과 조직 현황," 배재대학교 북극연구단,『북극의 눈물과 미소: 지정, 지경, 지문화 및 환경생태 연구』, 서울: 학연문화사, 2016.

한종만, "그린란드 면적의 실상과 허상,"『북극연구』제37호 (북극학회: Aug. 2024).

"한-그린란드, 녹색성장/자원 개발 등 협력,"「대한민국 정책브리핑」, 2012년 9월 10일.

2. 영문
Ackrén, M. "Diplomacy and Paradiplomacyin the North Atlantic and the Arctic - A Comparative Approach" in M. Finger and L. Heininen(eds.), *The Global Arctic Handbook,* Switzerland: Springer, 2018.

Ackrén, Maria, "Referendums in Greenland - From Home Rule to Self-Government", *Fédéralisme Régionalisme,* Vol. 19, 2019.

Bjerregaard, Søren, "Labour shortages increase the need for tight economic policy in Greenland," *Danmarks Nationalbank*, Nov. 1, 2023.

Erkand, J. and Anderson, L. "The Paradox of Federalism: Does Self-Rule Accommodate or Exacerbate Ethnic Divisions?," *Regional & Federal Studies*, Vol. 19, No. 2, 2009.

Johnstone, Rachael Lorna. "The Greenland Reconciliation Commission: one more step towards independence?," *Fieldwork Report*, Vol. 17, No. 2, 2022.

Göcke, K. "The Referendum on Greenland's Autonomy and What It Means for Greenland's Future," *Heidelberg Journal of International Law*, Vol. 69, No. 1, 2009.

Hansen, Malik Peter Koch. The Socioeconomic Development of Greenland in the Pursuit of Economic and Political Independence, *Ilisimatusarfik: Bachelor Project*, Maj 2021.

Kleist, M. "Greenland's Self-Government" in N. Loukacheva(ed.), Polar Law Textbook, Tema Nord 2010, *Copenhagen: Nordic Council of Ministers*, 2010.

Kočí, Adam and Baar, Vladimír. "Greenland and the Faroe Islands: Denmark's autonomous territories from postcolonial perspectives," *Norsk Geografisk Tidsskrift-Norwegian Journal of Geography*, Vol. 75, No. 4, 2021.

Lindholt, Lars and Glomsrød, Solveig. "The role of the Arctic in future, global petroleum supply," *Statistics Norway, Research Department, Discussion Paper*, No.645, Feb. 2011.

Nuttall, M. "Self-Rule in Greenland - Towards the World's First Independent Inuit State?," *Indigenous Affairs*, No.3-4, 2008.

Paul, Michael, "Greenland's Project Independence: Ambitions and Prospects after 300 Years with the Kingdom of Denmark," *SWP Comment*, 2021/C 10, 28.01.2021.

Paul, Michael, "Plans, Problems and Perspectives for Greenland's Project Independence," *Arctic Yearbook*, 2021.

United States Geological Survey, "Circum-Arctic Resource Appraisal. Estimates of Undiscovered Oil and Gas North of the Arctic Circle," *Factsheet 2008-3049*, Reston: U.S. Department of the Interior, 2008.

Visit Greenland, "Tourism Statistics Report 2022," May 2023.

"A new company is shipping Arctic ice from Greenland to chill posh drinks in Dubai," *CNN*, Mar. 1, 2024.

"American flags in the Barents Sea the 'new normal'. a defense analyst says," *The Independent Barents Observer*, May 12, 2020.

"Aki-Matilda Høegh-Dam: We will hold an independence referendum in Greenland no matter what", *vilaweb.cat*, May 17, 2023.

"Climate resilience and Cook Islands' relationship of Free Association with Aotearoa / New Zealand," *DIIS Policy Brief*, May 9, 2023.

"Current Climate: Greenland's Glaciers AreMelting Faster," *Forbes*, Dec. 11, 2023.

"Danish Military Plan Joint Training." *National Guard*, Dec. 22, 2023.

"EU and Greenland sign strategic partnership on sustainable raw materials value chains," *Press release*, Nov. 30, 2023.

"Free Association and the United Nations," *DIIS Policy Brief*, May 2, 2023.

"Greenland and Iceland in the New Arctic," *Government of Iceland Ministry for Foreign Affairs*, Dec. 2020.

"Greenland in Arctic Security - independence, climate change and nuclear missiles," *DIIS*, Feb. 14, 2024.

"Greenland in the Mirror of Puerto Rico," *DIIS Policy Brief*, Apr. 13, 2023.

"Greenland moves slowly toward independence," *GIS Reports Online*, Aug. 10, 2023.

"Greenland stakes a Course within Defense and Diplomacy," *The Arctic Institute*, Feb.

27, 2024.

"Greenland unveils draft constitution for potential independence from Denmark," *AFP*, May 1, 2023.

"Greenland with New Arctic Strategy: Defense, Diplomacy and Peace," *High North News*, Feb. 27, 2024.

"Greenland - world's most desirable island?," *Institute of New Europe* (ine.org.pl), Jan. 11, 2011."

"Greenlandic women sue Danish state for contraceptive 'violation'," *The Guardian*, Mar 4, 2024.

"Growing frustration in Greenland after Denmark revokes Nuuk airport's international flight authorization," *The Copenhagen Post* (cphpost.dk), Sep 10, 2024.

"Independence Lessons: What the Cook Islands Can Teach Greenland," *Polar Journal*, Jun. 22, 2023.

"Mercator Misconceptions: Clever Map Shows the True Size of Countries," *Visual Capitalist*, Aug. 21, 2021.

"Next on Greenland's path to greater independence: 'Free Association'?," *Ilisimatusarfik* (uni.gl), May 24, 2023.

"Sustainable and traditional, or global? Greenland's Inuit claim the right to choose their future," The Lead, Feb. 1, 2024.

"The Danish Armed Forces Launches New Arctic Education Program in Greenland." *High North News*, Dec. 17, 2023.

"The Danish Decolonisation of Greenland, 1945-54," *Nordics info*, Aug. 19, 2019.

"The independence of Greenland and the competition for the Arctic," *The European Institute for International Relations* (eiir.eu), Sep.19, 2023.

"Trump's Greenland gambit finds allies inside government," *Politico*, Aug. 24, 2019.

"What Would Greenland's Independence Mean for the Arctic?," *Council on Foreign Relations*, Aug. 10, 2023.

"Whisky Wars: Denmark and Canada strike deal to end 50-year row over Arctic island," *BBC News*, Jun. 15, 2022.

"Why President Trump's idea to buy Greenland is not a joke in Denmark and Greenland," *Arctic Today*, Aug. 23, 2019.

"Why world powers are wooing resource-rich Greenland," *The Korea Times*, Mar. 20, 2024.

"Wrestling in Greenland, Denmark, the United States and China in the land of ice," *OSW*

COMMENTARY, Mar. 2, 2021.

"2021 Greenlandic general election," https://en.wikipedia.org/wiki/2021_Greenlandic_general_election (검색일: 2024.10.04).
"Act on Greenland Self-Government," Act no. 473 of 12 June 2009. https://naalakkersuisut.gl/~/media/Nanoq/Files/Attached%20Files/Engelske-tekster/Act%20on%20Greenland.pdf (검색일: 2024.09.30.).
"Blue Economy," https://en.wikipedia.org/wiki/Blue_economy (검색일: 2024.10.10).
"'Greenland', Online Compendium Autonomy Arrangements in the World," https://worldautonomiesinfo.z6.web.core.windows.net/tas/Greenland (검색일: 2024.11.10).
"Greenland Coat Arms royalty-free images," https://www.shutterstock.com/search/greenland-coat-arms (검색일: 2024.10.05).
"Greenlandic Inuit: A Journey Towards Sovereignty and Independence," https://www.northernpublicaffairs.ca/greenlandic-inuit-sovereignty-independence/ (검색일: 2024.11.05.).
"Military of Greenland," https://en.wikipedia.org/wiki/Military_of_Greenland#~:text=The%20defence%20of%20Greenland%20is,Greenlandic%20people%20and%20its%20land. (검색일: 2024.10.20).
"Population of Greenland 1950-2024 & Future Projections," https://database.earth/population/greenland (검색일: 2024.11.10).

3. 독문

Leskien, Sebastian, Das Wirtschaftpotential der Arktis im Überblick, *Fact Sheets des Deutschen Arktisbüros*, January 2020.
Lindemann, Rolf, "Grönland - Perspektiven eines Entwicklungslandes in der Arktis," *TERRA-Online Lehrerservice*, 1999 (klett.de).

"Arktisches Dubai oder arme Fischernation? Grönland träumt vom Wohlstand," n-tv.de, Mar. 12, 2013.
"Chinas Einfluss in Grönland -Infografik," *Swiss Institut for Global Affairs*, 2019.
"Dänemark, Grönland und die Unabhängigkeit," *DPA*, Jun. 2, 2023.

"Der Mann, der den Brexit aushandelt," *Wirtschaftswoche*, Jun. 17, 2017.

"Grönlands geopolitische Bedeutung wächst Aufrüstung in der Arktis," *Jungle World*, Jan. 3, 2023.

"Grönland macht einen Schritt in Richtung Unabhängigkeit von Dänemark," nzz.ch, Mai 1, 2023.

"Grönland stellt eigene Sicherheitsstrategie vor," dpa, Feb. 21, 2024.

"Grönlands Zukunft: Weniger Eis, viele Rohstoffe," *Deutschlandfunkkultur*.de, Dec. 28, 2021.

"Nuuk wartet ab: Grönlands schwieriger Weg in die politische Emanzipation," *Le Monde diplomatique*, März 2023.

"Warum Grönland auf den Klimawandel hofft," *National Geographic Deutschland*, Heft 7, 2010.

"Grønlandskommissionen - G50," https://multikult.weebly.com/groslashnlandskommissionen-af-1950---g50.html (검색일: 2024.11.10).

4. 논문

Белухин, Никита. "Дания и Гренландия по-прежнему в поисках общей арктической стратегии," *russiancouncil.ru*, 01.11.2023.

Белухин, Никита. "Конституция Гренландии - шаг к независимости и примирению?," *imemo.ru*, 28.06.2023.

Белухин, Н. Е. "Борьба за 'ледяную Африку'? Гренландия между колониальным прошлым, интересами США и стратегической автономией ЕС," *Анализ и прогноз. Журнал ИМЭМО РАН*, № 1, 2024.

"Лед айсбергов Гренландии начали поставлять в неожиданные места: в чем эксклюзивность," *MKRU*, 1 октября 2024.

"Остров Гренландия - на грани «независимости», поощряемой англосаксами," (vpoanalytics.com), 20 мая 2023.

"Почему Гренландия так интересует США и другие мировые державы," *profile.ru*, 6 мая 2021.

"Чем Гренландия привлекла США," *Ведомости* (vedomosti.ru), 20 августа 2019.

러-우 전쟁 발발 이후 북극의 안보 변화에 대한 고찰:
러시아의 북극 정체성 강화와 군사 안보적 대응 모색을 중심으로

윤지원*

I. 서론

최근 국제정세 변화와 기후변화 등 역내외적 요인으로 인해서 북극의 안보 변화와 북극 안보에 대한 관심이 높아지고 있다. 북극 연안 5개국(미국, 러시아, 덴마크(그린란드), 캐나다, 노르웨이)과 북극권 3개국(핀란드, 아이슬란드, 스웨덴)을 포함해서 8개국으로 구성된다. 북극 연안 5개 국가의 해안선은 총 38,700㎞이며, 이 중 러시아가 22,000㎞(약 56%)를 차지한다.[1] 북극권 국가들은 1996년부터 북극이사회(Arctic Council, 이하 AC)를[2] 창설해서 연성 안

※ 이 글은 『한국시베리아연구』 2025년 29권 2호에 실린 논문을 수정 및 보완하였음.
* 상명대학교 국가안보학과 교수
1) 러시아 영토의 총 국경은 60,932㎞이고, 이 중 해양의 길이가 절반 이상으로 38,807㎞로 알려져 있다. 러시아는 전체 12개의 해양으로 둘러싸여 있고, 러시아 해양과 관련된 상업항만은 67개 정도이다. 대외교역에서 화물의 60% 이상은 해양을 통해 이뤄지고 있다. Chad Briggs, "Cold Rush: The Astonishing True Story of the New Quest for the Polar North," *Global Environmental Politics*, Vol. 21 No. 3 (2021), pp. 194-196.
2) 북극이사회(AC)는 북극권 8개국 회원국과 38개국·비정부기구 등 옵서버 국가들(한국, 프랑스, 독일. 이탈리아. 일본, 네덜란드, 중국, 폴란드. 인도, 싱가포르, 스페인, 스위스, 영국 외 정부 및 의회 간 기구)로 구성되어 있다. AC 의장은 2년 임기이며 순차적으로 역임하고, 의장국의 외무장관 또는 북극 문제 관련 장관들이 담당한다. AC는 법적 강제력이 없는 국제포럼으로 주요 활동은 전문가 그룹과 특별위원 및 6개의 워킹

보(soft power)의 핵심인 과학연구, 소수민족, 지속 가능한 개발 등 북극 발전과 복합적이고 포괄적인 글로벌 환경보존을 위해서 국제협력을 주도해왔다. 북극의 안보 환경변화에 큰 영향을 미치는 가장 중요한 요소는 글로벌 기후변화에 따른 지구온난화의 가속화가 진행되고 있기 때문이다. 이로 인해서 북극에 대한 접근성이 용이해지고, 천연가스 및 석유 등 자원과[3] 북극항로(Polar Shipping Route, PSR)의 개발로 인한 경제적 이익을 둘러싼 이해 당사국 간 영유권 분쟁과 갈등 등이 공존한다. 또한 북극권 5개국과 북극권 3개국, 그리고 유럽연합(EU), 중국, 인도, 일본 등 비연안 국가들을 중심으로 국가 자산을 확보하기 위해 군사기지 구축과 군사훈련 실시 등 군사력 경쟁이 심화되고 있다.

오랫동안 북극은 지속 가능한 발전과 인류 공동의 이익을 위해 AC를 중심으로 국제협력의 공간이었지만 이 지역의 안보 구도와 많은 변화를 초래하는 요인은 2022년 2월 24일 발발한 러시아-우크라이나 전쟁(이하, 러-우 전쟁)이다. 러-우 전쟁 발발 이후 북유럽 5개국 중 오랫동안 중립국 지위를 유지해오던 핀란드와 스웨덴이 북대서양조약기구(NATO)에 가입하면서 북극-발트해 지역의 군사적·경제적 영향력을 행사하던 러시아의 북극 정책에 상당한 변화가 초래했다.[4] 더욱이 미국 주도의 NATO 역할 확대로 북극의 지경학 및 지정학적 변화가 불가피해졌다. 특히 2025년 1월 도널드 트럼프(Donald Trump)

그룹이 주도한다.

3) 미국 지질조사국에 따르면, 그린란드의 희토류 매장량은 150만 톤으로 미국 매장량(180만 톤)보다 약간 적다. 반면 중국의 희토류 매장량은 4,400만 톤으로 전 세계 희토류 공급량의 90% 이상을 차지한다. 좀 더 자세한 논의는 다음을 참조. 신효진·문영준 외, "북극 석유자원개발과 해양플랜트 산업의 현황 및 전망," 『한국자원공학회지』 55권 5호 (2018), pp. 466-477.

4) 배규성, "북극의 신냉전과 협력," 2022년 10월 28일 배재대학교 한국-시베리아센터와 한양대학교 아태지역연구센터가 공동으로 개최한 학술대회 발표논문, pp. 16-17.

대통령의 재집권으로 그린란드를 둘러싼 미국의 북극에 대한 영향력 강화와 경쟁이 심화됐다.[5] 냉전 종결 이후 기후변화와 환경보호 등을 중심으로 북극 역내 국가들의 협력 관계는 러-우 전쟁 이후 천연자원 및 북극항로 개발, 군사력 증강 및 군사기지 구축 등 경쟁과 대결 구도가 심화됐다. 북극권의 국제협력과 글로벌 거버넌스 구축은 AC를 중심으로 유지됐지만, 현재 어려움을 겪고 있다. 이러한 북극의 급변하는 정세와 신냉전 구도는 북극권 국가뿐 아니라 비북극권 국가들의 새로운 북극 정책 수립의 필요성을 추동하고 있다.

최근 북극의 안보와 정세 변화와 관련 주요 선행연구를 살펴보면 대체로 다음과 같다. 윤지원(2018), 박종관(2022), 배규성(2024)은 북극 해빙으로 글로벌 차원에서 북극항로(PSR)의 활용 증대와 러시아의 북방항로(Northern Sea Route, NSR)의 개발에 필요한 다양한 정책과 경제적 유용성에 대해 고찰했다.[6] 제성훈(2021)과 김정훈·배규성(2023)은 북극의 국제협력과 AC의 미래 지향적 발전 방안을 모색하고, 북극 원주민 중심으로 지속 가능한 개발을 주도하기 위해서 AC 워킹그룹 프로젝트에 대한 필요성과 이들의 주도적인 참여와 주요 이슈에 대해 고찰했다.[7] 또한 라미경(2020) 외 다수는 북극의 안보와

---

5) 그린란드에 대한 자세한 논의는 다음을 참조. 한종만·곽성웅, "그린란드의 독립 가능성과 한계,"『한국시베리아연구』28권 4호 (배재대학교 한국-시베리아센터, 2024), pp. 111-167; 윤지원,『한국의 국가안보와 글로벌 국방협력』(서울: PR Facorty, 2024), pp. 129-136.
6) 윤지원, "북극의 지정학적 특성과 국제협력: 러시아의 북극항로(Artic Route) 활성화 정책과 제약점을 중심으로,"『군사연구』145호 (2018), pp. 425-451; 박종관, "유라시아 직결항로인 러시아 북동항로(North Passage)의 개발과 경제적 가치,"『한국시베리아연구』26권 1호 (배재대학교 한국-시베리아센터, 2022), pp. 4-10; 배규성, "러시아의 북극과 북방항로(NSR)의 군사적 국가 전략적 중요성,"『한국시베리아연구』28권 4호 (배재대학교 한국-시베리아센터, 2024), pp. 3-35.
7) 제성훈, "북극이사회 창설 25주년의 의미와 향후 과제,"『한국시베리아연구』25권 3호 (배재대학교 한국-시베리아센터, 2021), pp. 50-55; 김정훈·배규성, "원주민의 북극이사

안정성에 위협적인 북극해를 중심으로 둘러싼 캐나다와 미국의 영유권 분쟁의 갈등 요인과 의의에 대해 분석했다.[8] 서현교(2019), 김민수(2020), 신경수(2022) 등은 북극의 지구온난화가 빠르게 진행되고 있는 북극의 접근과 가치가 증대되면서 한국의 북극에 대한 중요성에 대한 인식제고와 실행 가능한 북극 정책의 우선순위와 과제에 대해 제시했다.[9] 이영형·김승준(2010)은 탈냉전기 러시아의 북극에 대한 군사안보 정책의 특징과 북극해의 갈등구조와 해야 지정학적 의미에 대해 분석했고,[10] 한종만(2022)과 서승현·양정훈(2024)은 러-우 전쟁 전후 러시아와 NATO와의 군사적 경쟁 및 갈등을 중심으로 북극의 신냉전 양상에 대해 심도 있게 분석했다.[11]

이러한 기존의 선행연구와 차별적으로 본고에서는 러-우 전쟁 이후 북극의

회 워킹그룹 프로젝트: 제안, 주도, 참여 및 영향력에 관한 연구," 『한국시베리아연구』 27권 4호 (배재대학교 한국-시베리아센터, 2023), pp. 1-25.

8) 라미경, "북극해 영유권을 둘러싼 캐나다-미국 간 갈등의 국제정치," 『한국해양안보논총』 제3권 2호 (2020), pp. 65-70; 그 외 윤영미, "러시아의 북극지역에 대한 해양안보전략: 북극해 개발과 한-러 해양협력을 중심으로," 『동서연구』 21권 2호 (2009), pp. 45-80; 박영민, "북극해 영유권 갈등의 정치학: 동아시아 지역에 주는 시사점," 『대한정치학회보』 27권 3호 (2019), pp. 19-42; 김기순, "북극해의 분쟁과 해양경계획정에 관한 연구," 『국제법학회논총』 54권 3호 (2009), pp. 11-51.

9) 서현교, "한국의 북극정책 과제 우선순위에 대한 평가와 분석," 『한국시베리아연구』 23권 1호 (2019), pp. 40-46; 김민수, "북극 거버넌스와 한국의 북극정책 방향," 『해양정책연구』 35권 1호 (2020), pp. 179-200; 신경수, "신(新)정부 북극정책 발전방안: 안보를 중심으로," 『The Journal of Arctic』 No. 28 (2022), pp. 6-10.

10) 이영형·김승준, "북극해의 갈등 구조와 해양 지정학적 의미," 『세계지역연구논총』 28집 3호, 2010, pp. 289-315; 그 외 이영형·박상신, "러시아 북극지역의 안보환경과 북극군사력의 성격," 『한국시베리아연구』 24권 1호 (배재대학교 한국-시베리아센터, 2020), pp. 1-34.

11) 한종만, "북극에서 신냉전: 러시아와 NATO를 중심으로," 『The Journal of Arctic』 No. 27 (배재대학교 한국-시베리아센터, 2022), pp. 1-15; 서승현·양정훈, "우크라이나 전쟁이 러시아의 북극 정책에 미친 영향," 『한국시베리아연구』 28권 3호 (배재대학교 한국-시베리아센터, 2024), pp. 4-31.

국제질서의 변화에 따른 갈등과 대립의 신냉전 구도의 고착화 양상과 미국을 중심으로 NATO 동맹국가들의 강도 높은 경제제재에 따른 러시아의 북극 정체성과 북극의 전방위적인 군사 안보적 대응에 대해 고찰했다. 러-우 전쟁의 영향으로 AC를 중심으로 유지되어 온 북극 거버넌스 역할이 제약되고, 강성 안보(hard power) 측면에서 여타 미국이 주도하는 북극권 국가들의 NATO의 군사력 증강이 러시아의 북극 정체성과 정책에 많은 변화가 초래하고 있다. 아울러 북극 역내 신냉전 구도의 고착화 양상은 러시아의 지속적인 북극 정책 추진과 전방위적인 군사 안보적 대응으로 일관하고 있다. 따라서 러-우 전쟁 발발 이후 북극의 새로운 안보 변화 하에서 러시아의 북극 정체성에 대해 살펴보고, 북극 내 군사기지 확대와 쇄빙선 구축 강화를 중심으로 러시아의 북극 정책의 변화와 특성을 고찰해보는 것은 중요한 의의가 있다. 연구의 특성을 고려해서 주요 연구방법으로 북극 관련 정부 자료, 학술 연구논문 및 세미나 발표자료 등을 중심으로 북극의 안보 변화와 러시아의 군사 안보적 대응 강화에 관한 문헌연구와 사례분석을 통한 질적연구에 집중하였다.

II. 북극의 지경학적 및 지정학적 특성 분석

북극은 북위 66.56° 이북 지역의 바다와 육지를 의미한다. 북극해는 오대양 중 가장 작은 바다로 전 세계 바다의 3%이며, 북극은 지구 면적의 약 6%를 차지한다. 이 지역의 총면적은 2,100km²이며, 이 중 800만km²는 대륙이고, 700만km²는 수심 500m 이하의 대륙붕이다. 북극해의 해수는 그린란드와 노르웨이 사이의 해역을 통해 대서양과 연결된다.[12] 북극 지역의 82%는 연안국의 영해로 영유권이 인정되며, AC 8개 회원국가들은 영유권을 행사할 수 있다.[13] 이들 국가 중 러시아가 차지하는 북극 면적은 약 500만㎢이다. 특히 러시아는 북극권 거의 절반을 차지하며, 노르웨이와 접하는 바렌츠해부터 미국 알래스카와 가까운 베링해협까지 북극권의 러시아 영토 경계선이 전체 북극해 해안선의 3분의 2(53%)인 3만 7653㎞에 이른다. 북극해는 수심 1,000km를 넘는 해역이 70% 정도이고, 나머지 30%는 육지 연안의 광대한 대륙붕이다. 즉 북극해 전체 면적의 53%가 풍부한 대륙붕으로 경제영토로서의 가치가 증대되고 있다. 북극해의 해수는 그린란드와 노르웨이 사이의 해역을 통해 대서양과 연결된다. 그린란드 동쪽에 있는 포람해협을 통해 북극해 해수와 해빙이 대서양으로 유출된다. 캐나다의 메켄지강, 시베리아의 오비강과 예니세이강, 레나강 등을 통해 민물들이 북극해로 유입된다.[14]

이러한 북극의 특성으로 풍부한 화석연료(석유, 천연가스 등)와 광물자원, 수산자원, 관광자원, 풍력과 수력 등 재생 가능한 전력, 북극권의 유목민의 상징인 순록 등 경제활동은 중요하다. 석유와 천연가스 매장지(세계 매장량의 4분의 1 이상)는 북극의 대륙붕 지역이다. 2008년 미국 지질조사국(US Gological Survey, USGS)은 북극의 석유 매장량은 전 세계의 13%(약 900억 배럴)와 천연가스는 전 세계의 30%(47조㎥의 천연가스와 440억 배럴 상당의 액화가스)가 매장된 것으로 추산했다〈표 1 참조〉. 러시아의 서시베리아와

---

12) 이재영·나희승, "북극권 개발을 위한 시베리아 북극회랑 연구," 『아시아문화연구』 39권 (2015), pp. 193-215.
13) 해양수산부, 『제1차 극지활동 진흥 기본계획(2023-2027)』 (해양수산부, 2022), p. 7.
14) Yuliya V. Zhil'tsova, "Higher Education in Russia: Facts and Figures," Digest Finance, Vol. 28 No. 4 (2023), pp. 404-419.

바렌츠해, 미국의 알래스카 등 3개 지역이 전체 탐사 자원량의 65%를 차지하며, 미국과 캐나다의 북극에 120억 배럴의 석유와 4.5㎥의 천연가스가 매장되어 있는 것으로 알려졌다. 러시아는 북극에서 지난 30여 년간 슈토크마놉스코, 루사놉스코, 레닌그라드스코 등 23개 유전을 발굴했다. 이는 북극 유전의 46%를 차지하는 것이며, 국영 에너지 기업 Rosatom은 2030년까지 북극항로 일대에 해상 부유형 원전 4기 건설을 계획하고 있다. 러시아는 북극에 매장되어 있는 셰일가스를 직접 채굴할 수 있는 기술 확보와 군사력 강화를 통해 자국의 영향력 강화에 많은 자원을 투입하고 있다. 미국 역시 천연자원 개발, 북극항로(PSR) 활성화, 군사적 이점 등에서 지경학 및 지정학적 중요성이 증대하고 있는 북극에서의 선점권 확보에 집중하고 있다.[15]

〈표 1〉 북극의 천연자원 현황

주요 자원	매장량
석유	약 900백억 배럴(세계 매장량의 13%)
천연가스/LNG	47조㎥/440억 배럴(세계 매장량의 30%)
기타광물자원	2조 달러(추정), 철광석, 구리, 희토류, 니켈, 코발트, 우라늄 등

※ 출처: 2008년 미국지질조사국(US Gological Survey, USGS) 자료를 참조하여 작성하였음.

역사적으로 북극의 전면적 개방은 잘 알려진 대로 1987년 10월 1일 미하일 고르바초프(Mikhail Gorbachev)의 무르만스크 선언(Murmansk Declaration)에 기인한다. 이 선언은 북극의 거버넌스 체제 확립에 관한 기본적 구상을 제시했고, 냉전 상황을 종식시키고 '평화지대' 제안으로 이어졌다. 이는 북극의

---

15) "How the Trump Administration's Rush to Drill in Alaska's Arctic Refuge is Backfiring, Arctic Today," https://www.arctictoday.com/ (검색일: 2025. 4. 25); 박종관(2022), op. cit., pp.4-5; 신경수(2022), op. cit., p.7.

비핵지대화, 자원 이용의 평화적 협력, 과학조사와 환경보호의 공동 노력, 북극항로(PSR) 개발, 북극 환경보호를 위한 북극 협력의 계기가 됐다. 이후 캐나다의 제안으로 1996년 AC가 설립됐고, 이 기구를 통해 북극의 환경보호, 생물 다양성, 원주민 보호 및 지속 가능성 등 공통의 관심사를 적극적으로 논의하기 시작했다. 무엇보다도 AC는 북극의 글로벌 거버넌스의 구축을 위해 북극 및 비북극권 국가의 참여를 주도하고 다양한 북극 이슈와 정책을 주도해왔다.[16] 하지만 북극은 신냉전 지역으로 급부상하면서 급격한 변화와 더불어 경제적 기회 증가와 국제적으로 안보 및 환경 문제에 직면해 있다. 이러한 북극의 전반적인 급격한 변화에 대해 제성훈(2021)은 "북극은 AC를 중심으로 다양한 활동을 추진해오면서 지속 가능한 개발과 환경보호 문제를 논의하는 대표적인 조직으로 역할을 해왔지만, AC와 북극 원주민의 공간 외에 전 세계적인 인류의 공간으로 전환되고 있다"라고 강조했다.[17]

북극의 지경학적 및 지정학적 특성을 포괄적 안보 측면에서 살펴보면 다음과 같다. 첫째, 오랫동안 눈과 얼음으로 뒤덮인 동토의 북극은 지구온난화에 따른 기후변화가 심화되면서 지경학적 잠재력에 관한 관심이 높은 지역이다. 북극은 지구 평균보다 2-2.5도 높은 기온 상승으로 인해서 얼음이 빠른 속도로 해빙되면서 글로벌 환경 변화에 중요한 변수로 부상했다. 포괄적 안보 개념 측면에서 북극은 '평화와 협력'의 영역인 동시에 북극의 환경보호는 북극권 국가들과 전 세계적으로 최대 쟁점이 됐고, 지구온난화 현상은 글로벌 위험성이 고조되고 있다.[18] 영국 시사주간지 '이코노미스트'는 1979-2021년 북극권

---

16) 서현교, "중국과 일본의 북극정책 비교 연구,"『한국시베리아연구』 22권 제1호 (배재대학교 한국-시베리아센터, 2018), pp.121-122.
17) 제성훈(2021), op.cit., pp.50-51.
18) 북극환경 변화와 문제에 대한 자세한 논의는 다음을 참조. 차명제, "러시아의 환경

기온은 10년마다 0.75도 이상 상승했고, 2035년경 여름에는 북극해에 얼음이 모두 녹을 것이라고 보도했다. 또한 핀란드 기상연구소는 노르웨이령 스발바르 등 일부 지역은 10년마다 1.25도씩 상승했다고 발표했다. 이러한 조사 결과는 북극이 다른 지역보다 지구온난화 현상이 2-4배 정도 빠르게 진행된다는 기존 연구와 달리 훨씬 급격한 온난화가 진행되고 있다는 것을 의미한다.[19]

2019년 모나코에서 개최된 제51차 총회에서 기후변화에 관한 정부 간 협의체(Intergovernmental Panel on Climate Change, IPCC)의 해양과 빙권 특별보고서에서는 지구온난화로 인해 해양과 극지방, 산악에 거주하는 10억 명의 생명에 위험하다고 경고했다.[20] 2020년 한국 국립기상과학원에서는 2015에서 2100년 동안 북극 해빙 면적의 변화에 대해 연구를 수행했다. 이 연구를 바탕으로 북극 빙하는 최근 10년마다 13% 비율로 사라지고 있고, 2041-2060년경 얼음 없는 여름이 올 것으로 관측된다는 보고서를 발표했다.[21] 현재 영구동토층이 녹으면서 메탄가스 방출과 탄저균 노출로 순록이 사망하고 있다. 지구온난화로 인한 기후변화는 북극해의 빙하를 녹이고 전 세계에 홍수, 가뭄, 한파, 질병, 영구동토층 메탄가스 방출, 세균, 미세플라스틱 오염 등 막대한 피해가 초래하고 있다.[22]

문제와 환경 CSO의 역할 - 북극권 환경문제를 중심으로 -," 『The Journal of Arctic』 No. 28, 2022, pp. 27-36.

19) "빙하 녹으니 노다지… 북극 쟁탈전 가열," https://v.daum.net/v/20250109091810469 (검색일: 2025. 4. 23).
20) 해양수산부, "IPCC, 바다와 극지의 위험을 경고하다," 『해양수산부 보도자료』 2019. 9. 25; 김민수, "극지의 창," 『극지해소식』 2020. 9. 30, pp. 43-44.
21) 국립기상과학원, "전 지구 기후변화 전망 보고서," 2020, pp. 11-12.
22) 라미경, "러시아-우크라이나 전쟁 이후 북극 안보협력의 전망," 『The Journal of Arctic』 No. 28 (배재대학교 한국-시베리아센터, 2022), p. 13; "Arctic Research Faces Uneven Cuts from Trump Administration. Alaska Public Media," https://

둘째, 지구온난화 현상에 따른 북극 해빙의 가속화는 북극항로(PSR)의 활용에 대한 관심이 증대되고 있다. 2011년부터 본격적으로 개척되기 시작한 글로벌 물류수송로서의 북극항로(PSR)는 태평양과 대서양을 연결하는 단축 항로이며, 지구온난화가 가속화되면서 북극의 얼음층이 빠른 속도로 줄어들고 있어서 태평양과 대서양을 연결하는 최단거리로 횡단할 수 있는 새로운 항로이다. 앞서 강조한 대로 북극 해빙이 가속화되면서 환경적 측면에서 인류에게 재앙이 되고 있지만, 이 지역에 대한 접근이 상대적으로 용이해지고 새로운 글로벌 물류수송로서의 북극항로 활용과 천연자원 개발이 확대되고 있다. 북극해를 통한 선박 운항 통행이 가능한 북극항로(PSR)는 일반적으로 북극 해빙이 소멸되는 시기에 운용 가능한 북극의 중앙횡단항로인 미래중앙북극해해운로(Future Central Arctic Shipping Route), 북동항로(Northeast Passage), 북서항로(Northwest Passage), 북극점 경유 항로(Transpolar Passage)로 분류된다. 북동항로(Northeast Passage)는 러시아의 북쪽 북극해 연안을 따라 동쪽의 베링해협에서 동시베리아해와 랍테프해를 거쳐 노르웨이 연안을 따라 대서양으로 이어지는 수송로이다. 러시아 서부 상트페테르부르크에서 블라디보스토크까지 북극해 항로로 항해 거리는 14,280km다. 수에즈 운하를 거치는 기존 항로보다 북극해 항로를 활용하면 항해 거리를 40% 정도 줄일 수 있다.

북방항로(NSR)는 러시아의 물류 운송로를 의미하며, 태평양 지역의 북동항로와 중첩되는 항로이다. 이 항로는 카라해협으로부터 카라해 연안을 따라 추코트카 자치구의 프로비데니야만(Providence Bay)까지 약 5,600km에 이른다.[23] 북서항로(Northwest Passage)는 베링해협에서 캐나다의 북극 군도

---

alaskapublic.org/ (검색일: 2025. 5. 12).
23) 러시아 GDP의 약 20%와 수출의 약 22%를 러시아 북극권이 차지한다. Linda Edison Flake, "Russia's Security Intentions in a Melting Arctic," *Military and Strategic*

를 경유해서 대서양과 태평양을 연결하는 항로이기 때문에 물류비 절약 효과와 석유와 가스 등 천연자원과 수산자원 어획고가 풍부해서 전략적 가치가 높다.[24] 또한 미국 지질학회는 이 지역에서 아직 발굴되지 않은 석유와 천연가스의 25%가 매장돼 있을 것으로 추정했다. 북서항로를 이용해 영국 런던에서 일본 도쿄까지 화물을 운송할 경우 파나마 운하를 거치는 것보다 약 7,000㎞를 단축할 수 있다.[25] 향후 북방항로(NSR)가 아시아와 유럽을 연결하는 세계 3대 물류 항로로 개발될 가능성이 제기된다. 중국과 인도 등 아시아 국가들의 참여 여부가 중요해지고 있다. 북방항로(NSR)가 만약 2040년경 연중 운항이 가능해진다면 새로운 교역로로 급부상할 것이다.[26] 2021년 3월 수에즈 운하

Affairs, Vol. 6, No. 1 (2014), pp. 104-105.

24) 서현교, "러시아 북극정책의 시대적 특징과 함의," 『한국시베리아연구』 25권 3호 (배재대학교 한국-시베리아센터, 2021), pp. 17-23; 강성호, "북극해 환경변화와 전망," 2009년 6월 23일 KMI 국제세미나 발표논문, p. 22; 김보영, "기후변화와 북극 유가스전 개발에 관한 연구," 『자원환경경제연구』 18권 4호 (2012), p. 792.

25) 북극항로(PSR)의 중요성은 대체로 세 가지 측면에서 주목된다. ① 지구온난화로 경제적 측면에서 새로운 항로의 가능성과 천연자원 개발과 수송, 안보적 측면이 중요해졌다. ② 미중 갈등으로 해양주권 확보 경쟁이 확대되면서 해상 운송로가 위협받고 있기 때문에 좀 더 안전하고 경제적인 항로 개발에 관심이 높아졌다. ③ 이러한 요인들로 북극 자체가 경제적, 정치적, 군사·안보적 중요성이 커지면서 러시아, 미국, 캐나다, 노르웨이 등은 자국의 연안을 따라 군사기지와 방공 감시시스템을 구축하고 있다. 박종관, "러시아의 북극 해양 안보 정책: 2022년 '해양 독트린'을 중심으로," 『한국시베리아연구』 27권 1호 (배재대학교 한국-시베리아센터, 2023), p. 79; "영유권분쟁 가열..북극이 뜨겁다," https://v.daum.net/v/20070710192308241 (검색일: 2025. 2. 24).

26) 홍성원, "북극해항로와 북극해 자원개발: 한러 협력과 한국의 전략," 『국제지역연구』 15권 4호 (2012), pp. 95-124; Russia Maritime Register of Shipping, *Rules for the Classification of Sea-Going Ships* (Saint Petersbug, Saint Petersbug Edition, 2019), pp. 11-14; 하용훈, "한국해군의 북극정책 추진 방향: 북극권 안보정세와 국방외교를 중심으로," 『한국시베리아연구』 28권 3호 (배재대학교 한국-시베리아센터, 2024), p. 84; Rolf Rosenkranz, "The Northern Drift of the Gobal Economy: the Artic as an Economic Area and Major Traffic Route," *World Customs Journal*, No. 1 (2010), p. 25

좌초 사고 직후 북극항로(PSR) 개발에 국가적 사활을 걸고 있는 블라디미르 푸틴(Vladimir Putin) 대통령은 동년 9월 초 글로벌 물류의 중요 수송로서 북방항로(NSR)의 역량 강화를 포함해서 이 항로의 사용은 모든 국가 대상으로 자유롭게 개방될 것임을 강조했다.[27]

셋째, 북극에 대한 군사 전략적 갈등과 경쟁이 치열해지고 있다. 지구온난화의 영향으로 동아시아와 북대서양 지역을 잇는 북극으로의 연결이 가능해졌고, 해빙 지역과 기간이 늘어날수록 북극에 대한 경쟁은 커지고 있다. 북극 지역은 대륙간탄도미사일과 관련 유라시아와 북미 사이의 장거리 미사일의 최단 비행경로이다. 이러한 측면에서 북극은 미국과 러시아, 중국의 핵전략 균형에 매우 중요한 전략적 역할을 하고 있다. 무엇보다도 2014년 크림반도 병합이후 러시아는 국제사회로부터 경제제재를 극복하는 방안으로 북극 개발에 적극적으로 나서면서 이 지역에서 안보적 측면에서 큰 변화가 초래했다. 러시아가 북극의 주요 지점들에서 군사기지 구축 확대와 중국 자본을 활용하고, 양국 간 북극 합동 군사훈련을 실시했다. 이에 대해 미국은 적극적으로 경계 및 군사 대비태세로 전환했다. 즉 러시아는 중국과 2023년 8월 초 함정 11척을 앞세워 알류샨열도 근처에 접근했는데, 이에 미국은 구축함 4척과 P-8 포세이돈 항공기 등을 출동했다.[28]

미국은 북극의 광범위한 북극항로 이용과 군사 안보적 이점과 천연가스 및 석유 등 천연광물 자원이 풍부하게 매장된 경제영토로서 가치가 높기 때문에

---

27) 푸틴 대통령은 2024년까지 북극항로를 통한 화물량을 연간 8000만t까지 끌어올리겠다고 공언했다. "러, 수에즈운하 좌초사고 틈타 '북극항로' 홍보..운송거리 매우 짧아," https://v.daum.net/v/20210330103704227 (검색일: 2025. 4. 11).
28) "US Ally Shadows Russian and Chinese Navy Ships," Newsweek, 2024. 5. 26, https://www.newsweek.com/japan-map-discloses-russia-china-navy-ship-movements-pacific-1883402 (검색일: 2025. 4. 24).

적극적으로 대응하고 있다. 이에 미국은 1953년부터 덴마크령 그린란드에 툴레공군기지를 설치하여 러시아를 견제할 수 있는 주요 방어기지를 건설해왔다. 미국은 러시아의 북극에서의 광범위한 군사력 증강과 자원개발, 북방항로(NSR) 이용 확대와 더불어 중국의 막대한 자본 투입 등 북극을 둘러싼 패권 확산을 견제하고 있다.[29] 또한 노르웨이는 NATO 출범 이후 북극에서 자국의 이익 증진에 적극적으로 전환하는 계기가 됐고, 캐나다는 2024년 1월 초부터 북극에서 자국의 군사력을 강화하고 있다. 2025년 3월 초 트럼프 집권 이후 NATO 회원국의 방위비 증액에도 부응하고, 북극 인근의 러시아와 중국의 군사력 확대와 영향력을 억제하기 위해서 26억 7000만 캐나다 달러(약 2조 7,000억 원)의 방위비 증액을 추진하기로 했다.[30]

넷째, 북극은 북극 연안국 간 영유권 경쟁과 분쟁이 상존한다. 지구온난화로 북극의 천연자원 개발 확대와 북극항로(PSR)의 경제성 증대 등으로 북극의 영유권 분쟁이 가열되고 있다. 북극은 유엔해양법협약과 북극곰보호협약(Agreement on the Conservation of Polar Bears)[31], 기타 양자협약에 근거해서 영유권이 적용된다. 북극해의 내수, 영해, 접속수역, 배타적 경제수역, 공해, 대륙붕, 심해저 등을 포함해서 모든 해양수역의 법적 지위는 해양법협약에 의해 결정된다. 대륙붕 한계설정, 결빙해역(Ice-covered Areas)을 포함해

---

29) "Looking North: Sharpening America's Arctic Focus, U.S. Department of State," https://www.state.gov/looking-north-sharpening-americas-arctic-focus/ (검색일: 2025. 5. 12); "해빙으로 드러나는 황금항로…북극 몰려가는 러·중," https://v.daum.net/v/20240123070502621 (검색일: 2025. 3. 20).
30) "북극 못 잃어…캐나다도 군비증강 2.7조 원 투입," https://v.daum.net/v/20250307120146547 (검색일: 2025. 3. 20).
31) 1973년 북극곰 보호와 관리를 위해서 러시아, 미국, 캐나다, 덴마크(그린란드), 노르웨이 간에 체결했다.

서 해양환경의 보호, 항해의 자유, 선박의 해협통과, 해양과학연구, 해양 이용에 관한 권리와 의무 등은 해양법협약에 의해 규제를 받는다. 또한 인공섬, 시설 및 구조물의 설치와 이용 등에 대해서 관할권을 행사하고, 북극해의 대륙붕에 대해서는 대륙붕을 탐사하고 자연자원을 개발할 수 있는 주권적 권리를 행사한다. 다만 대륙붕의 상부 수역이나 상공 법적 지위는 대륙붕과 별개로서 대륙붕에 대한 연안국의 권리는 이에 대해 영향을 미치지 않는다. 국제법 학자들은 온난화로 북극 접근이 용이해진다고 해도 북극을 특정 국가의 소유 하에 두는 것은 불가하다는 입장을 고수하고 있다. 해양법협약 제56조에 의해 러시아와 덴마크 등 북극권 국가들은 북극해의 배타적 경제수역(EEZ)에서 해저의 천연자원과 에너지 생산 등 모든 경제적 자원에 대해 연안국으로서 주권적 권리를 행사한다. 북극의 주요 경계획정 대상 지역은 2022년 해결된 캐나다-덴마크 간 한스섬을 제외한 미국-러시아 간 베링해와 북극해, 러시아-노르웨이 간 바렌츠해, 덴마크(그린란드)-노르웨이 등이다.[32]

가장 대표적 영유권 분쟁 사례는 러시아가 주도한 '북극-2007 프로젝트'이다. 2007년 8월 초 대륙붕 탐사 미르호가 핵추진 쇄빙선 러시아호와 해양연구선 아카데믹 포드로프호의 지원을 통해서 해저 4,300m의 북극점에 티타늄으로 만든 러시아 국기를 게양함으로써 북극에서의 영유권 분쟁과 경쟁이 촉발했다. 이곳에는 50억t의 석유와 천연가스가 매장돼 있는 것으로 추정됐고, 러시아는 북극해의 해저산맥 한반도(22만㎢) 5배 로모노소프(Lomonosov) 해령이 자국의 동시베리아 추코트카 반도에 연결돼 있다는 영유권을 주장했다.

---

[32] 1982년 제정된 유엔 해양법은 북극해에 대해 개별 국가의 주권을 인정하지 않고, 북극 연안 5개국의 200해리(370km) 경제수역만을 인정하고 있다. 라미경 (2023), op. cit., p.40; "영유권분쟁 가열..북극이 뜨겁다," https://v.daum.net/v/20070710192308241 (검색일: 2025. 4. 12).

러시아는 이후 2001년 로모노소프 해령을 러시아의 영해로 인정을 요청하는 대륙붕 소유권 신청서를 유엔 대륙붕한계위원회(UN Commission of the Limits of the Continental Shelf, CLCS)에 제출했다.[33] 또한 노르웨이는 1970년대 중반부터 스발바르 군도에 대한 독점권을 주장하고 있다.[34] 덴마크는 한스아일랜드(덴마크 소유의 그린란드와 캐나다 엘즈미어섬 사이에 있는 면적 0.8㎢의 바위섬)에 대한 소유권을 주장하기 때문에 캐나다와 영유권 분쟁지역이다. 덴마크는 2014년 12월 유엔에 북극 인근에 대한 영유권 주장을 정식 제기했는데, 덴마크는 유엔대륙붕한계위원회(UNCLCS)에 그린란드 주변 해저 90만㎢의 영유권을 덴마크가 갖고 있다는 내용의 문서를 공식 제출했다.[35]

---

33) 김봉철·심민섭, "북극해 및 북극 지역 관련 국제법과 국내법의 조화,"『한국해법학회지』44권 2호 (2022), pp. 145-170.
34) 1920년 체결된 스발바르 조약은 노르웨이의 북극 스발바르 제도에 대한 자치권 행사를 인정하는 조약이다. 이 조약은 군도에 대한 노르웨이의 주권을 인정하지만, 조약에 가입한 국가들 대상 평등한 경제활동 권리를 부여해 천연자원을 이용할 수 있게 허용한다. 이 조약으로 비자 면제 및 비무장 지대로 유지되고 있고, 거주민은 약 2천500명이다. 오늘날 48개국이 이 조약에 서명했으나 실질적으로 경제권을 활용하는 나라는 러시아와 노르웨이뿐이다. 좀 더 자세한 논의 다음을 참조. 라미경, "스발바르조약 100주년의 함의와 북극권 안보협력의 과제,"『한국시베리아연구』24권 4호 (배재대학교 한국-시베리아센터, 2020), pp. 1-29; 북극의 포괄적 해양안보 이슈인 영유권 분쟁과 배타적 경계획정에 대해서는 다음을 참조. 윤영미(2009), op. cit., pp. 45-80;
35) "덴마크, 유엔에 영유권 정식 제기. 북극해 쟁탈전 막올랐다," https://v.daum.net/v/20141216173913645 (검색일: 2025. 4. 24).

Ⅲ. 북극의 NATO 회원국과 러시아와의 역학관계 양상

푸틴 대통령은 2013년 『2020년까지 러시아연방의 북극권 개발과 안보 전략』을 발표하는 등 다양한 정책과 전략을 통해 적극적으로 북극 개발을 주도해왔다. 하지만 커닝햄(Cunningham, 2024)은 러-우 전쟁은 북극 안보에 막대한 영향을 미쳤고, AC는 러시아와의 협력 중단과 기후변화 연구와 같은 환경과 천연자원 개발 등 주요 개발 프로젝트가 중단됐다고 우려를 제기했다.36) 실질적으로 러-우 전쟁 발발 이후 미국과 유럽연합(EU) 등 서방의 대러 안보 및 경제제재가 러시아의 북극 자원개발 정책에 적지 않은 영향을 미치고 있다. 즉 러시아가 추진 중인 북극 개발의 핵심은 상당 부분 해외의 자본과 기술 등 국제협력이 필요한 에너지 자원 및 북방항로(NSR) 활용에 대한 확대이다. 하지만 이러한 부분에 대한 미국과 서방의 대대적인 경제제재로 러시아의 개발 추진에 큰 영향을 미치고 있다. 러시아에 대한 에너지 의존도가 높았던 대부분 유럽국가들은 예상보다 높은 수준의 대러시아 경제제재에 동참했기 때문이다.37)

러시아는 북극에서 사용 가능한 천연가스와 석유는 대부분 탐사 중이다. 일부는 다양한 개발 단계에 있다. 러시아는 북극에서 전체 천연가스 생산의 약 83%와 석유는 17%를 생산한다. 이는 러시아 국내총생산(GDP)의 20% 정도가 북극이 담당하며, 2018년부터 북극 야말반도에서 생산한 천연가스를 북

---

36) Alan Cunningham, "Shifting Ice: How the Russian Invasion of Ukraine has changed Arctic Circle Governance and the Arctic Council's Path Forward," *Arctic Institute* (2024), 서승현·양정훈(2024), op. cit., p. 5.
37) Stefan Meister, "A Paradigm Shift: EU-Russia Relations: After the War is Ukraine," *Carnegie Europe* (2022).

방항로(NSR)를 통해 중국 등으로 수출하고 있다. 또한 러시아는『북극전략 2020-2035』에서 수립한 계획을 기반으로 북극의 지질 연구를 위해 8개의 새로운 가스전과 유전 등 광물 추출에 대한 허가를 실행 중이다. 러시아는 2022년 4월부터 북극 연료 및 에너지 회사 대상으로 우대 금리 대출 특별 프로그램으로 1억 2천만 루블 이상을 할당됐다.[38]

하지만 러-우 전쟁의 장기화로 미국과 EU 등의 경제제재 때문에 러시아가 진행 중인 북극 자원개발 사업이 중단되거나 자본 및 기술 지원 동결됐다. 그동안 러시아는 글로벌 에너지 기업들인 Exxon-Mobil, ENI, Total, Statoil, CNPC 등과 공동 또는 합작으로 개발, 탐사, 생산 및 시추 사업을 적극적으로 진행해왔다. 사실상 북극의 천연자원 개발은 서방의 기술협력과 자본 투자 없이 러시아의 단독 수행에 제약이 따른다. 이번 경제제재의 양상은 기존 러시아 에너지 부문에 대한 기자재, 기술, 서비스 공급 금지조치의 연장 외에 신규 투자 및 대출까지도 금지 대상이 됐다. 실제로 경제제재의 시행 이후 많은 에너지 기업들이 러시아 사업에서 지분 매각 등 전면 철수 또는 신규 프로젝트에 대한 투자를 동결했다. 실질적으로 영국의 BP와 노르웨이 에너지 기업 Equinor는 러시아의 Rosneft와의 파트너십 철회를 발표했다.[39]

좀 더 살펴보면 2023년 11월 초 미국은 러시아의 액화천연가스(LNG)의 수출을 규제했다. 미국은 러시아의 대규모 북극 LNG-2 개발 프로젝트를 추가 제재 대상으로 지정했고, 유럽과 아시아 국가들의 구매를 차단했다. 영국의

---

38) 서승현·양정훈(2024), op. cit., p. 12; "해빙으로 드러나는 황금항로…북극 몰려가는 러·중," https://v.daum.net/v/20240123070502621 (검색일: 2025. 2. 25).
39) 에너지경제연구원, "러시아의 북극지역 자원개발 동향과 전망,"『세계 에너지시장 인사이트』16-7호, 2016; 김상원, "서방의 경제제재와 러시아의 북극개발: 천연가스를 중심으로,"『슬라브학보』32권 4호 (2017), pp. 27-58.

Shell은 기단 반도의 프로젝트에 영향을 주는 러시아의 Gazprom과의 합작 투자에서 탈퇴를 선언했다. 이탈리아는 러시아의 민간 가스 기업인 Novatek이 주도하는 북극 LNG-2 사업에 대한 210억 달러의 자금 대출을 중단했고, 프랑스의 Total과 일본의 Mitsui는 동 사업에 대한 신규 투자를 동결했다.[40] 아울러 북극 LNG-2 사업 중 기술과 조달 및 건설에 참여했던 독일의 Linde와 Siemens 등도 장비 공급 중단과 러시아 내 사업 축소 계획을 밝혔다. 러시아의 대형 에너지 개발 사업인 Vostok Oil 역시 불확실성이 제기되어 사업 수행이 어려워졌다. 해당 사업에 참여 중인 싱가포르의 Trafigura는 지분과 관련 옵션 재검토와 이 사업의 주체인 Rosneft의 지분 19.75%를 보유 중인 BP도 지분 매각 계획을 공개하면서 자금조달에 문제가 발생했다.[41]

결국 미국과 서방의 강도 높은 대러 경제제재는 북극항로(PSR)의 LNG 운반선 및 쇄빙선 건조에도 적지 않은 영향을 미치고 있다. 선박의 장비나 시스템 등의 수출 및 기술협력 자체가 금지됐다. 러시아 국영선사 Sovcomflot를 비롯한 선박 및 조선소가 제재 대상이 되면서 운반선과 쇄빙선의 건조 및 인도 등 어려움에 직면했다. 서방의 경제제재 시행 이전에 체결된 계약들은 제재 대상에서 제외될 수 있지만 대부분 주요 선박 건조와 기술 협력은 러시아의 금융제재에 따른 손실과 제재위반, 기존 선박의 수리를 위한 부품의 공급 및 조달 차질, 그리고 러-우 전쟁에 따른 국제정세 불확실성 증대로 인해 상당

---

40) 북극 LNG-2 프로젝트는 5천900억㎥에 이르는 천연가스가 매장된 것으로 조사된 러시아 시베리아 기단 반도 내 우트렌네예 가스전에서 이뤄지는 사업이다. "'LNG 강국' 러 야망에 제동 건 美⋯북극 LNG 사지 마라," https://v.daum.net/v/20231113072601623 (검색일: 2025. 4. 20).
41) 박찬현, "우크라이나 사태의 러시아 북극개발정책에의 영향," 『The Journal of Arctic』 No. 28, (배재대학교 한국-시베리아센터, 2022), pp. 21-22.

기간 지연 또는 중단될 가능성이 제기됐다.[42]

또 다른 변화는 빈클(Winkel, 2023)은 러시아의 우크라이나 침공으로 북극에서 군사적 긴장이 증가하고 외교적 협력이 중단됐고, 이로 인해서 러시아의 하이브리드(Hybrid) 전술 활용과 경제적 영향은 심화되고 있다고 지적했다.[43] 그가 언급한 대로 러-우 전쟁 이후 북극에서의 러시아의 북극 경제제재 외에 가장 큰 변화 중 하나는 AC를 중심으로 유지해오던 글로벌거버넌스 역할과 기능의 제약과 중단이다. 2022년 3월 초 러시아를 제외한 AC 회원국들은 러-우 전쟁에 대한 대응 조치로 추후 공지가 있을 때까지 이사회 활동의 중단을 발표했다. AC 외에 북극에서 정부 간 협력을 촉진하는 1993년 창설한 바렌츠 유로-북극이사회(Barents Euro-AC, BEAC)의 회원국들도 러시아의 참여 및 관련하는 모든 활동을 중단했다.[44]

이로써 러시아와 여타 북극권 국가들과의 국제협력이 상당 부분 제한적이거나 AC의 안보정책에도 부정적인 영향을 미치고 있다. 러-우 전쟁 이후 러시아의 북극 국제협력과 안보환경에 미치는 변화와 영향을 분석해 보면 다음과 같다. 첫째, AC를 중심으로 북극 거버넌스에 대한 패러다임 전환에 직면했다. 현재 북극 연안 5개국과 북극권 7개 국가 중 러시아와의 동맹국은 없다. 러-우 전쟁 이전 AC는 러시아와 NATO 회원국(미국, 캐나다, 노르웨이, 덴마크, 아

---

[42] 박찬현(2022), op.cit., p.24.
[43] Jones Winkel, "The Impact of the Ukraine Conflict on Russia's Arctic Strategy," *Austria Institute for Europa-und Scicherheitspolitik* (2023), 서승현·양정훈(2024), op.cit., p.5.
[44] 주요 회원국은 덴마크, 핀란드, 아이슬란드, 노르웨이, 러시아, 스웨덴, 유럽연합 집행위원회로 구성된다. 서현교, "각국의 한반도 인식-유럽의 북극전략 논의와 정책," 『여시재-협력연구기관 공동기획 동향 보고서』 2017. 7. 25, pp.1-2.

이슬란드), 비동맹국가(핀란드와 스웨덴)으로[45] 구성되어 상호 견제와 균형을 유지하면서 북극의 다양한 주요 이슈에 대해 논의하고 협력해왔다. 하지만 러시아의 우크라이나 침공으로 러시아와 서방 간 관계가 악화하면서 북극 지역으로 긴장이 확산되고 있다. 핀란드와 스웨덴의 NATO 가입 이후 미국은 러시아를 견제하기 위해서 북극 역내 NATO 동맹국의 군사력 증강과 집단방위 체제의 결속이 한층 강화하고 있다. 부연하자면 그간 중립국이었던 핀란드와 스웨덴의 NATO 가입은 러시아의 북극에서의 입지가 축소되거나 추가적인 위협이 될 가능성이 커진 것이다. 이와 같은 북극에서의 러시아와 NATO 간의 불균형은 결과적으로 러시아가 다른 AC 회원국들보다 군사적으로 훨씬 더 민감한 상황으로 전환된 것이다. 러시아는 북극 발전과 국제협력의 상당 부분을 주도해오던 AC 활동에 중점을 두었지만, 북극의 대결 구도 형성으로 오히려 미국을 비롯한 북극권 국가들로부터 안보위협에 직면해 있다고 인식하고 있다.[46] 이러한 급격한 안보 환경의 변화는 러시아로서는 북극에서 NATO의 영향력 확대와 억지력을 강화해야 하는 상황에 직면했다.[47]

둘째, 러시아와 EU와의 관계 변화처럼 러-우 전쟁은 러시아와 AC 회원국들과의 갈등과 균열 등 관계 변화에 매우 큰 영향을 주고 있다. 러-우 전쟁 발발 당시 AC의 의장국(2021년-2023년, 2년 임기)이었던 러시아를 제외한 회원국들은 러시아의 역할과 운영에 직접 참여를 일시 중지했다. AC 회원국들

---

45) 핀란드는 2022년 5월에 스웨덴은 2023년 4월에 NATO 가입을 신청했다.
46) "Trump's Arctic Strategy and Greenland Security. GIS Reports," https://www.gisreportsonline.com/ (검색일: 2025. 5. 15); "나토 가입한 스웨덴·핀란드 방위력 강화해야," https://v.daum.net/v/20250113012400694 (검색일: 2025. 4. 11).
47) "Four Maps Explain how Sweden and Finland Could Alter NATO's Security," The Washington Post, 2023. 7. 11; 좀 더 자세한 논의 다음을 참조. 한종만, "핀란드와 스웨덴의 나토 가입과 안보 레짐의 재편," 『한국해양안보논총』 6권 1호 (2023), pp. 119-163.

은 의장국인 러시아를 배제하고 이사회 운영을 일시 중단했다. 이로써 2023년 5월 AC 의장국이 러시아에서 노르웨이로 변경됐고 러시아와의 관계는 악화됐다.[48] 러시아는 AC 의장국에서 물러난 이후 외교부를 통해 AC에서의 활동이 자국의 국익에 부합하지 않을 경우 AC 회원국 탈퇴 가능성에 대해 언급했다.[49] 이러한 상황으로 제기되는 제약 요인은 AC 창설 목표와 활동 중 가장 중요한 것은 북극의 평화와 국제협력을 유지하고, 이를 통해 북극 환경보호 및 지속 가능한 발전 모색과 지구온난화 등 주요 공동 관심 이슈에 대해 협력을 주도하는 등이었지만 북극 거버넌스 메커니즘에 큰 변화가 초래했다는 점이다. 결국 저강도 수준의 군사적 충돌 또는 안보위협으로 북극 원주민에 대한 지원과 비상사태 시 협력적 안보 메커니즘 작동에 불안정한 요인으로 작용하고, 러시아를 포함한 AC 회원국 간 국제협력에 대한 동력이 상당 부분 제약을 받고 있다.[50]

셋째, 러-우 전쟁의 장기화는 AC의 NATO 회원국 간 러시아에 대응하기 위해서 군사훈련 강화와 군비증강을 강화하는 계기가 됐다. AC에서의 러시아의 역할과 영향력은 약화됐고, 핀란드와 스웨덴의 NATO 가입으로 러시아와 NATO 대립으로 미국의 북극에서의 영향력 강화와 안보관리를 주도하는 등 북극과 발트해 지역에서의 진영 변화와 군사 안보적 환경이 빠르게 변화하고

---

[48] 하용훈(2024), op. cit., pp. 91-92; Elizabeth Buchanan, "Cool change ahead? NATO's Strategic Concept and the High North" NDC Policy Brief (2022), p. 4; Tom Casier, The EU and Russia: The War that Changed Everything, *JCMS-Journal of Common Market Studies*, Vol. 61, No. S1 (2023), pp. 3-44.

[49] 하용훈(2024), op. cit., pp. 91-92; "북극, 러·서방 갈등 새로운 중심으로…," https://v.daum.net/v/20230601105619169 (검색일: 2025. 4. 10).

[50] "북극 군사력 확대하는 러시아… 북유럽 방어망 강화하는 미국과 서방," https://v.daum.net/v/20231219144153223 (검색일: 2025. 4. 13).

있다.51) 북극에서 러시아와 미국이 주도하는 군사 및 안보적 패권 경쟁으로 확대가 불가피한 상황이다. 군사 안보적 측면에서 실질적으로 NATO의 북극 동맹국들은 군사훈련을 늘리고, 그린란드-아이슬란드-영국(GIUK)에 이르는 지역에 대한 대잠(Anti-submarine) 시설을 개선하고 있다.52) 트럼프 대통령은 재집권 이후 NATO의 방위비 분담금의 5% 증액을 요구했다. 러시아를 모니터링하는 눈과 귀로 불리는 노르웨이는 NATO 출범 이후 북극에서 자국의 이익 증진에 적극적으로 전환하는 계기가 됐다. 노르웨이와 덴마크는 자국 방위비를 기존 1%에서 2%로 증액했고, 노르웨이는 212급 잠수함 4척 획득 사업을 진행하고 있다. 덴마크는 신형 잠수함 확보 계획 중이다. 스웨덴은 5척의 잠수함을 운영 중인데, 2척의 신형 A26급 잠수함 2척을 2028년 경까지 확보할 계획으로 알려졌다.53) 핀란드는 2024년 방위비 예산을 2.3%로 증액했고,

---

51) NATO 헌장 5조는 회원국에 대한 공격이 있을 경우 유엔(UN) 헌장 제51조에서 인정한 독자적 및 집단적 방위권을 행사한다. 회원국들은 집단적 또는 독자적으로 공격받는 국가를 상호 원조한다고 명시하고 있다. 이러한 공동방어 원칙은 NATO와 러시아 간 북극 전략에 대한 경쟁과 긴장감 조성에 근간이 될 수 있다.

52) 미국, 캐나다, 덴마크, 노르웨이, 아이슬란드 등에 배치된 군사 시설은 약 50여 개, 22개의 비행장, 23개의 해군 기지, 북극의 핵 공격 방어를 위해 4개의 레이더 스테이션 설치와 19,000명의 군 병력을 상시 배치 중으로 알려졌다. "NORAD Boss Asks Congress for Better Domain Awareness. Air & Space Forces Magazine," https://www.airandspaceforces.com/ (검색일: 2025. 5. 2); 김덕기, "'일대일로' 전략에서 본 중국의 북극 '빙상실크로드'," 『한국해양안보논총』 2권 1호 (2019), pp. 1-31; "일본 자위대 '수상한' 북극권 항해…군사적 활용 준비하나," https://v.daum.net/v/20201121141633463 (검색일: 2025. 5. 2); Jack Watling. "NATO's Trident Juncture 2018 Exercise: Political Theatre with a Purpose," *RUSI*, 2018. 9. 20.

53) "NATO: Why is Spending 2% of GDP on Defence so Controversial?," Euronews, 2023. 4. 7; "Swedish Military Sharpens is Focus on Submarines Tech in 2024," *Defense News*, 2023. 12. 9.

2030년까지 총 64대의 F-35 전투기 획득을 추진하고 있다.[54] 아울러 캐나다는 이미 빅토리아급 잠수함 4척을 대체하기 위해서 신형 잠수함 도입을 추진하고 있는데, 발주 규모는 12척으로 추산됐다. 캐나다는 2025년 3월 초 극한의 기후에서 전투력 유지 능력을 강화하기 위해서 북극해에 인접한 캐나다 최북단 일대에서 미군과 영국군, 벨기에군, 스웨덴군, 핀란드군이 참여해서 연례 군사훈련인 '나눅(Nanook·북극곰)' 작전을 실시했다. 전체 참가인원은 650여 명으로 항공기와 도보로 툰드라를 이동, 핵심 기반시설을 탈환하고 최신 장비를 시험하는 훈련을 실시했다.[55]

IV. 러시아의 북극 정체성 강화와 군사 안보적 대응 모색

1. 북극 정체성 강화와 북극 정책의 지속성

푸틴 대통령은 집권 2기 2000년대 중반부터 강한 러시아 정책을 수행 중이다. 특히 2014년 크림반도 합병 이후 '전통주의, 민족주의, 강력한 지도력, 서방과 NATO와의 대결'이 러시아 국가 정당화의 중심으로 작용하고 있다. 그렇다면, 러시아의 북극 정체성은 무엇일까. 2014년 4월 국가안보위원회에서 푸틴은 "북극은 전통적으로 우리의 특별한 관심 영역이며, 군사, 정치, 경제, 기술, 환경, 자원 등 국가안보의 실질적인 모든 측면이 집중된 곳"이며 "강대국으

---

54) "Finland's 2024 Defense Budget Targets Arms Restocking, Border Security," *Defense News*, 2023. 10. 14.
55) "캐나다, 미국과 북극서 연합 군사훈련…'관세전쟁' 갈등에도 중·러 접근 대비," 10, https://v.daum.net/v/20250310142458466 (검색일: 2025. 4. 2).

로 복귀를 가능케 하는 곳"이라고 선언했다. 러시아의 북극 정신은 일명 "신성하고 도덕적이고 심리적으로 중요하며, 북극에 대한 접근은 정치 체제나 시대와 관계없이 연속적인 특징"을 보여준다. 이에 대해 한종만(2022)은 2012년 모스크바국립대학교(MGU) 학자들은 북극해를 '러시아해'로 명명해야 한다고 제안하기도 했고, 러시아의 주요 북극 정체성을 잘 도출한 정책은 천연자원 개발, 북동항로(NSR) 이용 확대, 인프라 구축 및 개발이라고 했다. 또한 러시아는 북극에서 인구 유출 방지 정책의 일환으로 사회경제개발 등의 정책 외에 120만 km²에 달하는 북극해 영유권(로모노소프와 멘델레프 해령) 확보 등 북극 안보를 강화하기 위해서 북극군 인프라 전략자산의 증강과 제도를 재편 중이다.[56]

이에 근거해서 러시아의 주요 북극 정책 방향을 살펴보면 다음과 같다. 러시아는 2008년 『2020년까지 러시아연방의 북극 기본정책』과 2013년 『2020년까지 러시아연방 북극 개발 및 국가안보 전략』을 공표하고, 러시아는 2014년 우크라이나 크림반도 합병 이후 미국과 서방과의 긴장이 고조되면서 북극에서 군사력을 증강 중이다. 무르만스크에서 수천 킬로미터에 걸쳐 추코트카에 분산된 군 자산기능을 보다 효율적이고 신속하게 사용하기 위해 2014년 12월부터 북부 해로를 따라 육상 군사시설을 포함하여 북부함대(본부는 세베로모르스크)의 위상을 강화했다. 이 과정에서 2015년 업데이트된 『해양 독트린』과 『군사 독트린』을 수립했다. 2019년 12월에는 『2035 북방항로 인프라 개발계획』을 발표했고, 항만터미널 등의 인프라와 쇄빙선 개발을 위해서 중장기 인프라 개발 추진 기반을 마련했다.[57]

---

56) Сергей Суханкин, "Есть ли России арктическая стратегия?," *Riddle*, 2020. 8. 5; 러시아 북극권 자원(미개발된 광물자원과 석유와 천연가스)의 가치는 35조 달러로 추정했다. 한종만(2022), op. cit., p. 3.
57) 한국해양수산개발원, "러시아의 新북극전략 행보에 주목해야,"『KMI 극지해소식』73호 (2019).

러시아는 북극 개발의 마스터플랜을 통해 지정학적 및 지경학적 이익을 선점하기 위해서 2020년 3월 『2020 북극 정책 기본원칙』을 수정한 『2035 북극 국가정책의 기초』를 발표했고, 동년 10월 2035년까지 러시아연방의 북극 개발전략과 국가안전보장과 2035년까지 러시아의 북극 개발전략과 국가안보 보장 등으로 심화 발전하기 위해서 『2035 북극 개발 및 국가안보전략』과 『2035 북극항로 인프라 개발 계획』 등을 발표했다. 또한 『2020 북극 정책 기본원칙』에서는 북방항로(NSR)를 국가 차원의 핵심 물류 경로로 인식했고, 『2035 북극 정책의 기초』에는 글로벌 물류 경로로 인식하고 활용 범위를 확장한 차이가 있다. 이어 2023년 12월 초 푸틴 대통령은 러시아 북서부 아르한겔스크 북극 개발 회의에서 "북극은 엄청난 경제적 기회가 있는 지역으로 에너지, 물류, 국가안보와 방위"에 매우 중요하다고 강조했다.[58] 이와 같은 다양한 북극 정책에 기반하여 『러시아 2035 북극전략』은 제1단계(2020-24년), 제2단계(2025-2030년), 제3단계(2031-2035년)로 추진 목표를 제시했다.[59]

이처럼 북극에서 확실한 주도권 확보를 위해 러시아가 추진하고 있는 북극 정책의 주요 핵심 방안을 살펴보면 다음과 같다. 첫째, 북극의 자원개발이다. 기후 온난화로 해빙이 감소됨에 따라 북극의 전략적 중요성이 증대되고 북극의 풍부한 천연가스와 석유, 셰일가스 발굴 등 에너지 자원 개발을 활용해서 경제적 이익 추구이다. 둘째, 북방항로(NSR)를 활용해서 유럽과 아시아 지역 간 해상무역로 단축이다. 이를 통해 지역 인프라 개발 및 현대화에 중점을 두

---

58) "러 북극 군사력, 美·유럽 압도…서방-러, '북극 쟁탈전' 가열," https://v.daum.net/v/20231219102824282 (검색일: 2024. 12. 15).
59) 대한무역투자진흥공사, 『러시아의 북극항로 개발 동향과 계획』 (서울: KOTRA Global Market Report, 2022), pp. 17-19; 한종만·라미경 외, 『지금 북극은 제3권 북극: 지정·지경학적 공간』 (서울: 학연문화사, 2021), pp. 7-60.

고 전방위적인 "조직 개편, 법률 개정, 대규모 투자계획"을 추진 중이다. 셋째, 북극에서 지속적인 군사력 증강이다. 자원 개발과 북극항로(PSR) 보호를 위해서 군사 시설을 확대하고 새로운 군서 기반 구축을 통해 해군의 활동을 강화 중이다. 넷째, AC를 기반으로 다양한 북극 거버넌스를 통한 국제협력의 추진이다. 현재 이러한 부분은 러-우 전쟁으로 일시 중단됐지만, 러시아는 전쟁 종결 이후 북극의 역내외 국가들과의 다양한 이해관계와 갈등을 국제규범과 협력을 통해 평화적으로 추진할 것으로 간주된다.[60]

2. 러시아의 북극 군사 안보적 대응 모색

러-우 전쟁 발발 이후 미국 주도의 NATO 동맹과 영향력 강화에 대해 러시아는 강력한 군사력을 구축 중이다. 러시아는 AC 유럽지역의 상임 옵서버 국가 중 스위스를 제외한 영국, 독일, 프랑스, 네덜란드, 이탈리아, 스페인, 폴란드 등 NATO 동맹국들로부터 포위됐다는 안보위협과 포위 공포감으로 북극의 군사력 강화와 군사기지의 현대화를 정당화하고 있다. 미국은 북극에서 강력한 NATO의 동맹 네트워크 유지를 통해 러시아의 위협에 대응할 준비태세를 유지하고 있고, 특히 러시아와 중국 간의 협력을 예의주시하고 있다. 미국은 2022년 노르웨이에 이어 2023년 11월 북유럽의 대러시아 방어망 구축을 위해 핀란드 및 스웨덴과 각각 방위협력협정(DCA)을 체결했다. 현재 러시아가 북극에서 운영 중인 군사기지 수가 미국과 NATO 국가의 기지를 합친 것보다 많고, 군사력 역시 이들 국가보다 약 10년 정도 앞서있다.[61]

---

60) 서승현·양정훈(2024), op. cit., p. 4; "북극 군사력 확대하는 러시아… 북유럽 방어망 강화하는 미국과 서방," https://v.daum.net/v/20231219144153223 (검색일: 2025. 4. 11).
61) "Trump Administration's New Arctic Defense Strategy Expected to Zero in on

푸틴 대통령은 2024년 5월 9일 2차 세계대전 승전기념일 행사 군사 퍼레이드와 이어 7월 31일 해군의 날 기념행사 등을 감행했다. 이러한 행사를 통해 러시아는 '강한 군사적 위력'을 대대적으로 과시했다. 특히 동년 해군의 날 기념행사에서 푸틴 대통령은 업데이트된 새로운 러시아의 『해양 독트린』을 공포하고 개정 행정명령에 서명했다. 이를 통해 러시아가 북극 중심의 해군력 강화와 항로 개척 및 에너지 개발 강화를 지속적으로 추구하겠다는 강력한 의지를 표명했다. 이 독트린에는 지난 2015년 발표된 버전을 일부 업데이트한 조항이 포함됐다. 당시 푸틴 대통령은 북양함대 소속의 4,500t급 호위함 '코르슈코프 제독함'의 첫 실전 배치를 발표했고, 러시아의 국익과 영역의 경계를 공개적으로 지정했다. 여기에는 북극해, 흑해, 오호츠크해와 베링해, 발트해, 쿠릴 해협이 포함됐다. 사실상 러시아가 해양 강국임을 재선언했다. 결과적으로 러시아는 러-우 전쟁 이후 미국의 강력한 대러 경제제재에 대한 자국의 이익 증진과 전방위적인 안보 강화에 대한 의지를 표명하고, NATO의 동진정책은 러시아의 안보위협이라는 점을 재차 강조했다.[62]

북극에서 강한 군사적 영향력을 유지하고 있는 러시아에 대해 핀란드 국제문제연구소의 마티 페수 연구원은, "러시아는 상대적으로 군사적 우위에 있고 북극을 더욱 중시하고 있고, 러시아의 호전성과 기후변화와 맞물려 북극 일대

Concerns about China," https://www.washingtonpost.com/ (검색일: 2025. 5. 2); 미국은 이러한 방위협력협정을 체결을 통해 핀란드에 있는 15개 군사기지와 스웨덴의 17개 군사기지의 이용 확대를 통해 러시아의 군사위협에 적극적으로 대응하고 있다. 좀 더 자세한 논의 다음을 참조. 박종관, "북극에서 러시아의 미국/NATO에 대한 위협 인식과 방어 강화 - 러시아의 관점," 『한국시베리아연구』 28권 1호 (배재대학교 한국-시베리아센터, 2024), pp. 1-44.

62) 이 독트린은 지난 2015년 발표된 버전을 일부 업데이트한 조항을 포함해서 총 55쪽에 걸친 106개 조항으로 구성됐다. 박종관(2023), op. cit., pp. 49-55.

에 퍼펙트 스톰을 만들 수 있다"고 강조했다. 그의 언급대로 러시아는 우크라이나 침공 이후 북극에서 공군력과 함대, 핵잠수함, 핵미사일 기지를 중심으로 강력한 군사력을 유지하고 있다. 러시아는 구소련 시기 사용했던 북극의 섬들과 육상의 공군기지와 북방항로(NSR)를 따라 일부는 새롭게 공군 기지들이 신축 또는 재가동됐다<표 2 참조>.[63]

<표 2> 러시아의 북극 공군기지 현황

지역	재가동 및 신설 기지
추코트카 자치구	- 아나디르-우골니, 프로베디니야, 페벡, 체르스키 기지가 재가동 및 브란겔섬의 즈베즈드니 기지 신설
사하공화국	- 노보시비르스크 제도 코텔니 템프 기지 신설
크라스노야르스크 변강주	- 노릴스크 근처 알리켈과 세베르나야 제믈랴 제도의 스레드니기지 신설
야말로-네네츠 자치구	- 사베타 기지와 나딤 기지 신설
코미 공화국	- 보르쿠타 기지 신설
네네츠 자치구	- 암데르마와 나리얀-마르 기지 신설
아르한겔스크 주	- 프란츠 요셉랜드 제도 나구르스코예와 노바야 제믈랴 남섬 로가체보 기지 신설

※ 출처: 한종만, "북극에서 신냉전: 러시아와 NATO를 중심으로," 『The Journal of Arctic』 No.27 (배재대학교 한국-시베리아센터, 2022), p.5를 참조하여 작성하였음.

반면 AC 회원국들 중 러시아를 제외하고, 나머지는 NATO 창설 멤버이며 EU 회원국들이다. 3장에서 살펴본 대로 러-우 전쟁 여파로 북극에서 러시아와 NATO 간 대결 구도가 형성됐고, 북극에서 미국과 NATO의 역할 강화와 회원국들 간 군사훈련이 확대됐다. 더욱이 발트해, 흑해, 아드리아해 연안국

---

63) "북극, 러·서방 갈등 새로운 중심으로…," https://v.daum.net/v/20230601105619169 (검색일: 2025. 4. 10).

의 NATO 가입으로 러시아를 압박할 가능이 제기된다. 즉 NATO 측면에서 벨기에, 덴마크, 네덜란드, 아이슬란드, 노르웨이 및 영국은 북극 국가로 간주된다. 미국 주도 하에 NATO 국가들은 북극에서 러시아의 군사력 증강에 대비 다양한 방안을 모색 중이다.[64]

특히 북극을 둘러싼 러시아와 미국 간 신냉전 구도는 NATO의 역할 확대 외에 쇄빙선 확보 경쟁이 가속화되고 있다. 현재 미국은 3척의 쇄빙선을 보유 중이다. 하지만 중형급 쇄빙선 힐리(Healy)호는 화재로 기동 불능상태이며, 건조된 지 50년 이상 지난 폴라스타(Polar Star)호는 잦은 고장으로 드라이독(선박 건조하고 수리하는 지상독)에 거치돼 있다. 실질적으로 미국은 북극에서 군사작전이 가능한 쇄빙선이 전무하다. 최근 미국은 러중에 비해 떨어지는 쇄빙선 역량을 보강하고, 경쟁하기 위해 일단 8척 또한 9척의 쇄빙선을 확보한다는 계획을 세웠다.[65] 이러한 북극 안보 구도 변화와 관련 국가들의 움직임에 대응하여 러시아는 문서로써 구소련 국가들의 NATO 추가 가입 금지, 러시아 인접 국가에서 NATO 무기 철수 등을 포함해서 자국의 안보보장에 대해 명시했다.

그렇다면, 러시아의 북극 정책 중 가장 중요한 군사력 강화는 어떻게 추진되고 있을까. 2007년 러시아가 북극점 근처에서 국기 게양을 계기로 북극권 공군 정찰자산이 가동되면서 미국과 캐나다 등 북극권 국가들도 자국의 군사력을 강화해왔다. 지난 2005년부터 2025년 초까지 러시아의 북극 기지는 8곳

---

64) "美·나토, 러 '북극 군사증강' 주목…면밀 모니터링," https://v.daum.net/v/20231219172931217 (검색일: 2025. 3. 25).
65) 미국은 쇄빙선 건조 프로젝트를 위해 2024년 7월 캐나다와 핀란드와 3국 간 쇄빙선협력 노력을 위해서 ICE 협정을 체결했다. 이어 12월에는 미국 해안경비대와 해군이 2만 3000톤급의 대형 극지경비함(PSC) 건조를 시작했다. "트럼프의 북극전쟁…LNG선 받고 쇄빙선 더'," https://v.daum.net/v/20250216070001894 (검색일: 2025. 4. 12).

에서 21곳으로 급증했다.[66] 러시아의 북극에서의 지속적인 군사력 증강의 특징은 대체로 다음과 같다. 첫째, 러시아는 2012년 이후 해군을 동원해서 원거리 항해를 반복하고 있다. 2012년 1월 말 러시아는 해상훈련 영역을 북극으로 확대했다. 북극 해역에서 약 1,200명의 해군과 30척의 군함·잠수함·지원함, 140여 대의 각종 군사 장비, 20대의 전투기와 헬기 등이 북극해 일대에서 훈련을 실시했다. 이 훈련에는 북해함대 핵심 전력인 미사일 순양함 마르샬 우스티노프, 호위함 아드미랄 카사토노프, 대잠 구축함 비체-아드미랄 쿨라코프 등이 총동원됐다. 또 흑해함대도 20척 이상의 함정들을 동원해 공중 방어 훈련을 실시했다.[67]

둘째, 러시아는 북극 방어권 강화와 주도권 강화에 주력하고 있다. 이러한 목적을 달성하기 위해서 2015년 핀란드 접경지역인 콜라반도에 북부함대를 주축으로 '북부합동전략사령부(Joint Strategic Command North)'를 설립했다(본부는 아르한겔스크). 이어 북극에 인접한 프란츠 요제프 랜드 군도의 일부인 알렉산드라 랜드(Alexandra Land)에 군사기지를 건설하여 북극 내 최대 규모의 부대를 운영하고 있다. 러시아의 북극 군사력 증강은 군사안보적 측면과 너불어 핵 추신 쇄빙선을 활용을 통해 경제적 측면에서는 북방항로(NSR)의 이용을 활성화하는 경제적 측면도 포함된다.[68] 러시아는 북부함대의 전략적 역할을 확대하기 위해서 기존 4개 군관구(서부, 남부, 중부, 동부)와 동

---

66) NATO의 북극 기지는 31곳에서 33곳으로 확대됐다. "북극 탐내는 트럼프… 쇄빙선 수요 증가로 조선업계 훈풍 불까," https://v.daum.net/v/20250209060044074 (검색일: 2025. 5. 1).

67) "'우크라 위기' 속 러시아군 북극해권에서도 해상훈련," https://v.daum.net/v/20220127022313956 (검색일: 2025. 4. 26).

68) 라미경, "신냉전 시대 북극해를 둘러싼 미중 강대국의 패권 경쟁의 유형화," 『한국시베라이아연구』 27권 4호 (배재대학교 한국-시베리아센터, 2023), p.39.

일한 지위를 부여했다. 러시아 해군은 2019년과 2020년 8월 해양방패훈련 (Exercise Ocean Shield)을 통해서 북부함대, 발트함대, 태평양함대, 흑해함대의 유기적 연계와 통합을 강화하고 있다.[69]

셋째, 러시아는 바렌츠와 카라해의 코텔니 섬의 템프 기지, 극동 북극권의 브란겔섬, 케이프 슈미드타, 틱시 등 500개 이상의 군사 시설의 현대화를 추진 중이다. 대륙간탄도미사일(ICBM)의 재구축, 첨단 수륙양용항공기(Be-200), 전략 폭격기의 배치, 첨단 레이더 기지구축, S-400 방공시스템을 노바야제믈랴 남섬의 로가체보 기지에 배치했다. 러시아 북부함대는 해군 전력의 3분의 2와 핵 자산의 3분의 2를 보유하고 있고, 첨단무기를 포함한 무기의 60%를 사용할 수 있다. 게다가 러시아는 핀란드와 국경을 맞댄 북극 해안 콜라반도에 함대, 상당수 핵무기, 미사일 시설, 비행장, 레이더 기지를 배치했다.[70]

마지막으로 러시아는 북극의 제해권 유지에 필요한 전력 확보를 위해서 쇄빙선 확충에 주력 중이다. 러시아는 30척의 쇄빙선과 약 40여 대의 관련 함대를 보유했다. 러시아는 2035년까지 최소 13척의 대형 쇄빙선 건조를 추진하고 있다.[71] 북극항로정보센터에 의하면, 2025년 초 러시아의 원자력 쇄빙선은 모두 7척을 운용 중이다. 이 중 야쿠티아호가 상트페테르부르그 조선소에서 건조된 이후 마지막 시범 항해 중이며, 6척은 카라해에서 동절기 쇄빙을 지원했다.[72] 이처럼 북극에서 군사적 우위를 확보하고 있는 러시아는 방공시스

---

69) 한종만, "러시아연방 해양 독트린의 배경과 내용 그리고 평가: 북극을 중심으로," 『한국해양안보포럼 e-Journal』 52호 (2021), p.7.
70) 한종만(2022), op.cit., pp.6-9.
71) 한종만, "2035년까지 러시아의 북극 쇄빙선 인프라 프로젝트의 필요성, 현황, 평가," 『한국시베리아연구』 24권 2호 (배재대학교 한국-시베리아센터, 202), pp.1-35.
72) 북극항로정보센터, "러시아 쇄빙선 원자력 쇄빙선," 2025. 3. 19, https://arcticshipping2030.tistory.com/4 (검색일: 2025. 4. 26).

템과 핵미사일, 전략 폭격기, 특수부대 등 약 50여 개의 군사 시설을 운영하고 있고, 최근 핵잠수함 배치와 쇄빙선 구축에 주력 중이다.[73]

V. 맺음말

이상과 같이 살펴본 대로 급속한 글로벌 기후변화로 북극의 천연자원 개발과 북극항로(PSR) 이용 확대에 대한 기대감이 커지고 있다. 2022년 2월 24일 러-우 전쟁 발발 이후 러시아와 미국을 중심으로 여타 AC 회원국들 간 신냉전의 대립 구도가 형성됐고, 북극 거버넌스의 중추적 역할을 수행해왔던 AC의 활동은 중단됐고, 국제협력보다는 갈등과 군비경쟁이 가속화되고 있다. AC는 1996년 창설 이후 강성 안보(hard power)를 배제하면서 연성 안보(soft power) 이슈인 과학, 환경, 기후, 개발 협력 등 중요한 역할을 담당했다. 하지만 당분간 러시아와 미국을 중심으로 여타 AC 회원국들과의 대결 구도 형성으로 갈등과 군비경쟁은 북극의 지속 가능한 평화 유지에 걸림돌이 되고, 이

---

[73] 2020년 10월 기준 러시아 해군 4개 함대(카스피해 소함대 포함)는 잠수함 69척과 전함 218척을 보유했다. 이 중 러시아 해군이 보유한 잠수함 총 69척 중 북부함대가 운영하는 잠수함은 42척으로 전체 잠수함 전력의 61%를 보유 중이다. 핵잠수함의 수는 32척이며, 10척은 디젤동력의 잠수함이다. 2027년경 제4세대 보레이(Borei)급 핵잠수함 10척 중 5척은 북부함대 배치 예정과 제5세대 야센(Yasen)급 핵잠수함 5척을 북부함대에 배치될 예정이다. 냉전 시기 이후 건조된 잠수함은 러시아가 만든 최고의 잠수함으로 NATO와 동등한 수준으로 간주된다. Maren Garberg Bredesen & Karsten Friis, "NATO's Challenges, Old and New Missiles, Vessels and Active Defence: What Potential Threat Do the Russian Armed Forces Represent?," The RUSI Journal, Vol. 165, Issue 5-6 (2020), p. 70; 한종만(2022), op. cit., pp. 7-8.

러한 군사적 긴장 상황은 잠재적 안보 위협요인으로 작용할 것으로 간주된다.

강조하자면 미국을 비롯한 NATO의 북극권 국가들의 러시아에 대한 반작용으로 국방비 증액, 안보협력 강화와 군사기지 구축 등 경쟁과 갈등의 악순환이 지속되고 있다. 특히 미국은 북극이 직면한 도전과 변화의 시기에 더욱 적극적으로 대러 경제제재를 주도하고, 북극에 대한 자국의 보호와 경쟁과 긴장 관리에 대한 책임을 강조하고 있다. 2025년 1월 재집권한 트럼프 대통령은 그린란드 편입 의사를 밝힌 이후 에너지 자원 확보와 군사력 증강에 주력 중이다. 미국은 이러한 선점 전략을 구체화하기 위해서 북극항로(PSR) 개발과 쇄빙선 확대에 주력하는 등 러중의 북극에 대한 대립 구도를 구축 중이다. 무엇보다도 미국은 AC 8개국 중 러시아를 제외한 7개국 NATO 회원국들과의 동맹의 강점을 적극적으로 활용하여 러시아의 북극 전략과 영향력 확대에 공동 대비를 주도하고 있다.

반면 러-우 전쟁 발발 이후 러시아는 북극에서의 군사적 및 경제적 이익 극대화에 주력하고 있다. 미국 주도의 강도 높은 대러 경제제재와 군사력 증강에도 불구하고, 러시아의 북극 정책에 큰 영향을 미치지 못하고 있다. 오히려 이러한 신냉전 대결 구도 하에서 러시아는 자국의 북극 정체성을 더욱 강화하고, NATO의 북극으로의 확대를 반대하고, 군사력 우위 확보 유지에 주력하고 있다. 북극에서 군사적 우위를 확보하고 있는 러시아는 방공시스템과 핵미사일, 전략폭격기, 특수부대 등 약 50여 개의 군사시설을 운영하고 있고, 최근 핵잠수함을 배치하면서 무력 증강에 주력 중이다. 특히 러시아는 북극 군사기지의 현대화와 공군기지 구축에 주력 중이고, 군사훈련의 강도와 빈도가 확대되고 있다. 러시아는 쇄빙선 보유 확대, 기후변화에 따른 북극 해빙 가속화로 북방항로(NSR)의 적극 활용, 천연자원 개발과 군사력 증진을 위해서 비연안 국가인 중국과 인도와의 다양한 협력을 강화하고 있다. 특히 향후 어떤 형태로든 러-우 전쟁이 종결된다면, 북극의 글로벌 거버넌스와 안보 환경에 적지 않은 영향을 미칠 것이다. 하지만 러시아는 물론이고 미국 주도의 AC 회원국들의 군비증강은 당분간 지속될 것으로 간주된다. 북극의 지속 가능한 평화 유지와 군사적 긴장을 줄이기 위해서 북극 거버넌스를 주도해온 AC, 북극과학협력(WGs), 바렌츠-유럽북극이사회(BAEC), 발트해연안국이사회(CBSS), 노르딕방위협력기구(NORDFECO) 등의 역할과 기능 회복, 러시아와 NATO 간 대화 채널 유지 등에 대한 제도화가 필요하다. 북극의 신냉전 대결 구도를 완화하고 군사적 충돌과 갈등을 줄이기 위해서, 러시아와 AC 주도 하에 중단된 과학 및 환경 협력과 기후변화 등과 같은 연성 안보를 복원해야 한다. 러-우 전쟁 종결 이후 북극에서 발생할 수 있는 위협과 위험을 선제적으로 방지하고, 지속 가능한 글로벌 거버넌스 구축을 위해서 AC를 중심으로 다양한 국제협력이 재개돼야 할 것이다.

〈참고문헌〉

강성호, "북극해 환경변화와 전망," 2009년 6월 23일 KMI 국제세미나 발표논문.
국립기상과학원, "전 지구 기후변화 전망 보고서," 2020.
김기순, "북극해의 분쟁과 해양경계획정에 관한 연구,"『국제법학회논총』54권 3호, 2009.
김덕기, "'일대일로' 전략에서 본 중국의 북극 '빙상실크로드',"『한국해양안보논총』2권 1호, 2019.
김민수, "북극 거버넌스와 한국의 북극정책 방향,"『해양정책연구』35권 1호, 2020.
김민수, "극지의 창,"『극지해소식』2020. 9. 30.
김보영, "기후변화와 북극 유가스전 개발에 관한 연구,"『자원환경경제연구』18권 4호, 2012.
김봉철·심민섭, "북극해 및 북극 지역 관련 국제법과 국내법의 조화,"『한국해법학회지』44권 2호, 2022.
김상원, "서방의 경제제재와 러시아의 북극개발: 천연가스를 중심으로,"『슬라브학보』32권 4호, 2017.
김정훈·배규성, "원주민의 북극이사회 워킹그룹 프로젝트: 제안, 주도, 참여 및 영향력에 관한 연구,"『한국시베리아연구』27권 4호, 배재대학교 한국-시베리아센터, 2023.
대한무역투자진흥공사,『러시아의 북극항로 개발 동향과 계획』서울: KOTRA Clobal Market Report, 2022.
라미경, "북극해 영유권을 둘러싼 캐나다-미국 간 갈등의 국제정치,"『한국해양안보논총』제3권 2호, 2020.
_____, "스발바르조약 100주년의 함의와 북극권 안보협력의 과제,"『한국시베리아연구』24권 4호, 배재대학교 한국-시베리아센터, 2020.
_____, "러시아-우크라이나 전쟁 이후 북극 안보협력의 전망,"『The Journal of Arctic』No. 28, 배재대학교 한국-시베리아센터, 2022.
_____, "신냉전 시대 북극해를 둘러싼 미중 강대국의 패권 경쟁의 유형화,"『한국시베리아연구』27권 4호, 배재대학교 한국-시베리아센터, 2023.
미국지질조사국(US Gological Survey, USGS), 2008.
박영민, "북극해 영유권 갈등의 정치학: 동아시아 지역에 주는 시사점,"『대한정치학회보』27권 3호, 2019.
박종관, "유라시아 직결항로인 러시아 북동항로(North Passage)의 개발과 경제적 가치,"『한국시베리아연구』26권 1호, 배재대학교 한국-시베리아센터, 2022.

_____, "러시아의 북극 해양 안보 정책: 2022년 '해양 독트린'을 중심으로," 『한국시베리아연구』 27권 1호, 배재대학교 한국-시베리아센터, 2023.

_____, "북극에서 러시아의 미국/NATO에 대한 위협 인식과 방어 강화 - 러시아의 관점," 『한국시베리아연구』 28권 1호, 배재대학교 한국-시베리아센터, 2024.

박찬현, "우크라이나 사태의 러시아 북극개발정책에의 영향," 『The Journal of Arctic』 No. 28, 배재대학교 한국-시베리아센터, 2022.

북극항로정보센터, "러시아 쇄빙선 원자력 쇄빙선," 2025. 3. 19, https://arcticshipping2030.tistory.com/4 (검색일: 2025. 4. 26).

배규성, "북극의 신냉전과 협력," 2022년 10월 28일 배재대학교 한국-시베리아센터와 한양대학교 아태지역연구센터가 공동으로 개최한 학술대회 발표논문.

_____, "러시아의 북극과 북방항로(NSR)의 군사적 국가 전략적 중요성," 『한국시베리아연구』 28권 4호, 배재대학교 한국-시베리아센터, 2024.

서승현·양정훈, "우크라이나 전쟁이 러시아의 북극 정책에 미친 영향," 『한국시베리아연구』 28권 3호, 배재대학교 한국-시베리아센터, 2024.

서현교, "각국의 한반도 인식-유럽의 북극전략 논의와 정책," 『여시재-협력연구기관 공동기획 동향 보고서』 2017. 7. 25.

_____, "중국과 일본의 북극정책 비교 연구," 『한국시베리아연구』 22권 제1호, 배재대학교 한국-시베리아센터, 2018.

_____, "한국의 북극정책 과제 우선순위에 대한 평가와 분석," 『한국시베리아연구』 23권 1호, 배재대학교 한국-시베리아센터, 2019.

_____, "러시아 북극정책의 시대적 특징과 함의," 『한국시베리아연구』 25권 3호, 배재대학교 한국-시베리아센터, 2021.

신경수, "신(新)정부 북극정책 발전방안: 안보를 중심으로," 『The Journal of Arctic』 No. 28, 배재대학교 한국-시베리아센터, 2022.

신효진·문영준 외, "북극 석유자원개발과 해양플랜트 산업의 현황 및 전망," 『한국자원공학회지』 55권 5호, 2018.

이영형·김승준, "북극해의 갈등 구조와 해양 지정학적 의미," 『세계지역연구논총』 28집 3호, 배재대학교 한국-시베리아센터, 2010.

이영형·박상신, "러시아 북극지역의 안보환경과 북극군사력의 성격," 『한국시베리아연구』 24권 1호, 배재대학교 한국-시베리아센터, 2020.

이재영·나희승, "북극권 개발을 위한 시베리아 북극회랑 연구," 『아시아문화연구』 39권, 2015.

에너지경제연구원, "러시아의 북극지역 자원개발 동향과 전망," 『세계 에너지시장 인사이트』 16-7호, 2016.
윤영미, "러시아의 북극지역에 대한 해양안보 전략: 북극해 개발과 한-러 해양협력을 중심으로," 『동서연구』 21권 2호, 2009.
윤지원, "북극의 지정학적 특성과 국제협력: 러시아의 북극항로(Arctic Route) 활성화 정책과 제약점을 중심으로," 『군사연구』 145호, 2018.
_____, 『한국의 국가안보와 글로벌 국방협력』 서울: PR Facorty, 2024.
제성훈, "북극이사회 창설 25주년의 의미와 향후 과제," 『한국시베리아연구』 25권 3호, 배재대학교 한국-시베리아센터, 2021.
하용훈, "한국해군의 북극정책 추진 방향: 북극권 안보정세와 국방외교를 중심으로," 『한국시베리아연구』 28권 3호, 배재대학교 한국-시베리아센터, 2024.
한국해양수산개발원, "러시아의 '新북극전략' 행보에 주목해야," 『KMI 극지해소식』 73호, 2019.
한종만, "2035년까지 러시아의 북극 쇄빙선 인프라 프로젝트의 필요성, 현황, 평가," 『한국시베리아연구』 24권 2호, 배재대학교 한국-시베리아센터, 2020.
_____, "러시아연방 해양 독트린의 배경과 내용 그리고 평가: 북극을 중심으로," 『한국해양안보포럼 e-Journal』 52호, 2021.
_____, "북극에서 신냉전: 러시아와 NATO를 중심으로," 『The Journal of Arctic』 No. 27, 배재대학교 한국-시베리아센터, 2022.
_____, "핀란드와 스웨덴의 나토 가입과 안보 레짐의 재편," 『한국해양안보논총』 6권 1호, 2023.
한종만·라미경 외, 『지금 북극은 제3권 북극: 지정·지경학적 공간』 학연문화사, 2021.
한종만·곽성웅, "그린란드의 독립 가능성과 한계," 『한국시베리아연구』 28권 4호, 배재대학교 한국-시베리아센터, 2024.
홍성원, "북극해항로와 북극해 자원개발: 한러 협력과 한국의 전략," 『국제지역연구』 15권 4호, 2012.
해양수산부, "IPCC, 바다와 극지의 위험을 경고하다," 『해양수산부 보도자료』 2019. 9. 25.
차명제, "러시아의 환경문제와 환경 CSO의 역할 - 북극권 환경문제를 중심으로 -," 『The Journal of Arctic』 No. 28, 배재대학교 한국-시베리아센터, 2022.

Bredesen, Maren Garberg & Karsten Friis, "NATO's Challenges, Old and New Missiles, Vessels and Active Defence: What Potential Threat Do the Russian Armed Forces

Represent?," *The RUSI Journal*, Vol. 165, Issue 5-6 (2020).

Briggs, Chad, "Cold Rush: The Astonishing True Story of the New Quest for the Polar North," *Global Environmental Politics*, Vol. 21 No. 3 (2021).

Buchanan, Elizabeth, "Cool change ahead? NATO's Strategic Concept and the High North" *NDC Policy Brief* (2022).

Casier, Tom, The EU and Russia: The War that Changed Everything, *JCMS-Journal of Common Market Studies*, Vol. 61, No. S1 (2023).

"Four Maps Explain how Sweden and Finland Could Alter NATO's Security," *The Washington Post*, 2023. 7. 11.

"Finland's 2024 Defense Budget Targets Arms Restocking, Border Security," *Defense News*, 2023. 10. 14.

Flake, Linda Edison, "Russia's Security Intentions in a Melting Arctic," *Military and Strategic Affairs*, Vol. 6, No. 1 (2014).

Meister, Stefan, "A Paradigm Shift: EU-Russia Relations: After the War is Ukraine," *Carnegie Europe* (2022).

"NATO: Why is Spending 2% of GDP on Defence so Controversial?," *Euronews*, 2023. 4. 7.

Rosenkranz, Rolf, "The Northern Drift of the Gobal Economy: the Artic as an Economic Area and Major Traffic Route," *World Customs Journal*, No. 1 (2010).

Russia is dominating the Arctic, but it's not looking to fight over it," *CNBC*, 2019. 12. 27.

Russia Maritime Register of Shipping, *Rules for the Classification of Sea-Going Ships* (Saint Petersbug, Saint Petersbug Edition, 2019).

"Swedish Military Sharpens is Focus on Submarines Tech in 2024," *Defense News*, 2023. 12. 9.

"US Ally Shadows Russian and Chinese Navy Ships," Newsweek, 2024. 5. 26, https://www.newsweek.com/japan-map-discloses-russia-china-navy-ship-movements-pacific-1883402 (검색일: 2025. 4. 24).

Watling, Jack, "NATO's Trident Juncture 2018 Exercise: Political Theatre with a Purpose," *RUSI*, 2018. 9. 20.

Winkel, Jones, "The Impact of the Ukraine Conflict on Russia's Arctic Strategy," *Austria Institute for Europa-und Scicherheitspolitik* (2023).

Zhil'tsova, Yuliya V., "Higher Education in Russia: Facts and Figures," *Digest Finance*, Vol. 28 No. 4 (2023).

Сергей Суханкин, "Есть ли России арктическая стратегия?," Riddle, 2020. 8. 5.

"덴마크, 유엔에 영유권 정식 제기.. 북극해 쟁탈전 막올랐다," https://v.daum.net/v/20141216173913645 (검색일: 2025. 4. 24).

"러 북극 군사력, 美·유럽 압도…서방-러, '북극 쟁탈전' 가열," https://v.daum.net/v/20231219102824282 (검색일: 2024. 12. 15).

"美·나토, 러 '북극 군사증강' 주목…면밀 모니터링," https://v.daum.net/v/2021219172931217 (검색일: 2025. 3. 25).

"북극 군사력 확대하는 러시아… 북유럽 방어망 강화하는 미국과 서방," https://v.daum.net/v/20231219144153223 (검색일: 2025. 4. 13).

"북극, 러·서방 갈등 새로운 중심으로…," https://v.daum.net/v/20230601105619169 (검색일: 2025. 4. 10).

"북극 못 잃어…캐나다도 군비증강 2.7조 원 투입," https://v.daum.net/v/20250307120146547 (검색일: 2025. 3. 20).

"'우크라 위기' 속 러시아군 북극해권에서도 해상훈련," https://v.daum.net/v/20220127022313956 (검색일: 2025. 4. 26).

"캐나다, 미국과 북극서 연합 군사훈련…'관세전쟁' 갈등에도 중·러 접근 대비," https://v.daum.net/v/20250310142458466 (검색일: 2025. 4. 2).

"트럼프의 북극전쟁…'LNG선 받고 쇄빙선 더'," https://v.daum.net/v/20250216070001894 (검색일: 2025. 4. 12).

"해빙으로 드러나는 황금항로…북극 몰려가는 러·중," https://v.daum.net/v/20240123070502621 (검색일: 2025. 3. 20).

"Arctic Research Faces Uneven Cuts from Trump Administration. Alaska Public Media," https://alaskapublic.org/ (검색일: 2025. 5. 12).

"How the Trump Administration's Rush to Drill in Alaska's Arctic Refuge is Backfiring. Arctic Today," https://www.arctictoday.com/ (검색일: 2025. 4. 25).

"NORAD Boss Asks Congress for Better Domain Awareness. Air & Space Forces Magazine," https://www.airandspaceforces.com/ (검색일: 2025. 5. 2).

"Trump Administration's New Arctic Defense Strategy Expected to Zero in on Concerns about China," https://www.washingtonpost.com/ (검색일: 2025. 5. 2).

"Trump's Arctic Strategy and Greenland Security. GIS Reports," https://www.gisreportsonline.com/ (검색일: 2025. 5. 15).